高等数学精选习题解析

北京大学数学科学学院

林源渠　编

北京大学出版社

PEKING UNIVERSITY PRESS

图书在版编目(CIP)数据

高等数学精选习题解析/林源渠编. —北京: 北京大学出版社, 2011. 8

ISBN 978-7-301-19262-7

Ⅰ.①高… Ⅱ.①林… Ⅲ.①高等数学–高等学校–习题集 Ⅳ.①O13-44

中国版本图书馆 CIP 数据核字（2011）第 140814 号

书　　　　名:	高等数学精选习题解析
著名责任者:	林源渠　编
责 任 编 辑:	刘　勇　潘丽娜
标 准 书 号:	ISBN 978-7-301-19262-7/O·0849
出 版 发 行:	北京大学出版社
地　　　　址:	北京市海淀区成府路 205 号　　100871
网　　　　址:	http://www.pup.cn　电子邮箱：zpup@pup.pku.edu.cn
电　　　　话:	邮购部 62752015　发行部 62750672　编辑部 62752021
	出版部 62754962
印　　刷　　者:	三河市博文印刷有限公司
经　　销　　者:	新华书店
	890mm×1240mm　A5　15.25 印张　430 千字
	2011 年 8 月第 1 版　2022 年 11 月第 8 次印刷
定　　　　价:	40.00 元

内 容 简 介

本书是高等院校非数学专业大学生学习高等数学课程的辅导教材. 作者在北京大学从事高等数学等课程的教学四十余年, 具有丰富的教学经验, 深知学生的疑难与困惑. 作者根据学生学习高等数学课程遇到的难点与易混淆的概念, 通过精选的典型例题进行分析、讲解与评注, 释疑解惑, 从多侧面给出归纳和总结, 以帮助学生更好地理解与掌握高等数学内容; 用典型例题分析展现的平台教会学生正确的解题方法与技巧, 以提高学生分析问题和解决问题的能力.

全书共分九章, 内容包括: 函数、极限与连续, 一元函数微分学, 一元函数积分学, 向量代数与空间解析几何, 多元函数微分学, 多元函数积分学, 无穷级数, 常微分方程, 典型综合题. 本书所选例题有些是北京大学等高校非数学类研究生入学考试的高等数学试题; 有些是为理解难点作者自编的习题; 而综合题解题方法独特新颖、难易适度、涵盖知识面广, 是很好的考研复习资料. 本书用 U 形等式串或 U 形不等式串给出的数学推理 U 形图简明、易懂; 用绘图软件制作的精美图形, 会使读者眼前一亮, 并有助于对题目的理解, 帮助解题.

读者在阅读本书时, 如遇到疑难问题, 可与作者联系, 电子邮件地址: lyq@math.pku.edu.cn

作 者 简 介

林源渠　北京大学数学科学学院教授. 1965 年毕业于北京大学数学力学系, 从事高等数学、数学分析、泛函分析、线性代数、渐近分析、数值分析、常微分方程、控制论等十余门课程的教学工作, 研究方向为反应扩散方程. 在四十余年的高等数学、数学分析的教学工作中, 作者对高等数学的解题思路、方法与技巧有深入研究, 造诣颇深, 有自己的特色. 参加编写的教材有《泛函分析讲义》(上册)、《数值分析》、《数学分析解题指南》、《数学分析习题集》、《高等数学精选习题解析》、《泛函分析学习指南》等.

目　　录

4

第一章 函数、极限与连续

§1 函 数

内 容 提 要

1. 函数与反函数

定义 (函数)　给定数集合 X, Y, 如果有某种对应法则 f, 使得对于每一个元素 $x \in X$, 都存在唯一的 $y \in Y$ 与之对应, 则称 f 是从 X 到 Y 的函数或映射, 记做 $f : X \to Y$; f 在点 x 处的值记做 $y = f(x)$; X 称为 f 的**定义域**, Y 称为 f 的**取值域**;

$$f(X) \stackrel{\text{def}}{=\!=} \{f(x) | x \in X\}$$

称为 f 的**值域**. 当我们只给出对应法则与定义域时, 约定取值域即为值域.

若 $x_1 \neq x_2 \implies f(x_1) \neq f(x_2)$ 或 $f(x_1) = f(x_2) \implies x_1 = x_2$, 则称 f 为**单射** (图 1.1);

若 $f(X) = Y$, 则称 f 为**满射** (图 1.1);

若 f 既是单射又是满射, 则称 f 为**双射**或**一一对应** (图 1.1).

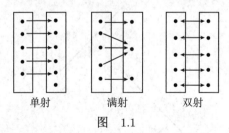

单射　　　　满射　　　　双射

图　 1.1

例如, 所有实数与实轴上的点是一一对应的. 但若设

$$f(x) = \sqrt{1 - x^2},$$

$f : [-1, 1] \to [-1, 1]$, 既不是单射也是不满射. 事实上, $f(-1) = f(1) = 0$ (图 1.2), 故非单射; 又 $f([-1, 1]) = [0, 1] \neq [-1, 1]$, 故非满射.

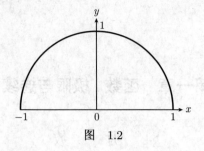

图 1.2

定义 (反函数)   给定 $f: X \to Y$, 若对任意的 $y \in Y$, 方程 $f(x) = y$ 在 X 上有且仅有一解, 则由此定义一个从 Y 到 X 的函数, 称为 f 的**反函数**, 记做 $f^{-1}: Y \to X$.

$f: X \to Y$ 有反函数的充分必要条件是 f 是一一对应的. 若 $f(x)$ 在 X 上严格单调, 则 f 在 X 上是一一对应的, 所以 f 的反函数存在. 但是一一对应的函数不一定是严格单调的. 例如函数

$$f(x) = \begin{cases} x, & 0 \leqslant x < 1, \\ 3 - x, & 1 \leqslant x \leqslant 2 \end{cases}$$

在 $[0, 2]$ 上既是单射又是满射 (图 1.3), 所以是一一对应的, 但不是单调函数, 这个函数的反函数仍是它自己.

函数 $y = f(x)$ 与 $x = f^{-1}(y)$ 的图形相同, 然而, $y = f(x)$ 与 $y = f^{-1}(x)$ 的图形不同, 它们关于直线 $y = x$ 对称.

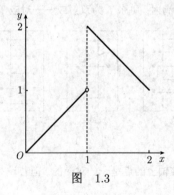

图 1.3

2. 周期函数

设函数 $f(x)$ 在 $(-\infty, +\infty)$ 上定义, 若存在 $l > 0$, 对任意的 $\forall x \in (-\infty, +\infty)$, 有

2

$$f(x+l) = f(x),$$

则称 $f(x)$ 是周期函数, l 称为函数 $f(x)$ 的周期. 显然, 周期函数有无穷多个周期.

若在无穷多个周期 l 中, 有一个最小的正数 T, 则称 T 为周期函数 $f(x)$ 的最小周期, 简称**周期**.

既然周期函数的值每隔一个周期都是相同的, 所以作周期函数图形只要作出一个周期的图形, 然后周而复始地复制这个图形, 即得整个周期函数的图形.

3. 复合函数

设 $y = f(u)$ 的定义域为 $D, u = \varphi(x)$ 的定义域为 X, 值域为 $U \subseteq D$, 则称

$$y = f(\varphi(x)), \quad x \in X$$

是由 f 与 φ 复合而成的**复合函数** (图 1.4).

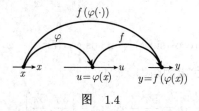

图　1.4

反函数也可以用复合函数来定义, 这就是:

给定函数 $y = f(x)$, 其定义域和值域分别记做 X 和 Y, 若在集合 Y 上存在函数 $g(y)$, 满足

$$g(f(x)) = x, \quad 对任意的 \ x \in X,$$

则称 $g(y) = f^{-1}(y)$, 对任意的 $y \in Y$.

典型例题解析

例 1　作函数 $y = \arccos(\sin x)$ 的图形.

分析　因为 $\sin x$ 的周期是 2π, 所以 $\arccos(\sin x)$ 的周期也是 2π. 再注意到 $\arccos x$ 的主值区间是 $[0, \pi]$, 从而有

$$\arccos(\cos t) = t, \quad t \in [0, \pi]. \tag{1}$$

3

为了便于应用公式 (1), 选择长度为 2π 的基本区间 $[\pi/2, 5\pi/2]$, 并将其分开为 $[\pi/2, 3\pi/2]$ 和 $[3\pi/2, 5\pi/2]$ 两部分, 在这两部分区间上, 分别有 $x - \pi/2 \in [0, \pi]$ 与 $5\pi/2 - x \in [0, \pi]$, 都可以应用公式 (1).

解　① 当 $x \in [\pi/2, 3\pi/2]$ 时, $x - \pi/2 \in [0, \pi]$, 故有

$$
\begin{matrix}
y & & x - \pi/2 \\
\| & & \| \\
\end{matrix}
$$
$$\arccos(\sin x) = \arccos(\cos(x - \pi/2))$$

根据上面 U 形等式串的两端, 即知

$$y = x - \pi/2, \quad x \in [\pi/2, 3\pi/2].$$

② 当 $x \in [3\pi/2, 5\pi/2]$ 时, $5\pi/2 - x \in [0, \pi]$, 故有

$$
\begin{matrix}
y & & 5\pi/2 - x \\
\| & & \| \\
\end{matrix}
$$
$$\arccos(\sin x) = \arccos(\cos(5\pi/2 - x))$$

根据上面 U 形等式串的两端, 即知

$$y = \frac{5\pi}{2} - x, \quad x \in \left[\frac{3\pi}{2}, \frac{5\pi}{2}\right].$$

于是, 在这个基本区间 $[\pi/2, 5\pi/2]$ 上, 我们有

$$
y = \arccos(\sin x) =
\begin{cases}
x - \pi/2, & x \in [\pi/2, 3\pi/2], \\
5\pi/2 - x, & x \in [3\pi/2, 5\pi/2],
\end{cases}
$$

它的图形如图 1.5 所示, 然后周而复始地复制这个图形, 即得整个周期函数的图形 (图 1.6).

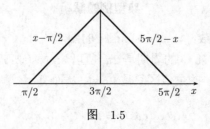

图　1.5

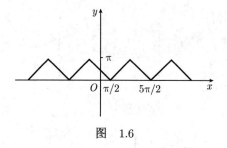

图　1.6

例 2　设 $f(x)$ 既关于直线 $x = a$ 对称, 又关于直线 $x = b$ 对称, 已知 $b > a$, 求证: $f(x)$ 是周期函数并求其周期.

证　由已知

$$f(a - x) = f(a + x) \xrightarrow{t = a + x} f(2a - t) = f(t),\tag{1}$$

$$f(b - x) = f(b + x) \xrightarrow{t = b + x} f(2b - t) = f(t).\tag{2}$$

$$\begin{array}{ccc} f(x) & & f(x + 2(b - a)) \\ {}_{(1)}\big\| t = x & & \| \\ f(2a - x) & \xrightarrow[t = 2a - x]{(2)} & f(2b - (2a - x)) \end{array}$$

根据上面 U 形等式串的两端, 即知 $f(x)$ 是周期函数, 并且其周期是 $2(b - a)$.

评注　本例给出利用函数图像特性判定函数为周期函数, 并同时求得周期的方法.

例 3　求函数 $y = 2x + |2 - x|$, $x \in (-\infty, +\infty)$ 的反函数并作出它的图形.

解　对任意给定的 y, 视 x 为未知数, 解方程 $2x + |2 - x| = y$, 为了去掉绝对值, 将方程改写为

$$y = \begin{cases} x + 2, & x \leqslant 2, \\ 3x - 2, & x > 2. \end{cases}$$

当 $x \leqslant 2$ 时, $y = x + 2 \Longrightarrow x = y - 2$, $y \leqslant 4$;

当 $x > 2$ 时, $y = 3x - 2 \Longrightarrow x = \dfrac{y + 2}{3}$, $y > 4$.

5

综上所述即得:

$$x = \begin{cases} y - 2, & y \leqslant 4, \\ \dfrac{y+2}{3}, & y > 4 \end{cases} \xrightarrow{\ x,y\ \text{互换}\ } y = \begin{cases} x - 2, & x \leqslant 4, \\ \dfrac{x+2}{3}, & x > 4. \end{cases}$$

于是, 若记 $f(x) = 2x + |2 - x|$, 则有

$$f^{-1}(x) = \begin{cases} x - 2, & x \leqslant 4, \\ \dfrac{x+2}{3}, & x > 4, \end{cases}$$

两者图形如图 1.7 所示.

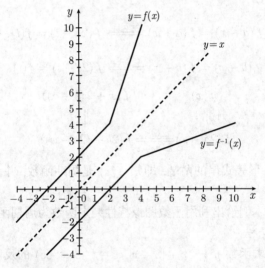

图 1.7

例 4　求证: ① $\sin x < x < \tan x$, $0 < x < 1$;

② $\arctan x < x < \arcsin x$, $0 < x < 1$.

证　① 从如图 1.8 所示的三角单位圆第一象限, 易知

$$\triangle POA \text{ 面积} < \text{扇形 } POA \text{ 面积} < \triangle TOA \text{ 面积},$$

即有

$$\frac{1}{2}\sin x < \frac{1}{2}x < \frac{1}{2}\tan x, \quad 0 < x < 1.$$

6

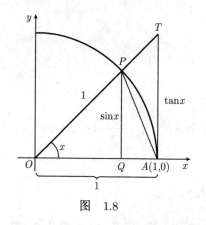

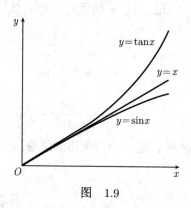

图 1.8   图 1.9

故有

$$\sin x < x < \tan x, \quad 0 < x < 1.$$

② 将第 ① 小题的结果用图像表示如图 1.9 所示. 再从反函数与原函数图形关于直线 $y = x$ 对称, 于是原、反函数关于直线 $y = x$ 上、下方对调, 如图 1.10 所示, 即知

$$\arctan x < x < \arcsin x, \quad 0 < x < 1.$$

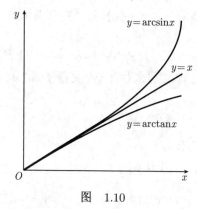

图 1.10

例 5 设 $f(x)$ 在 $[0, +\infty)$ 上有定义, $a > 0, b > 0$. 求证:

① 若 $\dfrac{f(x)}{x}$ 单调下降, 则 $f(a+b) \leqslant f(a) + f(b)$;

② 若 $\dfrac{f(x)}{x}$ 单调上升, 则 $f(a+b) \geqslant f(a) + f(b)$.

7

证 ① 不妨假定 $a < b$. 依题意,

$$\frac{f(a+b)}{a+b} \leqslant \frac{f(b)}{b} \qquad\qquad f(a+b) \leqslant f(a) + f(b)$$

两边同乘以 $\Big\Downarrow a+b$ $\qquad\qquad\qquad\qquad\qquad \Uparrow$

$$f(a+b) \leqslant \frac{f(b)}{b}a + f(b) \Longrightarrow f(a+b) \overset{\frac{f(x)}{x}\downarrow}{\leqslant} \frac{f(a)}{a}a + f(b)$$

根据上面 U 形推理串的终端, 即知

$$f(a+b) \leqslant f(a) + f(b).$$

② 令 $g(x) = -f(x)$, 则有 $\dfrac{g(x)}{x}$ 单调下降, 用第 ① 小题结论, 得到 $g(a+b) \leqslant g(a) + g(b)$, 两边同乘以 -1, 得到

$$-g(a+b) \geqslant -g(a) - g(b),$$

即得

$$f(a+b) \geqslant f(a) + f(b).$$

例 6 设 $f(x)$ 在 $(-\infty, +\infty)$ 上严格单调上升, 且 $f(f(x)) = x$, 求证: $f(x) = x$.

证 用反证法. 设 $f(x)$ 在 $(-\infty, +\infty)$ 上严格单调上升, 且 $f(f(x)) = x$, 但 $f(x) \neq x$, 那么存在 x_0, 使得 $f(x_0) \neq x_0$. 令 $x_1 = f(x_0)$, 则有 $x_1 \neq x_0$, 且

$$f(x_1) = f(f(x_0)) = x_0.$$

于是, 一方面, 由 $\begin{cases} f(x_0) = x_1 \\ f(x_1) = x_0 \end{cases}$ 得到

$$(f(x_1) - f(x_0))(x_1 - x_0) = -(x_1 - x_0)^2 < 0. \tag{1}$$

另一方面, 由 $f(x)$ 严格单调上升的定义, 有

$$(f(x_1) - f(x_0))(x_1 - x_0) > 0. \tag{2}$$

(1) 式与 (2) 式矛盾. 所以 $f(x) = x$.

8

例 7　已知函数 $f(x) = \begin{cases} x^2 + 1, & x \geqslant 0, \\ 1, & x < 0, \end{cases}$　求解不等式

$$f(1 - x^2) > f(2x).$$

解法 1　对 x 进行分区间求解:

① 当 $x \geqslant 0$ 时, $f(x)$ 严格单调增加, 所以

$$f(1 - x^2) > f(2x) \Longleftrightarrow 1 - x^2 > 2x,$$

联立求解 $\begin{cases} x \geqslant 0, \\ 1 - x^2 > 2x \end{cases}$　得到 $x \in [0, \sqrt{2} - 1)$, 即

$$0 \leqslant x < \sqrt{2} - 1.$$

② 当 $x < 0$ 时, $2x < 0$, 从而 $f(2x) \equiv 1$, 因此

$$f(1 - x^2) > f(2x) \qquad -1 < x < 0$$
$$\Updownarrow \qquad\qquad\qquad \Updownarrow$$
$$f(1 - x^2) > 1 \quad \Longleftrightarrow \quad |x| < 1$$

从此 U 形推理串的两端即知

$$f(1 - x^2) > f(2x) \Longleftrightarrow -1 < x < 0.$$

联合 (1), (2) 即得 $-1 < x < \sqrt{2} - 1$.

解法 2　为了解 $f(1 - x^2) > f(2x)$ 先解 $f(1 - x^2) \geqslant f(2x)$, 在得到的解集中刨去 $f(1 - x^2) = f(2x)$ 的解集, 得到要求的解集.

事实上, 因为 $f(x)$ 单调增加, 所以

$$f(1 - x^2) \geqslant f(2x) \Longleftrightarrow 1 - x^2 \geqslant 2x,$$

由 $1 - x^2 \geqslant 2x$ 解得 $x \in [-\sqrt{2} - 1, \sqrt{2} - 1]$. 为了求解 $f(1 - x^2) = f(2x)$, 分两种情况:

① $\begin{cases} x > 0, \\ 1 - x^2 = 2x \end{cases} \Longrightarrow x = \sqrt{2} - 1.$

② $\begin{cases} 2x \leqslant 0, \\ 1 - x^2 \leqslant 0 \end{cases} \Longrightarrow x \in (-\infty, -1].$

从 $\left[-\sqrt{2}-1, \sqrt{2}-1\right]$ 刨去 $(-\infty, -1] \cup \left\{\sqrt{2}-1\right\}$, 即得

$$-1 < x < \sqrt{2} - 1.$$

§2 序列极限

内 容 提 要

1. 序列极限的定义

定义 (序列极限) $\forall \varepsilon > 0, \exists N,$ 当 $n > N$ 时, 有 $|x_n - a| < \varepsilon$, 则称序列 $\{x_n\}$ 当 $n \to \infty$ 时**收敛**于 a, 记做 $\lim\limits_{n \to \infty} x_n = a$.

注   序列极限的几何意义如图 1.11 所示. 极限定义中符号 "$\forall$" 表示 "任给" 或 "任意给定的" 的意思; 符号 "$\exists$" 表示 "存在" 的意思, 下同.

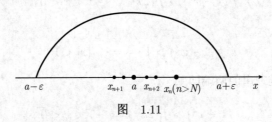

图   1.11

2. 序列极限的性质与运算

(1) 若序列极限存在, 则极限值唯一;

(2) 若序列极限存在, 则序列是有界的;

(3) 四则运算公式:

$$\lim_{n \to \infty} (x_n \pm y_n) = \lim_{n \to \infty} x_n \pm \lim_{n \to \infty} y_n,$$

$$\lim_{n \to \infty} (x_n \cdot y_n) = \lim_{n \to \infty} x_n \cdot \lim_{n \to \infty} y_n,$$

$$\lim_{n \to \infty} \frac{x_n}{y_n} = \frac{\lim\limits_{n \to \infty} x_n}{\lim\limits_{n \to \infty} y_n} \quad \left(\lim_{n \to \infty} y_n \neq 0\right);$$

(4) 保序性: $x_n \leqslant y_n \Longrightarrow \lim\limits_{n \to \infty} x_n \leqslant \lim\limits_{n \to \infty} y_n;$

(5) 夹逼定理:

设 $\{a_n\}, \{b_n\}, \{c_n\}$ 为三个序列, 并且存在一个自然数 N, 使得

$$a_n \leqslant b_n \leqslant c_n, \quad \forall n \geqslant N.$$

若 $\{a_n\}$ 与 $\{c_n\}$ 都有极限存在, 并都等于 a, 则 $\{b_n\}$ 的极限存在. 并且也等于 a.

3. 单调序列极限存在的准则

若序列 $\{x_n\}$ 单调上升, 有上界, 或单调下降, 有下界, 则极限 $\lim\limits_{n\to\infty} x_n$ 存在.

4. 一个重要极限

$$\lim_{n\to\infty}\left(1+\frac{1}{n}\right)^n = \mathrm{e}.$$

5. 函数极限

(1) 自变量趋于有限数时函数极限的定义:

定义 $\left(\lim\limits_{x\to x_0} f(x) = A\right)$ 对任意给定的 $\varepsilon > 0, \exists \delta > 0$, 当 $0 < |x - x_0| < \delta$ 时, 有 $|f(x) - A| < \varepsilon$, 则称 $f(x)$ 当 $x \to x_0$ 时**收敛**于 A, 记做 $\lim\limits_{x\to x_0} f(x) = A$.

函数极限 $\lim\limits_{x\to x_0} f(x) = A$ 具有唯一性, 有极限的函数具有局部有界性、极限的四则运算公式、保序性, 以及重要极限

$$\lim_{x\to 0}\frac{\sin x}{x} = 1.$$

若函数单调有界, 则当 $x \to x_0$ 时其极限存在.

(2) 自变量趋于无限时函数极限的定义:

定义 $\left(\lim\limits_{x\to\infty} f(x) = A\right)$ 对任意给定的 $\varepsilon > 0, \exists X > 0$, 当 $|x| > X$ 时, 有 $|f(x) - A| < \varepsilon$, 则称 $f(x)$ 当 $x \to \infty$ 时**收敛**于 A, 记做 $\lim\limits_{x\to\infty} f(x) = A$.

函数极限 $\lim\limits_{x\to\infty} f(x) = A$ 具有唯一性, 有极限的函数具有局部有界性、极限的四则运算公式、保序性, 以及重要极限

$$\lim_{x\to\infty}\left(1+\frac{1}{x}\right)^x = \mathrm{e}.$$

若函数单调有界, 那么当 $x \to \pm\infty$ 时其极限存在.

(3) 六种极限过程及其数学刻画 (见表 1.1):

表 1.1

	极限过程	极限目标	用 δ 或 X 刻画接近目标
双侧	$x \to x_0$	x_0	$0 < |x - x_0| < \delta$
极限	$x \to \infty$	∞	$|x| > X$

	极限过程	极限目标	用 δ 或 X 刻画接近目标
单侧 极限	$x \to x_0 + 0$	x_0	$0 < x - x_0 < \delta$
	$x \to x_0 - 0$	x_0	$0 < x_0 - x < \delta$
	$x \to +\infty$	∞	$x > X$
	$x \to -\infty$	∞	$x < -X$

(4) 四种极限值 (表 1.2):

表 1.2

极限值	用 ε 或 M 刻画
有限数 A	$\forall \varepsilon > 0$, 当 x 充分接近极限目标时, 有 $\lvert f(x) - A \rvert < \varepsilon$,
∞	$\forall M > 0$, 当 x 充分接近极限目标时, 有 $\lvert f(x) \rvert > M$
$+\infty$	$\forall M > 0$, 当 x 充分接近极限目标时, 有 $f(x) > M$
$-\infty$	$\forall M > 0$, 当 x 充分接近极限目标时, 有 $f(x) < -M$

(5) 极限值为有限数 A 的夹逼定理 (表 1.3):

表 1.3

极限过程	夹逼定理
$x \to x_0$	若 $\exists \delta > 0$, 当 $0 < \lvert x - x_0 \rvert < \delta$ 时, $$f(x) \leqslant h(x) \leqslant g(x),$$ 且 $\lim\limits_{x \to x_0} f(x) = \lim\limits_{x \to x_0} g(x) = A$, 则 $$\lim\limits_{x \to x_0} h(x) = A$$
$x \to \infty$	若 $\exists x > 0$, 当 $\lvert x \rvert > X$ 时, $$f(x) \leqslant h(x) \leqslant g(x),$$ 且 $\lim\limits_{x \to \infty} f(x) = \lim\limits_{x \to \infty} g(x) = A$, 则 $$\lim\limits_{x \to \infty} h(x) = A$$

6. 无穷小与无穷大

(1) 极限为零的变量称为**无穷小量** (有时简称**无穷小**). 有限个无穷小量之和为无穷小量, 无穷小量与有界变量之积为无穷小量; 有极限的变量等于常数加无穷小量, 即

$$\lim f = A \Longleftrightarrow f = A + o(1),$$

其中 $o(1)$ 表示同一极限过程的无穷小.

(2) 极限为无穷 (包括 $-\infty, +\infty$) 的变量称为**无穷大量** (有时简称无穷大). 若变量不取零值, 显然变量为无穷大量的充要条件是它的倒数是无穷小量.

7. 函数极限与序列极限的关系 ——— 归结原理

若 $f(x)$ 在空心邻域 $(x_0 - \delta, x_0 + \delta) \setminus \{x_0\}$ 上定义, 则极限 $\lim\limits_{x \to x_0} f(x) = A$ 成立的充分且必要条件为: 对于 $(x_0 - \delta, x_0 + \delta) \setminus \{x_0\}$ 内的任一序列 $\{x_n\}$, 都有

$$\lim_{n \to \infty} x_n = x_0 \Longrightarrow \lim_{n \to \infty} f(x_n) = A.$$

特别是, $f(x)$ 在 $x \to 0$ 过程中是无穷小量的充分且必要条件为: 对于 $(-\delta, \delta) \setminus \{0\}$ 内的任一序列 $\{x_n\}$, 都有 $\lim\limits_{n \to \infty} x_n = 0 \Longrightarrow \lim\limits_{n \to \infty} f(x_n) = 0$.

典型例题解析

例 1　设 $a > 0$, 求证: $\lim\limits_{n \to \infty} \sqrt[n]{a} = 1$.

证　当 $a = 1$ 时, $\lim\limits_{n \to \infty} \sqrt[n]{a} = \lim\limits_{n \to \infty} 1 = 1$.

当 $a > 1$ 时, 设 $\sqrt[n]{a} = 1 + h_n, h_n > 0$, 则 $a = (1 + h_n)^n \geqslant n h_n$,

$$1 \leqslant \sqrt[n]{a} = 1 + h_n \leqslant 1 + \frac{a}{n},$$

利用夹逼定理, 有 $\lim\limits_{n \to \infty} \sqrt[n]{a} = 1$.

当 $a < 1$ 时, 有 $\dfrac{1}{a} > 1$, 则有 $\lim\limits_{n \to \infty} \sqrt[n]{\dfrac{1}{a}} = 1$, 即

$$\lim_{n \to \infty} \frac{1}{\sqrt[n]{a}} = 1, \text{ 由此得 } \lim_{n \to \infty} \sqrt[n]{a} = 1.$$

例 2　求证: $\lim\limits_{n \to \infty} \dfrac{1}{\sqrt[n]{n!}} = 0$.

证　考虑二次函数 $f(x) = x(n + 1 - x)(1 \leqslant x \leqslant n)$, 如图 1.12 所示. 显然, 当 $1 \leqslant x \leqslant n$ 时, $x(n + 1 - x) \geqslant n$, 故有

$$
\begin{array}{ccc}
(n!)^2 & & n^n \\
\| & & \| \\
(1 \cdot n)(2 \cdot (n-1))(3 \cdot (n-2)) \cdots (n \cdot 1) & \geqslant & \underbrace{n \cdot n \cdots \cdots n}_{n \uparrow}
\end{array}
$$

从此 U 形等式–不等式串的两端即知 $(n!)^2 \geqslant n^n$. 于是 $\sqrt[n]{n!} \geqslant \sqrt{n} \Longrightarrow$ $0 < \dfrac{1}{\sqrt[n]{n!}} \leqslant \dfrac{1}{\sqrt{n}}$. 由不等式两边夹准则, 即知

$$\lim_{n \to \infty} \frac{1}{\sqrt[n]{n!}} = 0.$$

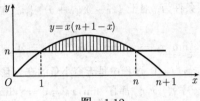

图 1.12

例 3　设 $a_n = \dfrac{n!}{(2n+1)!!} = \dfrac{n(n-1)\cdots 3 \cdot 2 \cdot 1}{(2n+1)(2n-1)\cdots 3 \cdot 1}$, 求证:

$$\lim_{n \to \infty} a_n = 0.$$

证　由题设, $a_{n+1} = \dfrac{(n+1)!}{(2n+3)(2n+1)!!} = \dfrac{n+1}{2n+3} a_n < a_n$, 即知 a_n 单调下降. 又 $a_n > 0$, 即 a_n 有下界. 根据单调序列极限存在的准则, 即知极限 $\lim\limits_{n \to \infty} a_n$ 存在. 于是可设 $\lim\limits_{n \to \infty} a_n = a$. 进一步, 对

$a_{n+1} = \dfrac{n+1}{2n+3} a_n$ 两边取极限, 即得 $a = \dfrac{1}{2}a$, 由此即得 $a = 0$. 即

$$\lim_{n \to \infty} a_n = 0.$$

例 4　设 $\alpha \in (0,1)$, 求 $\lim\limits_{n \to \infty} ((n+1)^\alpha - n^\alpha)$.

解　注意到 $\left(1 + \dfrac{1}{n}\right)^\alpha < \left(1 + \dfrac{1}{n}\right)$, 便有

$$(n+1)^\alpha - n^\alpha \qquad\qquad\qquad \frac{1}{n^{1-\alpha}}$$
$$\|\qquad\qquad\qquad\qquad\qquad\qquad \|$$
$$n^\alpha \left(\left(1 + \frac{1}{n}\right)^\alpha - 1\right) < n^\alpha \left(\left(1 + \frac{1}{n}\right) - 1\right)$$

从此 U 形等式–不等式串的两端即知

$$0 < (n+1)^\alpha - n^\alpha < \frac{1}{n^{1-\alpha}}.$$

14

根据夹逼定理, 即知

$$\lim_{n\to\infty} ((n+1)^\alpha - n^\alpha) = 0.$$

例 5 求 $\displaystyle\lim_{n\to\infty} \frac{1 \cdot 1! + 2 \cdot 2! + \cdots + + n \cdot n!}{(n+1)!}$.

解 因为

$$(k+1)! - k! = (k+1)k! - k! = k \cdot k!, \quad k = 1, 2, \cdots, n,$$

所以

$$\begin{array}{ccc}
\dfrac{1 \cdot 1! + 2 \cdot 2! + \cdots + + n \cdot n!}{(n+1)!} & & 1 - \dfrac{1}{(n+1)!} \\
\| & & \| \\
\dfrac{(2! - 1!) + (3! - 2!) + \cdots + ((n+1)! - n!)}{(n+1)!} & = & \dfrac{(n+1)! - 1}{(n+1)!}
\end{array}$$

从此 U 形等式–不等式串的两端即知

$$\frac{1 \cdot 1! + 2 \cdot 2! + \cdots + n \cdot n!}{(n+1)!} = 1 - \frac{1}{(n+1)!}.$$

故

$$\lim_{n\to\infty} \frac{1 \cdot 1! + 2 \cdot 2! + \cdots + n \cdot n!}{(n+1)!} = 1.$$

例 6 斐波那契 (Fibonacci) 数列 $\{a_n\}$ 定义为

$$a_1 = a_2 = 1, \quad a_{n+2} = a_n + a_{n+1}.$$

① 求证：$a_n = \dfrac{\alpha^n - \beta^n}{\alpha - \beta}$, 其中 α, β 是二次方程 $x^2 = x + 1$ 的根;

② 求 $\displaystyle\lim_{n\to\infty} \sqrt[n]{a_n}$.

解 ① **证** 我们可以假设 $\alpha > \beta$, 则 $\alpha = \dfrac{1+\sqrt{5}}{2}, \beta = \dfrac{1-\sqrt{5}}{2}$. 用数学归纳法证明结论.

当 $n = 1, 2$ 时, $a_1 = 1 = \dfrac{\alpha^1 - \beta^1}{\alpha - \beta}, a_2 = 1 = \alpha + \beta = \dfrac{\alpha^2 - \beta^2}{\alpha - \beta}$, 结

论成立. 假设当 $n = k, k+1$ 时, 结论成立, 即 $a_k = \dfrac{\alpha^k - \beta^k}{\alpha - \beta}$, $a_{k+1} = \dfrac{\alpha^{k+1} - \beta^{k+1}}{\alpha - \beta}$, 那么

$$
\begin{array}{ccc}
a_{k+2} & & \dfrac{\alpha^{k+2} - \beta^{k+2}}{\alpha - \beta} \\
\| & & \| \\
a_k + a_{k+1} & & \dfrac{\alpha^k \cdot \alpha^2 - \beta^k \cdot \beta^2}{\alpha - \beta} \\
\| & & {\scriptstyle \alpha + 1 = \alpha^2 \| \beta + 1 = \beta^2} \\
\end{array}
$$

$$
\frac{\alpha^k - \beta^k}{\alpha - \beta} + \frac{\alpha^{k+1} - \beta^{k+1}}{\alpha - \beta} = \frac{\alpha^k(\alpha + 1) - \beta^k(\beta + 1)}{\alpha - \beta}
$$

从此 U 形等式串的两端即知 $a_{k+2} = \dfrac{\alpha^{k+2} - \beta^{k+2}}{\alpha - \beta}$. 因此 $n = k + 2$ 时结论成立. 于是根据数学归纳法原理, $a_n = \dfrac{\alpha^n - \beta^n}{\alpha - \beta}$ 对一切自然数成立.

② 解　因为

$$
\alpha \sqrt[n]{1 - \left|\frac{\beta}{\alpha}\right|^n} \leqslant \sqrt[n]{\alpha^n - \beta^n} \leqslant \alpha \sqrt[n]{1 + \left|\frac{\beta}{\alpha}\right|^n},
$$

所以根据夹逼定理, $\lim\limits_{n \to \infty} \sqrt[n]{\alpha^n - \beta^n} = \alpha$, 于是

$$
\begin{array}{ccc}
\lim\limits_{n \to \infty} \sqrt[n]{a_n} & & \alpha \\
\| & & \| \\
\lim\limits_{n \to \infty} \sqrt[n]{\dfrac{\alpha^n - \beta^n}{\alpha - \beta}} & = & \dfrac{\lim\limits_{n \to \infty} \sqrt[n]{\alpha^n - \beta^n}}{\lim\limits_{n \to \infty} \sqrt[n]{\alpha - \beta}}
\end{array}
$$

从此 U 形等式串的两端即知 $\lim\limits_{n \to \infty} \sqrt[n]{a_n} = \dfrac{1 + \sqrt{5}}{2}$.

例 7　对每一个实数 x, 记号 $[x]$ 表示不超过 x 的最大整数.

① 设 $0 < |x| < 1$, 求证: $1 - |x| < |x| \left[\dfrac{1}{|x|}\right] < 1 + |x|$, 并求

16

$$\lim_{x \to 0} |x| \left[\frac{1}{|x|}\right] = 1;$$

② 求 $\lim\limits_{x \to 0} x^2 \left(1 + 2 + 3 + \cdots + \left[\frac{1}{|x|}\right]\right)$.

解 ① 先看 $x > 0$ 的情况. 因为 $[x] \leqslant x < [x] + 1$, 用 $\frac{1}{x}$ 替代 x, 便有

$$\left[\frac{1}{x}\right] \leqslant \frac{1}{x} < \left[\frac{1}{x}\right] + 1, \text{ 所以 } x\left[\frac{1}{x}\right] = \frac{\left[\frac{1}{x}\right]}{\frac{1}{x}} \leqslant 1$$

以及

$$1 < x\left[\frac{1}{x}\right] + x, \text{ 即 } 1 - x < x\left[\frac{1}{x}\right],$$

即有

$$1 - |x| < |x|\left[\frac{1}{|x|}\right] \leqslant 1. \tag{1}$$

再看 $x < 0$ 的情况. 因为 $[x] \leqslant x < [x] + 1$, 用 $\frac{1}{x}$ 替代 x, 便有

$$\left[\frac{1}{x}\right] \leqslant \frac{1}{x} < \left[\frac{1}{x}\right] + 1, \text{ 所以 } x\left[\frac{1}{x}\right] = \frac{\left[\frac{1}{x}\right]}{\frac{1}{x}} \geqslant 1$$

以及

$$1 > x\left[\frac{1}{x}\right] + x, \text{ 即 } 1 - x > x\left[\frac{1}{x}\right],$$

即有

$$1 \leqslant |x|\left[\frac{1}{|x|}\right] < 1 + |x|. \tag{2}$$

联合 (1), (2) 两个不等式即得

$$1 - |x| < |x|\left[\frac{1}{|x|}\right] < 1 + |x|.$$

再由夹逼定理, 即知 $\lim\limits_{x \to 0} |x| \left[\frac{1}{|x|}\right] = 1.$

② 用等差数列求 $\left[\dfrac{1}{|x|}\right]$ 项和公式, 得到

$$x^2\left(1+2+3+\cdots+\left[\dfrac{1}{|x|}\right]\right) \qquad \dfrac{|x|+|x|\left[\dfrac{1}{|x|}\right]}{2}|x|\left[\dfrac{1}{|x|}\right]$$

$$\parallel \qquad\qquad\qquad\qquad\qquad \parallel$$

$$|x|^2\dfrac{1+\left[\dfrac{1}{|x|}\right]}{2}\left[\dfrac{1}{|x|}\right] \quad=\quad |x|\dfrac{1+\left[\dfrac{1}{|x|}\right]}{2}|x|\left[\dfrac{1}{|x|}\right]$$

从此 U 形等式串的两端即知

$$x^2\left(1+2+3+\cdots+\left[\dfrac{1}{|x|}\right]\right)=\dfrac{|x|+|x|\left[\dfrac{1}{|x|}\right]}{2}|x|\left[\dfrac{1}{|x|}\right]. \qquad (3)$$

根据第 ① 小题的结果, (3) 式右边极限

$$\lim_{x\to 0}\dfrac{|x|+|x|\left[\dfrac{1}{|x|}\right]}{2}|x|\left[\dfrac{1}{|x|}\right]=\dfrac{0+1}{2}\cdot 1=\dfrac{1}{2},$$

所以, (3) 式左边极限

$$\lim_{x\to 0}x^2\left(1+2+3+\cdots+\left[\dfrac{1}{|x|}\right]\right)=\dfrac{1}{2}.$$

例 8　设 $P(x)$ 是正系数多项式, 求证: $\lim\limits_{x\to+\infty}\dfrac{[P(x)]}{P(x)}=1.$

证　依题意, 所讨论的极限过程是 $x\to+\infty$, 可以只考虑 $\forall x>1$. 又因为 $P(x)$ 是正系数多项式, 所以 $P(x)>0$, 并且 $\lim\limits_{x\to+\infty}P(x)=+\infty$. 进一步, 根据 $[x]$ 函数的性质, 有

$$[P(x)]\leqslant P(x)<[P(x)]+1. \qquad (1)$$

一方面, (1) 式左端不等式给出 $\dfrac{[P(x)]}{P(x)}\leqslant 1.$

另一方面, (1) 式右端不等式给出 $\dfrac{P(x)-1}{P(x)}<\dfrac{[P(x)]}{P(x)}.$

联合以上两方面, 得到

$$1 - \frac{1}{P(x)} < \frac{[P(x)]}{P(x)} \leqslant 1.$$

最后根据夹逼定理, 即得 $\lim\limits_{x \to +\infty} \dfrac{[P(x)]}{P(x)} = 1.$

例 9 设 $\{a_n\}$ 单调下降, 且 $\lim\limits_{n \to \infty} a_n = 0$, 令

$$b_n = \frac{a_1 + a_2 + \cdots + a_n}{n}.$$

求证: ① $\{b_n\}$ 单调下降;

② $b_{2n} \leqslant \dfrac{1}{2}(a_n + b_n)$;

③ $\lim\limits_{n \to \infty} b_n = 0.$

证 ① 因为

$$\begin{aligned}
b_{n+1} - b_n &= \frac{a_1 + a_2 + \cdots + a_n + a_{n+1}}{n+1} - \frac{a_1 + a_2 + \cdots + a_n}{n} \\
&= \frac{na_{n+1} - (a_1 + a_2 + \cdots + a_n)}{n(n+1)} \leqslant 0,
\end{aligned}$$

所以 $\{b_n\}$ 单调下降.

②
$$\begin{aligned}
b_{2n} &= \frac{a_1 + \cdots + a_n + a_{n+1} + \cdots + a_{2n}}{2n} \\
&= \underbrace{\frac{a_1 + \cdots + a_n}{2n}}_{=\frac{1}{2}b_n} + \underbrace{\frac{a_{n+1} + \cdots + a_{2n}}{2n}}_{\leqslant \frac{1}{2}a_n}.
\end{aligned}$$

③ 因为 $\{a_n\}$ 单调下降, 且 $\lim\limits_{n \to \infty} a_n = 0$, 所以 $a_n \geqslant 0$, 从而 $b_n \geqslant 0$.

联合第 ① 小题的结果, $b_n \geqslant 0$ 且 $\{b_n\}$ 单调下降, 故 $\exists \lim\limits_{n \to \infty} b_n$, 设 $\lim\limits_{n \to \infty} b_n = b.$

对第 ② 小题的结果 $b_{2n} \leqslant \dfrac{1}{2}(a_n + b_n)$, 两边取极限, 得到 $0 \leqslant b \leqslant \dfrac{1}{2}(0 + b) \Longrightarrow b = 0$, 即得 $\lim\limits_{n \to \infty} b_n = 0.$

例 10 如图 1.13 所示, 设 $f_n(x) = \begin{cases} x, & |x| < 1/n, \\ n, & |x| \geqslant 1/n \end{cases}$ $(n \in \mathbb{N})$.

求证:

① 对于每一个固定的 n, 当 $x \to 0$ 时, $f_n(x)$ 是一个无穷小量;

② 当 $x \to 0$ 时, $f(x) \overset{\text{def}}{=\!=} \prod_{n=1}^{\infty} f_n(x)$ 不是无穷小量.

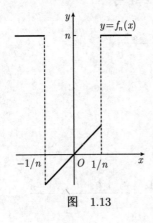
图 1.13

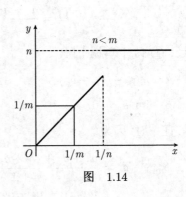
图 1.14

证 ① 对于每一个固定的 n, 当 $|x| < \dfrac{1}{n}$ 时, $f_n(x) \equiv x \to 0$ (当 $x \to 0$ 时). 故此时 $f_n(x)$ 是无穷小量.

② 为了证明 $f(x) = \prod_{n=1}^{\infty} f_n(x)$ 不是无穷小量, 根据归结原理只要证

$$f\left(\frac{1}{m}\right) = \prod_{n=1}^{\infty} f_n\left(\frac{1}{m}\right) \geqslant 1, \quad m = 1, 2, \cdots.$$

事实上 $f_n\left(\dfrac{1}{m}\right) = \begin{cases} \dfrac{1}{m}, & n < m, \\ n, & n \geqslant m. \end{cases}$ 于是, 当 $n < m$ 时, $\dfrac{1}{m} < \dfrac{1}{n} \Longrightarrow$

$f_n\left(\dfrac{1}{m}\right) = \dfrac{1}{m}$ (图 1.14). 故有

$$\prod_{n=1}^{m-1} f_n\left(\frac{1}{m}\right) = \left(\frac{1}{m}\right)^{m-1}. \tag{1}$$

20

当 $n \geqslant m$ 时,

$$\frac{1}{m} \geqslant \frac{1}{n} \Longrightarrow f_n\left(\frac{1}{m}\right) = n \text{ (图 1.15)}.$$

故有

$$\prod_{n=m}^{2m} f_n\left(\frac{1}{m}\right) = \prod_{n=m}^{2m} n = m(m+1)\cdots(2m) \geqslant m^{m+1}. \tag{2}$$

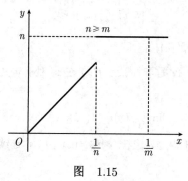

图 1.15

联合 (1), (2) 两式即有

$$
\begin{array}{ccc}
f\left(\dfrac{1}{m}\right) & & 1 \\[2mm]
\| & & \wedge \\[2mm]
\displaystyle\prod_{n=1}^{\infty} f_n\left(\dfrac{1}{m}\right) & & m^2 \\[2mm]
\vee & & \| \\[2mm]
\displaystyle\prod_{n=1}^{2m} f_n\left(\dfrac{1}{m}\right) = \prod_{n=1}^{m-1} f_n\left(\dfrac{1}{m}\right) \cdot \prod_{n=m}^{2m} f_n\left(\dfrac{1}{m}\right) & = & \left(\dfrac{1}{m}\right)^{m-1} \cdot m^{m+1}
\end{array}
$$

从此 U 形等式–不等式串的两端即知

$$\left| f\left(\frac{1}{m}\right) \right| \geqslant 1, \quad m = 1, 2, \cdots.$$

故在 $x \to 0$ 过程中, $f(x)$ 不是无穷小量. 证毕.

§3 连 续

内 容 提 要

1. 函数连续的判定

函数 $f(x)$ 在点 x_0 连续, 有如下三个等价的表述:

(1) $\forall \varepsilon > 0, \exists \delta > 0$, 当 $|x - x_0| < \delta$ 时, 恒有

$$|f(x) - f(x_0)| < \varepsilon.$$

(2) $\lim\limits_{x \to x_0} f(x) = f(x_0)$.

这个等式意味着, 必须同时满足: $f(x)$ 在 x_0 处有定义, $\lim\limits_{x \to x_0} f(x)$ 存在, 并且极限值等于 $f(x_0)$.

(3) $\lim\limits_{x \to x_0 + 0} f(x) = \lim\limits_{x \to x_0 - 0} f(x) = f(x_0)$.

若 $f(x)$ 在区间 I 内处处连续, 则称 $f(x)$ 在 I 内连续. 初等函数在其定义区间内是连续的.

2. 函数间断点的判定及类型

函数的不连续点称为间断点. 函数在间断点处, 可以有定义. 也可以没有定义, 但在该点附近 (双边或单边) 函数必须有定义. 间断点分为两大类, 见表 1.4.

表 1.4

第一类间断点		第二类间断点	
$f(x_0 + 0), f(x_0 - 0)$ 均存在		$f(x_0 + 0), f(x_0 - 0)$ 至少一个不存在	
$f(x_0 + 0) = (x_0 - 0)$	$f(x_0 + 0) \neq f(x_0 - 0)$	至少一个为 ∞	$f(x_0 \pm 0)$ 非 ∞ 或不存在
x_0 可去间断点	x_0 跳跃间断点	x_0 无穷间断点	x_0 振荡间断点

3. 闭区间上连续函数的性质

性质 1 (最值定理)　设函数 $f(x)$ 在闭区间 $[a, b]$ 上连续, 则在 $[a, b]$ 上 $f(x)$ 一定有最大值和最小值.

性质 2 (有界性定理)　设函数 $f(x)$ 在闭区间 $[a, b]$ 上连续, 则存在数 $M > 0$, 使得

$$|f(x)| \leqslant M, \quad \forall x \in [a, b].$$

22

性质 3 (介值定理)　设函数 $f(x)$ 在闭区间 $[a, b]$ 上连续, η 介于 $f(a)$ 与 $f(b)$ 之间, 即

$$\min\{f(a), f(b)\} \leqslant \eta \leqslant \max\{f(a), f(b)\},$$

则至少存在一点 $\xi \in (a, b)$, 使得 $f(\xi) = \eta$.

性质 4 (零点存在定理)　若函数 $f(x)$ 在闭区间 $[a, b]$ 上连续, 且 $f(a) \cdot f(b) < 0$, 则至少存在一点 $\xi \in (a, b)$, 使得 $f(\xi) = 0$.

注　零点存在定理本是介值定理的特殊情况, 鉴于常用将它单列.

典型例题解析

例 1　若 $x = 0$ 是

$$f(x) = \frac{\sqrt{1 + \sin x + \sin^2 x} - (a + b \sin x)}{\sin^2 x}$$

的可去间断点, 求 a, b 的值.

解　为了简化 $f(x)$ 的表达式, 注意到当 $x \to 0$ 时,

$$\sqrt{1 + \sin x + \sin^2 x} \sim 1 + \frac{1}{2}\left(\sin x + \sin^2 x\right) \sim 1 + \frac{1}{2}\sin x.$$

令

$$g(x) = \frac{\sqrt{1 + \sin x + \sin^2 x} - \left(1 + \dfrac{1}{2}\sin x\right)}{\sin^2 x},$$

则有

$$
\begin{array}{ccc}
\lim\limits_{x \to 0} g(x) & & \dfrac{3}{8} \\
\| & & \| \\
\lim\limits_{x \to 0} \dfrac{\sqrt{1 + \sin x + \sin^2 x} - 1 - \dfrac{1}{2}\sin x}{\sin^2 x} & = & \lim\limits_{x \to 0} \dfrac{\dfrac{3}{4}\sin^2 x}{\sin^2 x\left(\sqrt{1 + \sin x + \sin^2 x} + 1 + \dfrac{1}{2}\sin x\right)}
\end{array}
$$

从此 U 形等式串的两端即知 $\lim\limits_{x \to 0} g(x) = \dfrac{3}{8}$. 又

$$f(x) - g(x) = \frac{(1 - a) - \left(b - \dfrac{1}{2}\right)\sin x}{\sin^2 x}, \tag{1}$$

23

因为 $x = 0$ 是 $f(x)$ 的可去间断点, 所以 $\lim\limits_{x \to 0} f(x)$ 存在. 而 $\lim\limits_{x \to 0} g(x) = \dfrac{3}{8}$, 故 $\lim\limits_{x \to 0} (f(x) - g(x))$ 也存在. 因此 $\lim\limits_{x \to 0} (f(x) - g(x)) \cdot \sin^2 x = 0$, 由 (1) 式即

$$\lim_{x \to 0} \left[(1 - a) - \left(b - \frac{1}{2} \right) \sin x \right] = 0,$$

由此推出 $a = 1$, 将之代入 (1) 式, 此时因为 $\lim\limits_{x \to 0} (f(x) - g(x)) \cdot \sin x = 0$, 所以由 (1) 式给出

$$\lim_{x \to 0} \frac{-\left(b - \dfrac{1}{2} \right) \sin x}{\sin x} = 0 \Longrightarrow b = \frac{1}{2}.$$

评注 本例用引进辅助函数 $g(x)$, 以较简单的 $f(x) - g(x)$ 替代 $f(x)$ 使过程简化.

例 2 若函数 $y = f(x)$ 是区间 $[a, b]$ 上的一一对应的连续函数, 求证: $f(x)$ 是区间 $[a, b]$ 上的严格单调函数.

证 因为 $f(x)$ 在区间 $[a, b]$ 上是一一对应的, 所以 $f(a) \neq f(b)$. 不妨假设 $f(a) < f(b)$.

第一步证明: 对 $\forall x \in (a, b)$, 有 $f(a) < f(x) < f(b)$. 用反证法.

① 若 $\exists x \in (a, b)$, 使得 $f(x) < f(a)$, 如图 1.16 所示. 那么在 $[x, b]$ 上用连续函数中间值定理, 因为 $f(x) < f(a) < f(b)$, 所以 $\exists \xi \in (x, b)$ 使得 $f(\xi) = f(a)$, 这与 $f(x)$ 在区间 $[a, b]$ 上的一一性矛盾.

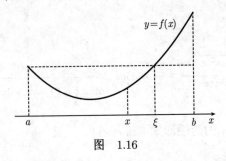

图 1.16

② 若 $\exists x \in (a, b)$, 使得 $f(x) > f(b)$, 如图 1.17 所示. 那么在 $[a, x]$ 上用连续函数中间值定理, 因为 $f(a) < f(b) < f(x)$, 所以 $\exists \eta \in (a, x)$

24

使得 $f(\eta) = f(b)$, 这与 $f(x)$ 在区间 $[a,b]$ 上的一一性矛盾.

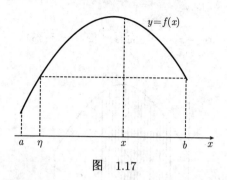

图　1.17

联合 ①, ② 即知, 对 $\forall x \in (a,b)$, 有 $f(a) < f(x) < f(b)$.

第二步证明: 对 $\forall a < x_1 < x_2 < b$, 有 $f(x_1) < f(x_2)$. 用反证法. 若 $\exists a < x_1 < x_2 < b$, 使得 $f(x_1) > f(x_2)$, 如图 1.18 所示, 根据第一步证明的结果, 有 $f(x_1) < f(b)$. 于是在区间 $[x_2, b]$ 上, 有 $f(x_2) < f(x_1) < f(b)$ 成立. 那么在 $[x_2, b]$ 上用连续函数中间值定理, 便 $\exists \zeta \in (x_2, b)$ 使得 $f(\zeta) = f(x_1)$, 这与 $f(x)$ 在区间 $[a,b]$ 上的一一性矛盾.

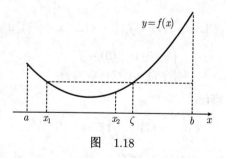

图　1.18

评注　因为在证明的开头, 我们假设 $f(a) < f(b)$, 所以 $f(x)$ 是区间 $[a,b]$ 上的严格单调增加函数. 如果开头假设 $f(a) > f(b)$, 那么 $f(x)$ 是区间 $[a,b]$ 上的严格单调减少函数. 这不必要重新证明, 只要考虑 $-f(x)$, 则有 $-f(a) < -f(b)$, 对 $-f(x)$ 用已证的结论, 便知 $-f(x)$ 是区间 $[a,b]$ 上的严格单调增加函数, 也就是 $f(x)$ 是区间 $[a,b]$ 上的严格单调减少函数.

例 3 设函数 $f(x)$ 在 $[0,2]$ 上连续, 且 $f(0) = f(2)$ (图 1.19). 求证: $\exists x_1, x_2 \in [0,2]$, 使得

$$x_2 - x_1 = 1, \ \text{而且} \ f(x_1) = f(x_2).$$

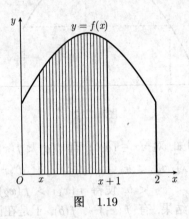

图 1.19

证 考虑 $x_1 = x, x_2 = 1 + x$,

$$f(x_1) = f(x_2) \Longrightarrow f(x) = f(1 + x).$$

作辅助函数

$$F(x) = f(x) - f(1 + x), \quad x \in [0,1],$$

则有
$$\begin{cases} F(0) = f(0) - f(1), \\ F(1) = f(1) - f(2). \end{cases}$$

又 $f(0) = f(2)$, 推出

$$F(0) \cdot F(1) = -\left(f(0) - f(1)\right)^2. \tag{1}$$

① 如果 $f(0) - f(1) = 0$, 则取 $x_1 = 0, x_2 = 1$, 便满足 $x_2 - x_1 = 1$, 而且 $f(x_1) = f(x_2)$;

② 如果 $f(0) - f(1) \neq 0$, 则由 $(1) \Longrightarrow F(0), F(1)$ 异号, 由零点存在定理, $\exists \xi \in (0,1)$, 使得 $F(\xi) = 0$, 于是取

$$x_1 = \xi, \quad x_2 = \xi + 1$$

便满足 $x_2 - x_1 = 1$, 而且 $f(x_1) = f(x_2)$.

26

例 4　设函数 $f(x)$ 在 $[0,2]$ 上连续. 求证: $\exists x_1, x_2 \in [0,2]$, 使得

$$x_2 - x_1 = 1, \text{ 而且 } f(x_2) - f(x_1) = \frac{1}{2}(f(2) - f(0)).$$

证法 1　从与上例对照下手, 上例有条件 $f(0) = f(2)$, 本题没有这个条件. 考虑将本题的曲线减去连接该曲线两端点的弦 (图 1.20), 构造辅助函数:

$$F(x) = f(x) - \left[f(0) + \frac{f(2) - f(0)}{2}x\right],$$

则有 $F(0) = 0, F(2) = 0.$ 应用例 3 结果, $\exists x_1, x_2 \in [0,2]$, 使得 $x_2 - x_1 = 1$, 而且 $F(x_1) = F(x_2)$, 即有

$$f(x_1) - \left[f(0) + \frac{f(2) - f(0)}{2}x_1\right] = f(x_2) - \left[f(0) + \frac{f(2) - f(0)}{2}x_2\right],$$

移项即有

$$\begin{array}{cc} f(x_2) - f(x_1) & \frac{1}{2}(f(2) - f(0)) \\ \| & \text{因为 } \| x_2 - x_1 = 1 \\ \left[f(0) + \frac{f(2) - f(0)}{2}x_2\right] & = \left[\frac{f(2) - f(0)}{2}x_2\right] - \left[\frac{f(2) - f(0)}{2}x_1\right] \\ - \left[f(0) + \frac{f(2) - f(0)}{2}x_1\right] & \end{array}$$

从此 U 形等式串的两端即知, $f(x_2) - f(x_1) = \frac{1}{2}(f(2) - f(0))$.

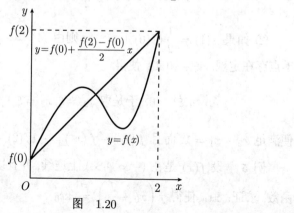

图　1.20

27

证法 2 作辅助函数

$$g(x) = f(x+1) - f(x) - \frac{1}{2}(f(2) - f(0)), \quad x \in [0,1],$$

则有

$$g(0) = f(1) - f(0) - \frac{1}{2}(f(2) - f(0)) = f(1) - \frac{1}{2}(f(0) + f(2)),$$

$$g(1) = f(2) - f(1) - \frac{1}{2}(f(2) - f(0)) = \frac{1}{2}(f(2) + f(0)) - f(1),$$

$$g(0) \cdot g(1) = -\left[f(1) - \frac{1}{2}(f(0) + f(2))\right]^2. \tag{1}$$

① 如果 $f(1) = \frac{1}{2}(f(0) + f(2))$, 取 $x_1 = 0, x_2 = 1$; 便有

$$
\begin{array}{ccc}
f(x_2) - f(x_1) & & \frac{1}{2}(f(2) - f(0)) \\
\| & & \| \\
f(1) - f(0) & = \frac{1}{2}(f(0) + f(2)) - f(0)
\end{array}
$$

从此 U 形等式串的两端即知

$$f(x_2) - f(x_1) = \frac{1}{2}(f(2) - f(0)).$$

② 如果 $f(1) \neq \frac{1}{2}(f(0) + f(2))$, 则由 $(1) \Longrightarrow g(0), g(1)$ 异号, 由零点存在定理, $\exists \xi \in (0,1)$, 使得

$$g(\xi) = 0, \quad \text{于是取 } x_1 = \xi, x_2 = \xi + 1$$

便满足 $x_2 - x_1 = 1$, 而且 $f(x_2) - f(x_1) = \frac{1}{2}(f(2) - f(0))$.

例 5 设 $f(x)$ 是在 $(-\infty, +\infty)$ 上连续, 并且以 T 为周期的周期函数, 求证: $\exists x_0$ 使得 $f\left(x_0 + \frac{T}{2}\right) = f(x_0)$.

28

证 作辅助函数 $g(x) = f\left(x + \dfrac{T}{2}\right) - f(x)$, $x \in (-\infty, +\infty)$, 则有

$$\begin{cases} g(0) = f\left(\dfrac{T}{2}\right) - f(0), \\[2mm] g\left(\dfrac{T}{2}\right) = f(T) - f\left(\dfrac{T}{2}\right) \xrightarrow{f(T)=f(0)} f(0) - f\left(\dfrac{T}{2}\right) \end{cases}$$

$$\Longrightarrow g(0) \cdot g\left(\frac{T}{2}\right) = -\left(f(0) - f\left(\frac{T}{2}\right)\right)^2. \tag{1}$$

① 如果 $f(0) - f\left(\dfrac{T}{2}\right) = 0$, 则取 $x_0 = 0$, 便满足 $f\left(x_0 + \dfrac{T}{2}\right) = f(x_0)$;

② 如果 $f(0) - f\left(\dfrac{T}{2}\right) \neq 0$, 则由 $(1) \Longrightarrow g(0), g(1)$ 异号, 由零点存在定理, $\exists \xi \in \left(0, \dfrac{T}{2}\right)$, 使得

$$g(\xi) = f\left(\xi + \frac{T}{2}\right) - f(\xi) = 0,$$

于是取 $x_0 = \xi$, 便满足 $f\left(x_0 + \dfrac{T}{2}\right) = f(x_0)$.

例 6 设 $(-\infty, +\infty)$ 上的连续函数 $f(x), g(x)$ 满足

$$f(g(x)) = g(f(x)), \quad \forall x \in (-\infty, +\infty).$$

求证: 若方程 $f(f(x)) = g(g(x))$ 有解, 那么 $f(x) = g(x)$ 也有解.

证 用反证法. 如果方程 $f(x) = g(x)$ 无解, 令 $h(x) = f(x) - g(x)$, 因为 $h(x)$ 在 $(-\infty, +\infty)$ 上连续, 所以 $h(x)$ 在 $(-\infty, +\infty)$ 上不变号, 不妨假设 $h(x) > 0$, $\forall x \in (-\infty, +\infty)$. 因为 $f(g(x)) = g(f(x))$, 故有

$$\begin{array}{ccc} 0 & & f(f(x)) - g(g(x)) \\ \wedge & & \| \\ \end{array}$$
$$h(f(x)) + h(g(x)) = f(f(x)) - g(f(x)) + f(g(x)) - g(g(x))$$

从此 U 形等式–不等式串的两端即知

$$f(f(x)) - g(g(x)) > 0, \quad \forall x \in (-\infty, +\infty).$$

这与方程 $f(f(x)) = g(g(x))$ 有解矛盾.

例 7 若 $f(x)$ 在 $[a,b]$ 上连续, 且对任意 $x \in [a,b]$, 满足

$$\left| f(x) - \frac{a+b}{2} \right| \leqslant \frac{b-a}{2}.$$

求证: 方程 $f(f(x)) = x$ 在 $[a,b]$ 上至少有一个解.

证 首先注意条件

$$\left| f(x) - \frac{a+b}{2} \right| \leqslant \frac{b-a}{2} \iff a \leqslant f(x) \leqslant b, \quad \forall x \in [a,b].$$

由此可见 $a \leqslant f(f(x)) \leqslant b$, $\forall x \in [a,b]$, 特别有

$$\begin{cases} a \leqslant f(f(a)), \\ f(f(b)) \leqslant b. \end{cases}$$

进一步, 令 $g(x) = f(f(x)) - x$, 则有

$$\begin{cases} g(a) \geqslant 0, \\ g(b) \leqslant 0. \end{cases}$$

若以上两个不等式中, 有一个取等号, 那么 $x = a$ 或 $x = b$ 便是方程 $f(f(x)) = x$ 的解; 反之, 若以上两个不等式中, 无一个取等号, 那么

$$\begin{cases} g(a) > 0, \\ g(b) < 0. \end{cases}$$

根据连续函数的零点存在定理, $\exists \xi \in (a,b)$, 使得 $g(\xi) = 0$. 这表明方程 $f(f(x)) = x$ 在 $[a,b]$ 上至少有一个解. 结论证毕.

第二章　一元函数微分学

§1　导数和微分

内 容 提 要

1. 导数的定义

定义 (导数)　设 $f(x)$ 在 x_0 的某个邻域内有定义. 若函数增量

$$\Delta y = f(x_0 + \Delta x) - f(x_0)$$

与自变量增量 Δx 之比的极限存在, 则称 $f(x)$ 在 x_0 处**可导**, 此极限称为 $f(x)$ 在点 x_0 的**导数**, 记为

$$y'\big|_{x=x_0} = f'(x_0) = \lim_{x \to x_0} \frac{f(x_0 + \Delta x) - f(x_0)}{\Delta x} = \lim_{\Delta x \to 0} \frac{\Delta y}{\Delta x}.$$

2. 导数的几何意义

导数 $f'(x_0)$ 在几何上是曲线 $y = f(x)$ 在点 $P = (x_0, f(x_0))$ 处切线的斜率.

曲线在点 P 处有垂直于 x 轴的切线, 等价于 $\lim\limits_{\Delta x \to 0} \dfrac{\Delta y}{\Delta x} = +\infty$ 或 $-\infty$.

3. 单侧导数

表达式

$$f'_-(x) = \lim_{\Delta x \to 0-0} \frac{f(x_0 + \Delta x) - f(x_0)}{\Delta x},$$

$$f'_+(x) = \lim_{\Delta x \to 0+0} \frac{f(x_0 + \Delta x) - f(x_0)}{\Delta x}$$

分别表示函数在点 x 处的**左导数**和**右导数**.

函数在点 x 处可导的充分必要条件为 $f'_-(x) = f'_+(x)$.

4. 导数基本公式

$$(x^\alpha)' = \alpha x^{\alpha-1};$$

$$(\sin x)' = \cos x; \qquad (\cos x)' = -\sin x;$$

$$(\tan x)' = \sec^2 x; \qquad (\cot x)' = -\csc^2 x;$$

$$(\arcsin x)' = \frac{1}{\sqrt{1-x^2}}; \quad (\arccos x)' = -\frac{1}{\sqrt{1-x^2}};$$

$$(\arctan x)' = \frac{1}{1+x^2}; \quad (\operatorname{arccot} x)' = -\frac{1}{1+x^2};$$

$$(e^x)' = e^x; \qquad (a^x)' = a^x \ln a \ \ (a > 0);$$

$$(\ln|x|)' = \frac{1}{x}; \qquad (\log_a x)' = \frac{1}{x \ln a} \ \ (a > 0).$$

5. 求导的基本法则

(1) 四则运算求导: 若 $u(x), v(x)$ 可导, 则有

$$(cu)' = cu', \quad (u \pm v)' = u' + v',$$

$$(u \cdot v)' = u' \cdot v + v' \cdot u,$$

$$\left(\frac{u}{v}\right)' = \frac{u' \cdot v - v' \cdot u}{v^2} \quad (v \neq 0).$$

(2) 复合函数求导 —— 锁链法则: 若 $y = f(u), u = u(x)$ 都可导, 则

$$y'_x = y'_u \cdot u'_x.$$

(3) 反函数求导: 设 $x = \varphi(y)$ 在 (c, d) 上连续, 严格单调, 值域为 (a, b), 且 $\varphi'(y_0) \neq 0$, 则反函数 $y = f(x)$ 在点 $x_0 = \varphi(y_0)$ 处可导, 且

$$f'(x_0) = \frac{1}{\varphi'(y_0)} = \frac{1}{\varphi'(f(x_0))}.$$

(4) 参数方程所确定的函数求导: 设 $x = \varphi(t), y = \psi(t)$ 在 (α, β) 上连续、可导, 且 $\varphi'(t) \neq 0$ (这时 $\varphi(t)$ 必严格单调), 则参数式确定的函数 $y = \psi(\varphi^{-1}(x))$ 可导, 且

$$y'_x = \frac{\psi'(t)}{\varphi'(t)}.$$

(5) 隐函数求导: 若函数 $y = f(x)$ 满足方程 $F(x, f(x)) \equiv 0 \ (\forall x \in X)$, 则称 $y = f(x)$ 是方程 $F(x, y) = 0$ 的**隐函数**. 求隐函数的导数时, 只要对上面的恒等式求导即可.

6. 高阶导数

(1) 高阶导数的定义: $f^{(0)}(x) = f(x), f^{(n)}(x) = \left[f^{(n-1)}(x) \right]' \ (n = 1, 2, \cdots)$.

(2) 基本公式:

$$(e^x)^{(n)} = e^x,$$

$$(\sin x)^{(n)} = \sin (x + n\pi/2), \quad (\cos x)' = \cos (x + n\pi/2),$$

$$[\ln (1 + x)]^{(n)} = (-1)^n \frac{(n-1)!}{(1+x)^n},$$

$$[(1+x)^\alpha]^{(n)} = \alpha (\alpha - 1) \cdots (\alpha - n + 1) (1 + x)^{\alpha - n}.$$

(3) 莱布尼茨公式:

$$(u \cdot v)^{(n)} = \sum_{k=0}^{n} C_n^k u^{(k)} v^{(n-k)}, \text{ 其中 } C_n^k = \frac{n!}{k! (n-k)!}.$$

7. 微分定义

定义 (微分) 　设 $y = f(x)$ 在点 x 处的某个邻域内有定义, 在点 x 处, Δy 可表示成

$$\Delta y = A(x)\Delta x + o(\Delta x),$$

则称 $f(x)$ 在 x 点**可微**且称线性主部 $A(x)\Delta x$ 为 $y = f(x)$ 在 x 点处的**微分**, 记做

$$dy = A(x)dx \quad (\text{自变量 } x \text{ 的微分定义为 } dx = \Delta x).$$

8. 函数可微的充分必要条件

函数在 x 点可微的充分必要条件为函数在 x 点可导, 且 $dy = f'(x)dx$.

9. 一阶微分形式的不变性

若 $y = f(u), u = u(x)$ 皆可微, 则复合函数可微, 且 $dy = f'(u)du$. 而当 u 是自变量时, $y = f(u)$ 的微分 $dy = f'(u)du$. 这表明无论 u 是自变量还是中间变量, 其微分表达式形式一样. 这就是一阶微分形式的不变性.

记　　　　　$d^1 y = dy, \quad d^n y = d \left(d^{n-1} y \right) \quad (n = 2, 3, \cdots).$

当 x 为自变量时, $d^2 x = d^3 x = \cdots = 0$, 于是

$$d^n y = y^{(n)} dx^n \Longrightarrow y^{(n)} = \frac{d^n y}{dx^n}.$$

当 x 为函数时, $d^2 y = d(y'dx) = y'' dx^2 + y' d^2 x$.

由此可见, 二阶微分的形式没有不变性.

10. 几何应用

(1) 曲线 $y = f(x)$ 在点 $(x_0, f(x_0))$ 处:

$$切线方程: y - f(x_0) = f'(x_0)(x - x_0),$$

$$法线方程: y - f(x_0) = -\frac{1}{f'(x_0)}(x - x_0),$$

切线在 x 轴上的截距为 $x_0 - \dfrac{f(x_0)}{f'(x_0)}$, 在 y 轴上的截距为 $f(x_0) - x_0 f'(x_0)$.

(2) 曲线 $r = r(\theta)$ 在切点处的向径与切线的夹角:

设 $r = r(\theta)$ 为曲线的极坐标方程, 则切点的向径与切线的夹角 β (从向径出发按逆时针方向转到切线所成的角) 满足

$$\tan\beta = \frac{r}{r'}.$$

注 设曲线 $r = r(\theta)$, 可得 $x = r(\theta)\cos\theta$, $y = r(\theta)\sin\theta$, θ 为参数. 由参数方程所确定的函数求导式, 可得

$$\frac{\mathrm{d}y}{\mathrm{d}x} = \frac{y'_\theta}{x'_\theta} = \frac{r'(\theta)\sin\theta + r(\theta)\cos\theta}{r'(\theta)\cos\theta - r(\theta)\sin\theta} = \frac{\tan\theta + \dfrac{r(\theta)}{r'(\theta)}}{1 - \tan\theta \cdot \dfrac{r(\theta)}{r'(\theta)}}.$$

设曲线在 P 点处的切线与 x 轴的夹角为 α, 则由导数的几何意义知 $y'_x = \tan\alpha$, 于是

$$\frac{\tan\theta + \dfrac{r(\theta)}{r'(\theta)}}{1 - \tan\theta \cdot \dfrac{r(\theta)}{r'(\theta)}} = \tan\alpha,$$

解出

$$\frac{r(\theta)}{r'(\theta)} = \frac{\tan\alpha - \tan\theta}{1 + \tan\alpha\tan\theta} = \tan(\alpha - \theta).$$

记向径沿逆时针方向转到切线位置的夹角为 β, 如图 2.1 所示, 则可看出 $\beta = \alpha - \theta$, 所以 $\dfrac{r(\theta)}{r'(\theta)} = \tan\beta$.

(3) 曲线 $y = f(x)$ 在点 (x, y) 处:

$$曲率\ \kappa = \frac{|y''|}{(1 + y'^2)^{\frac{3}{2}}}, \qquad 曲率半径\ R = \frac{1}{\kappa}.$$

34

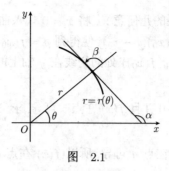

图 2.1

典型例题解析

例 1　求和 $\sum\limits_{k=0}^{n} k\mathrm{e}^{kx}$.

解　若 $x = 0, \sum\limits_{k=0}^{n} k\mathrm{e}^{kx} = \sum\limits_{k=1}^{n} k = \dfrac{n(n+1)}{2}$;

若 $x \neq 0$, 因为

$$\sum_{k=0}^{n} \mathrm{e}^{kx} = \frac{1 - \mathrm{e}^{(n+1)x}}{1 - \mathrm{e}^{x}},$$

所以两边对 x 求导, 即得

$$\sum_{k=0}^{n} k\mathrm{e}^{kx} = \frac{n\mathrm{e}^{(n+2)x} - (n+1)\mathrm{e}^{(n+1)x} + \mathrm{e}^{x}}{\left(1 - \mathrm{e}^{x}\right)^{2}}.$$

例 2　设 $f(x)$ 在点 x_0 可导, 求 $\lim\limits_{x \to x_0} \dfrac{xf(x_0) - x_0 f(x)}{x - x_0}$, 并解释结果的几何意义.

解　由已知条件得

$$\lim_{x \to x_0} \frac{xf(x_0) - x_0 f(x)}{x - x_0} \qquad\qquad f(x_0) - x_0 f'(x_0)$$
$$\|$$
$$\lim_{x \to x_0} \frac{xf(x_0) - x_0 f(x_0) + x_0 f(x_0) - x_0 f(x)}{x - x_0} = \lim_{x \to x_0} \frac{(x - x_0)f(x_0) - x_0\left(f(x) - f(x_0)\right)}{x - x_0}$$

从此 U 形等式串的两端即知

$$\lim_{x \to x_0} \frac{xf(x_0) - -x_0 f(x)}{x - x_0} = f(x_0) - x_0 f'(x_0).$$

为了解释此结果的几何意义, 将 $x = 0$ 代入曲线 $y = f(x)$ 的切线方程: $y - f(x_0) = f'(x_0)(x - x_0)$, 便得到 $y = f(x_0) - x_0 f'(x_0)$. 换句话说, 此结果恰是点 $(x_0, f(x_0))$ 处的切线在 y 轴上的截距.

例 3 设 $f(a) > 0$ 并且 $f(x)$ 在点 a 可导, 求 $\lim\limits_{n \to \infty} \left(\dfrac{f\left(a + \dfrac{1}{n}\right)}{f(a)} \right)^{\frac{1}{n}}$.

解 因为 $f(x)$ 在点 a 可导, 所以 $f(x)$ 在点 a 连续, 又 $f(a) > 0$, 故存在 $\delta > 0$, 使得 $f(x) > 0, x \in (a - \delta, a + \delta)$, 特别当 $n > \left[\dfrac{1}{\delta}\right] + 1$ 时, $0 < \dfrac{1}{n} < \delta$, 从而 $f\left(a + \dfrac{1}{n}\right) > 0$.

进一步, $\ln f(x)$ 在 $(a - \delta, a + \delta)$ 有定义, 并且可导. 于是

$$
\lim_{n \to \infty} \ln \left(\dfrac{f\left(a + \dfrac{1}{n}\right)}{f(a)} \right)^{\frac{1}{n}} \qquad\qquad 0
$$

$$
\parallel \qquad\qquad\qquad\qquad\qquad \parallel
$$

$$
\lim_{n \to \infty} \dfrac{1}{n^2} \dfrac{\ln f\left(a + \dfrac{1}{n}\right) - \ln f(a)}{\dfrac{1}{n}} = 0 \cdot \left. (\ln f(x))' \right|_{x=a}
$$

从此 U 形等式串的两端即知

$$
\lim_{n \to \infty} \ln \left(\dfrac{f\left(a + \dfrac{1}{n}\right)}{f(a)} \right)^{\frac{1}{n}} = 0,
$$

因此

$$
\lim_{n \to \infty} \left(\dfrac{f\left(a + \dfrac{1}{n}\right)}{f(a)} \right)^{\frac{1}{n}} = 1.
$$

例 4 设 $f(x)$ 在点 $x = 0$ 可导, 且 $f'(0) \neq 0$. 求

$$\lim_{x \to 0} \frac{f(x)\mathrm{e}^x - f(0)}{f(x)\cos x - f(0)}.$$

解 改写

$$\frac{f(x)\mathrm{e}^x - f(0)}{f(x)\cos x - f(0)} = \frac{f(x)\mathrm{e}^x - f(0)}{x - 0} \cdot \frac{x - 0}{f(x)\cos x - f(0)},$$

并注意到

$$(f(x)\mathrm{e}^x)' = f'(x)\mathrm{e}^x + f(x)\mathrm{e}^x,$$

$$(f(x)\cos x)' = f'(x)\cos x - f(x)\sin x.$$

故有

$$\begin{array}{cc}
\displaystyle\lim_{x \to 0} \frac{f(x)\mathrm{e}^x - f(0)}{f(x)\cos x - f(0)} & \dfrac{f'(0) + f(0)}{f'(0)} \\
\| & \| \\
\displaystyle\lim_{x \to 0} \frac{f(x)\mathrm{e}^x - f(0)}{x - 0} \cdot \lim_{x \to 0} \frac{x - 0}{f(x)\cos x - f(0)} = (f(x)\mathrm{e}^x)'\big|_{x=0} \cdot \dfrac{1}{(f(x)\cos x)'\big|_{x=0}}
\end{array}$$

从此 U 形等式串的两端即知 $\displaystyle\lim_{x \to 0} \frac{f(x)\mathrm{e}^x - f(0)}{f(x)\cos x - f(0)} = \frac{f'(0) + f(0)}{f'(0)}$.

例 5 设 $f(x)$ 在点 a 可导, $m \in \mathbb{N}$, 求

$$I = \lim_{n \to \infty} n\left(\sum_{k=1}^{m} f\left(a + \frac{k}{n}\right) - mf(a)\right).$$

解 根据题意, 有

$$\begin{array}{cc}
\displaystyle\lim_{n \to \infty} n\left[\sum_{k=1}^{m} f\left(a + \frac{k}{n}\right) - mf(a)\right] & \dfrac{m(m+1)}{2}f'(a) \\
\| & \| \\
\displaystyle\lim_{n \to \infty} \sum_{k=1}^{m} k\frac{f(a + k/n) - f(a)}{k/n} & = \displaystyle\sum_{k=1}^{m} kf'(a)
\end{array}$$

从此 U 形等式串的两端即知 $I = \dfrac{m(m+1)}{2}f'(a)$.

例 6 设 $f(x)$ 在点 $x = 0$ 可导, 且 $f(0) = 0$, 求

$$\lim_{x \to 0} \frac{1}{x} \sum_{k=1}^{m} f\left(\frac{x}{k}\right).$$

解 根据题意, 有

$$\lim_{x \to 0} \frac{1}{x} \sum_{k=1}^{m} f\left(\frac{x}{k}\right) \qquad f'(0) \sum_{k=1}^{m} \frac{1}{k}$$

$$\| \qquad\qquad\qquad \|$$

$$\lim_{x \to 0} \sum_{k=1}^{m} \frac{f\left(\dfrac{x}{k}\right) - f(0)}{x} = \sum_{k=1}^{m} \frac{1}{k} \frac{f\left(\dfrac{x}{k}\right) - f(0)}{\dfrac{x}{k}}$$

从此 U 形等式串的两端即知

$$\lim_{x \to 0} \frac{1}{x} \sum_{k=1}^{m} f\left(\frac{x}{k}\right) = f'(0) \sum_{k=1}^{m} \frac{1}{k}.$$

例 7 设 $f(x) = \begin{cases} x^{\alpha} \sin \dfrac{1}{x}, & x \neq 0, \\ 0, & x = 0. \end{cases}$ 问 α 取何值时, $f(x)$ 在

$x = 0$ 处:

① 连续? ② 可导? ③ 导函数连续? ④ 二阶可导?

解 ① 因为

$$\lim_{x \to 0} f(x) = \lim_{x \to 0} x^{\alpha} \sin \frac{1}{x} = \begin{cases} 0 = f(0), & \alpha > 0, \\ 不存在, & \alpha \leqslant 0, \end{cases}$$

所以, 当 $\alpha > 0$ 时, $f(x)$ 在 $x = 0$ 处连续.

② 因为

$$f'(0) \qquad\qquad \begin{cases} 0 = f'(0), & \alpha - 1 > 0, \\ 不存在, & \alpha - 1 \leqslant 0 \end{cases}$$

$$\| \qquad\qquad\qquad \|$$

$$\lim_{x \to 0} \frac{f(x) - f(0)}{x - 0} = \qquad \lim_{x \to 0} x^{\alpha - 1} \sin \frac{1}{x}$$

38

从此 U 形等式串的两端即知

$$f'(0) = \begin{cases} 0 = f'(0), & \alpha - 1 > 0, \\ 不存在, & \alpha - 1 \leqslant 0, \end{cases}$$

所以, 当 $\alpha > 1$ 时, $f(x)$ 在 $x = 0$ 处可导.

③ 利用分段函数求导得

$$f'(x) = \begin{cases} \alpha x^{\alpha-1} \sin \dfrac{1}{x} - x^{\alpha-2} \cos \dfrac{1}{x}, & x \neq 0, \\ 0, & x = 0. \end{cases}$$

因为

$$\lim_{x \to 0} f'(x) = \lim_{x \to 0} \left(\alpha x^{\alpha-1} \sin \frac{1}{x} - x^{\alpha-2} \cos \frac{1}{x} \right)$$

$$= \begin{cases} 0 = f'(0), & \alpha - 2 > 0, \\ 不存在, & \alpha - 2 \leqslant 0, \end{cases}$$

所以, 当 $\alpha > 2$ 时 $f'(x)$ 在 $x = 0$ 处连续.

④ 根据二阶导数定义, 有

$$f''(0) \qquad\qquad \begin{cases} 0, & \alpha - 3 > 0, \\ 不存在, & \alpha - 3 \leqslant 0 \end{cases}$$

$$\| \qquad\qquad\qquad\qquad \|$$

$$\lim_{x \to 0} \frac{f'(x) - f'(0)}{x - 0} = \lim_{x \to 0} \left(\alpha x^{\alpha-2} \sin \frac{1}{x} - x^{\alpha-3} \cos \frac{1}{x} \right)$$

所以, 当 $\alpha > 3$ 时, $f(x)$ 在 $x = 0$ 处二阶可导.

例 8 设 $f(x)$ 在点 $x = 0$ 可导, x_n, y_n 是趋于零的正数列.

① 求证: $\displaystyle\lim_{n \to \infty} \frac{f(x_n) - f(-y_n)}{x_n + y_n} = f'(0)$;

② 举例说明 $\displaystyle\lim_{n \to \infty} \frac{f(x_n) - f(y_n)}{x_n - y_n} = f'(0)$ 不一定成立.

解 ① 证 由导数定义知, $\displaystyle\lim_{x_n \to 0} \frac{f(x_n) - f(0)}{x_n} = f'(0)$, 因此

$$\frac{f(x_n) - f(0)}{x_n} = f'(0) + \alpha, \ 其中 \ \lim_{x_n \to 0} \alpha = 0.$$

同样由导数定义知，$\lim\limits_{y_n \to 0} \dfrac{f(-y_n) - f(0)}{-y_n} = f'(0)$，因此

$$\frac{f(-y_n) - f(0)}{-y_n} = f'(0) + \beta, \quad \text{其中} \lim_{y_n \to 0} \beta = 0.$$

$$\lim_{n \to \infty} \frac{f(x_n) - f(-y_n)}{x_n + y_n} \qquad\qquad\qquad f'(0)$$
$$\|\qquad\qquad\qquad\qquad\qquad \|$$
$$\lim_{n \to \infty} \frac{f(x_n) - f(0) + f(0) - f(-y_n)}{x_n + y_n} \qquad\qquad f'(0) + 0 + 0$$
$$\|\qquad\qquad\qquad\qquad\qquad \|$$
$$\lim_{n \to \infty} \frac{(f'(0) + \alpha) x_n + (f'(0) + \beta) y_n}{x_n + y_n} = f'(0) + \lim_{n \to \infty} \alpha \frac{x_n}{x_n + y_n} + \lim_{n \to \infty} \beta \frac{y_n}{x_n + y_n}$$

从此 U 形等式串的两端即知

$$\lim_{n \to \infty} \frac{f(x_n) - f(-y_n)}{x_n + y_n} = f'(0).$$

② $\lim\limits_{n \to \infty} \dfrac{f(x_n) - f(y_n)}{x_n - y_n} = f'(0)$ 成立的例子：

$f(x) = x, x_n = \dfrac{1}{n}, y_n = \dfrac{2}{n}$，即有

$$\lim_{n \to \infty} \frac{f(x_n) - f(y_n)}{x_n - y_n} = \lim_{n \to \infty} \frac{\dfrac{1}{n} - \dfrac{2}{n}}{\dfrac{1}{n} - \dfrac{2}{n}} = 1 = f'(0).$$

$\lim\limits_{n \to \infty} \dfrac{f(x_n) - f(y_n)}{x_n - y_n} = f'(0)$ 不成立的例子：

$$f(x) = \begin{cases} x^2 \sin \dfrac{1}{x}, & x \neq 0, \\ 0, & x = 0, \end{cases} \quad x_n = \frac{2}{\pi(4n+1)}, \quad y_n = \frac{1}{2n\pi}.$$

根据例 7 第 ② 小题结果知 $f'(0) = 0$. 又

$$f(x_n) = \frac{4}{\pi^2(4n+1)^2}, \quad f(y_n) = 0,$$

40

$$x_n - y_n = \frac{2}{\pi(4n+1)} - \frac{1}{2n\pi} = -\frac{1}{2\pi(4n+1)n}.$$

故有

$$\lim_{n\to\infty} \frac{f(x_n) - f(y_n)}{x_n - y_n} = \lim_{n\to\infty} \frac{\dfrac{4}{\pi^2(4n+1)^2}}{-\dfrac{1}{2\pi(4n+1)n}} = -\frac{2}{\pi} \neq f'(0).$$

例 9 设 $y = (\arcsin x)^2$, 求 $y^{(n)}(0)$.

解 因为 $y' = 2\arcsin x \cdot \dfrac{1}{\sqrt{1-x^2}}$, 由此得 $y'(0) = 0$. 又由

$$y'' = \frac{2}{1-x^2} + 2\arcsin x \cdot \frac{x}{(1-x^2)^{\frac{3}{2}}},$$

由此得 $y''(0) = 2$. 继续这样计算很繁, 以至于行不通, 转而利用上述 y', y'' 的表达式得到联系它们的方程:

$$(1-x^2)y'' = 2 + xy'.$$

上式两边对 x 求 $n-1$ 阶导数, 应用莱布尼茨公式得到

$$(1-x^2)y^{(n+1)} + (n-1)y^{(n)} \cdot (-2x) + \frac{(n-1)(n-2)}{2!}y^{(n-1)} \cdot (-2)$$
$$= xy^{(n)} + (n-1)y^{(n-1)}.$$

按 $y^{(n+1)}, y^{(n)}, y^{(n-1)}$ 合并同类项即得

$$(1-x^2)y^{(n+1)} - (2n-1)xy^{(n)} - (n-1)^2 y^{(n-1)} = 0.$$

令 $x = 0$ 代入上式, 得到

$$y^{(n+1)}(0) = (n-1)^2 y^{(n-1)}(0).$$

这给出 $y^{(n)}(0)$ 的递推关系式, 进一步改写成

$$\begin{cases} y^{(2k+1)}(0) = (2k-1)^2 y^{(2k-1)}(0), \\ y^{(2k+2)}(0) = (2k)^2 y^{(2k)}(0), \end{cases}$$

于是
$$y'(0) = 0 \Longrightarrow y^{(2k+1)}(0) = 0 \quad (k = 0, 1, 2, \cdots).$$

再由 $y''(0) = 2$ 及 $y^{(2k+2)}(0) = (2k)^2 y^{(2k)}(0)$, 我们有

$$
\begin{array}{ccc}
y^{(2k+2)}(0) & & 2\left[(2k)!!\right]^2 \\
\| & & \| \\
(2k)^2 y^{(2k)}(0) & & \left[(2k)!!\right]^2 y^{(2)}(0) \\
\| & & \| \\
(2k)^2 (2k-2)^2 y^{(2k-2)}(0) = \cdots & = & (2k)^2 (2k-2)^2 \cdots 2^2 y^{(2)}(0)
\end{array}
$$

从此 U 形等式串的两端即知

$$y^{(2k+2)}(0) = 2\left[(2k)!!\right]^2 \quad (k = 0, 1, 2, \cdots),$$

即

$$y^{(2k)}(0) = 2\left[(2k-2)!!\right]^2 \quad (k = 1, 2, \cdots).$$

例 10 求证: $(x^{n-1}e^{\frac{1}{x}})^{(n)} = \dfrac{(-1)^n e^{\frac{1}{x}}}{x^{n+1}}$.

证 当 $n = 1$ 时,

$$(e^{\frac{1}{x}})' = -\frac{1}{x^2}e^{\frac{1}{x}},$$

可见 $n = 1$ 结论成立.

当 $n = 2$ 时, 令 $y = xe^{\frac{1}{x}}$, 则有

$$(xe^{\frac{1}{x}})' = e^{\frac{1}{x}} - \frac{1}{x}e^{\frac{1}{x}} = e^{\frac{1}{x}}\frac{x-1}{x},$$

$$(xe^{\frac{1}{x}})'' = \frac{1}{x^3}e^{\frac{1}{x}},$$

可见 $n = 2$ 结论成立.

假设 $n = k-1, k$ 结论成立, 即有

$$(x^{k-2}e^{\frac{1}{x}})^{(k-1)} = \frac{(-1)^{k-1}e^{\frac{1}{x}}}{x^k}, \tag{1}$$

$$(x^{k-1}e^{\frac{1}{x}})^{(k)} = \frac{(-1)^k e^{\frac{1}{x}}}{x^{k+1}}, \tag{2}$$

42

则有

$$
(x^k\mathrm{e}^{\frac{1}{x}})^{(k+1)} \qquad\qquad \frac{(-1)^{k+1}\mathrm{e}^{\frac{1}{x}}}{x^{k+2}}
$$

$$
\|\qquad\qquad\qquad\qquad\qquad\|
$$

$$
((x^k\mathrm{e}^{\frac{1}{x}})')^{(k)} \qquad k\frac{(-1)^k\mathrm{e}^{\frac{1}{x}}}{x^{k+1}} - \left(\frac{(-1)^{k-1}\mathrm{e}^{\frac{1}{x}}}{x^k}\right)'
$$

$$
\|\qquad\qquad\qquad \text{因为 (2)}\|\text{因为 (1)}
$$

$$
(kx^{k-1}\mathrm{e}^{\frac{1}{x}} - x^{k-2}\mathrm{e}^{\frac{1}{x}})^{(k)} = k(x^{k-1}\mathrm{e}^{\frac{1}{x}})^{(k)} - ((x^{k-2}\mathrm{e}^{\frac{1}{x}})^{(k-1)})'
$$

从此 U 形等式串的两端即知

$$
\left(x^k\mathrm{e}^{\frac{1}{x}}\right)^{(k+1)} = \frac{(-1)^{k+1}\mathrm{e}^{\frac{1}{x}}}{x^{k+2}}.
$$

由此可见, 当 $n = k+1$ 时结论成立. 由数学归纳法原理,

$$
\left(x^{n-1}\mathrm{e}^{\frac{1}{x}}\right)^{(n)} = \frac{(-1)^n\mathrm{e}^{\frac{1}{x}}}{x^{n+1}}
$$

对所有自然数成立.

例 11 设 $f(x)$ 在 (a,b) 内二次可导, 且存在常数 α, β 使得

$$
f'(x) = \alpha f(x) + \beta f''(x), \quad \forall x \in (a,b).
$$

求证: $f(x)$ 在 (a,b) 内无穷次可导.

证 分两种情况考虑:

① $\beta \neq 0$. 这时

$$
f''(x) = \frac{f'(x) - \alpha f(x)}{\beta}, \quad \forall x \in (a,b), \tag{1}
$$

由此有

$$
f'''(x) \qquad\qquad \frac{(1-\alpha\beta)\,f'(x) - \alpha f(x)}{\beta^2}
$$

$$
\|\qquad\qquad\qquad\qquad\|
$$

$$
\frac{f''(x) - \alpha f'(x)}{\beta} \overset{(1)}{=\!=\!=} \frac{\dfrac{f'(x) - \alpha f(x)}{\beta} - \alpha f'(x)}{\beta}
$$

从此 U 形等式串的两端即知

$$f'''(x) = \frac{(1 - \alpha\beta) f'(x) - \alpha f(x)}{\beta^2}, \quad \forall x \in (a, b).$$

下面用数学归纳法证明

$$f^{(n)}(x) = A_n f'(x) + B_n f(x), \quad \forall x \in (a, b), \tag{2}$$

其中 A_n, B_n 是常数. 事实上, 前面已证对 $n = 2, 3$ 时 (2) 式成立. 今假定 (2) 式对 $n = k$ 成立, 即有

$$f^{(k)}(x) = A_k f'(x) + B_k f(x).$$

上式两边求导, 得到

$$\begin{array}{ccc}
f^{(k+1)}(x) & & A_{k+1} f'(x) + B_{k+1} f(x) \\
\| & & \| \\
A_k f''(x) + B_k f'(x) & \overset{(1)}{=\!=\!=} & \dfrac{(A_k + \beta B_k) f'(x) - \alpha f(x)}{\beta}
\end{array}$$

从此 U 形等式串的两端即知

$$f^{(k+1)}(x) = A_{k+1} f'(x) + B_{k+1} f(x), \quad \forall x \in (a, b),$$

其中

$$A_{k+1} = \frac{(A_k + \beta B_k)}{\beta}, \quad B_{k+1} = -\frac{\alpha}{\beta}.$$

这意味着, (2) 式对 $n = k + 1$ 成立. 根据数学归纳法原理, (2) 式对一切自然数 n 成立.

最后根据 (2), 我们可以断定 $f(x)$ 在 (a, b) 内无穷次可导.

② $\beta = 0$. 这时

$$f'(x) = \alpha f(x), \quad \forall x \in (a, b),$$
$$f''(x) = \alpha f'(x) = \alpha^2 f(x), \quad \forall x \in (a, b),$$
$$\cdots\cdots\cdots$$
$$f^{(n)}(x) = \alpha^n f(x), \quad \forall x \in (a, b).$$

44

于是 $f(x)$ 在 (a, b) 内无穷次可导.

例 12 求证: 在第一象限的双纽线 $r^2 = a^2 \cos 2\theta\ (a > 0)$ 的向径与切线间的夹角 (钝角) 等于二倍向径的极角加 $\pi/2$.

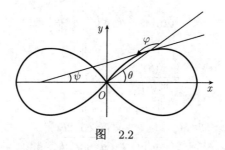

图 2.2

证 令 φ 表示向径与切线的夹角, ψ 表示切线的倾斜角. θ 表示极角 (图 2.2), 则有 $\tan\theta = \dfrac{\mathrm{d}y}{\mathrm{d}x}$, $\tan\psi = \dfrac{y}{x}$, $\pi - \varphi = \theta - \psi$. 于是

$$
\begin{array}{cc}
-\tan\varphi & \dfrac{r(\theta)}{r'(\theta)} \\[2mm]
\| & \| \\[2mm]
\tan(\pi - \varphi) & \dfrac{r\mathrm{d}\theta}{\mathrm{d}r} \\[2mm]
\| & \| \\[2mm]
\tan(\theta - \psi) & \dfrac{r^2\cos^2\theta\sec^2\theta\,\mathrm{d}\theta}{r\mathrm{d}r} \\[2mm]
\| & \| \\[2mm]
\dfrac{\dfrac{\mathrm{d}y}{\mathrm{d}x} - \dfrac{y}{x}}{1 + \dfrac{\mathrm{d}y}{\mathrm{d}x}\cdot\dfrac{y}{x}} & \dfrac{r^2\cos^2\theta\,\mathrm{d}(\tan\theta)}{\dfrac{1}{2}\mathrm{d}(r^2)} \\[2mm]
\| & \| \\[2mm]
\dfrac{x\mathrm{d}y - y\mathrm{d}x}{x\mathrm{d}x + y\mathrm{d}y} = & \dfrac{x^2\mathrm{d}\left(\dfrac{y}{x}\right)}{\dfrac{1}{2}\mathrm{d}(x^2 + y^2)}
\end{array}
$$

从此 U 形等式串的两端即知 $\tan\varphi = -\dfrac{r(\theta)}{r'(\theta)}$. 又在第一象限, $\cos 2\theta >$

45

$0, 0 < \theta < \pi/4,$

$$2r\mathrm{d}r = -2a^2 \sin 2\theta \mathrm{d}\theta \Longrightarrow r'(\theta) = -\frac{a^2 \sin 2\theta}{r},$$

故有

$$\begin{array}{ccc}
\tan \varphi & & \tan \left(\dfrac{\pi}{2} + 2\theta\right) \\
\| & & \| \\
-\dfrac{r(\theta)}{r'(\theta)} & & \cot 2\theta \\
\| & & \| \\
\dfrac{r^2}{a^2 \sin 2\theta} & = & \dfrac{a^2 \cos 2\theta}{a^2 \sin 2\theta}
\end{array}$$

从此 U 形等式串的两端即知 $\varphi = \dfrac{\pi}{2} + 2\theta$.

例 13 已知曳物线的参数方程为

$$\begin{cases} x = \cos \theta, \\ y = -\sin \theta + \ln(\sec \theta + \tan \theta) \end{cases} \quad (0 \leqslant \theta < \pi/2).$$

求证: 在曳物线的任一切线上, 自切点至该切线与 y 轴交点之间的切线段为一定长 (图 2.3).

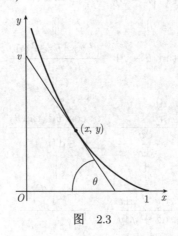

图 2.3

证 设 (x, y) 是曳物线上的任一点, 则该点切线在 y 轴上的截距

$$v = y - xy'_x.$$

若切线段的长为 L, 则

$$
\begin{array}{ccc}
L & & x\sqrt{1+|y_x'|^2} \\
\| & & \| \\
\sqrt{x^2+(v-y)^2} & = & \sqrt{x^2+(xy_x')^2}
\end{array}
$$

从此 U 形等式串的两端即知

$$
L = x\sqrt{1+|y_x'|^2}, \tag{1}
$$

而

$$
\begin{array}{ccc}
y_x' & & -\tan\theta \\
\| & & \| \\
\dfrac{\dfrac{\mathrm{d}y}{\mathrm{d}\theta}}{\dfrac{\mathrm{d}x}{\mathrm{d}\theta}} & = & \dfrac{-\cos\theta+\dfrac{\sec\theta\tan\theta+\sec^2\theta}{\sec\theta+\tan\theta}}{-\sin\theta}
\end{array}
$$

从此 U 形等式串的两端即知

$$
y_x' = -\tan\theta\,(0\leqslant\theta<\pi/2). \tag{2}
$$

联合 (1), (2) 式即得

$$
L = x\sqrt{1+|y_x'|^2} = x\sec\theta = 1,
$$

于是切线段的长 L 为 1.

§2　微分中值定理

内 容 提 要

费马定理　若函数 $f(x)$ 在 $x=x_0$ 的某邻域 $\mathring{U}(x_0)$ 上定义, $f(x_0)$ 为 $f(x)$ 在 $\mathring{U}(x_0)$ 上的最值 (最大值或最小值), 且 $f(x)$ 在 $x=x_0$ 可微, 则

$$
f'(x_0) = 0.
$$

罗尔定理 若函数 $f(x)$ 在 $[a,b]$ 上连续, 在 (a,b) 内可微, 且

$$f(a) = f(b),$$

则 $\exists \xi \in (a,b)$, 使得 $f'(\xi) = 0$.

拉格朗日中值定理 若函数 $f(x)$ 在 $[a,b]$ 上连续, 在 (a,b) 内可微, 则 $\exists \xi \in (a,b)$, 使得

$$f'(\xi) = \frac{f(b) - f(a)}{b - a}.$$

柯西定理 若函数 $f(x), g(x)$ 在 $[a,b]$ 上连续, 在 (a,b) 内可微, 且 $g'(x) = 0 \ (\forall x \in (a,b))$, 则 $\exists \xi \in (a,b)$, 使得

$$\frac{f(b) - f(a)}{g(b) - g(a)} = \frac{f'(\xi)}{g'(\xi)}.$$

典型例题解析

很大一类中值命题常常先通过构造适当的辅助函数, 使得题目的结论可转化为该函数的导函数在某区间内存在零点的问题, 并且题目的假设足以保证所构造的辅助函数在相应的区间上具备罗尔定理的条件, 从而推出辅助函数导函数的零点存在性而使命题得到证明. 用框图示意如下:

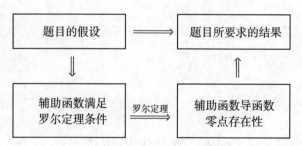

例 1 设 $f(x), g(x)$ 在 $[a,b]$ 上连续, 在 (a,b) 内可导, 且

$$g(a) = 0, \quad f(b) = 0, \quad f(x), \ g(x) \neq 0 \quad (\forall x \in (a,b)).$$

求证: $\exists \xi \in (a,b)$, 使得

$$\frac{f'(\xi)}{f(\xi)} = -\frac{g'(\xi)}{g(\xi)}. \tag{1}$$

解 注意到

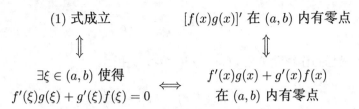

从此 U 形推理串的两端即知 (1) 式成立 $\Longleftrightarrow [f(x)g(x)]'$ 在 (a,b) 内有零点. 由此可见, 应作辅助函数 $F(x) = f(x)g(x)$. 为了进一步说明上述框图的含义, 我们将本题证明的主要步骤写在框图里以便对照.

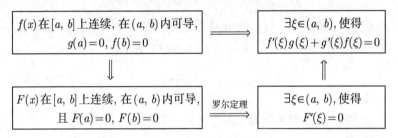

例 2 设 $b > a > 0$, 函数 $f(x)$ 在 $[a,b]$ 上连续, 在 (a,b) 内可微. 求证: 若

$$\frac{f(a)}{a} = \frac{f(b)}{b},$$

则 $\exists \xi \in (a,b)$, 使得 $\xi f'(\xi) = f(\xi)$.

证 作辅助函数 $h(x) = \dfrac{f(x)}{x}$, 有 $h(a) = h(b)$, 则根据罗尔定理, $\exists \xi \in (a,b)$, 使得 $h'(\xi) = 0$. 又

$$h'(x) = \left(\frac{f(x)}{x}\right)' = \frac{xf'(x) - f(x)}{x^2},$$

故有 $\xi f'(\xi) - f(\xi) = 0$, 即 $\xi f'(\xi) = f(\xi)$.

例 3 设函数 $f(x)$ 在 $[a,b]$ 上连续, 在 (a,b) 内可微. 求证: 若

$$f^2(b) - f^2(a) = b^2 - a^2,$$

则方程 $f'(x)f(x) = x$ 在 (a,b) 内至少有一个实根.

证　将已知的条件等式改写成

$$f^2(b) - b^2 = f^2(a) - a^2, \tag{1}$$

便容易想到作辅助函数 $h(x) = f^2(x) - x^2$. 由

$$(1) \Longrightarrow h(a) = h(b) = 0,$$

则根据罗尔定理, $\exists \xi \in (a,b)$, 使得 $h'(\xi) = 0$, 便有

$$2f'(\xi)f(\xi) - 2\xi = 0, \text{ 即 } f'(\xi)f(\xi) = \xi.$$

例 4　若函数 $f(x)$ 在 $[a,b]$ 上连续, 在 (a,b) 内可微, 且 $f(a) = f(b) = 0$, 求证: 对任意的实数 $\alpha, \exists \xi \in (a,b)$, 使得

$$\alpha f(\xi) + f'(\xi) = 0.$$

分析　要证的是函数 $\alpha f(x) + f'(x)$ 有零点, 即方程

$$\alpha f(x) + f'(x) = 0$$

有实根. 为了要将等式左端整合成一个函数的导数, 方程两边同乘以 $\mathrm{e}^{\alpha x}$,

$$\alpha f(x) + f'(x) = 0 \Longrightarrow (\mathrm{e}^{\alpha x} f(x))' = 0.$$

从而得到所要的辅助函数.

证　作辅助函数 $h(x) = \mathrm{e}^{\alpha x} f(x)$, 则有

$$f(a) = f(b) = 0 \qquad\qquad \exists \xi \in (a,b), \text{ 使得 } \alpha f(\xi) + f'(\xi) = 0$$
$$\Downarrow \qquad\qquad\qquad\qquad\qquad \Uparrow$$
$$h(a) = h(b) = 0 \xrightarrow{\text{罗尔定理}} \quad \exists \xi \in (a,b), \text{ 使得 } h'(\xi) = 0$$

从此 U 形推理串的末端即知要证的结论成立.

评注　本例中, 方程两边同乘以 $\mathrm{e}^{\alpha x}$ (积分因子) 的方法, 称为积分因子法.

例 5   若函数 $f(x), g(x)$ 在 $[a, b]$ 上连续, 在 (a, b) 内可微, 且 $f(a) = f(b) = 0$, 求证: $\exists \xi \in (a, b)$, 使得

$$g'(\xi)f(\xi) + f'(\xi) = 0.$$

分析   要证的是函数 $g'(x)f(x) + f'(x)$ 有零点, 即方程

$$g'(x)f(x) + f'(x) = 0$$

有实根. 为了要将等式左端整合成一个函数的导数, 方程两边同乘以 $e^{g(x)}$,

$$g'(x)f(x) + f'(x) = 0 \Longrightarrow (e^{g(x)}f(x))' = 0.$$

从而得到所要的辅助函数.

证   作辅助函数 $h(x) = e^{g(x)}f(x)$, 则有

$$f(a) = f(b) = 0 \qquad\qquad \exists \xi \in (a, b), \text{ 使得 } g'(\xi)f(\xi) + f'(\xi) = 0$$
$$\Downarrow \qquad\qquad\qquad\qquad\qquad\qquad \Uparrow$$
$$h(a) = h(b) = 0 \xrightarrow{\text{罗尔定理}} \qquad \exists \xi \in (a, b), \text{ 使得 } h'(\xi) = 0$$

从此 U 形推理串的末端即知要证的结论成立.

例 6   若函数 $f(x), g(x)$ 在 $[a, b]$ 上连续, 在 (a, b) 内可微, 满足 $f(x) \cdot g(x) \neq 0 \, (\forall x \in [a, b])$, 且

$$f(a)g(b) = f(b)g(a).$$

求证: $\exists \xi \in (a, b)$, 使得 $\dfrac{f'(\xi)}{f(\xi)} = \dfrac{g'(\xi)}{g(\xi)}$.

分析   要证的是函数 $f'(x)g(x) - g'(x)f(x)$ 有零点, 即方程

$$f'(x)g(x) - g'(x)f(x) = 0$$

有实根. 为了要将等式左端整合成一个函数的导数, 方程两边同乘以 $\dfrac{1}{g^2(x)}$,

$$\frac{f'(x)g(x) - g'(x)f(x)}{g^2(x)} = 0 \Longrightarrow \left(\frac{f(x)}{g(x)}\right)' = 0.$$

从而得到所要的辅助函数.

证 作辅助函数 $h(x) = \dfrac{f(x)}{g(x)}$, 则有

$$f(a)g(b) = f(b)g(a) \qquad\qquad \exists \xi \in (a,b), \text{ 使得 } g'(\xi)f(\xi) - f'(\xi)g(\xi) = 0$$

$$\Downarrow \qquad\qquad\qquad\qquad\qquad \Uparrow$$

$$h(a) - h(b) = 0 \xrightarrow{\text{罗尔定理}} \exists \xi \in (a,b), \text{ 使得 } h'(\xi) = 0$$

从此 U 形推理串的末端即知要证的结论成立.

例 7 设函数 $f(x)$ 在 $[a,b]$ 上有连续的导数, 在 (a,b) 内两次可微, 且

$$f(a) = f'(a) = f(b) = 0.$$

求证: $\exists \xi \in (a,b)$, 使得 $f''(\xi) = 0$.

证 首先根据条件 $f(a) = f(b)$, 应用罗尔定理, $\exists c \in (a,b)$, 使得 $f'(c) = 0$.

其次在 $[a,c]$ 上, 根据 $f'(c) = 0$ 及条件 $f'(a) = 0$, 对 $f'(x)$ 再一次应用罗尔定理, 则 $\exists \xi \in (a,b)$ 使得 $f''(\xi) = 0$.

例 8 设函数 $f(x)$ 在 $[a,b]$ 上有连续的导数, 在 (a,b) 内两次可微, 且

$$f(a) = f(b), \quad f'(a) = f'(b) = 0 \ (\text{图 } 2.4).$$

求证: $\exists \xi, \eta \in (a,b)$, 且 $\xi \neq \eta$, 使得 $f''(\xi) = f''(\eta)$.

证 首先根据条件 $f(a) = f(b)$, 应用罗尔定理, $\exists c \in (a,b)$, 使得 $f'(c) = 0$.

其次在 $[a,c]$ 上, 根据 $f'(c) = 0$ 及条件 $f'(a) = 0$, 对 $f'(x)$ 再一次应用罗尔定理, 则 $\exists \xi \in (a,c)$, 使得 $f''(\xi) = 0$;

同样在 $[c,b]$ 上根据 $f'(c) = 0$ 及条件 $f'(b) = 0$, 又一次应用罗尔定理, 则 $\exists \eta \in (c,b)$, 使得 $f''(\eta) = 0$.

最后, 因为 $\xi < c < \eta$, 所以 $\xi \neq \eta$, 又 $f''(\xi) = f''(\eta) = 0$. 因此 ξ, η 满足本题要求.

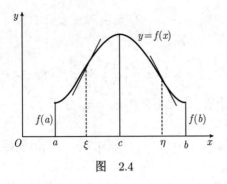

图 2.4

例 9 求证: 方程 $x^{13} + 7x^3 - 5 = 0$ 恰有一个实根.

证 设 $f(x) = x^{13} + 7x^3 - 5$, 则有 $\lim\limits_{x \to +\infty} f(x) = +\infty$. 故 $\exists M > 0$, 使得 $f(x) > 0 \, (x \geqslant M)$. 又 $f(0) = -5$, 根据连续函数中间值定理, $\exists x_0 \in (0, M)$, 使得 $f(x_0) = 0$.

进一步, 若 $\exists x_1 > 0, x_1 \neq x_0$ 使得 $f(x_1) = 0$, 那么根据罗尔定理, $\exists \xi \in (x_0, x_1)$ 或 $\exists \xi \in (x_1, x_0)$ 使得

$$f'(\xi) = 0, \tag{1}$$

但是

$$f'(x) = 13x^{12} + 21x^2 > 0 \, (\forall x > 0), \tag{2}$$

(1) 式与 (2) 式矛盾. 因此不存在 $x_1 > 0, x_1 \neq x_0$ 使得 $f(x_1) = 0$, 即 $f(x) = 0$ 恰有一个实根.

例 10 求证: 方程 $3^x + 4^x = 5^x$ 恰有一个实根.

证 联想 "勾 3 股 4 弦 5" 易知 $x = 2$ 是方程 $3^x + 4^x = 5^x$ 的一个实根. 进一步将方程改写为

$$\left(\frac{3}{5}\right)^x + \left(\frac{4}{5}\right)^x - 1 = 0,$$

并令

$$f(x) = \left(\frac{3}{5}\right)^x + \left(\frac{4}{5}\right)^x - 1,$$

则有 $f(2) = 0$. 若 $\exists x_1 > 0, x_1 \neq 2$ 使得 $f(x_1) = 0$, 那么根据罗尔定理, $\exists \xi \in (2, x_1)$ 或 $\exists \xi \in (x_1, 2)$ 使得

$$f'(\xi) = 0, \qquad\qquad (1)$$

但是

$$f'(x) = \left(\frac{3}{5}\right)^x \ln\frac{3}{5} + \left(\frac{4}{5}\right)^x \ln\frac{4}{5} < 0 \quad (\forall x \in \mathbb{R}), \qquad (2)$$

(1) 式与 (2) 式矛盾. 因此不存在 $x_1 \neq x_0$ 使得 $f(x_1) = 0$, 即 $f(x) = 0$ 恰有一个实根.

例 11 设 $a_1, a_2, \cdots, a_n \neq 0$ 及 $\alpha_1, \alpha_2, \cdots, \alpha_n$ 满足 $\alpha_i \neq \alpha_j \, (i \neq j)$. 求证:

① 方程 $a_1 x^{\alpha_1} + a_2 x^{\alpha_2} + \cdots + a_n x^{\alpha_n} = 0$ 至多有 $n-1$ 个正根;

② 方程 $a_1 \mathrm{e}^{\alpha_1 x} + a_2 \mathrm{e}^{\alpha_2 x} + \cdots + a_n \mathrm{e}^{\alpha_n x} = 0$ 至多有 $n-1$ 个实根.

证 ① 用数学归纳法. 对于 $n = 1$, 方程 $a_1 x^{\alpha_1} = 0 \Longrightarrow x = 0$, 无正根, 论断正确.

假设 $n = k$ 论断正确, 即 $a_1 x^{\alpha_1} + a_2 x^{\alpha_2} + \cdots + a_k x^{\alpha_k} = 0$ 至多有 $k-1$ 个正根. 对于 $n = k+1$, 我们要证明方程

$$a_1 x^{\alpha_1} + a_2 x^{\alpha_2} + \cdots + a_k x^{\alpha_k} + a_{k+1} x^{\alpha_{k+1}} = 0$$

至多有 k 个正根. 若将此方程改写为

$$a_1 + a_2 x^{\alpha_2 - \alpha_1} + \cdots + a_k x^{\alpha_k - \alpha_1} + a_{k+1} x^{\alpha_{k+1} - \alpha_1} = 0,$$

并令

$$f(x) = a_1 + a_2 x^{\alpha_2 - \alpha_1} + \cdots + a_k x^{\alpha_k - \alpha_1} + a_{k+1} x^{\alpha_{k+1} - \alpha_1}.$$

那么问题转化为要证函数 $f(x)$ 在 $(0, +\infty)$ 上至多有 k 个零点. 下面用反证法. 如果函数 $f(x)$ 在 $(0, +\infty)$ 上有多于 k 个零点, 那么根据罗尔定理, $f'(x)$ 在 $(0, +\infty)$ 上至少有 k 个零点, 即 $f'(x) = 0$ 至少有 k 个正根. 然而

$$f'(x) = b_1 x^{\beta_1} + b_2 x^{\beta_2} + \cdots + b_k x^{\beta_k},$$

其中

$$\begin{cases} b_j = a_{j+1}(\alpha_{j+1} - \alpha_1), \\ \beta_j = \alpha_{j+1} - \alpha_1 - 1, \end{cases} \quad j = 1, 2, \cdots, k.$$

因此 $f'(x) = 0$, 即

$$b_1 x^{\beta_1} + b_2 x^{\beta_2} + \cdots + b_k x^{\beta_k} = 0.$$

根据归纳法的假设, 这个方程至多有 $k-1$ 个正根. 这与 $f'(x) = 0$ 至少有 k 个正根矛盾. 从而

$$a_1 x^{\alpha_1} + a_2 x^{\alpha_2} + \cdots + a_k x^{\alpha_k} + a_{k+1} x^{\alpha_{k+1}} = 0$$

至多有 k 个正根, 也就是论断对于 $n = k+1$ 正确, 于是根据数学归纳法原理, 结论对一切自然数成立.

② 令 $t = e^x$, 方程

$$a_1 e^{\alpha_1 x} + a_2 e^{\alpha_2 x} + \cdots + a_n e^{\alpha_n x} = 0 \tag{1}$$

化为

$$a_1 t^{\alpha_1} + a_2 t^{\alpha_2} + \cdots + a_n t^{\alpha_n} = 0. \tag{2}$$

方程 (1) 的每一个实根 x_0, 都对应 $t_0 = e^{x_0}$ 是方程 (2) 的一个正根. 反之, 方程 (2) 的每一个正根 t_0, 都对应 $x_0 = \ln t_0$ 是 (1) 的一个实根. 因此, 根据第 ① 小题的结果, 方程

$$a_1 e^{\alpha_1 x} + a_2 e^{\alpha_2 x} + \cdots + a_n e^{\alpha_n x} = 0$$

至多有 $n-1$ 个实根.

例 12 设函数 $f(x)$ 在 $[0,2]$ 上连续, 在 $(0,2)$ 内两次可微, 且 $f(0) = 0, f(1) = 1, f(2) = 2$ (图 2.5). 求证: $\exists x_0 \in (0,2)$, 使得 $f''(x_0) = 0$.

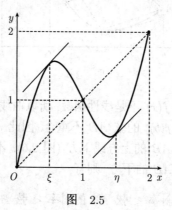

图 2.5

证　首先在区间 $[0,1]$ 上利用拉格朗日中值定理, $\exists \xi \in (0,1)$, 使得

$$f'(\xi) = f(1) - f(0) = 1;$$

又在区间 $[1,2]$ 上利用拉格朗日中值定理, $\exists \eta \in (1,2)$, 使得

$$f'(\eta) = f(2) - f(1) = 1.$$

其次对 $f'(x)$ 在 $[\xi, \eta]$ 上应用罗尔中值定理, $\exists x_0 \in (\xi, \eta) \subset (0,2)$, 使得

$$f''(x_0) = 0.$$

例 13　设函数 $f(x)$ 在 $[a,b]$ 上连续, 在 (a,b) 内可微. 求证: 如果 $f(x)$ 不是线性函数, 那么 $\exists x_1, x_2 \in (a,b)$, 使得

$$f'(x_1) < \frac{f(b) - f(a)}{b - a} < f'(x_2).$$

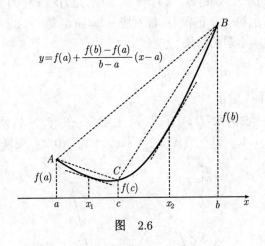

图　2.6

证　首先因为 $f(x)$ 不是线性函数, 所以曲线 $y = f(x)$ 与连接两点 $A(a, f(a))$, $B(b, f(b))$ 的弦 AB 不重合. 因此 $y = f(x)$ 上, 至少有一点 $(c, f(c))$ 在弦 AB 的上方或下方 (图 2.6). 不妨设 $\exists c \in (a,b)$ 使得点 $(c, f(c))$ 在弦 AB 的下方, 则有

弦 AC 的斜率 $<$ 弦 AB 的斜率 $<$ 弦 BC 的斜率.

56

即

$$\frac{f(c) - f(a)}{c - a} < \frac{f(b) - f(a)}{b - a} < \frac{f(b) - f(c)}{b - c}. \tag{1}$$

其次, 在 $[a, c]$ 上应用拉格朗日中值定理, $\exists x_1 \in (a, c)$, 使得

$$\frac{f(c) - f(a)}{c - a} = f'(x_1); \tag{2}$$

在 $[c, b]$ 上应用拉格朗日中值定理, $\exists x_2 \in (c, b)$, 使得

$$\frac{f(b) - f(c)}{b - c} = f'(x_2). \tag{3}$$

最后联合 (1), (2), (3), 即得

$$f'(x_1) < \frac{f(b) - f(a)}{b - a} < f'(x_2).$$

例 14 设 $b > a > 0$, 函数 $f(x)$ 在 $[a, b]$ 上连续, 在 (a, b) 内可微. 求证: $\exists \xi \in (a, b)$, 使得

$$\frac{bf(a) - af(b)}{b - a} = f(\xi) - \xi f'(\xi).$$

分析 1 记 $c = \dfrac{bf(a) - af(b)}{b - a}$, 则

$$\exists \xi \in (a, b), \ \text{使得} \ \frac{bf(a) - af(b)}{b - a} = f(\xi) - \xi f'(\xi)$$

$$\Longleftrightarrow c - f(x) + xf'(x) \ \text{在} \ (a, b) \ \text{内有零点}$$

$$\Longleftrightarrow \frac{c - f(x) + xf'(x)}{x^2} \ \text{在} \ (a, b) \ \text{内有零点}$$

$$\Longleftrightarrow \left(\frac{f(x) - c}{x}\right)' \ \text{在} \ (a, b) \ \text{内有零点}.$$

证法 1 令 $F(x) = \dfrac{f(x) - c}{x}$, 则有

$F(a)$ $\dfrac{f(b) - f(a)}{b - a}$ $F(b)$ $\dfrac{f(b) - f(a)}{b - a}$

$\parallel$ $\parallel$ $\parallel$ $\parallel$

$\dfrac{f(a) - c}{a} = \dfrac{f(a)(b-a) - c(b-a)}{a(b-a)}$ $\dfrac{f(b) - c}{b} = \dfrac{f(b)(b-a) - c(b-a)}{b(b-a)}$

从以上两个 U 形等式串的两端即知

$$F(a) = F(b) = \frac{f(b) - f(a)}{b - a}.$$

于是, 根据罗尔定理 $F'(x)$ 在 (a, b) 内有零点, 即 $\exists \xi \in (a, b)$, 使得

$$\frac{bf(a) - af(b)}{b - a} = f(\xi) - \xi f'(\xi).$$

分析 2 改写 $\dfrac{bf(a) - af(b)}{b - a} = \dfrac{\dfrac{f(b)}{b} - \dfrac{f(a)}{a}}{\dfrac{1}{b} - \dfrac{1}{a}}.$

证法 2 令 $F(x) = \dfrac{f(x)}{x}, G(x) = \dfrac{1}{x}$. 在 $[a, b]$ 上应用柯西中值定理, $\exists \xi \in (a, b)$, 使得

$$
\begin{array}{ccc}
\dfrac{bf(a) - af(b)}{b - a} & & f(\xi) - \xi f'(\xi) \\
\| & & \| \\
\dfrac{F(b) - F(a)}{G(b) - G(a)} & & \dfrac{f(\xi) - \xi f'(\xi)}{1} \\
\| & & \| \\
& & \dfrac{\xi f'(\xi) - f(\xi)}{1} \\
\dfrac{F'(\xi)}{G'(\xi)} & = & \dfrac{\dfrac{1}{\xi^2}}{\dfrac{1}{-\xi^2}}
\end{array}
$$

从此 U 形等式串的两端即知 $\dfrac{bf(a) - af(b)}{b - a} = f(\xi) - \xi f'(\xi)$ 成立.

例 15 设 $f(x)$ 在 $[0, 1]$ 上连续, 在 $(0, 1)$ 内可微, $f(0) = f(1) = 0$, 且 $\exists c \in (0, 1)$ 使得 $f(c) = 1$ (图 2.7). 求证: $\exists \xi \in (0, 1)$ 使得 $|f'(\xi)| > 2$.

证 首先看 $c \neq 1/2$ 的情形. 这时 $0 < c < 1/2$ 或 $1/2 < c < 1$. 不妨设 $1/2 < c < 1$. 在 $[c, 1]$ 上应用拉格朗日中值定理, $\exists \xi \in (c, 1)$, 使得

$$f'(\xi) = \frac{f(1) - f(c)}{1 - c} = \frac{-1}{1 - c} \Longrightarrow |f'(\xi)| = \frac{1}{1 - c} > 2.$$

其次看 $c = 1/2$ 的情形.

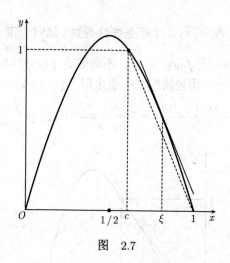

图 2.7

① 若 $f(x)$ 在 $[0,1/2]$ 上是线性函数, 即 $f(x) = 2x, x \in [0,1/2]$ (见图 2.8). 这时, 因为 $f\left(\dfrac{1}{2}\right) = 1, f'\left(\dfrac{1}{2}\right) = 2$, 所以 $\exists x_1 \in (1/2,1)$, 使得 $f(x_1) > 1$. 在 $[x_1, 1]$ 上应用拉格朗日中值定理, $\exists \xi \in (x_1, 1)$, 使得

$$f'(\xi) = \frac{f(1) - f(x_1)}{1 - x_1} = \frac{-f(x_1)}{1 - x_1} \implies |f'(\xi)| = \frac{f(x_1)}{1 - x_1} > 2.$$

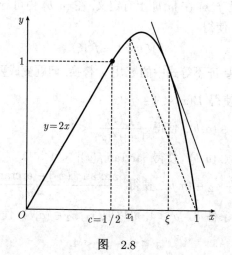

图 2.8

② 若 $f(x)$ 在 $[0,1/2]$ 上不是线性函数. 这时一定 $\exists x_2 \in \left(0, \dfrac{1}{2}\right)$, 使得 $f(x_2) > 2x_2$ 或 $f(x_2) < 2x_2$. 不妨假定 $f(x_2) > 2x_2$ (图 2.9). 进一步, 在 $[0, x_2]$ 上应用拉格朗日中值定理, $\exists \xi \in (0, x_2)$, 使得

$$f'(\xi) = \frac{f(x_2) - f(0)}{x_2 - 0} = \frac{f(x_2)}{x_2} \Longrightarrow |f'(\xi)| = \frac{f(x_2)}{x_2} > 2.$$

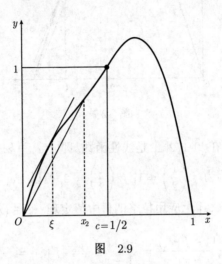

图 2.9

例 16 设 $f(x)$ 在 $[a, b]$ 上有定义, 在 (a, b) 内可导, $b - a \geqslant 4$. 求证: $\exists \xi \in (a, b)$, 使得

$$f'(\xi) < 1 + f^2(\xi).$$

分析 将要证不等式中的 ξ 用 x 替换, 问题变成要证:

$\exists x \in (a, b)$, 使得 $f'(x) < 1 + f^2(x)$

$\Longleftrightarrow \exists x \in (a, b)$, 使得 $\dfrac{f'(x)}{1 + f^2(x)} < 1$

$\Longleftrightarrow \exists x \in (a, b)$, 使得 $[\arctan f(x)]' < 1$

$\Longleftrightarrow \exists x_1, x_2 \in (a, b)$, 使得 $\dfrac{|\arctan f(x_2) - \arctan f(x_1)|}{x_2 - x_1} < 1.$

证 根据条件 $b - a \geqslant 4$, 可以取 $x_1, x_2 \in (a, b)$, 使得

$$\pi < x_2 - x_1 < 4.$$

60

又因为

$$|\arctan f\,(x_2) - \arctan f\,(x_1)| \leqslant |\arctan f\,(x_2)| + |\arctan f\,(x_1)| \leqslant \pi,$$

所以对函数 $\arctan f(x)$ 在 $[x_1, x_2]$ 上用拉格朗日中值定理, 便知 $\exists \xi \in (x_1, x_2)$, 使得

$$
\begin{array}{ccc}
\dfrac{f'(\xi)}{1 + f^2(\xi)} & & 1 \\
\| & & \vee \\
[\arctan f(x)]'\big|_{x=\xi} & = & \dfrac{|\arctan f\,(x_2) - \arctan f\,(x_1)|}{x_2 - x_1}
\end{array}
$$

从此 U 形等式–不等式串的两端即知

$$f'(\xi) < 1 + f^2(\xi).$$

例 17　设 $f(x)$ 在 (a, b) 内可导, 满足

① $\lim\limits_{x \to a+0} f(x) = +\infty$, $\lim\limits_{x \to b-0} f(x) = -\infty$;

② $f'(x) + f^2(x) + 1 \geqslant 0$, $\quad \forall x \in (a, b)$.

求证: $b - a \geqslant \pi$.

证　$\forall x_1 < x_2 \in (a, b)$, 对函数 $\arctan f(x)$ 在 $[x_1, x_2]$ 上用拉格朗日中值定理, 便知 $\exists \xi \in (x_1, x_2)$, 使得

$$\arctan f\,(x_2) - \arctan f\,(x_1) = \frac{f'(\xi)}{1 + f^2(\xi)}(x_2 - x_1).$$

进一步由条件 ② 推出 $\dfrac{f'(\xi)}{1 + f^2(\xi)} \geqslant -1$, 故有

$$\arctan f\,(x_2) - \arctan f\,(x_1) \geqslant -(x_2 - x_1). \tag{1}$$

由条件 ①, 在上述不等式 (1) 中, $x_1 \to a + 0, x_2 \to b - 0$, 即得

$$-\frac{\pi}{2} - \frac{\pi}{2} \geqslant -(b - a), \quad \text{即 } b - a \geqslant \pi.$$

例 18　设 $f(x)$ 在 $(0, +\infty)$ 内可导, 且 $f'(x) = O(x)$[①] $(x \to +\infty)$. 求证: $f(x) = O\left(x^2\right) (x \to +\infty)$.

---

① 此处 $O(x)$ 表示: 当 $x \to \infty$ 时, $\dfrac{f'(x)}{x}$ 是有界的, 即存在 $M > 0$, 使 $|f'(x)| \leqslant M|x|$ (当 $x \to \infty$ 时). 下同.

证 因为 $f'(x) = O(x)$ $(x \to +\infty)$, 所以 $\exists M > 0$ 及点 $x_0 \in (0, +\infty)$, 使得

$$|f'(x)| \leqslant Mx, \quad x \geqslant x_0.$$

根据拉格朗日中值定理, $\exists \theta \in (0, 1)$, 使得

$$
\begin{array}{cc}
|f(x) - f(x_0)| & Mx(x - x_0) \\
\parallel & \vee\!\vee \\
|f'(x_0 + \theta(x - x_0))|\,(x - x_0) \leqslant M\,(x_0 + \theta(x - x_0))\,(x - x_0)
\end{array}
$$

从此 U 形等式–不等式串的两端即知

$$|f(x) - f(x_0)| \leqslant Mx(x - x_0) \leqslant Mx^2, \quad x \geqslant x_0.$$

进一步,

$$
\begin{array}{ccc}
|f(x) - f(x_0)| \leqslant Mx^2,\ x \geqslant x_0 & & \dfrac{|f(x)|}{x^2} \leqslant \dfrac{|f(x_0)|}{x_0^2} + M, x \geqslant x_0 \\
\Downarrow & & \Uparrow \\
|f(x)| \leqslant |f(x_0)| + Mx^2, x \geqslant x_0 \Longrightarrow & \dfrac{|f(x)|}{x^2} \leqslant \dfrac{|f(x_0)|}{x^2} + M, x \geqslant x_0
\end{array}
$$

从此 U 形推理串的两端即知

$$\frac{|f(x)|}{x^2} \leqslant M_1, x \geqslant x_0, \ \text{其中}\ M_1 \stackrel{\text{def}}{=\!=} \frac{|f(x_0)|}{x_0^2} + M.$$

故有 $f(x) = O\left(x^2\right)$ 当 $(x \to +\infty)$.

例 19 设 $f(x)$ 在 $[a, b]$ 上有连续的二阶导数, 并且在 $[a, b]$ 上至少有三个不同零点. 求证: 方程

$$f(x) + f''(x) = 2f'(x)$$

在 $[a, b]$ 上至少有一个实根.

证 设 $f(x)$ 在 $[a, b]$ 有三个不同零点 a_1, a_2, a_3, 令 $F(x) = e^{-x} f(x)$, 则 $F(x)$ 在 $[a, b]$ 也有三个不同零点 a_1, a_2, a_3, 如图 2.10 所示, 根据罗尔定理 $F'(x)$ 在 $[a, b]$ 有两个不同零点 $b_1 \in (a_1, a_2)$, $b_2 \in (a_2, a_3)$; 再根

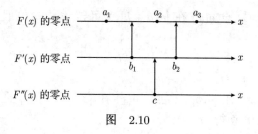

图 2.10

据罗尔定理 $F''(x)$ 在 $[a,b]$ 有一个零点 $c \in (b_1, b_2)$, 即 $\exists c \in (b_1, b_2) \subset [a,b]$, 使得 $F'''(c) = 0$. 又

$$F''(x) = f(x)\mathrm{e}^{-x} - 2\mathrm{e}^{-x}f'(x) + \mathrm{e}^{-x}f''(x)$$
$$= \mathrm{e}^{-x}\left(f(x) + f''(x) - 2f'(x)\right),$$

故

$$F''(c) = 0 \Longrightarrow f(c) + f''(c) - 2f'(c) = 0.$$

例 20   设函数 $f(x), g(x)$ 在 $(-\infty, +\infty)$ 上连续可微, 且

$$\begin{vmatrix} g(x) & f(x) \\ g'(x) & f'(x) \end{vmatrix} \neq 0,$$

试证: $f(x) = 0$ 的任何两个相邻实根之间必有 $g(x) = 0$ 的根.

证   设 x_1, x_2 是 $f(x) = 0$ 的两个相邻实根, 即

$$f(x_1) = 0, \; f(x_2) = 0, \; 且 \; f(x) \neq 0, \; \forall x \in (x_1, x_2).$$

若 $g(x) \neq 0$, $\forall x \in (x_1, x_2)$, 则 $h(x) = \dfrac{f(x)}{g(x)}$, 在 $[x_1, x_2]$ 上连续, 在 (x_1, x_2) 内可微, 满足 $h(x_1) = 0, h(x_2) = 0$. 根据罗尔定理, $\exists \xi \in (x_1, x_2)$, 使得 $h'(\xi) = 0$, 即

$$\dfrac{\begin{vmatrix} g(\xi) & f(\xi) \\ g'(\xi) & f'(\xi) \end{vmatrix}}{g^2(\xi)} = 0 \Longrightarrow \begin{vmatrix} g(\xi) & f(\xi) \\ g'(\xi) & f'(\xi) \end{vmatrix} = 0,$$

这与条件 $\begin{vmatrix} g(x) & f(x) \\ g'(x) & f'(x) \end{vmatrix} \neq 0$ 矛盾.

63

例 21 ① 设 $g(x)$ 在 $[a, a+h]$ 上可导, $g(a) = 0$, 且满足

$$|g'(x)| \leqslant \frac{1}{2h} |g(x)|.$$

求证: $g(x) \equiv 0, \forall x \in [a, a+h]$.

② 设 $f(x)$ 在 $[a, b]$ 上连续, $g(x)$ 在 $[a, b]$ 上可导, 且 $g(a) = 0$. 求证: 若 $\exists \lambda \neq 0$, 使得

$$|g(x)f(x) + \lambda g'(x)| \leqslant |g(x)|, \quad x \in [a, b],$$

则 $g(x) \equiv 0, \forall x \in [a, b]$.

证 ① 任意给定 $x_0 \in [a, a+h]$, 因为 $g(a) = 0$, 所以在 $[a, x_0]$ 上应用拉格朗日中值定理, $\exists x_1 \in (a, x_0)$, 使得

$$
\begin{array}{ccc}
|g(x_0)| & & \frac{1}{2}|g(x_1)| \\
\| & & \vee\hspace{-0.6em}\vee \\
|g(x_0) - g(a)| & = & (x_0 - a)|g'(x_1)|
\end{array}
$$

从此 U 形等式–不等式串的两端即知

$$|g(x_0)| \leqslant \frac{1}{2} |g(x_1)|.$$

同理, 在 $[a, x_1]$ 上应用拉格朗日中值定理, $\exists x_2 \in (a, x_1)$, 使得

$$|g(x_1)| \leqslant \frac{1}{2} |g(x_2)|.$$

如此继续下去, 我们得到一串严格单调下降序列 $\{x_n\}$, 使得

$$|g(x_0)| \leqslant \frac{1}{2} |g(x_1)| \leqslant \frac{1}{2^2} |g(x_2)| \leqslant \cdots \leqslant \frac{1}{2^n} |g(x_n)| \leqslant \cdots \quad (1)$$

又因为 $g(x)$ 在 $[a, a+h]$ 上可导, 所以 $g(x)$ 在 $[a, a+h]$ 上连续而有界, 从而 $\{g(x_n)\}$ 有界. 因此由 $(1) \Longrightarrow g(x_0) = 0$. 因为 $x_0 \in [a, a+h]$ 是任意的, 所以 $g(x) \equiv 0, x \in [a, a+h]$.

② 首先, 因为 $f(x)$ 在 $[a, b]$ 上连续, 所以 $f(x)$ 在 $[a, b]$ 上有界, 即 $\exists M > 0$, 使得 $|f(x)| \leqslant M$ $(x \in [a, b])$. 又根据假设 $|g(x)f(x) + \lambda g'(x)| \leqslant |g(x)|$, 容易推出

$$|\lambda g'(x)| \leqslant (1 + |f(x)|) |g(x)|, \quad x \in [a, b].$$

64

故对 $\forall x \in (a, b)$, 有

$$|g'(x)| \leqslant \frac{(1+M)\,|g(x)|}{|\lambda|} = \frac{1}{2h}\,|g(x)|,$$

其中 $h \overset{\text{def}}{=\!=} \dfrac{1}{2}\dfrac{|\lambda|}{1+M}$.

其次, 用分点

$$a = x_0 < x_1 < x_2 < \cdots < x_{n-1} < x_n = b$$

分割区间 $[a, b]$, 使得 $x_k - x_{k-1} \leqslant h, k = 1, \cdots, n$.

最后, 用数学归纳法证明 $g(x) \equiv 0, \forall x \in [x_{k-1}, x_k], k = 1, \cdots, n$. 事实上, 当 $k = 1$ 时, $[x_0, x_1] \subset [a, a+h]$, 用第 ① 小题的结果得到

$$g(x) \equiv 0, \quad \forall x \in [x_0, x_1].$$

进一步, 如果已证得 $g(x) \equiv 0, \forall x \in [x_{k-1}, x_k], k = 1, \cdots, m, m < n$. 那么由 $g(x_k) = 0, [x_k, x_{k+1}] \subset [x_k, x_k + h]$, 用第 ① 小题的结果得到 $g(x) \equiv 0, \forall x \in [x_k, x_{k+1}]$. 从而根据数学归纳法原理, 对 $\forall k = 1, \cdots, n$, 有 $g(x) \equiv 0, \forall x \in [x_{k-1}, x_k]$, 这也就是

$$g(x) \equiv 0, \quad \forall x \in [a, b].$$

例 22 在极坐标系下, 已知曲线 $r = f(\theta)$, 其中 $f(\theta)$ 在 $[\alpha, \beta]$ 上是正值连续函数, 在 (α, β) 内可导, 且 $f(\alpha) = f(\beta)$. 求证: $\exists \theta_0 \in (\alpha, \beta)$, 使得在点 $(\theta_0, f(\theta_0))$ 处, 切线与其向径垂直 (如图 2.11 所示).

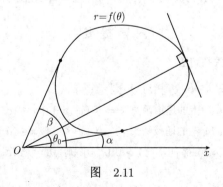

图 2.11

证 因为 $f(\theta)$ 在 $[\alpha, \beta]$ 上连续, 且 $f(\alpha) = f(\beta)$, 在 (α, β) 内可导, 所以根据罗尔定理

$$\exists \theta_0 \in (\alpha, \beta), \ \text{使得} \ f'(\theta_0) = 0.$$

在极坐标系下, 曲线 $r = f(\theta)$ 改写成直角坐标系下的参数方程为

$$\begin{cases} x = f(\theta)\cos\theta, \\ y = f(\theta)\sin\theta. \end{cases}$$

由此求得

$$\frac{\mathrm{d}y}{\mathrm{d}x} = \frac{f'(\theta)\sin\theta + f(\theta)\cos\theta}{f'(\theta)\cos\theta - f(\theta)\sin\theta}.$$

特别在点 $(\theta_0, f(\theta_0))$ 处,

$$\left.\frac{\mathrm{d}y}{\mathrm{d}x}\right|_{(\theta_0, f(\theta_0))} = -\cot\theta_0.$$

又在点 $(\theta_0, f(\theta_0))$ 处, 向径的斜率为 $\tan\theta_0$, 由此有

$$\left.\frac{\mathrm{d}y}{\mathrm{d}x}\right|_{(\theta_0, f(\theta_0))} \cdot \tan\theta_0 = -\cot\theta_0 \cdot \tan\theta_0 = -1,$$

即切线与其向径的斜率互为负倒数, 故切线与其向径垂直.

§3 函数的升降、极值、最值问题

内 容 提 要

1. 函数单调性判别法

定理 设 $f(x)$ 在 (a, b) 内可微, 则

(1) $f(x)$ 是 (a, b) 上的递增函数 $\iff f'(x) \geqslant 0 \ (\forall x \in (a, b))$;

(2) $f(x)$ 是 (a, b) 上的递减函数 $\iff f'(x) \leqslant 0 \ (\forall x \in (a, b))$.

如果对 $\forall x \in (a, b)$ 都有 $f'(x) > 0 \ (< 0)$, 则 $f(x)$ 是 (a, b) 上的严格递增 (递减) 函数.

2. 函数极值的定义

定义 若存在空心邻域 $\mathring{U}(x_0, \delta)$, 使得

$$f(x_0) \leqslant f(x) \quad (\forall x \in \mathring{U}(x_0, \delta)),$$

则称 $f(x_0)$ 为函数 $f(x)$ 的**极小值**; 若上式中严格不等号成立时, 则称 $f(x_0)$ 为函数 $f(x)$ 的**严格极小值**. 类似有极大值和严格极大值的定义. 极小值和极大值统称**极值**.

$$\{\text{极值点集}\} = \{\text{驻点集}\} \cup \{\text{不可导点集}\}$$

3. 函数取极值的判别法 I

定义 若 $f(x)$ 在 $U(x_0, \delta)$ 上连续, 在 $\mathring{U}(x_0, \delta)$ 上可微, 则
(1) $f'(x)(x - x_0) < 0 \Longrightarrow f(x_0)$ 为极大值;

	$x < x_0$	$x = x_0$	$x > x_0$
$f'(x)$	$+$	0 或不存在	$-$

(2) $f'(x)(x - x_0) > 0 \Longrightarrow f(x_0)$ 为极小值.

	$x < x_0$	$x = x_0$	$x > x_0$
$f'(x)$	$-$	0 或不存在	$+$

4. 函数取极值的判别法 II

若 $f(x)$ 在 $U(x_0, \delta)$ 上可微, 且 $f'(x_0) = 0, f''(x_0) \neq 0$, 则

$$\begin{matrix} f''(x_0) \\ \wedge \\ 0 \end{matrix} \Longrightarrow f(x_0) \text{ 为极大值;}$$

$$\begin{matrix} f''(x_0) \\ \vee \\ 0 \end{matrix} \Longrightarrow f(x_0) \text{ 为极小值.}$$

如果函数在 (a, b) 内部有最大 (小) 值, 且方程 $f'(x) = 0$ 在内部只有唯一一个根, 则该根即为最大 (小) 值点.

典型例题解析

例 1　求证：$x(2 + \cos x) > 3 \sin x, \; x > 0$.

证　只要证 $x > \dfrac{3 \sin x}{2 + \cos x}$. 令 $f(x) = x - \dfrac{3 \sin x}{2 + \cos x}$，则

$$f'(x) = \frac{1 - 2 \cos x + \cos^2 x}{4 + 4 \cos x + \cos^2 x} = \frac{(1 - \cos x)^2}{4 + 4 \cos x + \cos^2 x} > 0$$

$$\Longrightarrow f(x) > f(0) = 0.$$

例 2　求证：当 $x > 0$ 时，$\left(x + \dfrac{1}{x}\right) \arctan x > 1$.

证法 1　为了证 $\left(x + \dfrac{1}{x}\right) \arctan x > 1$，只要证

$$\arctan x > \frac{1}{x + \dfrac{1}{x}} = \frac{x}{x^2 + 1}.$$

令 $f(x) = \arctan x - \dfrac{x}{x^2 + 1}$，则有

$$f'(x) = 2 \frac{x^2}{(x^2 + 1)^2} > 0 \Longrightarrow f(x) \text{ 单调递增}$$

$$\Longrightarrow f(x) > f(0) = 0,$$

即 $\arctan x > \dfrac{x}{x^2 + 1}$，两边同乘以 $x + \dfrac{1}{x}$，即得

$$\left(x + \frac{1}{x}\right) \arctan x > 1.$$

证法 2　令 $\theta = \arctan x$，则有 $0 < \theta < \dfrac{\pi}{2}$，并且有

$$
\begin{array}{ccc}
\left(x + \dfrac{1}{x}\right) \arctan x & & 1 \\
\| & & \wedge \\
\theta (\tan \theta + \cot \theta) & = & \dfrac{2\theta}{\sin 2\theta}
\end{array}
$$

从此 U 形等式–不等式串的两端即知

68

$$\left(x + \frac{1}{x}\right) \arctan x > 1.$$

例 3 求证：设 $a > 0, b > 0$. 求证：$f(x) = (a^x + b^x)^{\frac{1}{x}}$ 在 $(0, \infty)$ 上严格单调下降.

证 因为题中 a, b 地位对称，不妨设 $0 < b < a$，令 $c = \dfrac{b}{a}$，则 $0 < c < 1$，就有

$$
\begin{array}{ccc}
f(x) & & a\left(1 + c^x\right)^{\frac{1}{x}} \\
\| & & \| \\
(a^x + b^x)^{\frac{1}{x}} = & a\left(1 + \left(\dfrac{b}{a}\right)^x\right)^{\frac{1}{x}}
\end{array}
$$

从此 U 形等式串的两端即知 $f(x) = a\left(1 + c^x\right)^{\frac{1}{x}}$. 由此，用对数求导法，得到

$$f'(x) = a\left(1 + c^x\right)^{\frac{1}{x}} \frac{xc^x \ln c - (1 + c^x) \ln(1 + c^x)}{x^2(1 + c^x)}. \tag{1}$$

因为 $0 < c < 1, c^x \ln c < 0$. 故由 $(1) \Longrightarrow f'(x) < 0, \forall x \in (0, \infty)$.

例 4 设 $x \geqslant 0, y \geqslant 0, 0 < p < 1$，求证：$|x^p - y^p| \leqslant |x - y|^p$.

证 若 $x = 0$，结论显然成立.

若 $x \neq 0$，则

$$
\begin{aligned}
|x^p - y^p| \leqslant |x - y|^p &\Longleftrightarrow \left|1 - \left(\frac{y}{x}\right)^p\right| \leqslant \left|1 - \frac{y}{x}\right|^p \\
&\Longleftrightarrow |1 - t^p| \leqslant |1 - t|^p, \quad t = \frac{y}{x} > 0.
\end{aligned}
$$

当 $t > 1$ 时，

$$|1 - t^p| \leqslant |1 - t|^p \Longleftrightarrow t^p - 1 \leqslant (t - 1)^p. \tag{1}$$

令 $f(t) = t^p - (t - 1)^p$，则有

$$f'(t) = t^{p-1} \cdot p - p(t - 1)^{p-1} = p\left(\frac{1}{t^{1-p}} - \frac{1}{(t-1)^{rp}}\right) < 0,$$

由此推出 $f(t)$ 单调下降，$f(x) < f(1) = 1$，即 $t^p - (t - 1)^p < 1$, (1) 式成立.

当 $0 < t < 1$ 时, 令 $s = \dfrac{1}{t}$, 则 $s > 1$, 用前面结果, 有 $|1 - s^p| \leqslant |1 - s|^p$, 两边同除以 s^p, 得到 $\left| \dfrac{1}{s^p} - 1 \right| \leqslant \left| \dfrac{1}{s} - 1 \right|^p$, 即 $|1 - t^p| \leqslant |1 - t|^p$. 证毕.

例 5 设 $f(x)$ 在 $[0, a]$ 上可导, $f(0) = g(0) = 0$, 并满足 $g(x) > 0, g'(x) > 0, \forall x \in (0, a]$. 求证: 若 $\dfrac{f'(x)}{g'(x)}$ 在 $(0, a]$ 上单调增加, 则 $\dfrac{f(x)}{g(x)}$ 在 $(0, a]$ 上单调增加.

证 因为 $f(0) = g(0) = 0$, 所以对 $\forall x \in (0, a]$, 有

$$
\begin{array}{ccc}
\left(\dfrac{f(x)}{g(x)} \right)' & & \dfrac{g'(x)}{g(x)} \left\{ \dfrac{f'(x)}{g'(x)} - \dfrac{f(x) - f(0)}{g(x) - g(0)} \right\} \\
\| & & \| \\
\dfrac{g(x)f'(x) - f(x)g'(x)}{g^2(x)} & = & \dfrac{g'(x)}{g(x)} \left\{ \dfrac{f'(x)}{g'(x)} - \dfrac{f(x)}{g(x)} \right\}
\end{array}
$$

从此 U 形等式串的两端即知

$$
\left(\frac{f(x)}{g(x)} \right)' = \frac{g'(x)}{g(x)} \left\{ \frac{f'(x)}{g'(x)} - \frac{f(x) - f(0)}{g(x) - g(0)} \right\}. \tag{1}
$$

进一步, 根据柯西中值定理, $\exists \theta \in (0, x)$, 使得

$$
\frac{f(x) - f(0)}{g(x) - g(0)} = \frac{f'(\theta)}{g'(\theta)}. \tag{2}
$$

联合 (1), (2) 式并应用条件 $\dfrac{f'(x)}{g'(x)}$ 在 $(0, a]$ 上单调增加, 即得

$$
\left(\frac{f(x)}{g(x)} \right)' = \frac{g'(x)}{g(x)} \left\{ \frac{f'(x)}{g'(x)} - \frac{f'(\theta)}{g'(\theta)} \right\} > 0, \quad \forall x \in (0, a].
$$

故 $\dfrac{f(x)}{g(x)}$ 在 $(0, a]$ 上单调增加.

例 6 求 $f(x) = x^{\frac{1}{3}} (1 - x)^{\frac{2}{3}}$ 的极值点和极值.

解 $f(x)$ 的图形如图 2.12 所示. 当 $x \neq 0,1$ 时,

$$f'(x) = \frac{\dfrac{1}{3} - x}{\sqrt[3]{x^2 (1-x)}} \begin{cases} > 0, & x \in (0, 1/3), \\ = 0, & x = 1/3, \\ < 0, & x \in (1/3, 1), \end{cases}$$

因此 $x = 1/3$ 是 $f(x)$ 的极大值点, 极大值 $f(1/3) = \sqrt[3]{4}/3$.

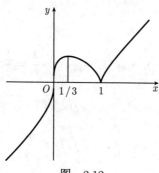

图 2.12

当 $x = 0,1$ 时, $f(x)$ 不可导. 因为

$$f(x) = \begin{cases} < 0, & x < 0, \\ 0, & x = 0, \\ > 0, & x \in (0,1), \end{cases}$$

所以 $x = 0$ 不是 $f(x)$ 的极值点. 但是, 因为

$$f(x) = \begin{cases} > 0, & x \in (0,1), \\ 0, & x = 1, \\ > 0, & x > 1, \end{cases}$$

所以 $x = 1$ 是 $f(x)$ 的极小点, 极小值 $f(1) = 0$.

例 7 求 $f(x) = x \arcsin x + \sqrt{1 - x^2}$ 在 $[-1, 1]$ 上的最小值和最大值.

解 因为 $f'(x) = \arcsin x$, 所以 $x = 0$ 是 $f(x)$ 的唯一驻点. 又 $f(0) = 1, f(-1) = \pi/2, f(1) = \pi/2$. 故

$$\min_{x \in [-1,1]} f(x) = \min\{1, \pi/2\} = 1; \qquad \max_{x \in [-1,1]} f(x) = \max\{1, \pi/2\} = \pi/2.$$

71

例 8 设 $\alpha_1, \alpha_2, \cdots, \alpha_n \geqslant 0$, 求证:

① $\dfrac{1}{n}\displaystyle\sum_{k=1}^{n} \alpha_k \mathrm{e}^{-\alpha_k} \leqslant \dfrac{1}{\mathrm{e}}$;   ② $\dfrac{1}{n}\displaystyle\sum_{k=1}^{n} \alpha_k^2 \mathrm{e}^{-\alpha_k} \leqslant \dfrac{4}{\mathrm{e}^2}$.

证 ① 考虑函数 $f(x) = x\mathrm{e}^{-x}, x \geqslant 0$. 由 $f'(x) = (1-x)\mathrm{e}^{-x}$ 知 $x = 1$ 是最大值点,

$$\max_{x \geqslant 0} f(x) = f(1) = \frac{1}{\mathrm{e}}.$$

由此有

$$\frac{1}{n}\sum_{k=1}^{n} \alpha_k \mathrm{e}^{-\alpha_k} \leqslant \frac{1}{n} \cdot n \cdot \frac{1}{\mathrm{e}} = \frac{1}{\mathrm{e}}.$$

② 考虑函数 $f(x) = x^2\mathrm{e}^{-x}, x \geqslant 0$. 求得 $x = 2$ 是函数最大值点,

$$\max_{x \geqslant 0} f(x) = f(2) = \frac{4}{\mathrm{e}^2}.$$

由此有

$$\frac{1}{n}\sum_{k=1}^{n} \alpha_k^2 \mathrm{e}^{-\alpha_k} \leqslant \frac{1}{n} \cdot n \cdot \frac{4}{\mathrm{e}^2} = \frac{4}{\mathrm{e}^2}.$$

例 9 ① 求证: 方程 $\sin(\cos x) = x$ 与 $\cos(\sin x) = x$ 在 $(0, \pi/2)$ 内都只有唯一一个根 (图 2.13).

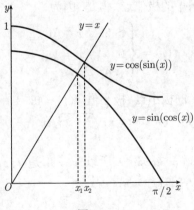

图 2.13

② 设 $x_1, x_2 \in (0, \pi/2)$, 满足 $\sin(\cos x_1) = x_1$, $\cos(\sin x_2) = x_2$. 求证: $x_1 < x_2$.

证 ① 设 $f(x) = \sin(\cos x) - x$, 则 $f(0) = \sin 1 > 0, f(\pi/2) = -\pi/2 < 0$, 根据连续函数的零点定理, $\exists x_1 \in (0, \pi/2)$, 使得 $f(x_1) = 0$, 即 $\sin(\cos x_1) = x_1$.

又因为 $f'(x) = -\cos(\cos x)\sin x - 1 < 0$, 所以 $f(x)$ 在 $(0, \pi/2)$ 内严格单调下降, 因此 $f(x)$ 在 $(0, \pi/2)$ 内的零点是唯一的. 即方程 $\sin(\cos x) = x$, 除 x_1 外没有其他实根.

设 $g(x) = \cos(\sin x) - x$, 则 $g(0) = 1 > 0, g(\pi/2) = \cos 1 - \pi/2 < 0$, 根据连续函数的零点定理, $\exists x_2 \in (0, \pi/2)$, 使得 $f(x_2) = 0$, 即 $\sin(\cos x_2) = x_2$. 又因为 $g'(x) = -\sin(\sin x)\cos x - 1 < 0$, 所以 $g(x)$ 在 $(0, \pi/2)$ 内严格单调下降. 因此 $g(x)$ 在 $(0, \pi/2)$ 内的零点是唯一的. 即方程 $\cos(\sin x) = x$, 除 x_2 外没有其他实根.

② **证法 1** 首先

$$\begin{cases} \sin(\cos x_1) = x_1, & (1) \\ \cos(\sin x_2) = x_2, & (2) \end{cases}$$
$$\Longrightarrow x_1 = \sin x_2.$$

事实上, 将方程 (1) 改写为

$$\sin(\cos x_1) = x_1 = \arccos(\cos x_1),$$

并令 $\cos x_1 = y$, 则有 $\sin y = x_1 = \arccos y$, 两端作用以 $\cos$ 得到

$$\cos(\sin y) = y. \qquad (3)$$

等式 (3) 意味着, y 也是方程 (2) 的解, 根据第 ① 小题的结果, 方程 (2) 的解是唯一的, 从而 $y = x_2$. 再由方程 (1), 得到 $x_1 = \sin x_2$.

其次, 应用不等式 $\sin x < x, x > 0$, 即有

$$x_2 - x_1 = x_2 - \sin x_2 > 0, \quad \text{即有 } x_1 < x_2.$$

证法 2 为了比较 x_1, x_2 的大小, 我们考查

$$x_2 - x_1 = \cos(\sin x_2) - \sin(\cos x_1). \qquad (4)$$

因为

$$\sin(\cos x) < \cos x < \cos(\sin x), \quad x \in (0, \pi/2) \text{ (图 2.14)},$$

所以

$$\sin(\cos x_1) < \cos(\sin x_1). \tag{5}$$

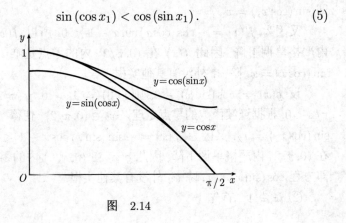

图　2.14

联合 (4), (5) 式即得

$$x_2 - x_1 > \cos(\sin x_2) - \cos(\sin x_1) = h(x_2) - h(x_1), \tag{6}$$

其中 $h(x) \stackrel{\text{def}}{=\!=} \cos(\sin x)$. 由 (6) 式显然 $x_2 \neq x_1$, 否则由 (6) 式导出矛盾: $0 > 0$. 既然 $x_2 \neq x_1$, 那么对函数 $h(x)$ 应用拉格朗日中值定理, 则存在 ξ 于 x_1, x_2 之间, 使得

$$h(x_2) - h(x_1) = h'(\xi)(x_2 - x_1).$$

将上式代入 (6) 式, 并移项整理得到

$$(x_2 - x_1)(1 - h'(\xi)) > 0. \tag{7}$$

又因为 $\xi \in (0, \pi/2)$, 所以

$$1 - h'(\xi) = 1 + \sin(\sin \xi) \cos \xi > 0.$$

故由 (7) 式 $\Longrightarrow x_2 > x_1$.

　　证法 3　设 $k(x) = x - \cos x$. 因为 $k(0) = -1 < 0, k(\pi/2) = \dfrac{1}{2}\pi > 0$,

所以 $\exists a \in (0, \pi/2)$,使得 $k(a) = 0$,即 $a = \cos a$.

又因为 $k'(x) = 1 + \sin x > 0 \Longrightarrow k(x)$ 严格单调增加,所以使得 $a = \cos a$ 的 $a \in (0, \pi/2)$ 是唯一的.

下面证明:$x_1 < a < x_2$.

先证:$x_2 > a$. 因为

$$x_2 - a = \cos(\sin x_2) - \cos a > \cos x_2 - \cos a,$$

所以 $x_2 \neq a$,否则 $0 > 0$,矛盾. 既然 $x_2 \neq a$,应用拉格朗日中值定理,则存在 ξ 于 a, x_2 之间,使得

$$\cos x_2 - \cos a = -\sin \xi (x_2 - a),$$

于是

$$x_2 - a > -\sin \xi (x_2 - a) \Longrightarrow (x_2 - a)(1 + \sin \xi) > 0 \Longrightarrow x_2 > a.$$

再证 $x_1 < a$. 因为 $\sin(\cos x_1) < \cos x_1$ (图 2.15),所以

$$a - x_1 = \cos a - \sin(\cos x_1) > \cos a - \cos x_1.$$

由此可见 $x_1 \neq a$,否则 $0 > 0$,矛盾. 既然 $x_1 \neq a$,应用拉格朗日中值定理,则存在 η 于 a, x_1 之间,使得

$$\cos a - \cos x_1 = -\sin \eta (a - x_1),$$

于是

$$a - x_1 > -\sin \eta (a - x_1) \Longrightarrow (a - x_1)(1 + \sin \eta) > 0 \Longrightarrow a > x_1.$$

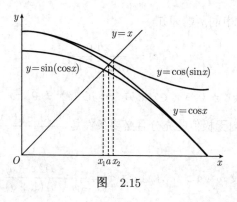

图 2.15

证法 4 用反证法. 若 $x_1 \geqslant x_2$, 则

$$
\begin{array}{cc}
x_1 & x_2 \\
\| & \| \\
\sin(\cos x_1) & \cos(\sin x_2) \\
\wedge & \vee \\
\cos x_1 \ \leqslant & \cos x_2
\end{array}
$$

从此 U 形等式–不等式串的两端即知 $x_1 < x_2$. 这与假设矛盾. 故 $x_1 < x_2$.

例 10 设 $f(x), g(x)$ 在 (a,b) 内可导, 且

$$
f(x) \neq g(x), \quad g(x) \neq 0, \quad \forall x \in (a,b).
$$

求证: $\dfrac{f(x)}{g(x)}$ 在 (a,b) 内无极值的充分且必要条件是 $\dfrac{f(x)+g(x)}{f(x)-g(x)}$ 在 (a,b) 内无极值.

证 记 $G(x) = \dfrac{f(x)+g(x)}{f(x)-g(x)}, h(x) = \dfrac{f(x)}{g(x)}$. 则有 $h(x) \neq 1$, 以及

$$
\begin{array}{cc}
G'(x) & \dfrac{-2h'(x)}{(h(x)-1)^2} \\
\| & \| \\
\left(\dfrac{h(x)+1}{h(x)-1}\right)' = & \dfrac{h'(x)(h(x)-1) - h'(x)(h(x)+1)}{(h(x)-1)^2}
\end{array}
$$

从此 U 形等式串的两端即知

$$
G'(x) = \frac{-2h'(x)}{(h(x)-1)^2}.
$$

由此可见, $h'(x) \neq 0, \ \forall x \in (a,b) \implies G'(x) \neq 0, \ \forall x \in (a,b)$. 从而 $\dfrac{f(x)}{g(x)}$ 在 (a,b) 内无极值的充分且必要条件是 $\dfrac{f(x)+g(x)}{f(x)-g(x)}$ 在 (a,b) 内无极值.

例 11 设 $b > a > 0$. 求证: $f(x) = \dfrac{(x-a)(x+b)}{(x-b)(x+a)}$ 无极值.

证 因为

$$f'(x) \qquad\qquad 0$$
$$\|\qquad\qquad\qquad \vee$$
$$-2\frac{-x^2a+b^2a+x^2b-a^2b}{(-x+b)^2(x+a)^2}=\frac{-2(b-a)(ab+x^2)}{(-x+b)^2(x+a)^2}$$

从此 U 形等式–不等式串的两端即知

$$f'(x)<0,\quad \forall x\in(-\infty,+\infty),$$

所以 $f(x)$ 在 $(-\infty,+\infty)$ 上无极值, 否则 $f'(x)$ 在 $(-\infty,+\infty)$ 上必有零点.

例 12 设函数 $f(x)$ 在 $[a,b]$ 上存在唯一的极值点 x_0, 求证: x_0 是 $f(x)$ 在 $[a,b]$ 上唯一的最值点 (将 $[a,b]$ 改为 (a,b), 结论仍对).

证 不妨设 x_0 是 $f(x)$ 在 $[a,b]$ 上唯一的极大值点, 即 $\exists \delta>0$, 使得一切满足 $0<|x-x_0|<\delta$ 的 x 成立 $f(x)<f(x_0)$. 如果 $\exists \xi \in [a,b], \xi \neq x_0$, 使得 $f(\xi)\geqslant f(x_0)$, 这时 $f(x)$ 在 $[x_0,\xi]$ 上取到最小值的点不可能是端点 x_0 或 ξ, 换句话说, 取到最小值的点必在 (x_0,ξ) 中, 这个点便是 $f(x)$ 的极小值点. 这与 $f(x)$ 的极值点唯一相矛盾. 故对 $\forall x\in[a,b], x\neq x_0$, 有 $f(x)<f(x_0)$, 即 x_0 是 $f(x)$ 在 $[a,b]$ 上唯一的最大值点.

例 13 求出满足不等式 $\dfrac{B}{\sqrt{x}}\leqslant \ln x\leqslant A\sqrt{x}\,(\forall x>0)$ 的最小正数 A, 及最大负数 B.

解 为了求 A. 令 $f(x)=\dfrac{\ln x}{\sqrt{x}}(x>0)$, 则

$$f'(x)=\frac{2-\ln x}{2x^{3/2}}\begin{cases}>0, & x<e^2,\\ =0, & x=e^2,\\ <0, & x>e^2,\end{cases}$$

因此, 点 $x=e^2$ 是函数 $f(x)$ 的唯一极值点, 并且是极大点. 从而达到函数的最大值 $\max\limits_{x>0}f(x)=f(e^2)=2/e$. 故若令 $A=2/e$, 便有

$$\frac{\ln x}{\sqrt{x}}\leqslant A,\quad \forall x>0,\ \text{也就是}\ \ln x\leqslant A\sqrt{x}\,(\forall x>0)\ (\text{图 } 2.16).$$

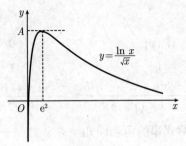

图 2.16

为了求 B. 令 $g(x) = \sqrt{x} \ln x, x > 0$, 则

$$g'(x) = \frac{\ln x + 2}{2\sqrt{x}} \begin{cases} < 0, & x < e^{-2}, \\ = 0, & x = e^{-2}, \\ > 0, & x > e^{-2}. \end{cases}$$

因此, 点 $x = e^{-2}$ 是函数 $f(x)$ 的唯一极值点, 并且是极小点. 从而达到函数的最小值 $\min\limits_{x>0} g(x) = g\left(e^{-2}\right) = -2/e$. 故若令 $B = -2/e$, 便有

$$\sqrt{x} \ln x \geqslant B, \quad \forall x > 0, \text{ 也就是 } \ln x \geqslant \frac{B}{\sqrt{x}} \ (\forall x > 0) \ (\text{图 } 2.17).$$

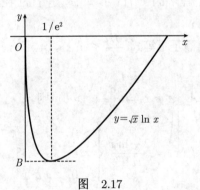

图 2.17

例 14 设 $f(x)$ 在 $(0, +\infty)$ 上有连续的导函数, $f(0) = 1$, 并满足 $|f(x)| \leqslant e^{-x} \ (\forall x \geqslant 0)$. 求证: $\exists x_0 > 0$, 使得 $f'(x_0) = -e^{-x_0}$.

证 根据条件 $|f(x)| \leqslant e^{-x}$, 我们有 $\lim\limits_{x \to +\infty} f(x) = 0$. 令 $g(x) =$

$f(x) - e^{-x}$, 则有 $g(0) = f(0) - 1 = 0, \lim\limits_{x \to +\infty} g(x) = 0$, 并且

$$
\begin{array}{ccc}
g(x) & & 0 \\
\| & & \vee\!\!\vee \\
f(x) - e^{-x} & \leqslant & |f(x)| - e^{-x}.
\end{array}
$$

从此 U 形等式-不等式串的两端即知 $g(x) \leqslant 0$.

下面分两种情况考虑:

其一是 $g(x) \equiv 0$. 这时 $f(x) \equiv e^{-x} \Longrightarrow f'(x) \equiv -e^{-x}$, 故 $\forall x_0 > 0$ 使得 $f'(x_0) = -e^{-x_0}$.

其二是 $g(x) \not\equiv 0$. 这时 $\exists a > 0$, 使得 $g(a) < 0$. 因为 $\lim\limits_{x \to +\infty} g(x) = 0$, 所以 $\exists M > 0$, 使得 $g(x) > \dfrac{g(a)}{2}$, $\forall x > M$ (图 2.18). 至此, 我们可以肯定, 函数 $g(x)$ 在 $[0, M]$ 上的最小值不可能在区间端点上达到, 这是因为 $g(0) = 0 > g(a), g(M) \geqslant g(a)/2 > g(a)$. 由此 $g(x)$ 在 $[0, M]$ 上的最小值必在 $(0, M)$ 内某一点取到, 这一点必是极值点. 从而 $\exists x_0 > 0$ 使得 $g'(x_0) = 0$, 即 $f'(x_0) = -e^{-x_0}$.

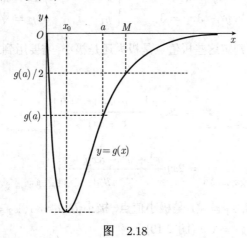

图 2.18

例 15 设隐函数 $y = y(x)$ 由 $x^3 + y^3 - 3xy = 3$, 试求 $y(x)$ 的极值, 并判断其类型.

解法 1 隐函数方程 $x^3 + y^3 - 3xy = 3$ 两边对 x 求导, 得

$$3x^2 + 3y^2 y' - 3y - 3xy' = 0. \tag{1}$$

由此解得

$$y' = \frac{x^2 - y}{x - y^2}, \tag{2}$$

$$\frac{\mathrm{d}^2 y}{\mathrm{d}x^2} = \frac{\mathrm{d}}{\mathrm{d}x}\left(\frac{\mathrm{d}y}{\mathrm{d}x}\right) = \frac{\mathrm{d}}{\mathrm{d}x}\left(\frac{x^2 - y}{x - y^2}\right)$$
$$= \frac{(x - y^2)(2x - y') - (x^2 - y)(1 - 2yy')}{(x - y^2)^2}.$$

将 (2) 式代入上式, 得到

$$\frac{\mathrm{d}^2 y}{\mathrm{d}x^2} = 2xy\frac{x^3 + y^3 - 3xy + 1}{(x - y^2)^3}. \tag{3}$$

在极值点处有 $y' = 0$, 代入 (1) 式, 并与原方程联立, 得

$$\begin{cases} 3x^2 - 3y = 0, \\ x^3 + y^3 - 3xy = 3 \end{cases} \Longrightarrow \begin{cases} x_1 = -1, \\ y_1 = 1, \end{cases} \begin{cases} x_2 = \sqrt[3]{3}, \\ y_2 = \sqrt[3]{9}. \end{cases}$$

进一步要判定这些极值点是极大还是极小, 需要用到二阶导数. 根据 (3) 式, 有

$$\left.\frac{\mathrm{d}^2 y}{\mathrm{d}x^2}\right|_{x=-1, y=1} = \left. 2xy\frac{x^3 + y^3 - 3xy + 1}{(x - y^2)^3}\right|_{x=-1, y=1} = 1;$$

$$\left.\frac{\mathrm{d}^2 y}{\mathrm{d}x^2}\right|_{x=\sqrt[3]{3}, y=\sqrt[3]{9}} = \left. 2xy\frac{x^3 + y^3 - 3xy + 1}{(x - y^2)^3}\right|_{x=\sqrt[3]{3}, y=\sqrt[3]{9}} = -1.$$

由此可见, $x_1 = -1$ 是极小值点, 极小值 $y_1 = 1$; $x_2 = \sqrt[3]{3}$ 是极大值点, 极大值 $y_2 = \sqrt[3]{9}$ (图 2.19).

解法 2 对隐函数方程 $x^3 + y^3 - 3xy = 3$ 两边微分, 得

$$3x^2 \mathrm{d}x + 3y^2 \mathrm{d}y - 3y\mathrm{d}x - 3x\mathrm{d}y = 0, \tag{4}$$

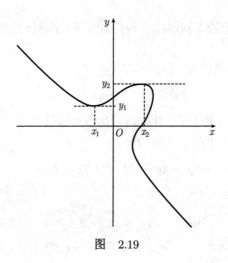

图 2.19

再微分 (x 是自变量, $\mathrm{d}^2 x = 0$), 得

$$6x\mathrm{d}x^2 + 6y^2\mathrm{d}y^2 + 3y^2\mathrm{d}^2 y - 6\mathrm{d}x\mathrm{d}y - 3x\mathrm{d}^2 y = 0. \qquad (5)$$

在极值点处有 $\mathrm{d}y = 0$, 代入 (4), 并与原方程联立, 得

$$\begin{cases} 3x^2 - 3y = 0, \\ x^3 + y^3 - 3xy = 3 \end{cases} \Longrightarrow \begin{cases} x_1 = -1, \\ y_1 = 1, \end{cases} \begin{cases} x_2 = \sqrt[3]{3}, \\ y_2 = \sqrt[3]{9}. \end{cases}$$

首先将 $\begin{cases} x_1 = -1, \\ y_1 = 1 \end{cases}$ 代入式 (5)(注意 $\mathrm{d}y = 0$). 得到

$$-6\mathrm{d}x^2 + 3\mathrm{d}^2 y + 3\mathrm{d}^2 y = 0 \Longrightarrow \frac{\mathrm{d}^2 y}{\mathrm{d}x^2} = 1 > 0.$$

由此可见, $x_1 = -1$ 是极小值点, 极小值 $y_1 = 1$.

其次将 $\begin{cases} x_2 = \sqrt[3]{3}, \\ y_2 = \sqrt[3]{9} \end{cases}$ 代入式 (5)(注意 $\mathrm{d}y = 0$), 得到

$$6\sqrt[3]{3}\mathrm{d}x^2 + 3\sqrt[3]{81}\mathrm{d}^2 y - 3\sqrt[3]{3}\mathrm{d}^2 y = 0 \Longrightarrow \frac{\mathrm{d}^2 y}{\mathrm{d}x^2} = -1.$$

由此可见, $x_2 = \sqrt[3]{3}$ 是极大值点, 极大值 $y_2 = \sqrt[3]{9}$.

评注   从解法 1 和解法 2 相比较可见, 求隐函数的极值用全微分显得更简洁些.

例 16   设函数 $y = y(x)$ 由方程

$$2y^3 - 2y^2 + 2xy - x^2 = 0$$

确定, 求 $y = y(x)$ 的驻点, 并判断它是否为极值点.

解   方程两边对 x 求导, 得

$$6y^2y' - 4yy' + 2xy' + 2y - 2x = 0,$$

两边约去 2, 得到

$$3y^2y' - 2yy' + xy' + y - x = 0. \tag{1}$$

解得 $y' = \dfrac{x - y}{3y^2 - 2y + x}$. 令 $y' = 0$, 得 $x = y$, 将 $x = y$. 代入原方程得

$x^2(2x - 1) = 0 \Rightarrow x = \dfrac{1}{2}, x = 0$(舍弃).

为求 $y''\left(\dfrac{1}{2}\right)$, (1) 式两边对 x 求导, 得

$$(3y^2 - 2y + x)y'' + y'(6yy' - 2y' + 1) = 1 - y'.$$

将 $x = y = \dfrac{1}{2}, y' = 0$ 代入上式得

$$y''\left(\dfrac{1}{2}\right) = \dfrac{1}{4} > 0.$$

因此, $x = \dfrac{1}{2}$ 为 $y = y(x)$ 的极小点, 且极小值为 $y = \dfrac{1}{2}$ (图 2.20).

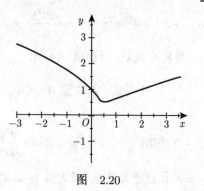

图   2.20

例 17 设函数 $y = y(x)$ 由参数方程表示为

$$\begin{cases} x = \dfrac{t^3}{1+t^2}, \\[2mm] y = \dfrac{t^3 - 2t^2}{1+t^2}, \end{cases}$$

求 $y(x)$ 的极值.

解 由 $y'(t) = t\dfrac{3t + t^3 - 4}{(1+t^2)^2}$, $x'(t) = t^2\dfrac{3+t^2}{(1+t^2)^2}$ 可得

$$\frac{\mathrm{d}y}{\mathrm{d}x} = \frac{t\dfrac{3t + t^3 - 4}{(1+t^2)^2}}{t^2\dfrac{3+t^2}{(1+t^2)^2}} = \frac{1}{t}\frac{3t + t^3 - 4}{3+t^2} = \frac{(t-1)\left(t^2 + t + 4\right)}{t\left(3+t^2\right)}. \tag{1}$$

首先由 $(1) \Longrightarrow \dfrac{\mathrm{d}y}{\mathrm{d}x} \begin{cases} < 0, & 0 < t < 1, \\ = 0, & t = 1, \\ > 0, & t > 1. \end{cases}$ 又因为

$$x - \frac{1}{2} = \frac{t^3}{1+t^2} - \frac{1}{2} = \frac{(t-1)\left(2t^2 + t + 1\right)}{2\left(1+t^2\right)},$$

所以

$$\begin{cases} 0 < t < 1 \Longleftrightarrow 0 < x < 1/2, \\ t = 1 \Longleftrightarrow x = 1/2, \\ t > 1 \Longleftrightarrow x > 1/2, \end{cases}$$

因此

$$\frac{\mathrm{d}y}{\mathrm{d}x} \begin{cases} < 0, & 0 < x < 1/2, \\ = 0, & x = 1/2, \\ > 0, & x > 1/2. \end{cases}$$

于是, 根据函数取极值的判别法 I, $x = 1/2$ 是 $y(x)$ 的极小值点, 极小值

$$y\left(\frac{1}{2}\right) = \frac{t^3 - 2t^2}{1+t^2}\bigg|_{t=1} = -\frac{1}{2} \ (图\ 2.21).$$

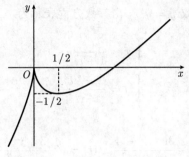

图 2.21

其次, 因为

$$\lim_{t \to 0+0} \frac{\mathrm{d}y}{\mathrm{d}x} = \lim_{t \to 0+0} \frac{(t-1)(t^2+t+4)}{t(3+t^2)} = \lim_{t \to 0+0} \frac{-4}{3t} = -\infty,$$

$$\lim_{t \to 0-0} \frac{\mathrm{d}y}{\mathrm{d}x} = \lim_{t \to 0-0} \frac{(t-1)(t^2+t+4)}{t(3+t^2)} = \lim_{t \to 0-0} \frac{-4}{3t} = +\infty,$$

所以 $\left.\dfrac{\mathrm{d}y}{\mathrm{d}x}\right|_{t=0}$ 不存在, 因此

$$\text{由 (1)} \Longrightarrow \frac{\mathrm{d}y}{\mathrm{d}x} \begin{cases} > 0, & t < 0, \\ \text{不存在}, & t = 0, \\ < 0, & t > 0. \end{cases}$$

又 $\begin{cases} t < 0 \Longleftrightarrow x < 0, \\ t = 0 \Longleftrightarrow x = 0, \\ t > 0 \Longleftrightarrow x > 0, \end{cases}$ 故有 $\dfrac{\mathrm{d}y}{\mathrm{d}x} \begin{cases} > 0, & x < 0, \\ \text{不存在}, & x = 0, \\ < 0, & x > 0, \end{cases}$ 于是, 根据函数

取极值的判别法 I, $x = 0$ 是 $y(x)$ 的极大值点, 极大值

$$y(0) = \left.\frac{t^3 - 2t^2}{1 + t^2}\right|_{t=0} = 0 \ (\text{图 } 2.21).$$

例 18 如图 2.22 所示两个正圆锥, 顶在下的锥在另一个锥里面. 锥的底面是平行的, 小锥的顶点位于大锥的底面中心. 若大锥的底面半径 R、高 H 是已知的. 问小锥底面半径 r 和高 h 为多少时才能使小锥的体积最大?

84

解　由 $\dfrac{r}{R} = \dfrac{H-h}{H} \Longrightarrow h = \left(1 - \dfrac{r}{R}\right)H.$

小锥的体积 $V(r) = \dfrac{1}{3}\pi r^2 h = \dfrac{\pi H}{3} r^2 \left(1 - \dfrac{r}{R}\right).$ 对 $V(r)$ 求导得

$$V'(r) = \frac{\pi H}{3R} r (2R - 3r) \begin{cases} < 0, & r > \dfrac{2}{3}R, \\[2mm] = 0, & r = \dfrac{2}{3}R, \\[2mm] > 0, & r < \dfrac{2}{3}R. \end{cases}$$

由此可见, 点 $r = \dfrac{2}{3}R$ 是函数 $V(r)$ 的唯一极值点, 并且是极大点, 从而达到函数 $V(r)$ 的最大值. 此时

$$h = \left(1 - \frac{r}{R}\right)H = \frac{1}{3}H.$$

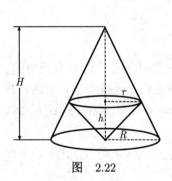

图 2.22

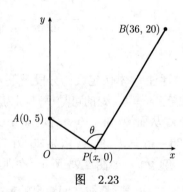

图 2.23

例 19　给定两点 $A(0,5)$, $B(36,20)$, 点 P 沿 x 正半轴移动 (图 2.23). 问当 P 的横坐标为多少时, 角 APB 取最大值?

解　设点 P 的坐标为 $(x,0)$, 则

$$\theta(x) = \begin{cases} \pi - \left(\arctan \dfrac{5}{x} + \arctan \dfrac{20}{36-x}\right), & 0 < x < 36, \\[3mm] \dfrac{\pi}{2} - \arctan \dfrac{5}{36}, & x = 36, \\[3mm] \arctan \dfrac{20}{x-36} - \arctan \dfrac{5}{x}, & x > 36, \end{cases}$$

$$\theta'(x) = \frac{-15\,(x+38)\,(x-14)}{(1696-72x+x^2)\,(x^2+25)} \begin{cases} > 0, & x < 14, \\ = 0, & x = 14, \\ < 0, & x > 14. \end{cases}$$

由此可见, 点 $x = 14$ 是函数 $\theta(x)$ 的唯一极值点 (图 2.24), 并且是极大点, 从而达到函数的最大值.

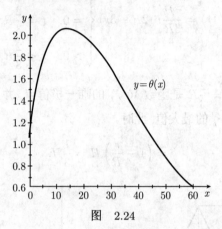

图　2.24

评注　本例定义的分段函数 $\theta(x)$ 是 $(0, \infty)$ 上的可导函数, 它在分界点 $x = 36$ 处的可导性是因为其左右两个函数的导数表达式是一样的, 从而 $\theta'(36-0) = \theta'(36+0) \Longrightarrow \theta'(36)$ 存在, 并且 $\theta'(36) = \theta'(36-0) = \theta'(36+0)$ (见 §5 例 7).

例 20　如图 2.25 所示, 在曲线 $y = \dfrac{1}{x}$ $(x \neq 0)$ 上, 作互相平行的切线, 求两平行切线之间距离的最大值.

解　曲线 $y = \dfrac{1}{x}$ $(x \neq 0)$, $f(x) = \dfrac{1}{x}$ 是奇函数, 由对称性, 只要考虑曲线的第一象限部分, 即 $x > 0$. 设点 (x, y) 处的切线在 Ox 轴和 Oy 轴上的截距分别为 u, v, 则

$$u = x - \frac{y}{y'} = x - \frac{\dfrac{1}{x}}{-\dfrac{1}{x^2}} = 2x;$$

$$v = y - xy' = \frac{1}{x} - x\left(-\frac{1}{x^2}\right) = \frac{2}{x} = 2y.$$

86

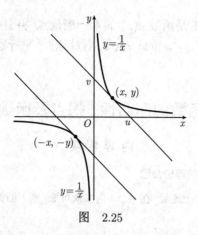

图　2.25

若原点到切线的距离为 d, 则直角 $\triangle Ouv$ 面积的两倍等于

$$2x \cdot 2y = d \cdot \sqrt{(2x)^2 + (2y)^2}.$$

因此

$$
\begin{array}{ccc}
d & & \dfrac{2x}{\sqrt{x^4+1}} \\[2ex]
\| & & \| \\[2ex]
\dfrac{2xy}{\sqrt{x^2+y^2}} & \xlongequal{xy=1} & \dfrac{2}{\sqrt{x^2+\dfrac{1}{x^2}}}
\end{array}
$$

从此 U 形等式串的两端即知

$$d(x) = \frac{2x}{\sqrt{x^4+1}}.$$

因为 $y = \ln x$ 在 $(0, \infty)$ 上是单调增加的, 所以 $\ln \frac{1}{2} d(x)$ 与 $d(x)$ 有相同的极值点. 令

$$g(x) = \ln x - \frac{1}{2} \ln\left(x^4 + 1\right),$$

$$g'(x) = \frac{\left(x^2+1\right)\left(1-x\right)\left(x+1\right)}{x\left(x^4+1\right)}$$

$$
\begin{cases}
> 0, & 0 < x < 1, \\
= 0, & x = 1, \\
< 0, & x > 1.
\end{cases}
$$

由此可见, 点 $x = 1$ 是函数 $d(x)$ 的唯一极值点, 并且是极大点, 从而达到函数的最大值 $d_{\max} = d(1) = \sqrt{2}$. 由对称性, 平行线之间的最大距离为 $2 d_{\max} = 2\sqrt{2}$.

§4 函数的凹凸性、拐点及函数作图

内 容 提 要

1. 曲线凹凸性的等价命题

若 $f(x)$ 在 $[a, b]$ 上连续, 在 (a, b) 内二次可微, 则下面关于凹函数的四个命题等价:

(1) $f(x) \geqslant f(x_0) + f'(x_0)(x - x_0)$ $(\forall x \in [a, b])$, 其几何意义是 "切线在曲线下方" (图 2.26).

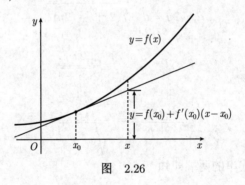

图 2.26

(2) $f'(x)$ 在 $[a, b]$ 上单调递增.

(3) 对 $\forall x \in (x_1, x_2) \subset [a, b]$, 有

$$f(x) \leqslant f(x_1) + \frac{f(x_2) - f(x_1)}{x_2 - x_1}(x - x_1), \tag{1}$$

或对 $\forall \lambda \in (0, 1)$, 有

$$f(\lambda x_1 + (1 - \lambda) x_2) \leqslant \lambda f(x_1) + (1 - \lambda) f(x_2). \tag{2}$$

上面这个式子, 从效果上看似乎 f 是一个线性运算, 但两边结果不是等号, 小头偏向凹函数一边. (1) 式其几何意义是 "弦在曲线上方" (图 2.27), (2) 式也可以表述为: 在凹曲线弦的任一定比分点处, 相应函数在横坐标上的函数值不超过定比分点的纵坐标.

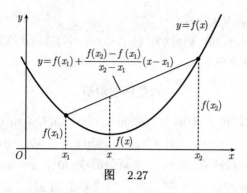

图 2.27

(4) $f''(x) \geqslant 0$.

2. 曲线拐点的判别法

定理 1 若 $f(x)$ 在 $U(x_0, \delta)$ 有连续的导数, 在 $\mathring{U}(x_0, \delta)$ 内二次可微, 则当 $f''(x)(x - x_0)$ 在 $\mathring{U}(x_0, \delta)$ 内同号时, x_0 为曲线的拐点.

定理 2 若 $f(x)$ 在 $U(x_0, \delta)$ 有连续的二阶导数, 在点 x_0 处三次可微, 且 $f''(x_0) = 0, f'''(x_0) \neq 0$, 则 x_0 为曲线的拐点.

3. 渐近线定义

垂直渐近线 若 x_0 是函数 $y = f(x)$ 的间断点, 且

$$\lim_{x \to x_0} f(x) = \infty \quad \left(\text{或} \lim_{x \to x_0^+} f(x) = \infty \right),$$

则直线 $x = x_0$ 称为曲线 $y = f(x)$ 的垂直渐近线.

斜渐近线 若曲线 $y = f(x)$ 的定义域为无限区间, 且有

$$\lim_{x \to \infty} \frac{f(x)}{x} = a, \quad \lim_{x \to \infty} [f(x) - ax] = b,$$

则直线 $y = ax + b$ 称为曲线 $y = f(x)$ 的斜渐近线.

4. 函数作图的步骤

(1) 确定函数的定义域, 并考查其奇偶性、周期性;

(2) 求出函数的一阶导数 $f'(x)$, 利用 $f'(x)$ 列表讨论函数的升降区间和极值;

(3) 求函数的二阶导数 $f''(x)$, 利用 $f''(x)$ 列表讨论函数的凹、凸区间和拐点;

(4) 求出 $f(x)$ 的渐近线;

(5) 计算一些点的值, 例如方程 $f'(x) = 0$ 和 $f''(x) = 0$ 的根, 图形与坐标轴交点等, 然后描草图.

典型例题解析

例 1 在锐角 $\triangle ABC$ 中, 求证: $\sin A + \sin B + \sin C > 2$.

证 令 $f(x) = \sin x$, 则 $f''(x) = -\sin x < 0$, $\forall x \in (0, \pi/2)$.

由此可见, $f(x)$ 在 $(0, \pi/2)$ 上是凸函数, 故弦 $y = 2x/\pi$ 在曲线下方 (图 2.28), 即有 $\sin x > \dfrac{2x}{\pi}$, $\forall x \in \left(0, \dfrac{\pi}{2}\right)$. 因此有

$$\sin A > \frac{2A}{\pi}, \quad \sin B > \frac{2B}{\pi}, \quad \sin C > \frac{2C}{\pi}.$$

把以上三个不等式相加, 并注意到 $A + B + C = \pi$, 有

$$
\begin{array}{ccc}
\sin A + \sin B + \sin C & & 2 \\
\vee & & \| \\
\dfrac{2A}{\pi} + \dfrac{2B}{\pi} + \dfrac{2C}{\pi} & = & \dfrac{2A + 2B + 2C}{\pi}
\end{array}
$$

从此 U 形等式–不等式串的两端即知

$$\sin A + \sin B + \sin C > 2.$$

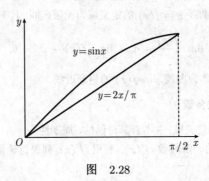

图 2.28

例 2 在 $\triangle ABC$ 中, 求证: $\sin A + \sin B + \sin C \leqslant \dfrac{3\sqrt{3}}{2}$.

90

证 因为 $y = \sin x$ 是凸函数, 所以曲线在切线下方, 如图 2.29 所示, 即有

$$\sin A \leqslant \frac{\sqrt{3}}{2} + \frac{1}{2}\left(A - \frac{\pi}{3}\right). \tag{1}$$

同理,

$$\sin B \leqslant \frac{\sqrt{3}}{2} + \frac{1}{2}\left(B - \frac{\pi}{3}\right), \tag{2}$$

$$\sin C \leqslant \frac{\sqrt{3}}{2} + \frac{1}{2}\left(C - \frac{\pi}{3}\right). \tag{3}$$

$(1) + (2) + (3)$ 得到

$$\sin A + \sin B + \sin C \leqslant \frac{3\sqrt{3}}{2}.$$

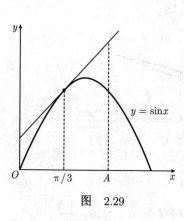

图 2.29

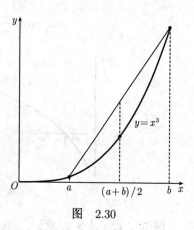

图 2.30

例 3 已知 $a > 0, b > 0, a^3 + b^3 \leqslant 2.$ 求证: $a + b \leqslant 2.$

证 因为 $y = x^3$ 是凹函数, 所以曲线在弦下方. 如图 2.30 所示, 有

$$\left(\frac{a+b}{2}\right)^3 < \frac{a^3 + b^3}{2} \leqslant 1 \Longrightarrow (a+b)^3 \leqslant 8 \Longrightarrow a + b \leqslant 2.$$

例 4 若 $a, b > 0, p, q > 0$, 使得 $\frac{1}{p} + \frac{1}{q} = 1.$ 求证:

$$ab \leqslant \frac{a^p}{p} + \frac{b^q}{q}.$$

分析 将要证的不等式两边取对数, 并用对数性质改写成

$$\frac{1}{p}\ln a^p + \frac{1}{q}\ln b^q \leqslant \ln\left(\frac{1}{p}a^p + \frac{1}{q}b^q\right). \tag{1}$$

证 因为 $y = \ln x$ 在 $(0,\infty)$ 上是凸函数. 故弦在曲线下方 (图 2.31), 即有

$$\begin{array}{ccc}
\ln ab & & \ln\left(\dfrac{1}{p}a^p + \dfrac{1}{q}b^q\right) \\[2mm]
\| & & \vee \vee \\[2mm]
\ln a + \ln b = & \dfrac{1}{p}\ln a^p & + \dfrac{1}{q}\ln b^q
\end{array}$$

从此 U 形等式–不等式串的两端即知 (1) 式成立, 又因为 $y = \ln x$ 在 $(0,+\infty)$ 上严格单调增加的, 故去掉对数即得

$$ab \leqslant \frac{1}{p}a^p + \frac{1}{q}b^q.$$

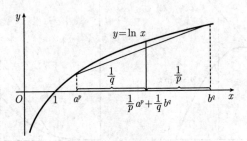

图 2.31

例 5 设 $a, b > 0$, 求证: $a\ln a + b\ln b \geqslant (a+b)\ln\dfrac{a+b}{2}$.

分析 将要证的不等式改写成

$$\frac{1}{2}(a+b)\ln\frac{a+b}{2} \leqslant \frac{1}{2}a\ln a + \frac{1}{2}b\ln b. \tag{1}$$

证 令 $f(x) = x\ln x$, 则

$$f'(x) = \ln x + 1, \quad f''(x) = \frac{1}{x} > 0, \quad \forall x \in (0,+\infty).$$

由此可见, $f(x)$ 在 $(0,\infty)$ 上是凹函数. 故弦在曲线上方 (图 2.32), 即有

92

$$f\left(\frac{a+b}{2}\right) \leqslant \frac{1}{2}f(a) + \frac{1}{2}f(b) \Longrightarrow \text{结论}.$$

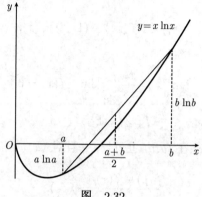

图 2.32

例 6 设 $f(x)$ 在 $(0, +\infty)$ 上是凹函数, 且 $\lim\limits_{x \to 0+0} f(x) = 0$. 求证: $\dfrac{f(x)}{x}$ 在 $(0, +\infty)$ 上单调增加.

分析 在 $(0, +\infty)$ 上任意指定 x_1, x_2, 不妨设 $x_1 < x_2$. 要证

$$\frac{f(x_1)}{x_1} \leqslant \frac{f(x_2)}{x_2}, \quad \text{即要证 } f(x_1) \leqslant \frac{x_1}{x_2}f(x_2).$$

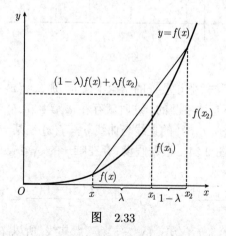

图 2.33

证 为了用上条件 $\lim\limits_{x \to 0+0} f(x) = 0$, 引进一个动点 $x \in (0, x_1)$, 并

记 $\lambda = \dfrac{x_1 - x}{x_2 - x}$ (图 2.23), 则 $\dfrac{x_2 - x_1}{x_2 - x} = 1 - \lambda$. 因为 $f(x)$ 在 $(0, +\infty)$ 上是凹函数, 所以

$$f(x_1) \leqslant \lambda f(x_2) + (1 - \lambda) f(x). \tag{1}$$

进一步, 因为

$$\lim_{x \to 0+0} \lambda = \frac{x_1}{x_2}, \qquad \lim_{x \to 0+0} f(x) = 0,$$

所以由 $(1) \Longrightarrow f(x_1) \leqslant \dfrac{x_1}{x_2} f(x_2)$. 证毕.

例 7 设 $f(x)$ 在 (a, b) 上可导, 并且对 $\forall x, y \in (a, b), x \neq y$, 都存在唯一的 ξ, 使得

$$\frac{f(y) - f(x)}{y - x} = f'(\xi).$$

求证: $f(x)$ 是严格凹的或严格凸的.

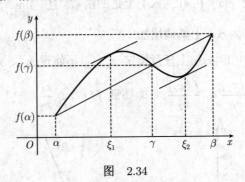

图 2.34

证 用反证法. 假设要证的结论不成立, 那么 $f(x)$ 在 (a, b) 上既不是严格凹的也不是严格凸的. 这时就存在 $\alpha, \beta \in (a, b)$, $\alpha < \beta$, 使得过两点 $(\alpha, f(\alpha))$, $(\beta, f(\beta))$ 的直线与曲线 $y = f(x)$ 在某一点 $(\gamma, f(\gamma))$ 相交, $\alpha < \gamma < \beta$ (图 2.34). 根据假设, 存在唯一的 $\xi_1 \in (\alpha, \gamma)$, $\xi_2 \in (\gamma, \beta)$, 使得

$$\frac{f(\gamma) - f(\alpha)}{\gamma - \alpha} = f'(\xi_1) \quad \text{和} \quad \frac{f(\beta) - f(\gamma)}{\beta - \gamma} = f'(\xi_2).$$

又因为 $(\alpha, f(\alpha))$, $(\beta, f(\beta))$, $(\gamma, f(\gamma))$ 三点共线, 所以 $f'(\xi_1) = f'(\xi_2)$. 从而

$$f'\left(\xi_1\right) = \frac{f\left(\beta\right) - f\left(\alpha\right)}{\beta - \alpha} = f'\left(\xi_2\right), \quad \xi_1 \neq \xi_2.$$

这与假设矛盾.

例 8 设 $f(x)$ 在 $(-\infty, +\infty)$ 上是有上界的凹函数. 求证: $f(x)$ 在 $(-\infty, +\infty)$ 上是常数.

证 用反证法. 假设要证的结论不成立, 那么 $\exists x_1 < x_2$, 使得 $f(x_1) \neq f(x_2)$. 设 $f(x) \leqslant M, x \in (-\infty, +\infty)$.

下面分两种情况考虑.

第一种情况是 $f(x_1) < f(x_2)$, 这时 $A \overset{\text{def}}{=\!=\!=} f(x_2) - f(x_1) > 0$. 任选取 $x > x_2$, 如图 2.35 所示, 因为 $f(x)$ 是凹函数, 所以连接 $(x_1, f(x_1))$, $(x, f(x))$ 的弦在曲线上方, 即有

$$f\left(x_2\right) \leqslant f\left(x_1\right) + \frac{f(x) - f\left(x_1\right)}{x - x_1}\left(x_2 - x_1\right),$$

两边同乘以 $x - x_1 > 0$, 并用 $f(x) \leqslant M, A = f(x_2) - f(x_1) > 0$, 即得

$$A\left(x - x_1\right) \leqslant \left(M - f\left(x_1\right)\right)\left(x_2 - x_1\right),$$

上式两边令 $x \to +\infty$, 即得 $+\infty \leqslant \left(M - f\left(x_1\right)\right)\left(x_2 - x_1\right)$, 矛盾.

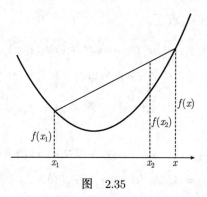

图 2.35

第二种情况是 $f\left(x_1\right) > f\left(x_2\right)$, 这时 $A < 0$. 任取 $x < x_1$, 如图 2.36 所示, 因为 $f(x)$ 是凹函数, 所以连接 $(x_2, f(x_2)), (x, f(x))$ 的弦在曲线上方, 即有

$$f\left(x_1\right) \leqslant f\left(x_2\right) + \frac{f(x_2) - f(x)}{x_2 - x}\left(x_1 - x_2\right).$$

两边同乘以 $x_2 - x > 0$, 记 $B \stackrel{\text{def}}{=\!=} f(x_1) - f(x_2) > 0$, 并用 $f(x) \leqslant M$, 即得

$$B(x_2 - x) \leqslant (M - f(x_2))(x_2 - x_1),$$

上式两边令 $x \to -\infty$, 即得 $+\infty \leqslant (M - f(x_2))(x_2 - x_1)$, 矛盾.

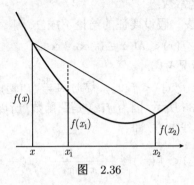

图 2.36

例 9 ① 设 $f(x)$ 在 $[0, +\infty)$ 上连续, 在 $(0, +\infty)$ 内二阶可导, $f(0) = 0, f''(x) > 0$. 求证: 对任意的 $a, b > 0$, 有

$$f(a) + f(b) < f(a+b).$$

② 设 $b > a > 0$. 求证:

$$(1+a)\ln(1+a) + (1+b)\ln(1+b)$$
$$< (1+a+b)\ln(1+a+b).$$

证 ① **证法 1** 由 $f(0) = 0$, 令 $F(x) = f(x) + f(b) - f(b+x)$, 则有

$$F'(x) = f'(x) - f'(b+x) < 0 \Longrightarrow F(x) \ 单调下降,$$

$$F(x) < F(0) = 0, \ 即 \ f(x) + f(b) - f(b+x) < 0, \quad \forall x > 0.$$

取 $x = a$, 即得 $f(a) + f(b) < f(a+b)$.

证法 2 不妨设 $0 < a < b$. 对 $f(x)$ 分别在 $[0, a], [b, a+b]$ 上应用拉格朗日中值定理 (图 2.37), 有

$$\frac{f(a)}{a} = \frac{f(a) - f(0)}{a - 0} = f'(\xi), \quad \xi \in (0, a), \tag{1}$$

96

$$\frac{f(a+b)-f(b)}{a} = \frac{f(a+b)-f(b)}{a+b-b} = f'(\eta), \quad \eta \in (b, a+b). \tag{2}$$

因为 $\eta > \xi, f'(x)$ 单调增加, 所以 $f'(\eta) > f'(\xi)$, 联合 (1), (2) 式即得

$$\frac{f(a+b)-f(b)}{a} > \frac{f(a)}{a} \Longrightarrow f(a)+f(b) < f(a+b).$$

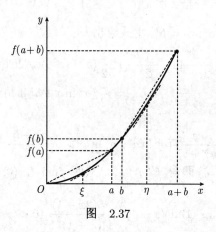

图 2.37

评注 对于凹函数而言, 相邻的两段弦, 右边的弦比左边的弦斜率来得大.

② 令 $f(x) = (1+x)\ln(1+x)$, 则有

$$f'(x) = \ln(1+x) + 1, \quad f''(x) = \frac{1}{1+x} > 0.$$

$f(x)$ 满足 ① 题条件, 用 ① 的结果即知

$$(1+a)\ln(1+a) + (1+b)\ln(1+b)$$
$$< (1+a+b)\ln(1+a+b).$$

例 10 设 $a > 0, b > 0$. 求证: $f(x) = \left(\dfrac{a^x + b^x}{2}\right)^{\frac{1}{x}}$ 在 $(0, \infty)$ 上严格单调增加.

证 对 $f(x)$ 求导数得

$$f'(x) = \left(\frac{a^x+b^x}{2}\right)^{\frac{1}{x}} \frac{\dfrac{x}{a^x+b^x}(a^x\ln a + b^x\ln b) - \ln\dfrac{a^x+b^x}{2}}{x^2}. \tag{1}$$

为了判定 $f'(x)$ 的符号, 只需判定 (1) 式右端分子的符号. 为此, 考查函数 $g(t) \stackrel{\text{def}}{=} t \ln t (t > 0)$, 则 $f''(t) = \dfrac{1}{t} > 0$, 因此 $g(t)$ 在 $(0, \infty)$ 上是严格凹函数. 故

$$\forall x_1 > 0, x_2 > 0 \Longrightarrow g\left(\frac{x_1 + x_2}{2}\right) < \frac{1}{2}\left(g(x_1) + g(x_2)\right).$$

特别地, 令 $x_1 = a^x, x_2 = b^x$, 上式给出

$$\frac{a^x + b^x}{2} \ln \frac{a^x + b^x}{2} < \frac{1}{2}\left(a^x \ln a^x + b^x \ln b^x\right)$$
$$= \frac{x}{2}\left(a^x \ln a + b^x \ln b\right),$$

即

$$\frac{x}{a^x + b^x}\left(a^x \ln a + b^x \ln b\right) > \ln \frac{a^x + b^x}{2}. \tag{2}$$

联合 (1), (2) 两式, 即得 $f'(x) > 0$. 从而 $f(x)$ 在 $(0, \infty)$ 上严格单调增加.

例 11 求证: ① $\ln(x+1) < \dfrac{x(2x+1)}{(x+1)^2}$ $(0 < x < 1)$;

② $\dfrac{\ln(x+1)}{x} + x \ln\left(1 + \dfrac{1}{x}\right) \leqslant 2 \ln 2$ $(\forall x > 0)$.

证 ① 当 $0 < x < 1$ 时, 令 $f(x) = \ln(x+1) - \dfrac{x(2x+1)}{(x+1)^2}$, 则有

$$f'(x) = \frac{1}{x+1} - \frac{2x+1}{(x+1)^2} - 2\frac{x}{(x+1)^2} + 2x\frac{2x+1}{(x+1)^3} = \frac{x(x-1)}{(x+1)^3} < 0$$

$$\Longrightarrow f(x) \text{ 单调下降} \Longrightarrow f(x) < f(0) = 0,$$

即有

$$\ln(x+1) < \frac{x(2x+1)}{(x+1)^2}.$$

② 将区间 $(0, +\infty)$ 分为两部分: $0 < x \leqslant 1$ 和 $x > 1$.

第一部分, 当 $0 < x \leqslant 1$ 时, 令 $F(x) = \dfrac{\ln(x+1)}{x} + x \ln\left(1 + \dfrac{1}{x}\right)$, 则有

$$F'(x) = \ln\left(\frac{1}{x} + 1\right) + \frac{1}{x(x+1)} - \frac{1}{x\left(\frac{1}{x} + 1\right)} - \frac{1}{x^2}\ln(x+1),$$

于是根据第 ① 小题结果, 有

$$F''(x)$$
$$\parallel \qquad\qquad\qquad\qquad\qquad\qquad\quad 0$$
$$\frac{2}{x^3}\ln(x+1)-2\frac{2x+1}{x^2(x+1)^2} \overset{\text{第①小题}}{<} \frac{2}{x^3}\cdot\frac{x(2x+1)}{(x+1)^2}-2\frac{2x+1}{x^2(x+1)^2}$$

从此 U 形等式–不等式串的两端即知 $F''(x) < 0$. 于是当 $0 < x \leqslant 1$ 时, $F(x)$ 为凸函数, 因而曲线在切线下方 (图 2.38), 即得

$$F(x) \leqslant F(1) + F'(1)(x-1). \tag{1}$$

又

$$F'(1) = \ln\left(\frac{1}{x}+1\right) + \frac{1}{x(x+1)} - \frac{1}{x\left(\frac{1}{x}+1\right)} - \frac{1}{x^2}\ln(x+1)\Bigg|_{x=1}$$
$$= 0,$$

代入 (1) 式得 $F(x) \leqslant F(1) = 2\ln 2\,(0 < x \leqslant 1)$.

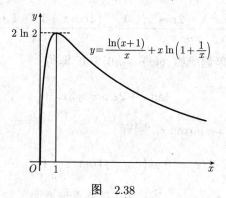

图 2.38

第二部分, 当 $x > 1$ 时, 令 $t = \dfrac{1}{x}$, 则有 $0 < t < 1$, 并且

$$F(x) \qquad\qquad\qquad\qquad F(t)$$
$$\parallel \qquad\qquad\qquad\qquad\qquad \parallel$$
$$\frac{\ln(x+1)}{x} + x\ln\left(1+\frac{1}{x}\right) = \frac{\ln\left(\frac{1}{t}+1\right)}{\frac{1}{t}} + \frac{1}{t}\ln(1+t)$$

从此 U 形等式串的两端即知

$$F(x) = F(t), \quad 0 < t < 1.$$

应用第一部分的结果, 得到

$$F(x) = F(t) < F(1) = 2\ln 2.$$

最后, 综合以上两部分结果即得

$$\frac{\ln(x+1)}{x} + x\ln\left(1 + \frac{1}{x}\right) \leqslant 2\ln 2 \quad (\forall x > 0).$$

例 12 设 $x \in (0, \pi/2)$. 求证:

① $\tan x + 2\sin x > 3x$;

② $\tan(\sin x) > \sin(\tan x)$.

证 ① 令 $g(x) = \tan x + 2\sin x - 3x$, 则有

$$g'(x) = \frac{-3\cos^2 x + 2\cos^3 x + 1}{\cos^2 x} = \frac{(2\cos x + 1)(-1 + \cos x)^2}{\cos^2 x} > 0,$$

因此 $g(x)$ 严格单调增加, $g(x) > g(0) = 0$, 即得

$$\tan x + 2\sin x > 3x.$$

② 令 $f(x) = \sin(\tan x)$, 则有

$$f'(x) = (\cos(\tan x))(\tan^2 x + 1) > 0,$$

由此得: 当 $0 < \tan x < \dfrac{\pi}{2}$ 时, $f(x)$ 严格单调增加.

当 $\tan x = \dfrac{\pi}{2}$, 即 $x = \arctan\dfrac{\pi}{2}$ 时, $f(x)$ 达到最大值 1. 于是, 若记 $\alpha = \arctan\dfrac{\pi}{2}$, 则有

$$\sin\alpha = \frac{\tan\alpha}{\sec\alpha} = \frac{\dfrac{\pi}{2}}{\sqrt{1 + \dfrac{\pi^2}{4}}} = \frac{\pi}{\sqrt{4 + \pi^2}} > \frac{\pi}{4}, \quad \tan(\sin\alpha) > 1.$$

由此可见, 当 $x \in \left[\alpha, \dfrac{\pi}{2}\right)$ 时,

$$\begin{array}{ccc} \tan(\sin x) & & \sin(\tan x) \\ \vee & & \wedge \\ \tan(\sin \alpha) > & & 1 \end{array}$$

从此 U 形不等式串的两端即知

$$\tan(\sin x) > \sin(\tan x), \quad x \in \left[\alpha, \dfrac{\pi}{2}\right).$$

进一步要证明: 当 $x \in (0, \alpha)$ 时, $\tan(\sin x) > \sin(\tan x)$.

令 $g(x) = \tan(\sin x) - \sin(\tan x)$, 则有

$$g'(x) = \frac{\cos^3 x - \cos(\tan x)\cos^2(\sin x)}{\cos^2(\sin x)\cos^2 x}. \tag{1}$$

记 $t = \tan x, s = \sin x$, 则当 $x \in (0, \alpha)$ 时,

$$0 < t < \tan \alpha = \frac{\pi}{2}, \quad 0 < s < 1 < \frac{\pi}{2}.$$

又令 $h(t) = \ln \cos t$, 则有

$$h'(t) = -\frac{\sin t}{\cos t} < 0, \quad h''(t) = -\frac{1}{\cos^2 t} < 0.$$

由此可见, $\ln \cos t$ 在 $\left(0, \dfrac{\pi}{2}\right)$ 内是单调下降的凸函数.

根据第 ① 小题结论, 有

$$t + 2s > 3x \Longrightarrow \frac{t + 2s}{3} > x.$$

因为 $\ln \cos t$ 在 $\left(0, \dfrac{\pi}{2}\right)$ 内单调下降, 所以

$$\ln \cos x > \ln \cos \frac{t + 2s}{3}.$$

又因为函数 $\ln \cos x$ 在 $\left(0, \dfrac{\pi}{2}\right)$ 内的凸性, 故有

$$\ln \cos \frac{t + 2s}{3} \geqslant \frac{1}{3}[\ln \cos t + 2\ln \cos s] = \ln \sqrt[3]{\cos t \cos^2 s}.$$

综合之, 有

$$
\begin{array}{ccc}
\ln\cos x & & \ln\sqrt[3]{\cos(\tan x)\cos^2(\sin x)} \\
\vee & & \| \\
\ln\cos\dfrac{t+2s}{3} \geqslant \dfrac{\ln\cos t + 2\ln\cos s}{3} = & & \ln\sqrt[3]{\cos t\cos^2 s}
\end{array}
$$

从此 U 形等式–不等式串的两端即知

$$
\ln\cos x > \ln\sqrt[3]{\cos(\tan x)\cos^2(\sin x)}, \quad \text{即 } \cos^3 x > \cos(\tan x)\cos^2(\sin x).
$$

于是根据 (1) 式, 当 $x \in (0,\alpha)$ 时, $g'(x) > 0$. 故 $g(x)$ 单调增加, $g(x) >$ $g(0)$. 由 $g(0) = 0 \Longrightarrow g(x) > 0$, 即

$$
\tan(\sin x) > \sin(\tan x), \quad x \in (0,\alpha).
$$

例 13　设 $0 < x < \dfrac{\pi}{2}$, 求证: $\dfrac{x}{\sin x} < \dfrac{\tan x}{x}$.

分析 1　为了证 $\dfrac{x}{\sin x} < \dfrac{\tan x}{x}$, 只要证

$$
\sin x\tan x > x^2, \quad 0 < x < \frac{\pi}{2}.
$$

证法 1　令 $f(x) = \sin x\tan x - x^2$, 则有

$$
f'(x) = \sin x + \tan x\sec x - 2x \geqslant \sin x + \tan x - 2x. \tag{1}
$$

令 $g(x) = \sin x + \tan x - 2x$, 则有

$$
\begin{aligned}
g'(x) &= \cos x + \sec^2 x - 2 \geqslant \cos^2 x + \sec^2 x - 2 \\
&> 2\sqrt{\cos^2 x\sec^2 x} - 2 = 0,
\end{aligned} \tag{2}
$$

于是

$$
g'(x) > 0 \Longrightarrow g(x) \text{ 单调增加 } \Longrightarrow g(x) > g(0) = 0.
$$

倒回 (1) 式, 即有 $f'(x) > 0 \Longrightarrow f(x)$ 单调增加 $\Longrightarrow f(x) > f(0) = 0$, 即 $\sin x\tan x > x^2, 0 < x < \dfrac{\pi}{2}$, 据分析即有

$$
\frac{x}{\sin x} < \frac{\tan x}{x}, \quad 0 < x < \frac{\pi}{2}.
$$

分析 2 为了证 $\dfrac{x}{\sin x} < \dfrac{\tan x}{x}$, 得 $\dfrac{\sin^2 x}{\cos x} > x^2$; 两边开方得 $\dfrac{\sin x}{\sqrt{\cos x}} > x$, 只要证 $\dfrac{\sin x}{\sqrt{\cos x}} - x > 0$.

证法 2 令 $f(x) = \dfrac{\sin x}{\sqrt{\cos x}} - x$, 则有

$$
\begin{array}{ccc}
f'(x) & & 0 \\
\| & & \wedge \\
\dfrac{1}{2}\dfrac{\cos^2 x + 1}{\cos^{\frac{3}{2}} x} - 1 & & \dfrac{(1-\cos x)^2}{2\cos x \sqrt{\cos x}} \\
\| & & \| \\
\dfrac{1}{2}\dfrac{\cos^2 x + 1 - 2\cos x \sqrt{\cos x}}{\cos^{\frac{3}{2}} x} & > & \dfrac{1}{2}\dfrac{\cos^2 x + 1 - 2\cos x}{\cos^{\frac{3}{2}} x}
\end{array}
$$

从此 U 形等式–不等式串的两端即知

$$
f'(x) > 0 \Longrightarrow f(x) > f(0) = 0, \ \text{即得} \ \dfrac{\sin x}{\sqrt{\cos x}} - x > 0,
$$

根据分析本题得证.

分析 3 为了证 $\dfrac{x}{\sin x} < \dfrac{\tan x}{x}$, 只要证

$$
\ln \dfrac{x}{\sin x} < \ln \dfrac{\tan x}{x},
$$

只要证

$$
\ln \sin x + \ln \tan x - 2\ln x > 0.
$$

证法 3 令 $f(x) = \ln \sin x + \ln \tan x - 2\ln x$, 则有

$$
f'(x) = 2\cot x + \tan x - \dfrac{2}{x} = \dfrac{x\cos^2 x - 2\sin x \cos x + x}{x\sin x \cos x}.
$$

注意到在 $f'(x)$ 中, 分母符号可确定是正的, 只要考虑分子. 令

$$
g(x) = x\cos^2 x - 2\sin x \cos x + x,
$$

则有

$$g'(x) = 3\sin^2 x - 2x \sin x \cos x$$
$$= \sin x \cos x \left(3 \tan x - 2x\right) > 0$$
$$\Longrightarrow g(x) > g(0) = 0.$$

由此推出

$$f'(x) > 0 \Longrightarrow f(x) \text{ 单调增加} \Longrightarrow f(x) > 0.$$

评注 证法 1 的不等式 (1) 中, 将 $\sec x$ 缩小为 1, 不等式 (2) 中, 将 $\cos x$ 缩小为 $\cos^2 x$. 证法 2 中, U 形串的底部一行, 将 $\sqrt{\cos x}$ 放大为 1, 这些缩小或放大都起到化繁为简的关键作用. 一般在不等式推演过程中, 不要放过适当放大、缩小使推演简化的机会.

例 14 求证: 当 $x > 0$ 时, $f(x) = \dfrac{\arctan x}{\tanh x}$ 单调递增, 且

$$\arctan x < \frac{\pi}{2} \tanh x.$$

分析 因为 $\dfrac{1}{\tanh x} = \dfrac{\mathrm{e}^x + \mathrm{e}^{-x}}{\mathrm{e}^x - \mathrm{e}^{-x}} = 1 + \dfrac{2}{\mathrm{e}^{2x} - 1}$, 所以

$$f(x) = \arctan x + \frac{2 \arctan x}{\mathrm{e}^{2x} - 1}.$$

为了证 $f(x) = \dfrac{\arctan x}{\tanh x}$ 单调递增, 只要证 $f'(x) > 0$. 又

$$f'(x) = \frac{2}{\left(\mathrm{e}^{2x} - 1\right)\left(x^2 + 1\right)} + \frac{1}{x^2 + 1} - 4\mathrm{e}^{2x} \frac{\arctan x}{\left(\mathrm{e}^{2x} - 1\right)^2}$$
$$= \frac{\mathrm{e}^{4x} - 4\mathrm{e}^{2x} \arctan x - 4x^2 \mathrm{e}^{2x} \arctan x - 1}{\left(x^2 + 1\right)\left(\mathrm{e}^{2x} - 1\right)^2},$$

又因为 $\left(x^2 + 1\right)\left(\mathrm{e}^{2x} - 1\right)^2 > 0$, 所以只要证

$$\mathrm{e}^{4x} - 1 - 4\left(x^2 + 1\right) \mathrm{e}^{2x} \arctan x > 0.$$

上式两边同除以 $\mathrm{e}^{2x} > 0$, 得到

$$\mathrm{e}^{2x} - \mathrm{e}^{-2x} - 4\left(x^2 + 1\right) \arctan x > 0,$$

所以只要证

$$2\sinh 2x - 4\left(x^2+1\right)\arctan x > 0.$$

证 令 $g(x) = 2\sinh 2x - 4\left(x^2+1\right)\arctan x$, 则有

$$g'(x) = 4\cosh 2x - 8x\arctan x - 4,$$

$$g''(x) = 8\sinh 2x - 8\arctan x - \frac{8x}{x^2+1},$$

$$g'''(x) = 16\left(\cosh 2x - \frac{1}{\left(x^2+1\right)^2}\right) > 0,$$

由此有

$$g'''(x) > 0 \Longrightarrow g''(x) \text{ 单调增加} \Longrightarrow g''(x) > g''(0) = 0,$$

$$g''(x) > 0 \Longrightarrow g'(x) \text{ 单调增加} \Longrightarrow g'(x) > g'(0) = 0,$$

$$g'(x) > 0 \Longrightarrow g(x) \text{ 单调增加} \Longrightarrow g(x) > g(0) = 0,$$

即

$$2\sinh 2x - 4\left(x^2+1\right)\arctan x > 0.$$

依据分析, $f(x) = \dfrac{\arctan x}{\tanh x}$ 单调递增得证.

又 $\lim\limits_{x\to+\infty} f(x) = \dfrac{1}{2}\pi$, 所以 $f(x) < \dfrac{\pi}{2}$, 即

$$\arctan x < \frac{\pi}{2}\tanh x.$$

例 15 求证: ① 若 $x \neq 0$, 则有 $\mathrm{e}^x > 1 + x$;

② 若 $x_n = (1+q)\left(1+q^2\right)\cdots\left(1+q^n\right)$, 其中常数 $q \in [0,1)$, 则序列 $\{x_n\}$ 有极限.

证 ① 因为 $y = \mathrm{e}^x$ 是凹函数, $y = 1+x$ 是 $y = \mathrm{e}^x$ 在 $x = 0$ 点的切线, 而凹函数曲线在切线上方 (图 2.39), 故有 $\mathrm{e}^x > 1 + x, x \neq 0$.

② 序列 $\{x_n\}$ 是单调增加的, 为了证 $\{x_n\}$ 有极限, 只要证 $\{x_n\}$ 有上界. 应用第 ① 小题的结果,

$$\prod_{k=1}^{n}\left(1+q^k\right) \qquad \mathrm{e}^{\frac{q}{1-q}}$$

$$\wedge \qquad\qquad \vee$$

$$\prod_{k=1}^{n}\mathrm{e}^{q^k} \quad =\mathrm{e}^{\sum\limits_{k=1}^{n}q^k}$$

从此 U 形等式不等式串的两端即知 $x_n < \mathrm{e}^{\frac{q}{1-q}}$，即 $\{x_n\}$ 有上界.

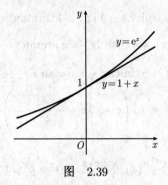

图 2.39

例 16 求证：① $\sin x > x - \dfrac{x^3}{3!}, x > 0;$

② $\pi x\,(1-x) \leqslant \sin \pi x \leqslant 4x\,(1-x)\,, x \in (0,1).$

证 ① 对 $x \geqslant 0$，考虑 $f(x) = x - \sin x$ 和 $g(x) = \dfrac{x^3}{3!}$. 根据柯西中值定理，$\exists \xi \in (0,x)$，使得

$$
\begin{array}{ccc}
\dfrac{x - \sin x}{\dfrac{x^3}{3!}} & & 1 \\[4mm]
\| & & \vee \\[2mm]
\dfrac{f(x) - f(0)}{g(x) - g(0)} & & \left(\dfrac{\sin \dfrac{\xi}{2}}{\dfrac{\xi}{2}} \right)^2 \\[4mm]
\| & & \| \\[2mm]
\dfrac{f'(\xi)}{g'(\xi)} & = & \dfrac{1 - \cos \xi}{\dfrac{\xi^2}{2!}}
\end{array}
$$

从此 U 形等式–不等式串的两端即知

$$
\frac{x - \sin x}{\dfrac{x^3}{3!}} < 1, \text{ 即得 } \sin x > x - \frac{x^3}{3!}, \quad x > 0.
$$

② 鉴于当 $x \in (0,1)$ 时, $\pi x\,(1-x), \sin \pi x$ 和 $4x\,(1-x)$ 三个函数

106

都是关于直线 $x = 1/2$ 对称, 因此我们只要证:

$$\pi x \left(1 - x\right) \leqslant \sin \pi x \leqslant 4x \left(1 - x\right), \quad x \in (0, 1/2).$$

一方面, 应用第 ① 小题的结果, 有

$$\sin \pi x > \pi x - \frac{\pi^3 x^3}{3!} = \pi x \left(1 - \frac{\pi^2 x^2}{3!}\right). \tag{1}$$

接着, 因为 $\pi^2 < 12$, 所以当 $x \in \left(0, \dfrac{1}{2}\right)$ 时,

$$\frac{\pi^2 x}{3!} < 1 \Longrightarrow \frac{\pi^2 x^2}{3!} < x,$$

因此

$$(1) \Longrightarrow \sin \pi x > \pi x \left(1 - x\right), \quad x \in (0, 1/2).$$

另一方面为了证 $\sin \pi x \leqslant 4x \left(1 - x\right), x \in (0, 1/2)$. 令 $f(x) = 4x \left(1 - x\right) - \sin \pi x$, 则有

$$f'(x) = 4 - \pi \cos \pi x - 8x, \quad f''(x) = \pi^2 \sin \pi x - 8.$$

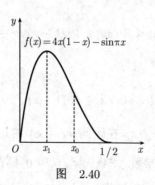

图 2.40

于是 $f''(x_0) = 0$ 在 $(0, 1/2)$ 内有唯一实根 $x_0 = \dfrac{1}{\pi} \arcsin \dfrac{8}{\pi^2}$ (图 2.40), 且

$$f''(0) = -8, \quad \text{及} \quad f'' \left(\frac{1}{2}\right) = \pi^2 - 8 > 0.$$

由此易知

$$f''(x)\begin{cases} < 0, & x \in (0, x_0), \\ > 0, & x \in (x_0, 1/2), \end{cases} \quad \text{从而 } f'(x)\begin{cases} \text{单调下降}, & x \in (0, x_0), \\ \text{单调上升}, & x \in (x_0, 1/2). \end{cases}$$

进一步, 因为 $f'(0) = 4 - \pi > 0$ 和 $f'(1/2) = 0$, 所以有 $f'(x) > 0, x \in (0, x_0)$ 和 $f'(x_0) < 0$. 由此推出, $\exists x_1 \in (0, x_0)$, 使得 $f'(x_1) = 0$. 于是根据 $f'(x)$ 的单调性, 有

$$f'(x)\begin{cases} > 0, & x \in (0, x_1), \\ < 0, & x \in (x_1, 1/2) \end{cases} \Longrightarrow f(x)\begin{cases} \text{单调上升}, & x \in (0, x_1), \\ \text{单调下降}, & x \in (x_1, 1/2). \end{cases}$$

因为 $f(0) = f(1/2) = 0$, 所以有 $f(x) \geqslant 0, x \in (0, 1/2)$. 这就证明了

$$\pi x(1 - x) \leqslant \sin \pi x \leqslant 4x(1 - x), x \in (0, 1/2). \tag{2}$$

最后, 容易验证不等式 (2) 对 $x = \dfrac{1}{2}$ 也成立. 当 $x \in \left(\dfrac{1}{2}, 1\right)$ 时, 令 $t = 1 - x$, 则 $t \in (0, 1/2)$, 根据已知的不等式 (2), 有

$$\pi t(1 - t) \leqslant \sin \pi t \leqslant 4t(1 - t), \quad t \in (0, 1/2],$$

用 $1 - x$ 代替上式中的 t, 即得

$$\pi x(1 - x) \leqslant \sin \pi x \leqslant 4x(1 - x), x \in [1/2, 1). \tag{3}$$

联立 (2), (3) 式证得

$$\pi x(1 - x) \leqslant \sin \pi x \leqslant 4x(1 - x), \quad x \in (0, 1).$$

例 17 设函数 $f(x)$ 在区间 $[a, +\infty)$ 内连续, 且当 $x > a$ 时, $f'(x) > l > 0$, 其中 l 为常数. 求证: 若 $f(a) < 0$, 则在区间 $\left(a, a + \dfrac{|f(a)|}{l}\right)$ 内方程 $f(x) = 0$ 有唯一的实根.

证 将拉格朗日中值定理应用于闭区间 $\left[a, a + \dfrac{|f(a)|}{l}\right]$ 上的函数 $f(x)$, 得

$$f\left(a + \frac{|f(a)|}{l}\right) - f(a) = \frac{|f(a)|}{l} f'\left(a + \theta \frac{|f(a)|}{l}\right), \quad 0 < \theta < 1.$$

由条件 $f'(x) > l > 0$, 即得

$$f\left(a + \frac{|f(a)|}{l}\right) - f(a) > |f(a)|,$$

由此即知 $f\left(a + \frac{|f(a)|}{l}\right) > 0$. 又由假设 $f(a) < 0$, 所以 $f(x)$ 在区间 $\left[a, a + \frac{|f(a)|}{l}\right]$ 的端点值异号, 按照介值定理, $\exists \xi \in \left(a, a + \frac{|f(a)|}{l}\right)$, 使得 $f(\xi) = 0$.

由于 $f'(x) > 0 \,(x > a)$, 所以 $f(x)$ 在 $\left(a, a + \frac{|f(a)|}{l}\right)$ 是单调递增函数, 故零点 ξ 是唯一的.

例 18 设函数 $f(x), g(x)$ 在 $(-\infty, +\infty)$ 内可导, 且 a, b 是 $f(x) = 0$ 的两个实根, 求证: 方程 $f'(x) + g'(x)f(x) = 0$ 在 (a, b) 内至少有一个实根.

证 令 $h(x) = f(x)e^{g(x)}$, 则 $h(a) = h(b) = 0$, 并且 $h(x)$ 在 $[a, b]$ 上连续, 在 (a, b) 内可微, 由罗尔定理, $\exists x \in (a, b)$, 使得 $h'(\xi) = 0$, 而

$$
\begin{array}{ccc}
h'(x) & & e^{g(x)}\left(f'(x) + g'(x)f(x)\right) \\
\| & & \| \\
\left(f(x)e^{g(x)}\right)' & = & f'(x)e^{g(x)} + f(x)g'(x)e^{g(x)}
\end{array}
$$

所以有

$$f'(\xi) + g'(\xi)f(\xi) = 0.$$

评注 在本例中, 若取 $g(x) \equiv x$, 即知若 a, b 是 $f(x) = 0$ 的两个实根, 则方程 $f'(x) + f(x) = 0$ 在 (a, b) 内至少有一个实根.

例 19 设 $f(x) = 1 + \sum\limits_{k=1}^{n} (-1)^k \dfrac{x^k}{k}$. 求证: 方程 $f(x) = 0$ 当 n 为奇数时有一个实根; 当 n 为偶数时无实根.

证 对 $f(x)$ 求导得

$$f'(x) = -1 + x - x^2 + \cdots + (-1)^{n-1}x^{n-1}$$

$$= \begin{cases} -\dfrac{1-(-x)^n}{1+x}, & x \neq -1, \\ -n, & x = -1. \end{cases}$$

当 n 为奇数时, $f'(x) < 0, f(x)$ 严格单调下降, 且 $\lim\limits_{x \to +\infty} f(x) = -\infty, f(0) = 1 > 0$, 故方程有唯一实根.

当 n 为偶数时, $f'(1) = 0, f(x)$ 在 $x = 1$ 取到最小值

$$f(1) = 1 + \sum_{k=1}^{n} \frac{1}{k} > 0,$$

故不能取零值.

例 20 求证: 使得不等式 $\ln(1+x) < \dfrac{x}{(1+x)^\lambda} (\forall x > 0)$ 成立的 λ 的最大值是 $1/2$.

证 令 $f(x) = \ln(1+x) - \dfrac{x}{(1+x)^\lambda}$, 则有 $f(0) = 0$,

$$f'(x) = \frac{(x+1)^\lambda - [1 - (\lambda - 1)x]}{(x+1)^{\lambda+1}}.$$

上式右端分母恒正, $f'(x)$ 的符号决定于分子. 令

$$g(x) = (x+1)^\lambda - [1 - (\lambda - 1)x],$$

则有

$$\begin{aligned} g(0) &= 0, \\ g'(x) &= \lambda(x+1)^{\lambda-1} + \lambda - 1, \\ g''(x) &= \lambda(\lambda - 1)(x+1)^{\lambda-2}, \\ g'(0) &= 2\lambda - 1. \end{aligned}$$

当 $\lambda < 1/2$ 时,

$g''(x) < 0 \Longrightarrow g'(x)$ 单调下降 $\Longrightarrow g'(x) < g'(0) < 0$;

$g'(x) < 0 \Longrightarrow g(x)$ 单调下降 $\Longrightarrow g(x) < g(0) = 0$;

$g(x) < 0 \Longrightarrow f'(x) < 0 \Longrightarrow f(x)$ 单调下降 $\Longrightarrow f(x) < f(0) = 0,$

110

即有
$$\ln(1+x) < \frac{x}{(1+x)^\lambda} \quad (\forall x > 0).$$

当 $\lambda > 1/2$ 时, $\lim\limits_{x\to 0} g'(x) = 2\lambda - 1 > 0$, 所以当 $x > 0$ 充分小时,

$$g(x) > 0 \Longrightarrow f'(x) > 0 \Longrightarrow f(x) > 0, \; 即 \; \ln(1+x) > \frac{x}{(1+x)^\lambda}.$$

当 $\lambda = 1/2$ 时, 即

$$\ln(1+x) < \frac{x}{\sqrt{1+x}} \quad (\forall x > 0).$$

它的正确性可以直接证明. 事实上,

$$f(x) = \ln(1+x) - \frac{x}{\sqrt{1+x}}, \; 则有 \; f(0) = 0.$$

$$f'(x) = -\frac{1}{2}\frac{x - 2\sqrt{x+1} + 2}{\left(\sqrt{x+1}\right)^3} = -\frac{1}{2}\frac{\left(\sqrt{x+1} - 1\right)^2}{\left(\sqrt{x+1}\right)^3} < 0,$$

$$f'(x) < 0 \Longrightarrow f(x) \; 单调下降 \; \Longrightarrow f(x) < f(0) = 0.$$

即

$$\ln(1+x) < \frac{x}{\sqrt{1+x}} \quad (\forall x > 0).$$

综上所述, 使得不等式 $\ln(1+x) < \dfrac{x}{(1+x)^\lambda} \, (\forall x > 0)$ 成立的 λ 的最大值是 $\dfrac{1}{2}$.

§5 洛必达法则与泰勒公式

内 容 提 要

1. 洛必达法则

定理 1 设 $f(x), g(x)$ 在点 x_0 的某去心邻域内可导, 并且 $g'(x) \neq 0$, 又满足条件:

(1) $\lim\limits_{x\to x_0} f(x) = \lim\limits_{x\to x_0} g(x) = 0$;

111

(2) $\lim\limits_{x \to x_0} \dfrac{f'(x)}{g'(x)}$ 存在或为 ∞,

则
$$\lim\limits_{x \to x_0} \dfrac{f(x)}{g(x)} = \lim\limits_{x \to x_0} \dfrac{f'(x)}{g'(x)}.$$

把 x_0 换成 $+\infty$ 或 $-\infty$ 时, 上述命题仍成立.

定理 2 设 $f(x), g(x)$ 在点 x_0 的某去心邻域内可导, 并且 $g'(x) \neq 0$, 又满足条件:

(1) $\lim\limits_{x \to x_0} f(x) = \infty$, $\lim\limits_{x \to x_0} g(x) = \infty$;

(2) $\lim\limits_{x \to x_0} \dfrac{f'(x)}{g'(x)}$ 存在或为 ∞,

则
$$\lim\limits_{x \to x_0} \dfrac{f(x)}{g(x)} = \lim\limits_{x \to x_0} \dfrac{f'(x)}{g'(x)}.$$

把 x_0 换成 $+\infty$ 或 $-\infty$ 时, 上述命题仍成立.

2. 泰勒公式

定理 3 (局部泰勒定理)　若函数 $f(x)$ 在 x_0 处有 n 阶导数, 则

$$\begin{aligned}
f(x) = {} & f(x_0) + f'(x_0)(x - x_0) + \frac{f''(x_0)}{2!}(x - x_0)^2 + \cdots \\
& + \frac{f^{(n)}(x_0)}{n!}(x - x_0)^n + o\big((x - x_0)^n\big) \quad (x \to x_0).
\end{aligned}$$

定理 4 (泰勒中值定理)　如果函数 $f(x)$ 在含有 x_0 的某个开区间 (a, b) 内具有直到 $n+1$ 阶的导数, 那么对于 $\forall x \in (a, b)$, 有

$$\begin{aligned}
f(x) = {} & f(x_0) + f'(x_0)(x - x_0) + \frac{f''(x_0)}{2!}(x - x_0)^2 + \cdots \\
& + \frac{f^{(n)}(x_0)}{n!}(x - x_0)^n + \frac{f^{(n+1)}(\xi)}{(n+1)!}(x - x_0)^{n+1},
\end{aligned}$$

其中 ξ 在 x, x_0 之间.

3. 常用函数的麦克劳林公式

下面给出常用函数在 $x_0 = 0$ 处的带皮亚诺余项的泰勒公式.

$$\mathrm{e}^x = 1 + x + \frac{x^2}{2!} + \cdots + \frac{x^n}{n!} + + o(x^n),$$
$$\sin x = x - \frac{x^3}{3!} + \frac{x^5}{5!} - \cdots + (-1)^n \frac{x^{2n+1}}{(2n+1)!} + o(x^{2n+1}),$$
$$\cos x = 1 - \frac{x^2}{2!} + \frac{x^4}{4!} - \cdots + (-1)^n \frac{x^{2n}}{(2n)!} + o(x^{2n}),$$

$$\ln(1+x) = x - \frac{x^2}{2} + \frac{x^3}{3} - \cdots + (-1)^n \frac{x^{n+1}}{n+1} + o(x^{n+1}),$$

$$\frac{1}{1-x} = 1 + x + x^2 + \cdots + x^n + o(x^n),$$

$$(1+x)^m = 1 + mx + \frac{m(m-1)}{2!}x^2 + \cdots$$
$$+ \frac{m(m-1)\cdots(m-n+1)}{n!}x^n + o(x^n),$$

典型例题解析

例 1 用洛必达法则计算下列极限:

① $\displaystyle\lim_{x\to 1} \frac{\arctan\dfrac{x^2-1}{x^2+1}}{x-1}$;   ② $\displaystyle\lim_{x\to +\infty} x\left(\left(1+\frac{1}{x}\right)^x - \mathrm{e}\right)$;

③ $\displaystyle\lim_{x\to +\infty}\left(1+\frac{1}{x}\right)^{x^2}\cdot \mathrm{e}^{-x}$;   ④ $\displaystyle\lim_{x\to 0+0}\left(\frac{\sin x}{x}\right)^{\frac{1}{x}}$;

⑤ $\displaystyle\lim_{x\to 0+0}\left(\frac{\sin x}{x}\right)^{\frac{1}{x^2}}$.

解 ① 由于 $\dfrac{\mathrm{d}}{\mathrm{d}x}\left(\arctan\dfrac{x^2-1}{x^2+1}\right) = \dfrac{2x}{x^4+1}$, $\dfrac{\mathrm{d}(x-1)}{\mathrm{d}x} = 1$, 由洛必达法则, 有

$$\lim_{x\to 1} \frac{\arctan\dfrac{x^2-1}{x^2+1}}{x-1} = \lim_{x\to 1}\frac{2x}{x^4+1} = 1.$$

评注 值得注意的是, 本例计算到了 $\displaystyle\lim_{x\to 1}\frac{2x}{x^4+1}$, 不能再用洛必达法则, 因为 $\dfrac{2x}{x^4+1}$ 在 $x\to 1$ 过程中不是 $\dfrac{0}{0}$, 如果继续用洛必达法则, 便导致错误结果: $\displaystyle\lim_{x\to 1}\frac{2x}{x^4+1} = \lim_{x\to 1}\frac{2}{4x^3} = \frac{1}{2}$.

② 令 $t = 1/x$, 则 $x\to +\infty \Longleftrightarrow t\to 0+0$, 原式可变形为

$$\lim_{x\to +\infty} x\left(\left(1+\frac{1}{x}\right)^x - \mathrm{e}\right) = \lim_{t\to 0+0}\frac{(1+t)^{\frac{1}{t}} - \mathrm{e}}{t}. \tag{1}$$

又因为 $\ln(1+t) \sim t, \mathrm{e}^t - 1 \sim t \ (t \to 0)$, 所以

$$\lim_{t \to 0+0} \frac{(1+t)^{\frac{1}{t}} - \mathrm{e}}{t} \qquad \mathrm{e} \cdot \lim_{t \to 0+0} \frac{\ln(1+t) - t}{t^2}$$
$$\|$$
$$\|$$
$$\lim_{t \to 0+0} \mathrm{e} \cdot \frac{\mathrm{e}^{\frac{1}{t}\ln(1+t) - 1} - 1}{t} = \mathrm{e} \cdot \lim_{t \to 0+0} \frac{\frac{1}{t}\ln(1+t) - 1}{t}$$

从此 U 形等式串的两端即知

$$\lim_{t \to 0+0} \frac{(1+t)^{\frac{1}{t}} - \mathrm{e}}{t} = \mathrm{e} \lim_{t \to 0+0} \frac{\ln(1+t) - t}{t^2}. \tag{2}$$

再用洛必达法则计算:

$$\lim_{t \to 0+0} \frac{\ln(1+t) - t}{t^2} = \lim_{t \to 0+0} \frac{\dfrac{1}{1+t} - 1}{2t} = -\frac{1}{2}. \tag{3}$$

联合 (1), (2), (3) 式即得

$$\lim_{x \to +\infty} x\left(\left(1 + \frac{1}{x}\right)^x - \mathrm{e}\right) = -\frac{1}{2}\mathrm{e}.$$

注 本例结果可以写成:

$$\mathrm{e} - \left(1 + \frac{1}{x}\right)^x \sim \frac{\mathrm{e}}{2x}, \quad x \to +\infty.$$

③ 因为

$$\left(1 + \frac{1}{x}\right)^{x^2} \cdot \mathrm{e}^{-x} \qquad \mathrm{e}^{x \ln \frac{(1+\frac{1}{x})^x}{\mathrm{e}}}$$
$$\|$$
$$\|$$
$$\left(\frac{\left(1 + \frac{1}{x}\right)^x}{\mathrm{e}}\right)^x = \mathrm{e}^{\ln\left(\frac{(1+\frac{1}{x})^x}{\mathrm{e}}\right)^x}$$

从此 U 形等式串的两端即知

$$\lim_{x \to +\infty} \left(1 + \frac{1}{x}\right)^{x^2} \cdot \mathrm{e}^{-x} = \mathrm{e}^{\lim\limits_{x \to +\infty} x \ln\left(\frac{(1+\frac{1}{x})^x}{\mathrm{e}}\right)}. \tag{1}$$

114

接着, 因为 $\displaystyle\lim_{x\to+\infty}\left(\dfrac{\left(1+\dfrac{1}{x}\right)^x}{\mathrm{e}}-1\right)=0$, 所以当 $x\to+\infty$ 时,

$$x\ln\dfrac{\left(1+\dfrac{1}{x}\right)^x}{\mathrm{e}}=x\ln\left(1+\dfrac{\left(1+\dfrac{1}{x}\right)^x}{\mathrm{e}}-1\right)\sim x\left[\dfrac{\left(1+\dfrac{1}{x}\right)^x}{\mathrm{e}}-1\right]$$

$$=\dfrac{x}{\mathrm{e}}\left[\left(1+\dfrac{1}{x}\right)^x-\mathrm{e}\right]. \tag{2}$$

接着应用第 ② 小题的结果, 有

$$\lim_{x\to+\infty}x\left(\left(1+\dfrac{1}{x}\right)^x-\mathrm{e}\right)=-\dfrac{\mathrm{e}}{2},$$

此时由 (2) 式即知

$$\lim_{x\to+\infty}x\ln\dfrac{\left(1+\dfrac{1}{x}\right)^x}{\mathrm{e}}=-\dfrac{1}{2}.$$

最后将此结果代入 (1) 式, 即得

$$\lim_{x\to+\infty}\left(1+\dfrac{1}{x}\right)^{x^2}\cdot\mathrm{e}^{-x}=\dfrac{1}{\sqrt{\mathrm{e}}}.$$

④ 因为 $\left(\dfrac{\sin x}{x}\right)^{\frac{1}{x}}$ 是幂指型函数, 用 "e 抬起" 的办法将它改写为

$$\left(\dfrac{\sin x}{x}\right)^{\frac{1}{x}}=\mathrm{e}^{\frac{1}{x}\ln\frac{\sin x}{x}}.$$

又 $\ln\dfrac{\sin x}{x}=\ln\left(1+\dfrac{\sin x}{x}-1\right)\sim\dfrac{\sin x}{x}-1\ (x\to0)$, 所以

$$\lim_{x\to0+0}\left(\dfrac{\sin x}{x}\right)^{\frac{1}{x}}=\mathrm{e}^{\lim\limits_{x\to0+0}\frac{1}{x}\left(\frac{\sin x}{x}-1\right)}. \tag{1}$$

用洛必达法则, 并注意到 $1 - \cos x \sim \dfrac{1}{2}x^2$, 得到

$$
\begin{array}{ccc}
\lim\limits_{x \to 0+0} \dfrac{1}{x}\left(\dfrac{\sin x}{x} - 1\right) & & 0 \\[2mm]
\| & & \| \\[2mm]
\lim\limits_{x \to 0+0} \dfrac{\sin x - x}{x^2} & = \lim\limits_{x \to 0+0} \dfrac{\cos x - 1}{2x}
\end{array}
$$

从此 U 形等式串的两端即知

$$
\lim_{x \to 0+0} \frac{1}{x}\left(\frac{\sin x}{x} - 1\right) = 0.
$$

于是由 (1) 式即得

$$
\lim_{x \to 0+0} \left(\frac{\sin x}{x}\right)^{\frac{1}{x}} = 1.
$$

⑤ 用 "e 抬起" 的办法, 有 $\left(\dfrac{\sin x}{x}\right)^{\frac{1}{x^2}} = \mathrm{e}^{\frac{1}{x^2}\ln \frac{\sin x}{x}}$. 又

$$
\ln \frac{\sin x}{x} = \ln\left(1 + \frac{\sin x}{x} - 1\right) \sim \frac{\sin x}{x} - 1, \quad x \to 0,
$$

所以

$$
\lim_{x \to 0+0} \left(\frac{\sin x}{x}\right)^{\frac{1}{x^2}} = \mathrm{e}^{\lim\limits_{x \to 0+0} \frac{1}{x^2}\left(\frac{\sin x}{x} - 1\right)}, \tag{1}
$$

$$
\begin{array}{ccc}
\lim\limits_{x \to 0+0} \dfrac{1}{x^2}\left(\dfrac{\sin x}{x} - 1\right) & & -\dfrac{1}{6} \\[2mm]
\| & & \| \\[2mm]
\lim\limits_{x \to 0+0} \dfrac{\sin x - x}{x^3} & = \lim\limits_{x \to 0+0} \dfrac{\cos x - 1}{3x^2}
\end{array}
$$

从此 U 形等式串的两端即知

$$
\lim_{x \to 0+0} \frac{1}{x^2}\left(\frac{\sin x}{x} - 1\right) = -\frac{1}{6}.
$$

于是由 (1) 式即得 $\lim\limits_{x \to 0+0} \left(\dfrac{\sin x}{x}\right)^{\frac{1}{x^2}} = \mathrm{e}^{-\frac{1}{6}}$.

评注 本例计算过程中, 为了使用等价代换: $\ln(1+u) \sim u, u \to 0$. 我们用了加 1 又减 1 的 "插项技巧", 如

$$\ln \frac{\sin x}{x} = \ln\left(1 + \frac{\sin x}{x} - 1\right) \sim \frac{\sin x}{x} - 1, \quad x \to 0.$$

这样使计算量大大减少. "插项技巧" 在我们日常生活中也常常碰到. 比如说,

$$油重 = (油重 + 瓶重) - 瓶重.$$

就在这样简单的一加一减中, 人们把不能直接用秤称的油重量, 转化为两个都能用秤称的量之差.

例 2 设 $f(x)$ 在 $(-\infty, +\infty)$ 上有连续二阶导数, $f(0) = 1, f'(0) = 0, f''(0) = -1$. 对 $\forall a \in (-\infty, +\infty)$, 求 $\lim\limits_{x \to +\infty}\left(f\left(\dfrac{a}{\sqrt{x}}\right)\right)^x$.

解 $\left(f\left(\dfrac{a}{\sqrt{x}}\right)\right)^x$ 是幂指型函数, 用 "e 抬起" 的办法将它改写为

$$\left(f\left(\frac{a}{\sqrt{x}}\right)\right)^x = e^{x \ln f\left(\frac{a}{\sqrt{x}}\right)}. \tag{1}$$

令 $x = \dfrac{1}{t}$, 则 $x \to +\infty \iff x \to 0+0$, 并且有

$$\lim_{x \to +\infty} x \ln f\left(\frac{a}{\sqrt{x}}\right) = \lim_{t \to 0+0} \frac{\ln f\left(a\sqrt{t}\right)}{t}. \tag{2}$$

注意到 $f(x)$ 在 $(-\infty, +\infty)$ 上有连续二阶导数, $f(0) = 1, f'(0) = 0$, $f''(0) = -1$, 用洛必达法则, 得到

$$\begin{array}{ccc}
\displaystyle\lim_{t \to 0+0} \frac{\ln f\left(a\sqrt{t}\right)}{t} & & -\dfrac{1}{2}a^2 \\[2mm]
\| & & \| \\[2mm]
\displaystyle\lim_{t \to 0+0} \frac{af'\left(a\sqrt{t}\right)}{2\sqrt{t}f\left(a\sqrt{t}\right)} & = & \displaystyle\lim_{t \to 0+0} \frac{a^2 f''\left(a\sqrt{t}\right)}{2f\left(a\sqrt{t}\right) + 2a\sqrt{t}f'\left(a\sqrt{t}\right)}
\end{array}$$

从此 U 形等式串的两端即知

$$\lim_{t \to 0+0} \frac{\ln f\left(a\sqrt{t}\right)}{t} = -\frac{1}{2}a^2. \tag{3}$$

117

联合 (1), (2), (3) 式即得

$$\lim_{x \to +\infty} \left(f\left(\frac{a}{\sqrt{x}} \right) \right)^x = e^{-\frac{1}{2}a^2}.$$

例 3　设 $a > 0, a \neq 1$, 求 $\lim\limits_{x \to +\infty} \left(\dfrac{a^x - 1}{(a-1)x} \right)^{\frac{1}{x}}$.

解　$\left(\dfrac{a^x - 1}{(a-1)x} \right)^{\frac{1}{x}}$ 是幂指型函数, 并注意到对 $\forall x > 0$, 无论 $a > 1$

还是 $a < 1$, $\dfrac{a^x - 1}{(a-1)x} > 0$ 总成立. 用 "e 抬起" 的办法将它改写为

$$\left(\frac{a^x - 1}{(a-1)x} \right)^{\frac{1}{x}} = e^{\frac{1}{x} \ln\left(\frac{a^x - 1}{(a-1)x} \right)},$$

则有

$$\lim_{x \to \infty} \left(\frac{a^x - 1}{(a-1)x} \right)^{\frac{1}{x}} = \lim_{x \to \infty} e^{\frac{1}{x} \ln\left(\frac{a^x - 1}{(a-1)x} \right)}.$$

若 $a > 1$, 则有

$$\begin{aligned}
\lim_{x \to \infty} \left(\frac{a^x - 1}{(a-1)x} \right)^{\frac{1}{x}} &= \lim_{x \to \infty} e^{\frac{1}{x} \ln\left(\frac{a^x - 1}{(a-1)x} \right)} \\
&= \lim_{x \to \infty} e^{\frac{\ln(a^x - 1)}{x} - \frac{\ln x}{x} - \frac{\ln(a-1)}{x}}.
\end{aligned}$$

因为

$$\lim_{x \to +\infty} \frac{\ln(a^x - 1)}{x} = \lim_{x \to +\infty} \frac{a^x \ln a}{a^x - 1} = \ln a,$$

$$\lim_{x \to +\infty} \frac{\ln x}{x} = \lim_{x \to +\infty} \frac{1}{x} = 0, \quad \lim_{x \to +\infty} \frac{\ln(a-1)}{x} = 0,$$

所以

$$\lim_{x \to \infty} \left(\frac{a^x - 1}{(a-1)x} \right)^{\frac{1}{x}} = e^{\ln a} = a.$$

若 $a < 1$, 则有

$$\lim_{x \to \infty} \left(\frac{a^x - 1}{(a-1)x} \right)^{\frac{1}{x}} = \lim_{x \to \infty} e^{\frac{1}{x} \ln\left(\frac{1 - a^x}{(1-a)x} \right)}$$

$$= \lim_{x\to\infty} e^{\frac{\ln(1-a^x)}{x} - \frac{\ln x}{x} - \frac{\ln(1-a)}{x}}.$$

因为

$$\lim_{x\to+\infty} \frac{\ln(1-a^x)}{x} = \lim_{x\to+\infty} \frac{-a^x \ln a}{1-a^x} = 0,$$

$$\lim_{x\to+\infty} \frac{\ln x}{x} = \lim_{x\to+\infty} \frac{1}{x} = 0, \quad \lim_{x\to+\infty} \frac{\ln(1-a)}{x} = 0,$$

所以

$$\lim_{x\to\infty} \left(\frac{a^x-1}{(a-1)x} \right)^{\frac{1}{x}} = e^0 = 1.$$

从而

$$\lim_{x\to\infty} \left(\frac{a^x-1}{(a-1)x} \right)^{\frac{1}{x}} = \begin{cases} a, & a>1, \\ 1, & a<1. \end{cases}$$

例 4 ① 设 $a>1$, 对一切实数 α, 求证: $\lim\limits_{x\to+\infty} \dfrac{a^x}{x^a} = +\infty$;

② 设 $P(x)$ 是非零多项式, 求证: $|P(x)| = e^x$ 至少有一个实根.

证 ① 首先看 $\alpha = 1$ 情况. 用洛必达法则:

$$\lim_{x\to+\infty} \frac{a^x}{x} = \lim_{x\to+\infty} a^x \ln a = +\infty.$$

其次看 $\alpha \in \mathbb{R}$, 若 $\alpha \leqslant 0$, $\lim\limits_{x\to+\infty} \dfrac{a^x}{x^a} = +\infty$ 显然成立. 若 $\alpha > 0$, 则有

$$\frac{a^x}{x^a} = \left(\frac{a^{\frac{x}{\alpha}}}{x} \right)^{\alpha} = \left(\frac{b^x}{x} \right)^{\alpha},$$

其中 $b = a^{\frac{1}{\alpha}} > 1$, 根据 $\alpha = 1$ 情况证明的结果, 有 $\lim\limits_{x\to+\infty} \dfrac{b^x}{x} = +\infty$, 因此

$$\begin{array}{ccc} \lim\limits_{x\to+\infty} \dfrac{a^x}{x^a} & & +\infty \\ \| & & \| \\ \lim\limits_{x\to+\infty} \left(\dfrac{a^{\frac{x}{\alpha}}}{x} \right)^{\alpha} & = & \lim\limits_{x\to+\infty} \left(\dfrac{b^x}{x} \right)^{\alpha} \end{array}$$

从此 U 形等式串的两端即知 $\lim\limits_{x\to+\infty} \dfrac{a^x}{x^a} = +\infty$.

119

② 令 $f(x) = \mathrm{e}^{-x}\,|P(x)|$, 根据第 ① 小题的结果有

$$\lim_{x\to+\infty} f(x) = \lim_{x\to+\infty} \frac{|P(x)|}{\mathrm{e}^x} = 0;$$

$$\lim_{x\to-\infty} f(x) \overset{t=-x}{=\!=\!=} \lim_{t\to+\infty} \mathrm{e}^t\,|P(-t)| = +\infty.$$

又因为 $0 < 1 < +\infty$, 所以根据连续函数中间值定理, $\exists x_0 \in \mathbb{R}$, 使得 $f(x_0) = 1$, 即 $|P(x_0)| = \mathrm{e}^{x_0}$.

例 5 已知 $f''(0)$ 存在, 且 $\displaystyle\lim_{x\to 0} \frac{\arctan x - xf(x)}{x^3} = 1$, 求 $f(0), f'(0), f''(0)$.

解 因为 $f''(0)$ 存在, 故在 $x = 0$ 处 $f'(x)$ 存在且连续, 从而 $f(x)$ 存在且连续并有泰勒展开式:

$$f(x) = f(0) + f'(0)x + \frac{1}{2}f''(0)x^2 + o\left(x^2\right).$$

首先对已知等式

$$\lim_{x\to 0} \frac{\arctan x - xf(x)}{x^3} = 1 \tag{1}$$

进行简化. 为此先计算 $\displaystyle\lim_{x\to 0} \frac{\arctan x - x}{x^3}$, 用洛必达法则,

$$
\begin{array}{ccc}
\displaystyle\lim_{x\to 0} \dfrac{\arctan x - x}{x^3} & & -\dfrac{1}{3} \\[2mm]
\parallel & & \parallel \\[2mm]
\displaystyle\lim_{x\to 0} \dfrac{\dfrac{1}{1+x^2} - 1}{3x^2} &=& \displaystyle\lim_{x\to 0} \dfrac{-1}{3\left(x^2+1\right)}
\end{array}
$$

从此 U 形等式串的两端即知

$$\lim_{x\to 0} \frac{\arctan x - x}{x^3} = -\frac{1}{3}. \tag{2}$$

(1)−(2) 式即得

$$\lim_{x\to 0} \frac{1 - f(x)}{x^2} = \frac{4}{3}. \tag{3}$$

由 (3) 式得

$$\lim_{x \to 0} (1 - f(x)) = \lim_{x \to 0} x^2 \cdot \frac{1 - f(x)}{x^2} = 0 \Longrightarrow f(0) = 1.$$

此时可以改写 (3) 为

$$\lim_{x \to 0} \frac{\dfrac{f(0) - f(x)}{x}}{x} = \frac{4}{3}.$$

故有

$$
\begin{array}{ccc}
f'(0) & & 0 \\
\| & & \| \\
\displaystyle\lim_{x \to 0} \frac{f(0) - f(x)}{x} = \displaystyle\lim_{x \to 0} x \cdot & & \dfrac{\dfrac{f(0) - f(x)}{x}}{x}
\end{array}
$$

用泰勒公式, 此时 (3) 可以改写为

$$\lim_{x \to 0} \frac{1 - \left(f(0) + f'(0)x + \frac{1}{2}f''(0)x^2 + o\left(x^2\right) \right)}{x^2} = \frac{4}{3},$$

即得

$$-\frac{1}{2}f''(0) = \frac{4}{3} \Longrightarrow f''(0) = -\frac{8}{3}.$$

评注 本例用引进辅助等式 $\displaystyle\lim_{x \to 0} \frac{\arctan x - x}{x^3} = -\frac{1}{3}$ 去减已知等式得到较简单的等式替代已知等式使过程简化.

例 6 设 $f(x) = \begin{cases} \dfrac{1}{x \ln 2} - \dfrac{1}{2^x - 1}, & x \neq 0, \\ \dfrac{1}{2}, & x = 0. \end{cases}$ 问 $f(x)$ 在 $x = 0$ 是否可导? 如果可导, $f'(0)$ 等于多少?

解 要考查分段函数在连接点处是否可导, 通常是用定义. 也就是考查

$$\lim_{x \to 0} \frac{f(x) - f(0)}{x - 0} = \lim_{x \to 0} \frac{\dfrac{1}{x \ln 2} - \dfrac{1}{2^x - 1} - \dfrac{1}{2}}{x}$$

121

有没有极限? 令 $t = 2^x - 1$, 则有 $x = \dfrac{\ln(1+t)}{\ln 2}$, 以及

$$x \to 0 \Longleftrightarrow t \to 0.$$

因为 $\ln(1+t) \sim t(t \to 0)$, 所以

$$\lim_{x \to 0} \frac{\dfrac{1}{x \ln 2} - \dfrac{1}{2^x - 1} - \dfrac{1}{2}}{x} \qquad \lim_{t \to 0} \frac{\ln 2\,(2t - 2\ln(1+t) - t\ln(1+t))}{2t^3}$$

$$\|$$

$$\lim_{t \to 0} \frac{\dfrac{1}{\ln(1+t)} - \dfrac{1}{t} - \dfrac{1}{2}}{\dfrac{\ln(1+t)}{\ln 2}} = \lim_{t \to 0} \frac{\ln 2\,(2t - 2\ln(1+t) - t\ln(1+t))}{2t\ln^2(1+t)}$$

从此 U 形等式串的两端即知

$$\lim_{x \to 0} \frac{\dfrac{1}{x \ln 2} - \dfrac{1}{2^x - 1} - \dfrac{1}{2}}{x} = \lim_{t \to 0} \frac{\ln 2\,(2t - 2\ln(1+t) - t\ln(1+t))}{2t^3}. \quad (1)$$

又用泰勒公式, 得到

$$2\ln(1+t) = 2t - t^2 + \frac{2}{3}t^3 + o(t^3),$$

$$t\ln(1+t) = t^2 - \frac{1}{2}t^3 + o(t^3),$$

$$2t - 2\ln(1+t) - t\ln(1+t) = -\frac{1}{6}t^3 + o(t^3).$$

将以上三个等式代入 (1) 式, 即得

$$\lim_{t \to 0} \frac{\ln 2\,(2t - 2\ln(1+t) - t\ln(1+t))}{2t^3} = \lim_{t \to 0} \frac{\ln 2\left(-\dfrac{1}{6}t^3 + o(t^3)\right)}{2t^3}$$

$$= -\frac{1}{12}\ln 2,$$

从而 $f(x)$ 在 $x = 0$ 可导, 且 $f'(0) = -\dfrac{1}{12}\ln 2$.

例 7 设 $f(x)$ 在 (a, b) 上连续, $x_0 \in (a, b)$, $f(x)$ 在 (a, b) 内可能除去 x_0 外, 处处可导, 且 $f'(x_0 + 0), f'(x_0 - 0)$ 存在. 求证:

① $f(x)$ 在点 x_0 存在左、右导数, 且

$$f'_+(x_0) = f'(x_0 + 0), \quad f'_-(x_0) = f'(x_0 - 0).$$

简单用话语表达就是: 函数的左、右导数等于导函数的左右极限.

② 若 $\lim\limits_{x \to x_0} f'(x) = A$, 则 $f'(x_0) = A$.

③ 在函数的可导点处导函数没有第一类间断点.

证 ① 用洛必达法则, 有

$$
\begin{array}{ccc}
f'_+(x_0) & & f'(x_0 + 0) \\
\| & & \| \\
\lim\limits_{x \to x_0+0} \dfrac{f(x) - f(x_0)}{x - x_0} & \overset{\frac{0}{0}}{=\!=\!=} & \lim\limits_{x \to x_0+0} \dfrac{f'(x)}{1}
\end{array}
$$

$$
\begin{array}{ccc}
f'_+(x_0) & \overset{x \to x_0+0}{\longleftarrow} & \dfrac{f(x) - f(x_0)}{x - x_0} \\
\| & & \\
f'(x_0 + 0) & \overset{x \to x_0+0}{\longleftarrow} & f'(x)
\end{array}
$$

图 2.41

从 U 形等式串及图 2.41 知 $f'_+(x_0) = f'(x_0 + 0)$, 且有

$$\lim_{x \to x_0+0} f'(x) = f'_+(x_0).$$

同理可证 $f'_-(x_0) = f'(x_0 - 0)$, 并且从图 2.42 有

$$\lim_{x \to x_0-0} f'(x) = f'_-(x_0).$$

$$
\begin{array}{ccc}
\dfrac{f(x) - f(x_0)}{x - x_0} & \overset{x \to x_0-0}{\longrightarrow} & f'_-(x_0) \\
& & \| \\
f'(x) & \overset{x \to x_0-0}{\longrightarrow} & f'(x_0 - 0)
\end{array}
$$

图 2.42

② 由 $\lim\limits_{x \to x_0} f'(x) = A \Longrightarrow f'(x_0 + 0) = f'(x_0 - 0) = A$. 用第 ① 小题的结果, 即得

$$f'_+(x_0) = f'_-(x_0) = A \Longrightarrow f'(x_0) = A.$$

③ 设 x_0 是函数的可导点, 则 $f'_+(x_0) = f'_-(x_0)$. 用第 ① 小题的结果, 有

$$f'(x_0 - 0) \qquad f'(x_0 + 0)$$
$$\| \qquad\qquad \|$$
$$f'_-(x_0) \quad == \quad f'_+(x_0)$$

从此 U 形等式串的两端即知

$$f'(x_0 - 0) = f'(x_0 + 0).$$

因此, 导函数没有第一类间断点.

例 8　设 $x > -1, x \neq 0$. 求证:

$$\begin{cases} (1+x)^\alpha > 1 + \alpha x, & \alpha > 1 \text{ 或 } \alpha < 0, \\ (1+x)^\alpha < 1 + \alpha x, & 0 < \alpha < 1. \end{cases}$$

证　由 $f(x) = (1+x)^\alpha$ 得

$$f'(x) = \alpha (1+x)^{\alpha-1}, \quad f'(0) = \alpha,$$

$$f''(x) = (1+x)^{\alpha-2} \alpha^2 - (1+x)^{\alpha-2} \alpha = \alpha(\alpha-1)(1+x)^{\alpha-2},$$

应用泰勒中值定理, $\exists \theta \in (0, 1)$, 使

$$(1+x)^\alpha = 1 + \alpha x + \frac{\alpha(\alpha-1)}{2}(1+\theta x)^{\alpha-2} x^2. \qquad (1)$$

因为当 $\alpha > 1$ 或 $\alpha < 0$ 时, $\dfrac{\alpha(\alpha-1)}{2}(1+\theta x)^{\alpha-2} x^2 > 0$, 所以根据 (1) 式, 有

$$(1+x)^\alpha > 1 + \alpha x.$$

因为当 $0 < \alpha < 1$ 时, $\dfrac{\alpha(\alpha-1)}{2}(1+\theta x)^{\alpha-2} x^2 < 0$, 所以根据 (1) 式, 有

$$(1+x)^\alpha < 1 + \alpha x.$$

例 9　设 $f(x)$ 是实系数多项式. 称 x_0 是 $f(x)$ 的一个重根, 是指存在多项式 $g(x)$, 使得

$$f(x) = (x - x_0)^2 g(x).$$

求证: ① x_0 是 $f(x)$ 的一个重根, 当且仅当 $f(x_0) = f'(x_0) = 0$;

② 已知 $2x^3 + 3x^2 - 12x + a$ 有重根, 怎么确定 a?

③ 设 $p(x), q(x)$ 均为多项式, 求证: 若 $\dfrac{p(x)}{q(x)}$ 有极值, 则存在常数 λ 使得 $p(x) - \lambda q(x)$ 有重根.

证 ① 必要性显然, 下证充分性. 事实上, 若 $f(x_0) = f'(x_0) = 0$, 设 $f(x)$ 是 n 次多项式, 则根据泰勒公式

$$f(x) = \sum_{k=2}^{n} a_k(x - x_0)^k = (x - x_0)^2 \underbrace{\sum_{k=2}^{n} a_k(x - x_0)^{k-2}}_{g(x)}.$$

② 由 $f(x) = 2x^3 + 3x^2 - 12x + a$, 则

$$f'(x) = 6x^2 + 6x - 12 = 6(x + 2)(x - 1),$$

$$f(1) = a - 7, \quad f(-2) = a + 20.$$

又由 $f(1) = f'(1) = 0$, $f(-2) = f'(-2) = 0$ 得

$$a = 7 \text{ 或 } a = -20.$$

③ 因为 $h(x) = \dfrac{p(x)}{q(x)}$ 有极值, 所以 $\exists x_0$ 使得 $h'(x_0) = 0$. 又 $h'(x) = \dfrac{p'(x)q(x) - q'(x)p(x)}{q^2(x)}$, 故有

$$p'(x_0)q(x_0) - q'(x_0)p(x_0) = 0 \implies \frac{p'(x_0)}{q'(x_0)} = \frac{p(x_0)}{q(x_0)}.$$

设 $\lambda = \dfrac{p(x_0)}{q(x_0)}$, 则有 $\dfrac{p'(x_0)}{q'(x_0)} = \dfrac{p(x_0)}{q(x_0)} = \lambda$, 那么上式可表为

$$p(x_0) - \lambda q(x_0) = 0, \quad p'(x_0) - \lambda q'(x_0) = 0.$$

根据第 ① 小题的结果, $p(x) - \lambda q(x)$ 有重根 x_0.

评注 结论 ③ 的逆命题不成立, 例如 $p(x) = x^5, q(x) = x^2$. 这时 $h(x) = \dfrac{p(x)}{q(x)} = x^3$ 无极值, 但是对 $\forall \lambda$, $p(x) - \lambda q(x) = x^2(x^3 - \lambda)$ 有重根 0.

例 10　设 $f(x)$ 在 $(0, \infty)$ 上有连续的二阶导数, 且

$$\lim_{x \to +\infty} xf(x) = 0, \qquad \lim_{x \to +\infty} xf''(x) = 0.$$

求证: $\lim_{x \to +\infty} xf'(x) = 0$.

证　$\forall x > 0$, 根据泰勒中值定理, $\exists \xi \in (x, x+1)$, 使得

$$f(x+1) = f(x) + f'(x) + \frac{1}{2}f''(\xi),$$

因此

$$f'(x) = f(x+1) - f(x) - \frac{1}{2}f''(\xi).$$

两边同乘以 x, 即得

$$xf'(x) = xf(x+1) - xf(x) - \frac{1}{2}xf''(\xi). \tag{1}$$

由假设 $\lim\limits_{x \to +\infty} xf(x) = 0$, 即当 $x \to +\infty$ 时, (1) 式右边第二项极限为零. 且 (1) 式右边第一项, 当 $x \to +\infty$ 时, 有

$$\begin{matrix} \lim\limits_{x \to +\infty} xf(x+1) & & 0 \\ \| & & \| \\ \lim\limits_{x \to +\infty} \dfrac{x}{x+1}(x+1)f(x+1) = \lim\limits_{x \to +\infty} \dfrac{x}{x+1} \lim\limits_{x \to +\infty} (x+1)f(x+1) \end{matrix}$$

从此 U 形等式串的两端即知

$$\lim_{x \to +\infty} xf(x+1) = 0.$$

由假设 $\lim\limits_{x \to +\infty} xf''(x) = 0$, (1) 式右边第三项, 当 $x \to +\infty$ 时, 因为 $\xi \in (x, x+1)$, 所以 $\xi \to +\infty, 0 < \dfrac{x}{\xi} < 1$, 所以

$$\lim_{x \to +\infty} \frac{1}{2}xf''(\xi) = \lim_{x \to +\infty} \frac{1}{2}\frac{x}{\xi}\xi f''(\xi) = 0.$$

于是根据 (1) 式, 有 $\lim\limits_{x \to +\infty} xf'(x) = 0$.

例 11　设 $f(x) = \dfrac{1}{\ln(1+x)} - \dfrac{1}{x}$.

① 求 $\lim\limits_{x \to 0} f(x)$;

② 求证: $f(x)$ 在 $(0, \infty)$ 单调下降;

③ 求出使得下列不等式对所有的自然数 n 都成立的最大的数 α 及最小的数 β:

$$\left(1 + \frac{1}{n}\right)^{n+\alpha} \leqslant e \leqslant \left(1 + \frac{1}{n}\right)^{n+\beta}.$$

④ 设 $a_1 > 0, a_{n+1} = \ln(1 + a_n)$ $(n = 1, 2, \cdots)$. 求极限

$$\lim_{n\to\infty} a_n, \quad \lim_{n\to\infty} \frac{1}{n} \sum_{k=1}^{n-1} f(a_k) \ \text{及} \ \lim_{n\to\infty} na_n.$$

解　① 由 $f(x) = \dfrac{1}{\ln(1+x)} - \dfrac{1}{x} = \dfrac{x - \ln(1+x)}{x \ln(1+x)}$. 用洛必达法则, 有

$$\lim_{x\to 0} f(x) = \lim_{x\to 0} \frac{x}{x + \ln(x+1) + x\ln(x+1)}$$
$$= \lim_{x\to 0} \frac{1}{\ln(x+1) + 2} = \frac{1}{2}.$$

② 证　由

$$f'(x) = \frac{1}{x^2} - \frac{1}{\left(\ln^2(x+1)\right)(x+1)} = \frac{g(x)}{\left(\ln^2(x+1)\right) x^2 (x+1)}, \quad (1)$$

其中 $g(x) = (1+x)\ln^2(x+1) - x^2$, 则有

$$g'(x) = \ln^2(x+1) + 2\ln(x+1) - 2x,$$
$$g'(0) = 0,$$
$$g''(x) = \frac{2}{x+1}\left[\ln(1+x) - x\right] < 0, \ x \in (0, \infty).$$

$$g''(x) < 0, x \in (0, \infty) \qquad f'(x) < 0, x \in (0, \infty)$$
$$\Downarrow \qquad\qquad\qquad \Uparrow$$
$$g'(x) \ \text{单调下降} \qquad g(x) < g(0) = 0$$
$$\Downarrow \qquad\qquad\qquad \Uparrow$$
$$g'(x) < g'(0) = 0 \implies g(x) \ \text{单调下降}$$

从此 U 形推理串的末端即知 $f'(x) < 0$, 故 $f(x)$ 在 $(0,\infty)$ 单调下降 (图 2.43).

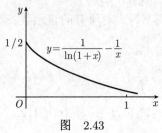

图 2.43

③ 分析

$$\left(1+\frac{1}{n}\right)^{n+\alpha} \leqslant \mathrm{e} \leqslant \left(1+\frac{1}{n}\right)^{n+\beta}$$

$$\Longleftrightarrow (n+\alpha)\ln\left(1+\frac{1}{n}\right) \leqslant 1 \leqslant (n+\beta)\ln\left(1+\frac{1}{n}\right)$$

$$\Longleftrightarrow n+\alpha \leqslant \frac{1}{\ln\left(1+\dfrac{1}{n}\right)} \leqslant n+\beta$$

$$\Longleftrightarrow \alpha \leqslant \frac{1}{\ln\left(1+\dfrac{1}{n}\right)} - n \leqslant \beta.$$

由上所述, 令 $x = \dfrac{1}{n}$, 则有

$$\alpha \leqslant \frac{1}{\ln\left(1+x\right)} - \frac{1}{x} \leqslant \beta, \quad 0 < x \leqslant 1,$$

即

$$\alpha \leqslant f(x) \leqslant \beta, \quad 0 < x \leqslant 1.$$

又由于 $\lim\limits_{x\to 0+0} f(x) = \dfrac{1}{2}, f(1) = \dfrac{1}{\ln 2} - 1$, 由此可见, 应用第 ② 小题的结果, $f(x)$ 单调下降, 易知

$$\alpha = \frac{1}{\ln 2} - 1, \quad \beta = \frac{1}{2}.$$

④ 由 $a_1 > 0, a_{n+1} = \ln\left(1+a_n\right) \Longrightarrow a_n > 0$, 并且 $a_{n+1} \leqslant a_n$. 即 a_n 单调下降, 有下界, 故 $\lim\limits_{n\to\infty} a_n$ 存在. 设 $\lim\limits_{n\to\infty} a_n = a$. 又 $\lim\limits_{n\to\infty} a_{n+1} =$

128

$\lim\limits_{n\to\infty} \ln(1+a_n)$ 得 $a = \ln(1+a)$, 故有 $a = 0$, 即 $\lim\limits_{n\to\infty} a_n = 0$.

根据第 ① 小题, 便有 $\lim\limits_{n\to\infty} f(a_n) = \dfrac{1}{2}$. 进一步, 根据第 ② 小题,

$$f(a_{n+1}) - f(a_n) = f'(\xi)(a_{n+1} - a_n) \geqslant 0 \Longrightarrow f(a_n) \text{ 单调增加}.$$

因此若令 $c_n = \dfrac{1}{2} - f(a_n)$, 则有 c_n 单调下降, 并且 $\lim\limits_{n\to\infty} c_n = 0$.

根据第一章 §2 例 9, 即知 $\lim\limits_{n\to\infty} \dfrac{c_1 + \cdots + c_n}{n} = 0$, 即

$$\lim_{n\to\infty} \frac{1}{n} \sum_{k=1}^{n} f(a_k) = \frac{1}{2}.$$

最后注意到

$$\lim_{n\to\infty} \frac{1}{n} \sum_{k=1}^{n-1} f(a_k) = \lim_{n\to\infty} \frac{1}{n} \sum_{k=1}^{n} f(a_k) - \lim_{n\to\infty} \frac{1}{n} f(a_n) = \frac{1}{2},$$

但是上式左端

$$\frac{1}{n} \sum_{k=1}^{n-1} f(a_k) = \frac{1}{n} \sum_{k=1}^{n-1} \left(\frac{1}{a_{k+1}} - \frac{1}{a_k} \right) = \frac{1}{n} \left(\frac{1}{a_n} - \frac{1}{a_1} \right),$$

故有

$$\lim_{n\to\infty} \frac{1}{n} \left(\frac{1}{a_n} - \frac{1}{a_1} \right) = \frac{1}{2} \Longrightarrow \lim_{n\to\infty} n a_n = 2.$$

例 12　设 $f(x), g(x)$ 在 (a,b) 上可导 ($-\infty \leqslant a < b \leqslant +\infty$), 且满足:

①　$g'(x) \neq 0, x \in (a,b)$;

②　$\lim\limits_{x\to b-0} g(x) = +\infty$;

③　$\lim\limits_{x\to b-0} \dfrac{f'(x)}{g'(x)} = L, -\infty < L < +\infty$.

求证: $\lim\limits_{x\to b-0} \dfrac{f(x)}{g(x)} = L$.

证　由条件 ③, 对 $\forall \varepsilon > 0, \exists b_1$, 使得对 $\forall x \in (b_1, b)$, 有

$$L - \varepsilon < \frac{f'(x)}{g'(x)} < L + \varepsilon. \tag{1}$$

又对 $\forall t, x \in (b_1, b), t < x$. 根据柯西中值定理, $\exists x_0 \in (t, x) \subset (b_1, b)$, 使得

$$\frac{f(x) - f(t)}{g(x) - g(t)} = \frac{f'(x_0)}{g'(x_0)}. \tag{2}$$

联合 (1), (2) 式即得

$$L - \varepsilon < \frac{\dfrac{f(x)}{g(x)} - \dfrac{f(t)}{g(x)}}{1 - \dfrac{g(t)}{g(x)}} < L + \varepsilon. \tag{3}$$

又因为条件 ①, $g(x)$ 在 (a, b) 内严格单调, 不妨设 $g(x)$ 在 (a, b) 内严格单调上升, 则有

$$\frac{g(t)}{g(x)} < 1 \Longrightarrow 1 - \frac{g(t)}{g(x)} > 0,$$

不等式 (3) 可改写为

$$(L - \varepsilon)\left(1 - \frac{g(t)}{g(x)}\right) + \frac{f(t)}{g(x)}$$
$$< \frac{f(x)}{g(x)} < (L + \varepsilon)\left(1 - \frac{g(t)}{g(x)}\right) + \frac{f(t)}{g(x)}.$$

现在固定 t, 令 $x \to b - 0$, 对上式取极限, 由条件 ②, 即得

$$L - \varepsilon \leqslant \lim_{x \to b-0} \frac{f(x)}{g(x)} \leqslant L + \varepsilon.$$

最后, 再让 $\varepsilon \to 0$, 对上式取极限, 便得 $\displaystyle\lim_{x \to b-0} \frac{f(x)}{g(x)} = L$.

评注 本例有 "宽条件洛必达法则" 之称. 这是因为, 通常 $\dfrac{\infty}{\infty}$ 型洛必达法则的条件要求分子分母都趋向无穷, 但是本例只要求分母趋向无穷 (条件 ②).

例 13 设函数 $f(x)$ 在 $(0, +\infty)$ 内可导, 且 $\displaystyle\lim_{x \to +\infty} f'(x) = 0$, 证明:

$$\lim_{x \to +\infty} \frac{f(x)}{x} = 0.$$

证 用宽条件洛必达法则 (本节例 12), 取 $g(x) = x$, 则有

$$\lim_{x \to +\infty} \frac{f(x)}{x} = \lim_{x \to +\infty} f'(x) = 0.$$

例 14 设 $f(x)$ 在 $(0, +\infty)$ 上可导, $\alpha > 0$. 求证:

① 若 $\lim\limits_{x \to +\infty} (\alpha f(x) + f'(x)) = L$, 则 $\lim\limits_{x \to +\infty} f(x) = \dfrac{L}{\alpha}$;

② 若 $\lim\limits_{x \to +\infty} (\alpha f(x) + 2\sqrt{x} f'(x)) = L$, 则 $\lim\limits_{x \to +\infty} f(x) = \dfrac{L}{\alpha}$.

证 ① 若令 $g(x) = \mathrm{e}^{\alpha x}$, 则有

$$\lim_{x \to +\infty} g(x) = +\infty, \ \text{且} \ g'(x) = \alpha \mathrm{e}^{\alpha x} = \alpha g(x),$$

$$
\begin{array}{ccc}
(g(x)f(x))' & & \dfrac{g'(x)}{\alpha}(\alpha f(x) + f'(x)) \\
\| & & \| \\
g'(x)f(x) + g(x)f'(x) = & g'(x)f(x) + \dfrac{1}{\alpha}g'(x)f'(x)
\end{array}
$$

从此 U 形等式串的两端即知

$$(g(x)f(x))' = \frac{g'(x)}{\alpha}(\alpha f(x) + f'(x)).$$

再用例 12 的结果 (宽条件洛必达法则), 得到

$$
\begin{array}{ccc}
\lim\limits_{x \to +\infty} f(x) & & \lim\limits_{x \to +\infty} \dfrac{\dfrac{g'(x)}{\alpha}(\alpha f(x) + f'(x))}{g'(x)} \\
\| & & \| \\
\lim\limits_{x \to +\infty} \dfrac{g(x)f(x)}{g(x)} = & \lim\limits_{x \to +\infty} \dfrac{(g(x)f(x))'}{g'(x)}
\end{array}
$$

从此 U 形等式的两端即知

$$\lim_{x \to +\infty} f(x) = \lim_{x \to +\infty} \frac{\alpha f(x) + f'(x)}{\alpha}.$$

因此根据假设 $\lim\limits_{x \to +\infty} (\alpha f(x) + f'(x)) = L$, 即得 $\lim\limits_{x \to +\infty} f(x) = \dfrac{L}{\alpha}$.

② 若令 $g(x) = e^{\alpha\sqrt{x}}$, 则有

$$\lim_{x\to+\infty} g(x) = +\infty, \ \text{且} \ g'(x) = \frac{1}{2}\frac{\alpha}{\sqrt{x}}e^{\alpha\sqrt{x}} = \frac{1}{2}\frac{\alpha}{\sqrt{x}}g(x),$$

$$\begin{array}{ccc} (g(x)f(x))' & & \dfrac{g'(x)}{\alpha}\left(\alpha f(x) + 2\sqrt{x}f'(x)\right) \\ \| & & \| \\ g'(x)f(x) + g(x)f'(x) = & g'(x)f(x) + & \dfrac{2\sqrt{x}}{\alpha}g'(x)f'(x) \end{array}$$

从此 U 形等式串的两端即知

$$(g(x)f(x))' = \frac{g'(x)}{\alpha}\left(\alpha f(x) + 2\sqrt{x}f'(x)\right).$$

因此, 根据例 12 (宽条件洛必达法则), 有

$$\begin{array}{ccc} \displaystyle\lim_{x\to+\infty} f(x) & & \displaystyle\lim_{x\to+\infty}\dfrac{\alpha f(x) + 2\sqrt{x}f'(x)}{\alpha} \\ \| & & \| \\ \displaystyle\lim_{x\to+\infty}\dfrac{g(x)f(x)}{g(x)} = & & \displaystyle\lim_{x\to+\infty}\dfrac{(g(x)f(x))'}{g'(x)} \end{array}$$

从此 U 形等式串的两端即知

$$\lim_{x\to+\infty} f(x) = \lim_{x\to+\infty}\frac{\alpha f(x) + 2\sqrt{x}f'(x)}{\alpha},$$

因此根据假设 $\displaystyle\lim_{x\to+\infty}\left(\alpha f(x) + 2\sqrt{x}f'(x)\right) = L$, 即得

$$\lim_{x\to+\infty} f(x) = \frac{L}{\alpha}.$$

例 15 设 $f(x)$ 在 $[0, +\infty)$ 上有二阶连续导数, $f(0) = f'(0) = 0$ 且对 $\forall x > 0$, 有 $f''(x) > 0$. 若对 $\forall x > 0$, 函数 $u(x), v(x)$ 分别表示曲线 $y = f(x)$ 在切点 $(x, f(x))$ 处的切线在 x 轴上的截距和 y 轴上的截距 (图 2.44). 若已知 $\displaystyle\lim_{x\to+\infty}\frac{v(x)}{f(x)} = a \neq 1$. 求:

① $\displaystyle\lim_{x\to+\infty} f(x)$;　② $\displaystyle\lim_{x\to0+0} u'(x), \lim_{x\to+\infty} u'(x)$.

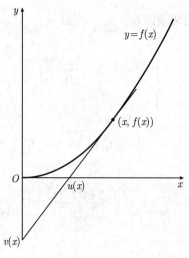

图　2.44

解　① 根据泰勒中值定理, $\forall x > 1$,

$$f(x) = f(x - 1 + 1) = f(1) + f'(1)(x - 1) + f''(\xi)(x - 1)^2.$$

因为 $f''(x) > 0, f'(0) = 0 \Longrightarrow f'(x) > 0$, 特别有 $f'(1) > 0$. 又因为 $f'(x) > 0, f(0) = 0 \Longrightarrow f(1) > 0$. 故由

$$f(x) > f(1) + f'(1)(x - 1), \quad \forall x > 1,$$

即知 $\lim\limits_{x \to +\infty} f(x) = +\infty$.

② 因为 $u(x) = x - \dfrac{f(x)}{f'(x)}, v(x) = f(x) - xf'(x)$, 所以

$$u'(x) = 1 - \frac{(f'(x))^2 - f(x)f''(x)}{(f'(x))^2} = \frac{f(x)f''(x)}{(f'(x))^2}. \tag{1}$$

于是, 用洛必达法则, 得到

$$\lim_{x \to 0+0} u'(x)$$
$$\parallel$$
$$f''(0) \lim_{x \to 0+0} \frac{f(x)}{(f'(x))^2} = f''(0) \lim_{x \to 0+0} \frac{f'(x)}{2f'(x)f''(x)}$$

$$\frac{1}{2}$$
$$\parallel$$

133

从此 U 形等式串的两端即知 $\lim\limits_{x \to 0+0} u'(x) = \dfrac{1}{2}$.

又因为

$$\begin{cases} \dfrac{v(x)}{f(x)} = 1 - \dfrac{xf'(x)}{f(x)}, \\ \lim\limits_{x \to +\infty} \dfrac{v(x)}{f(x)} = a \neq 1, \end{cases}$$

所以 $\lim\limits_{x \to +\infty} \dfrac{xf'(x)}{f(x)} = 1 - a$. 再用例 12 的结果 (宽条件洛必达法则), 得到

$$\lim_{x \to +\infty} \frac{xf'(x)}{f(x)} = \lim_{x \to +\infty} \frac{f'(x) + xf''(x)}{f'(x)} = 1 + \lim_{x \to \infty} \frac{xf''(x)}{f'(x)}.$$

因此

$$\lim_{x \to +\infty} \frac{xf''(x)}{f'(x)} = \lim_{x \to +\infty} \frac{xf'(x)}{f(x)} - 1 = 1 - a - 1 = -a.$$

故有

$$\begin{array}{cc} \lim\limits_{x \to +\infty} \dfrac{f(x)f''(x)}{(f'(x))^2} & \dfrac{a}{a-1} \\[2mm] \parallel & \parallel \\[2mm] \lim\limits_{x \to +\infty} \dfrac{xf''(x)}{f'(x)} \cdot \lim\limits_{x \to +\infty} \dfrac{f(x)}{xf'(x)} = (-a) \cdot \dfrac{1}{1-a} \end{array}$$

从此 U 形等式串的两端即知

$$\lim_{x \to +\infty} \frac{f(x)f''(x)}{(f'(x))^2} = \frac{a}{a-1}.$$

再由 (1) 式, 即得 $\lim\limits_{x \to +\infty} u'(x) = \dfrac{a}{a-1}$.

例 16 ① 设函数 $f(x)$ 在 $[0,1]$ 上有二阶导数, 又知对 $\forall x \in [0,1]$, 有

$$|f(x)| \leqslant A, \quad |f''(x)| \leqslant B,$$

其中 A, B 为常数. 求证: $|f'(x)| \leqslant 2A + B/2$;

② 设函数 $f(x)$ 在 $(0, +\infty)$ 上有二阶导数, 又知对 $\forall x > 0$, 有

$$|f(x)| \leqslant A, \quad |f''(x)| \leqslant B,$$

134

其中 A, B 为常数. 求证: $|f'(x)| \leqslant 2\sqrt{AB}$.

③ 设函数 $f(x)$ 在 $(-\infty, +\infty)$ 上有二阶导数, 又知对任意的 $x \in (-\infty, +\infty)$, 有

$$|f(x)| \leqslant A, \quad |f''(x)| \leqslant B,$$

其中 A, B 为常数. 求证: $|f'(x)| \leqslant \sqrt{2AB}$.

证 ① 对 $\forall x \in [0,1]$, 用二阶带拉格朗日余项的泰勒公式展开,

$$f(0) = f(x) + f'(x)(0-x) + \frac{1}{2}f''(\xi)(0-x)^2, \quad 0 < \xi < x,$$

$$f(1) = f(x) + f'(x)(1-x) + \frac{1}{2}f''(\eta)(1-x)^2, \quad 0 < \eta < x,$$

以上两式相减, 得到

$$f(0) - f(1) = -f'(x) - \frac{1}{2}f''(\eta)(1-x)^2 + \frac{1}{2}f''(\xi)(0-x)^2,$$

由此解得

$$f'(x) = f(1) - f(0) - \frac{1}{2}f''(\eta)(1-x)^2 + \frac{1}{2}f''(\xi)x^2.$$

应用条件 $|f(x)| \leqslant A, |f''(x)| \leqslant B$, 即有

$$|f'(x)| \leqslant 2A + \frac{B}{2}\left[x^2 + (1-x)^2\right].$$

令 $g(x) = x^2 + (1-x)^2$, 则有 $g''(x) = 4 > 0$, 即 $g(x)$ 是凹函数, 最大值在端点达到, 即有 $\max\limits_{x \in [0,1]} g(x) = 1$. 故有

$$|f'(x)| \leqslant 2A + B/2.$$

② $\forall x > 0, h > 0$ 写出二阶带拉格朗日余项的泰勒公式

$$f(x+h) = f(x) + f'(x)h + f''(x+\theta h)\frac{1}{2}h^2, \quad 0 < \theta < 1.$$

移项得到

$$f'(x)h = f(x+h) - f(x) - f''(x+\theta h)\frac{1}{2}h^2.$$

因为 $|f(x)| \leqslant A, |f''(x)| \leqslant B$, 所以有

$$|f'(x)| \leqslant \frac{2A}{h} + \frac{h}{2}B = \frac{1}{2h}\left(Bh^2 + 4A\right),$$

即

$$Bh^2 - 2h\,|f'(x)| + 4A \geqslant 0.$$

将上式看成关于 h 的二次三项式非负, 其判别式应满足

$$|f'(x)|^2 \leqslant 4AB, \quad \text{即 } |f'(x)| \leqslant 2\sqrt{AB}.$$

③ $\forall x \in (-\infty, +\infty)$, $\forall h > 0$ 写出二阶带拉格朗日余项的泰勒公式

$$f(x+h) = f(x) + f'(x)h + f''(x+\theta_1 h)\frac{1}{2}h^2, \quad 0 < \theta_1 < 1,$$

$$f(x-h) = f(x) - f'(x)h + f''(x+\theta_2 h)\frac{1}{2}h^2, \quad 0 < \theta_2 < 1,$$

以上两式相减, 得到

$$f(x+h) - f(x-h) = 2f'(x)h + \frac{1}{2}h^2\left[f''(x+\theta_1 h) - f''(x+\theta_2 h)\right].$$

由此解得

$$f'(x) = \frac{f(x+h) - f(x-h)}{2h} - \frac{1}{4}h\left[f''(x+\theta_1 h) - f''(x+\theta_2 h)\right].$$

应用条件 $|f(x)| \leqslant A, |f''(x)| \leqslant B$, 即有

$$|f'(x)| \leqslant \frac{A}{h} + \frac{h}{2}B, \quad \text{即 } Bh^2 - 2h\,|f'(x)| + 2A \geqslant 0.$$

将上式看成关于 h 的非负二次三项式, 其判别式应满足

$$|f'(x)|^2 \leqslant 2AB, \quad \text{即 } |f'(x)| \leqslant \sqrt{2AB}.$$

第三章 一元函数积分学

§1 不 定 积 分

内 容 提 要

1. 不定积分的概念

若 $f(x)$ 为连续函数，$F'(x) = f(x)$，则

$$\int f(x)\mathrm{d}x = F(x) + C \quad (C\text{为任意常数}).$$

2. 不定积分的基本性质

$$\int kf(x)\mathrm{d}x = k\int f(x)\mathrm{d}x \ (k\text{是非零常数});$$

$$\int (f(x) \pm g(x))\mathrm{d}x = \int f(x)\mathrm{d}x \pm \int g(x)\mathrm{d}x.$$

3. 基本积分表

$$\int x^{\mu}\mathrm{d}x = \frac{1}{\mu+1}x^{\mu+1} + C \ (\mu \neq -1); \qquad \int \frac{1}{x}\mathrm{d}x = \ln|x| + C;$$

$$\int a^{x}\mathrm{d}x = \frac{a^{x}}{\ln a} + C; \qquad \int \mathrm{e}^{x}\mathrm{d}x = \mathrm{e}^{x} + C;$$

$$\int \cos x\mathrm{d}x = \sin x + C; \qquad \int \sin x\mathrm{d}x = -\cos x + C;$$

$$\int \tan x\mathrm{d}x = -\ln|\cos x| + C; \qquad \int \cot x\mathrm{d}x = \ln|\sin x| + C;$$

$$\int \sec x\tan x\mathrm{d}x = \sec x + C; \qquad \int \csc x\cot x\mathrm{d}x = -\csc x + C;$$

$$\int \frac{1}{x^{2}+a^{2}}\mathrm{d}x = \frac{1}{a}\arctan\frac{x}{a} + C; \qquad \int \frac{1}{\sqrt{a^{2}-x^{2}}}\mathrm{d}x = \arcsin\frac{x}{a} + C;$$

$$\int \frac{1}{x^2 - a^2} \mathrm{d}x = \frac{1}{2a} \ln \left| \frac{x-a}{x+a} \right| + C;$$

$$\int \frac{1}{\sqrt{x^2 \pm a^2}} \mathrm{d}x = \ln|x + \sqrt{x^2 \pm a^2}| + C;$$

$$\int \sqrt{x^2 \pm a^2} \mathrm{d}x = \frac{1}{2} x \sqrt{x^2 \pm a^2} \pm \frac{a^2}{2} \ln \left| x + \sqrt{x^2 \pm a^2} \right| + C;$$

$$\int \sqrt{a^2 - x^2} \mathrm{d}x = \frac{1}{2} x \sqrt{a^2 - x^2} + \frac{a^2}{2} \arcsin \frac{x}{a} + C;$$

$$\int \frac{1}{\cos^2 x} \mathrm{d}x = \int \sec^2 x \mathrm{d}x = \tan x + C;$$

$$\int \frac{1}{\sin^2 x} \mathrm{d}x = \int \csc^2 x \mathrm{d}x = -\cot x + C;$$

$$\int \frac{1}{\cos x} \mathrm{d}x = \int \sec x \mathrm{d}x = \ln|\sec x + \tan x| + C;$$

$$\int \frac{1}{\sin x} \mathrm{d}x = \int \csc x \mathrm{d}x = \ln|\csc x - \cot x| + C;$$

4. 积分法

(1) 第一换元法(凑微分法)　若 $\int f(x)\mathrm{d}x = F(x) + C$, 则

$$\int f(u(x))\mathrm{d}u(x) = F(u(x)) + C.$$

(2) 第二换元法(变量代换法)　设 $x = x(t)$ 在某区间上导数连续且不为零. 又设 $t(x)$ 为 $x = x(t)$ 的反函数, 且

$$\int f(x(t))x'(t)\mathrm{d}t = G(t) + C,$$

则

$$\int f(x)\mathrm{d}x = G(t(x)) + C.$$

(3) 分部积分法　若 u, v 为 x 的可微函数, 则

$$\int u\mathrm{d}v = uv - \int v\mathrm{d}u.$$

5. 可积函数类

(1) 有理函数可分解成多项式和若干项最简真分式之和, 因此有理函数一定可积.

138

定理(真分式分解定理)　若真分式 $\dfrac{R(x)}{P(x)\,Q(x)}$ 中的 $P(x),Q(x)$ 没有公因子, 则此真分式一定可以表成部分分式:

$$\frac{R(x)}{P(x)\,Q(x)} = \frac{R_1(x)}{P(x)} + \frac{R_2(x)}{Q(x)},$$

其中 $\dfrac{R_1(x)}{P(x)}$ 和 $\dfrac{R_2(x)}{Q(x)}$ 都是真分式.

(2) 三角有理式的积分.

$\displaystyle\int R(\sin x,\cos x)\,\mathrm{d}x$ 总可用变量代换 $t=\tan\dfrac{x}{2}$ 将其化为有理函数积分. 若等式

$$\int R(-\sin x,\cos x)\,\mathrm{d}x = \int R(\sin x,\cos x)\,\mathrm{d}x$$

或

$$\int R(\sin x,-\cos x)\,\mathrm{d}x = -\int R(\sin x,\cos x)\,\mathrm{d}x$$

成立, 则可利用变量代换 $t=\cos x$ 或 $t=\sin x$ 将它们化为有理函数积分.

又若 $\displaystyle\int R(-\sin x,-\cos x)\,\mathrm{d}x = \int R(\sin x,\cos x)\,\mathrm{d}x$, 则可利用变量代换 $t=\tan x$ 将 $\displaystyle\int R(\sin x,\cos x)\,\mathrm{d}x$ 化为有理函数积分.

(3) 设 $R(u,v)$ 为 u,v 的有理函数, 则积分

$$\int R\left(x,\ \sqrt[m]{\frac{ax+b}{cx+d}}\right)\mathrm{d}x \quad (ad-bc\neq 0, m\text{为正整数})$$

通过变量代换 $\dfrac{ax+b}{cx+d}=t^m$ 化为有理函数积分.

(4) 积分 $\displaystyle\int x^m(a+bx^n)\,\mathrm{d}x$ 只有当 $p,\dfrac{m+1}{n},\dfrac{m+1}{n}+p$ 三个中有一个为整数时可积, 否则不可积.

(5) 求积分 $\displaystyle\int R\left(x,\sqrt{ax^2+bx+c}\right)\mathrm{d}x$ 时, 可作下列变量代换:

当 $a>0$ 时, 令 $\sqrt{ax^2+bx+c}=\pm x+t$;

当 $c>0$ 时, 令 $\sqrt{ax^2+bx+c}=xt\pm\sqrt{c}$;

当 $b^2-4ac>0$ 时, 这时 $ax^2+bx+c=0$ 有不同实根 α,β, 这时令

$$\sqrt{ax^2+bx+c}=t(x-\alpha)\ \text{或}\ \sqrt{ax^2+bx+c}=t(\beta-x).$$

典型例题解析

1. **分项积分法**

例 1 求不定积分 $\displaystyle\int \frac{\mathrm{d}x}{\sin(x+a)\cos(x+b)}$.

解法 1 设

$$\frac{1}{\sin(x+a)\cos(x+b)} = \frac{-A\sin(x+b)}{\cos(x+b)} + \frac{B\cos(x+a)}{\sin(x+a)},$$

其中 A, B 为待定常数. 两边同乘以 $\sin(x+a)\cos(x+b)$, 得到

$$1 = -A\sin(x+b)\sin(x+a) + B\cos(x+a)\cos(x+b). \tag{1}$$

(1) 式两边代入 $x = -a$, 得到

$$1 = B\cos(b-a) \Longrightarrow B = \frac{1}{\cos(b-a)};$$

(1) 式两边代入 $x = \dfrac{\pi}{2} - a$, 得到

$$1 = -A\sin\left(\frac{\pi}{2} + b - a\right) = -A\cos(b-a)$$
$$\Longrightarrow A = \frac{-1}{\cos(b-a)}.$$

于是

$$\frac{1}{\sin(x+a)\cos(x+b)} = \frac{1}{\cos(b-a)}\left(\frac{\sin(x+b)}{\cos(x+b)} + \frac{\cos(x+a)}{\sin(x+a)}\right),$$

故有

$$\int \frac{\mathrm{d}x}{\sin(x+a)\cos(x+b)} = \frac{1}{\cos(b-a)}\left(-\int \frac{\mathrm{d}\cos(x+b)}{\cos(x+b)} + \int \frac{\mathrm{d}\sin(x+a)}{\sin(x+a)}\right)$$
$$= \frac{1}{\cos(b-a)}\ln\left|\frac{\sin(x+a)}{\cos(x+b)}\right| + C.$$

解法 2 应用公式 $\cos(\beta-\alpha) = \cos\beta\cos\alpha + \sin\beta\sin\alpha$ 于 $\alpha = x+a$, $\beta = x+b$, 得到

$$\cos(b-a) = \cos((x+b) - (x+a))$$

140

$$= \cos(x+b)\cos(x+a) + \sin(x+b)\sin(x+a),$$

于是

$$\int \frac{\mathrm{d}x}{\sin(x+a)\cos(x+b)} \qquad\qquad M\ln\left|\frac{\sin(x+a)}{\cos(x+b)}\right| + C$$

$$\|$$

$$M\int \frac{\cos(x+b-(x+a))\mathrm{d}x}{\sin(x+a)\cos(x+b)} \qquad M\left[\int\frac{\mathrm{d}\sin(x+a)}{\sin(x+a)} - \int\frac{\mathrm{d}\cos(x+b)}{\cos(x+b)}\right]$$

$$\|$$

$$M\int\frac{\alpha\beta\gamma\eta}{\sin(x+a)\cos(x+b)}\mathrm{d}x = M\left[\int\frac{\cos(x+a)\,\mathrm{d}x}{\sin(x+a)} + \int\frac{\sin(x+b)\,\mathrm{d}x}{\cos(x+b)}\right]$$

其中 $M = \dfrac{1}{\cos(b-a)}, \alpha = \cos(x+b), \beta = \cos(x+a), \gamma = \sin(x+b), \eta = \sin(x+a)$. 从此 U 形等式串的两端即知

$$\int\frac{\mathrm{d}x}{\sin(x+a)\cos(x+b)} = \frac{1}{\cos(b-a)}\ln\left|\frac{\sin(x+a)}{\cos(x+b)}\right| + C.$$

例 2　求不定积分 $\int\dfrac{1+x^4}{1+x^6}\mathrm{d}x$.

解　我们有

$$\int\frac{1+x^4}{1+x^6}\mathrm{d}x \qquad\qquad \arctan x + \frac{1}{3}\arctan x^3 + C$$

$$\|$$

$$\int\frac{1+x^4-x^2+x^2}{1+x^6}\mathrm{d}x = \int\frac{\mathrm{d}x}{1+x^2} + \int\frac{x^2}{1+x^6}\mathrm{d}x$$

从此 U 形等式串的两端即知

$$\int\frac{1+x^4}{1+x^6}\mathrm{d}x = \arctan x + \frac{1}{3}\arctan x^3 + C.$$

例 3　求不定积分 $\int\dfrac{x^3+x^2+2}{(x^2+2)^2}\mathrm{d}x$.

141

解 我们有

$$\int \frac{x^3 + x^2 + 2}{\left(x^2 + 2\right)^2} \mathrm{d}x$$

$$\begin{array}{c}\dfrac{1}{2}\ln\left(x^2+2\right)\\[1mm]+\dfrac{1}{x^2+2}\\[1mm]+\dfrac{1}{\sqrt{2}}\arctan\dfrac{x}{\sqrt{2}}+C\end{array}$$

$$\|$$

$$\|$$

$$\int \frac{x^3}{\left(x^2 + 2\right)^2}\mathrm{d}x + \int \frac{1}{x^2 + 2}\mathrm{d}x$$

$$\begin{array}{c}\dfrac{1}{4}\ln\left(x^2+2\right)^2\\[1mm]+\dfrac{1}{x^2+2}\\[1mm]+\dfrac{1}{\sqrt{2}}\arctan\dfrac{x}{\sqrt{2}}+C\end{array}$$

$$\|$$

$$\|$$

$$\begin{array}{c}\dfrac{1}{4}\displaystyle\int \dfrac{4\left(x^3+2x\right)}{\left(x^2+2\right)^2}\mathrm{d}x\\[2mm]-\displaystyle\int \dfrac{2x}{\left(x^2+2\right)^2}\mathrm{d}x\\[2mm]+\displaystyle\int \dfrac{1}{x^2+2}\mathrm{d}x\end{array} \quad=\!=\quad \begin{array}{c}\dfrac{1}{4}\displaystyle\int \dfrac{\left[\left(x^2+2\right)^2\right]'}{\left(x^2+2\right)^2}\mathrm{d}x\\[2mm]-\displaystyle\int \dfrac{\mathrm{d}\left(x^2+2\right)}{\left(x^2+2\right)^2}\\[2mm]+\displaystyle\int \dfrac{1}{x^2+2}\mathrm{d}x\end{array}$$

从此 U 形等式串的两端即知

$$\int \frac{x^3 + x^2 + 2}{\left(x^2 + 2\right)^2}\mathrm{d}x = \frac{1}{2}\ln\left(x^2+2\right) + \frac{1}{x^2+2} \\ + \frac{1}{\sqrt{2}}\arctan\frac{x}{\sqrt{2}} + C.$$

例 4 求不定积分 $\displaystyle\int \frac{x}{\left(x+2\right)^2\left(x^2+x+4\right)}\mathrm{d}x$.

解 直接根据真分式分解定理, 设

$$\frac{x}{\left(x+2\right)^2\left(x^2+x+4\right)} = \frac{ax+b}{x^2+x+4} + \frac{R_2\left(x\right)}{\left(x+2\right)^2}. \tag{1}$$

两边同乘以 $x^2 + x + 4$, 即得

$$ax + b = \frac{x}{\left(x+2\right)^2} - \frac{R_2\left(x\right)}{\left(x+2\right)^2}\left(x^2 + x + 4\right).$$

由此可见, 当 $x^2 + x + 4 = 0$ 时, 因为

$$\left(x+2\right)^2 = x^2 + 4x + 4 = \left(x^2 + x + 4\right) + 3x = 3x,$$

所以

$$ax + b = \frac{x}{\left(x+2\right)^2} = \frac{x}{3x} = \frac{1}{3}.$$

将此结果代入 (1) 式, 即得

$$\frac{x}{\left(x+2\right)^2\left(x^2 + x + 4\right)} = \frac{1}{3\left(x + x^2 + 4\right)} + \frac{R_2\left(x\right)}{\left(x+2\right)^2}.$$

接着移项通分化简, 得到

$$-\frac{1}{3\left(x+2\right)^2} = \frac{R_2\left(x\right)}{\left(x+2\right)^2}.$$

比较两边, 即知 $R_2\left(x\right) = -\dfrac{1}{3}$. 于是

$$\frac{x}{\left(x+2\right)^2\left(x^2 + x + 4\right)} = \frac{1}{3\left(x + x^2 + 4\right)} - \frac{1}{3\left(x+2\right)^2}.$$

$$\int \frac{x}{\left(x+2\right)^2\left(x^2 + x + 4\right)}\mathrm{d}x$$
$$= \frac{1}{3}\left(\frac{1}{x+2} + \frac{2}{\sqrt{15}}\arctan\frac{2}{\sqrt{15}}\left(x + \frac{1}{2}\right)\right) + C.$$

例 5　求不定积分 $\displaystyle\int \frac{\mathrm{d}x}{x\left(1+x\right)\left(1+x+x^2\right)}$.

解法 1　根据真分式分解定理, 可设

$$\frac{1}{x\left(1+x\right)\left(1+x+x^2\right)} = \frac{ax+b}{1+x+x^2} + \frac{cx+d}{x\left(1+x\right)}. \tag{1}$$

143

两边同乘以 $1+x+x^2$, 并移项

$$ax+b=\frac{1}{x\left(1+x\right)}-\frac{cx+d}{x\left(1+x\right)}\left(1+x+x^2\right).$$

由此可见, 当 $1+x+x^2=0$ 时, 因为 $x\left(1+x\right)=x+x^2=-1$, 所以

$$ax+b=\frac{1}{x\left(1+x\right)}=-1.$$

将此结果代入 (1) 式, 即得

$$\frac{1}{x\left(1+x\right)\left(1+x+x^2\right)}=\frac{-1}{1+x+x^2}+\frac{cx+d}{x\left(1+x\right)}.$$

接着移项通分化简, 得到

$$\frac{1}{x\left(1+x\right)}=\frac{cx+d}{x\left(1+x\right)}.$$

比较两边, 即知 $c=0,d=1$. 再将此结果代入 (1) 式, 即得

$$\begin{aligned}\frac{1}{x\left(1+x\right)\left(1+x+x^2\right)}&=\frac{-1}{1+x+x^2}+\frac{1}{x\left(1+x\right)}\\&=-\frac{1}{\left(x+\dfrac{1}{2}\right)^2+\dfrac{3}{4}}+\frac{1}{x}-\frac{1}{1+x}.\end{aligned}$$

最后

$$\int\frac{\mathrm{d}x}{x\left(1+x\right)\left(1+x+x^2\right)}=\ln\left|\frac{x}{1+x}\right|-\frac{2}{\sqrt{3}}\arctan\frac{2}{\sqrt{3}}\left(x+\frac{1}{2}\right)+C.$$

解法 2 令 $u=x+x^2$, 则

$$\begin{array}{ccc}\dfrac{1}{x\left(1+x\right)\left(1+x+x^2\right)}&&\dfrac{1}{x\left(1+x\right)}-\dfrac{1}{1+x+x^2}\\ \| && \|\\ \dfrac{1}{u\left(1+u\right)}&=&\dfrac{1}{u}-\dfrac{1}{u+1}\end{array}$$

从此 U 形等式串的两端即知

$$\frac{1}{x\left(1+x\right)\left(1+x+x^2\right)}=\frac{1}{x\left(1+x\right)}-\frac{1}{1+x+x^2}.$$

144

以下同解法 1.

例 6　当 a, b 满足什么条件时, 不定积分 $\displaystyle\int \frac{x^2 + ax + b}{(x+1)^2(x^2+1)}\mathrm{d}x$

① 无反正切函数;

② 无对数函数.

解　先将被积函数化为部分分式

$$\frac{x^2 + ax + b}{(x+1)^2(x^2+1)} = \frac{A}{(x+1)^2} + \frac{B}{x+1} + \frac{Cx + D}{x^2+1},$$

将等式通分消去分母得到

$$x^2 + ax + b = (B + C)\,x^3 + (A + B + 2C + D)\,x^2$$
$$+ (B + C + 2D)\,x + (A + B + D).$$

比较 x^3, x^2, x^1, x^0 的系数, 得方程组

$$\begin{cases} B + C = 0, \\ A + B + 2C + D = 1, \\ B + C + 2D = a, \\ A + B + D = b, \end{cases}$$

解得

$$A = \frac{1}{2}b - \frac{1}{2}a + \frac{1}{2}, \quad B = \frac{1}{2}b - \frac{1}{2},$$

$$C = \frac{1}{2} - \frac{1}{2}b, \quad D = \frac{1}{2}a.$$

① 为了积分结果不出现反正切函数应该 $D = 0 \Longrightarrow a = 0$.

② 为了积分结果不出现对数函数应该 $C = 0, B = 0$, 即

$$\frac{1}{2}b - \frac{1}{2} = 0 \Longrightarrow b = 1.$$

例 7　求不定积分 $\displaystyle\int \tan^4 x\mathrm{d}x$.

解　我们有

$$\int \tan^4 x \mathrm{d}x \qquad\qquad \frac{1}{3}\tan^3 x - \tan x + x + C$$

$$\parallel \qquad\qquad\qquad\qquad\qquad \parallel$$

$$\int \left[(\tan^4 x - 1) + 1\right]\mathrm{d}x \qquad \int \tan^2 x \sec^2 x \mathrm{d}x - \tan x + x$$

$$\parallel \qquad\qquad\qquad\qquad\qquad \parallel$$

$$\int (\tan^2 x - 1)(\tan^2 x + 1)\mathrm{d}x + x =\!\!= \int (\tan^2 x - 1)\sec^2 x \mathrm{d}x + x$$

从此 U 形等式串的两端即知

$$\int \tan^4 x \mathrm{d}x = \frac{1}{3}\tan^3 x - \tan x + x + C.$$

例 8　求不定积分 $\displaystyle\int \frac{x\mathrm{d}x}{x^2 - 2x\cos\alpha + 1}$，其中 $\alpha \neq k\pi$, $k = 0, \pm 1,$ $\pm 2, \cdots$.

解　我们有

$$\int \frac{x}{x^2 - 2x\cos\alpha + 1}\mathrm{d}x \qquad \begin{aligned}&\frac{1}{2}\ln\left(x^2 - 2x\cos\alpha + 1\right)\\ &+ \cot\alpha\arctan\frac{x - \cos\alpha}{\sin\alpha} + C\end{aligned}$$

$$\parallel \qquad\qquad\qquad\qquad\qquad \parallel$$

$$\int \frac{(x - \cos\alpha) + \cos\alpha}{(x - \cos\alpha)^2 + \sin^2\alpha}\mathrm{d}x =\!\!= \begin{aligned}&\frac{1}{2}\int \frac{\left((x - \cos\alpha)^2 + \sin^2\alpha\right)'}{(x - \cos\alpha)^2 + \sin^2\alpha}\mathrm{d}x\\ &+ \cos\alpha\int \frac{\mathrm{d}(x - \cos\alpha)}{(x - \cos\alpha)^2 + \sin^2\alpha}\end{aligned}$$

从此 U 形等式串两端即知

$$原式 = \frac{1}{2}\ln(x^2 - 2x\cos\alpha + 1) + \cot\alpha\arctan\frac{x - \cos\alpha}{\sin\alpha} + C.$$

2. 换元法

例 9　求不定积分 $\displaystyle\int \frac{x^9}{\sqrt{x^5 + 1}}\mathrm{d}x$.

146

解 我们有

$$\int \frac{x^9}{\sqrt{x^5+1}}\mathrm{d}x \qquad\qquad \frac{1}{5}\left[\frac{2}{3}\left(x^5+1\right)^{\frac{3}{2}}-2\sqrt{x^5+1}\right]+C$$

$$\|\qquad\qquad\qquad\qquad\qquad \|$$

$$\frac{1}{5}\int \frac{x^5}{\sqrt{x^5+1}}\mathrm{d}\left(x^5+1\right) \qquad\qquad \frac{1}{5}\left[\frac{2}{3}u^{\frac{3}{2}}-2\sqrt{u}\right]+C$$

$$\|\qquad\qquad\qquad\qquad\qquad \|$$

$$\frac{1}{5}\int \frac{x^5+1-1}{\sqrt{x^5+1}}\mathrm{d}\left(x^5+1\right)\xlongequal{u=x^5+1} \qquad \frac{1}{5}\int \left(\sqrt{u}-\frac{1}{\sqrt{u}}\right)\mathrm{d}u$$

从此 U 形等式串的两端即知

$$\int \frac{x^9}{\sqrt{x^5+1}}\mathrm{d}x=\frac{1}{5}\left[\frac{2}{3}\left(x^5+1\right)^{\frac{3}{2}}-2\sqrt{x^5+1}\right]+C.$$

例 10 求不定积分 $\displaystyle\int \frac{x^5-x}{x^8+1}\mathrm{d}x.$

解 令 $t=x^2$, $\mathrm{d}x=\dfrac{1}{2\sqrt{t}}\mathrm{d}t$, 故有

$$\int \frac{x^5-x}{x^8+1}\mathrm{d}x \qquad\qquad \frac{1}{4\sqrt{2}}\ln\left|\frac{x^4-\sqrt{2}x^2+1}{x^4+\sqrt{2}x^2+1}\right|+C$$

$$\|\qquad\qquad\qquad\qquad\qquad \|$$

$$\frac{1}{2}\int \frac{t^2-1}{t^4+1}\mathrm{d}t \qquad\qquad \frac{1}{4\sqrt{2}}\ln\left|\frac{t+\dfrac{1}{t}-\sqrt{2}}{t+\dfrac{1}{t}+\sqrt{2}}\right|+C$$

$$\|\qquad\qquad\qquad\qquad\qquad \|$$

$$\frac{1}{2}\int \frac{1-\dfrac{1}{t^2}}{t^2+\dfrac{1}{t^2}}\mathrm{d}t= \qquad \frac{1}{2}\int \frac{\mathrm{d}\left(t+\dfrac{1}{t}\right)}{\left(t+\dfrac{1}{t}\right)^2-2}$$

从此 U 形等式串的两端即知

$$\int \frac{x^5-x}{x^8+1}\mathrm{d}x=\frac{1}{4\sqrt{2}}\ln\left|\frac{x^4-\sqrt{2}x^2+1}{x^4+\sqrt{2}x^2+1}\right|+C.$$

例 11　求不定积分 $\displaystyle\int \frac{1+x}{x(1+xe^x)}\,\mathrm{d}x$.

解　观察到分母中因式 xe^x 无法分解, 因此设法将含 x 的项都凑成 xe^x 形式, 即

$$\int \frac{1+x}{x(1+xe^x)}\,\mathrm{d}x \qquad\qquad \ln\left|\frac{u}{1+u}\right|+C$$

$$\|\qquad\qquad\qquad\qquad\qquad\qquad\|$$

$$\int \frac{e^x(1+x)}{xe^x(1+xe^x)}\,\mathrm{d}x \qquad\qquad \int \frac{1}{u}\,\mathrm{d}u - \int \frac{1}{1+u}\,\mathrm{d}u$$

$$\|\qquad\qquad\qquad\qquad\qquad\qquad\|$$

$$\int \frac{1}{xe^x(1+xe^x)}\,\mathrm{d}(xe^x) \xlongequal{u=xe^x} \int \frac{1}{u(1+u)}\,\mathrm{d}u$$

从此 U 形等式串的两端即知

$$\int \frac{1+x}{x(1+xe^x)}\,\mathrm{d}x = \ln\left|\frac{u}{1+u}\right|+C = \ln\left|\frac{xe^x}{1+xe^x}\right|+C.$$

例 12　求不定积分 $\displaystyle\int \frac{n+x}{x(1+x^ne^x)}\,\mathrm{d}x$.

解　我们有

$$\int \frac{n+x}{x(1+x^ne^x)}\,\mathrm{d}x \qquad\qquad \ln\left|\frac{u}{1+u}\right|+C$$

$$\|\qquad\qquad\qquad\qquad\qquad\qquad\|$$

$$\int \frac{x^{n-1}e^x(n+x)}{x^ne^x(1+x^ne^x)}\,\mathrm{d}x \qquad\qquad \int \frac{1}{u}\,\mathrm{d}u - \int \frac{1}{1+u}\,\mathrm{d}u$$

$$\|\qquad\qquad\qquad\qquad\qquad\qquad\|$$

$$\int \frac{1}{x^ne^x(1+x^ne^x)}\,\mathrm{d}(x^ne^x) \xlongequal{u=x^ne^x} \int \frac{1}{u(1+u)}\,\mathrm{d}u$$

从此 U 形等式串的两端即知

$$\int \frac{n+x}{x(1+x^ne x)}\,\mathrm{d}x = \ln\left|\frac{x^ne x}{1+x^ne^x}\right|+C.$$

例 13　求不定积分 $\displaystyle\int \frac{1+\cot x}{1+e^x\sin x}\,\mathrm{d}x$.

解　观察到分母中因式 $\mathrm{e}^x \sin x$ 无法分解, 因此设法将含 x 的项都凑成 $\mathrm{e}^x \sin x$ 形式, 即

$$\int \frac{1+\cot x}{1+\mathrm{e}^x \sin x}\mathrm{d}x \qquad\qquad \ln\left|\frac{u}{1+u}\right|+C$$
$$\|\qquad\qquad\qquad\qquad\qquad\qquad\|$$
$$\int \frac{\mathrm{e}^x \sin x\,(1+\cot x)}{\mathrm{e}^x \sin x\,(1+\mathrm{e}^x \sin x)}\mathrm{d}x \qquad \int \frac{1}{u}\mathrm{d}u - \int \frac{1}{1+u}\mathrm{d}u$$
$$\|\qquad\qquad\qquad\qquad\qquad\qquad\|$$
$$\int \frac{1}{\mathrm{e}^x \sin x\,(1+\mathrm{e}^x \sin x)}\mathrm{d}\left(\mathrm{e}^x \sin x\right) \xrightarrow{u=\mathrm{e}^x \sin x} \quad \int \frac{1}{u\,(1+u)}\mathrm{d}u$$

从此 U 形等式串的两端即知

$$\int \frac{1+\cot x}{1+\mathrm{e}^x \sin x}\mathrm{d}x = \ln\left|\frac{u}{1+u}\right|+C = \ln\left|\frac{x \sin x}{1+x \sin x}\right|+C.$$

例 14　求不定积分 $\displaystyle\int \frac{1+x\cos x}{x(1+x\mathrm{e}^{\sin x})}\mathrm{d}x$.

解　受 $\dfrac{\mathrm{d}}{\mathrm{d}x}(x\mathrm{e}^{\sin x}) = \mathrm{e}^{\sin x}(x\cos x+1)$ 启发, 容易想到将原积分的被积函数分子分母同乘以 $\mathrm{e}^{\sin x}$, 并令 $u = x\mathrm{e}^{\sin x}$, 即

$$\int \frac{1+x\cos x}{x(1+x\mathrm{e}^{\sin x})}\mathrm{d}x \qquad\qquad\qquad \ln\left|\frac{x\mathrm{e}^{\sin x}}{1+x\mathrm{e}^{\sin x}}\right|+C$$
$$\|\qquad\qquad\qquad\qquad\qquad\qquad\qquad\|$$
$$\int \frac{\mathrm{e}^{\sin x}\,(1+x\cos x)}{x\mathrm{e}^{\sin x}(1+x\mathrm{e}^{\sin x})}\mathrm{d}x = \int \frac{1}{u(1+u)}\mathrm{d}u = \quad \ln\frac{u}{u+1}+C$$

从此 U 形等式串的两端即知

$$\int \frac{1+x\cos x}{x(1+x\mathrm{e}^{\sin x})}\mathrm{d}x = \ln\left|\frac{x\mathrm{e}^{\sin x}}{1+x\mathrm{e}^{\sin x}}\right|+C.$$

例 15　求不定积分 $\displaystyle\int \frac{x+\sin x\cos x}{(\cos x - x\sin x)^2}\mathrm{d}x$.

解　因为 $(\cos x - x\sin x)^2 = \cos^2 x\,(1-x\tan x)^2$, 而

$$\frac{x+\sin x\cos x}{\cos^2 x} = x\sec^2 x + \tan x = \frac{\mathrm{d}}{\mathrm{d}x}\left(x\tan x\right),$$

所以

$$\int \frac{x + \sin x \cos x}{(\cos x - x \sin x)^2} \mathrm{d}x \qquad\qquad \frac{1}{1-u} + C$$

$$\|$$

$$\int \frac{\mathrm{d}(x \tan x)}{(1 - x \tan x)^2} \xlongequal{u = x \tan x} \int \frac{\mathrm{d}u}{(1-u)^2}$$

从此 U 形等式串的两端即知

$$\int \frac{x + \sin x \cos x}{(\cos x - x \sin x)^2} \mathrm{d}x = \frac{1}{1-u} + C = \frac{1}{1 - x \tan x} + C.$$

例 16　求不定积分 $\int \dfrac{1 - \ln x}{(x - \ln x)^2} \mathrm{d}x$.

解　我们有

$$\int \frac{1 - \ln x}{(x - \ln x)^2} \mathrm{d}x \qquad\qquad \frac{x}{x - \ln x} + C$$

$$\|$$

$$\int \frac{1 - \ln x}{x^2} \frac{\mathrm{d}x}{\left(1 - \dfrac{\ln x}{x}\right)^2} = \int \frac{-1}{\left(1 - \dfrac{\ln x}{x}\right)^2} \mathrm{d}\left(1 - \frac{\ln x}{x}\right) = \frac{1}{1 - \dfrac{\ln x}{x}} + C$$

从此 U 形等式串的两端即知

$$\int \frac{1 - \ln x}{(x - \ln x)^2} \mathrm{d}x = \frac{x}{x - \ln x} + C.$$

例 17　求不定积分 $\int \dfrac{1}{\sin^6 x + \cos^6 x} \mathrm{d}x$.

解　因为

$$\sin^6 x + \cos^6 x \qquad\qquad \frac{1}{4}\left(1 + 3\cos^2 2x\right)$$

$$\|$$

$$A\left(\sin^4 x - \sin^2 x \cos^2 x + \cos^4 x\right) \qquad\qquad 1 - \frac{3}{4}\sin^2 2x$$

$$\|$$

$$\sin^4 x - \sin^2 x \cos^2 x + \cos^4 x = \left(\sin^2 x + \cos^2 x\right)^2 - 3\sin^2 x \cos^2 x$$

150

其中 $A = \sin^2 x + \cos^2 x$. 从此 U 形等式串的两端即知

$$\sin^6 x + \cos^6 x = \frac{1}{4}\left(1 + 3\cos^2 2x\right),$$

所以

$$\int \frac{1}{\sin^6 x + \cos^6 x}\mathrm{d}x \qquad\qquad \arctan\frac{\tan 2x}{2} + C$$
$$\parallel \qquad\qquad\qquad\qquad\qquad \parallel$$
$$\int \frac{4}{1 + 3\cos^2 2x}\mathrm{d}x \qquad\qquad \arctan\frac{u}{2} + C$$
$$\parallel \qquad\qquad\qquad\qquad \parallel u = \tan 2x$$
$$\int \frac{2\sec^2 2x}{3 + \sec^2 2x}\mathrm{d}(2x) =\!=\!= \int \frac{2}{4 + \tan^2 2x}\mathrm{d}(\tan 2x)$$

从此 U 形等式串的两端即知

$$\int \frac{1}{\sin^6 x + \cos^6 x}\mathrm{d}x = \arctan\frac{\tan 2x}{2} + C.$$

例 18　求不定积分 $\displaystyle\int \sin x \sin 2x \sin 3x \,\mathrm{d}x$.

解法 1　因为 $\sin 2x = 2\sin x\cos x$, $\sin 3x = 3\sin x - 4\sin^3 x$, 所以

$$\int \sin x \sin 2x \sin 3x \,\mathrm{d}x \qquad\qquad \frac{3}{2}\sin^4 x - \frac{4}{3}\sin^6 x + C$$
$$\parallel \qquad\qquad\qquad\qquad\qquad \parallel$$
$$2\int \sin^2 x \cos x \left(3\sin x - 4\sin^3 x\right)\mathrm{d}x =\!=\!= \int (6\sin^3 x - 8\sin^5 x)\mathrm{d}(\sin x)$$

从此 U 形等式串的两端即知

$$\int \sin x \sin 2x \sin 3x \,\mathrm{d}x = \frac{3}{2}\sin^4 x - \frac{4}{3}\sin^6 x + C.$$

解法 2　用积化和差公式. 因为

$$\sin x \sin 2x \sin 3x = \frac{1}{2}\left(\cos 2x - \cos 4x\right)\sin 2x$$
$$= \frac{1}{4}\left(\sin 4x - \sin 6x + \sin 2x\right),$$

所以

$$\int \sin x \sin 2x \sin 3x \,\mathrm{d}x = \frac{1}{4}\int (\sin 4x - \sin 6x + \sin 2x)\,\mathrm{d}x$$

$$= -\frac{1}{16}\cos 4x + \frac{1}{24}\cos 6x - \frac{1}{8}\cos 2x + C.$$

评注 解法 2 明显比解法 1 简捷. 计算三角函数积分一般遵循升倍降次、积化和差原则.

例 19 求不定积分 $\displaystyle\int \frac{\left(\arcsin \mathrm{e}^{-\frac{x}{2}}\right)^2}{\sqrt{\mathrm{e}^x - 1}}\mathrm{d}x$.

解 我们有

$$\int \frac{\left(\arcsin \mathrm{e}^{-\frac{x}{2}}\right)^2}{\sqrt{\mathrm{e}^x - 1}}\mathrm{d}x \qquad\qquad -\frac{2}{3}\arcsin^3 \mathrm{e}^{-\frac{x}{2}} + C$$
$$\|\qquad\qquad\qquad\qquad\qquad \|$$
$$-2\int \mathrm{e}^{\frac{x}{2}}\frac{\left(\arcsin \mathrm{e}^{-\frac{x}{2}}\right)^2}{\sqrt{\mathrm{e}^x - 1}}\mathrm{d}\mathrm{e}^{-\frac{x}{2}} \qquad\qquad -\frac{2}{3}\arcsin^3 u + C$$
$$\| u = \mathrm{e}^{-\frac{x}{2}} \qquad\qquad\qquad \|$$
$$-2\int \frac{(\arcsin u)^2}{\sqrt{1 - u^2}}\mathrm{d}u \qquad == -2\int (\arcsin u)^2 \mathrm{d}\arcsin u$$

从此 U 形等式串的两端即知

$$\int \frac{\left(\arcsin \mathrm{e}^{-\frac{x}{2}}\right)^2}{\sqrt{\mathrm{e}^x - 1}}\mathrm{d}x = -\frac{2}{3}\arcsin^3 \mathrm{e}^{-\frac{x}{2}} + C.$$

例 20 求不定积分 $\displaystyle\int \frac{2x^3 + x^2 - 1}{(x^2 - 1)\sqrt{1 - x^2}}\mathrm{d}x$.

解 令 $x = \sin t, |t| \leqslant \dfrac{\pi}{2} \Rightarrow \mathrm{d}x = \cos t\mathrm{d}t$, 即有

$$\int \frac{2x^3 + x^2 - 1}{(x^2 - 1)\sqrt{1 - x^2}}\mathrm{d}x \qquad\qquad \arcsin x + \frac{2}{\sqrt{1 - x^2}} + 2\sqrt{1 - x^2} + C$$
$$\|\qquad\qquad\qquad\qquad\qquad \|$$
$$\int \frac{2\sin^3 t + \sin^2 t - 1}{(\sin^2 t - 1)\cos t}\cos t\mathrm{d}t \qquad\qquad t + \frac{2}{\cos t} + 2\cos t + C$$
$$\|\qquad\qquad\qquad\qquad\qquad \|$$
$$t - 2\int \frac{1 - \cos^2 t}{\cos^2 t}\mathrm{d}\cos t \qquad == \qquad t - 2\int \frac{\mathrm{d}\cos t}{\cos^2 t} + 2\int \mathrm{d}\cos t$$

从此 U 形等式串的两端即知

$$\int \frac{2x^3 + x^2 - 1}{(x^2 - 1)\sqrt{1 - x^2}}\mathrm{d}x = \arcsin x + \frac{2}{\sqrt{1 - x^2}} + 2\sqrt{1 - x^2} + C.$$

例 21 求不定积分 $\displaystyle\int \frac{1}{\sqrt{e^x - 1}}\mathrm{d}x$.

解法 1 令 $t = \sqrt{e^x - 1}, x = \ln\left(1 + t^2\right), \mathrm{d}x = \dfrac{2t\mathrm{d}t}{1 + t^2}$, 有

$$
\begin{array}{ccc}
\displaystyle\int \frac{1}{\sqrt{e^x - 1}}\mathrm{d}x & & 2\arctan\sqrt{e^x - 1} + C \\[2mm]
\| & & \| \\[2mm]
\displaystyle\int \frac{1}{t}\mathrm{d}\left[\ln\left(1 + t^2\right)\right] = \displaystyle\int \frac{2\mathrm{d}t}{1 + t^2} = & & 2\arctan t + C
\end{array}
$$

从此 U 形等式串的两端即知

$$\int \frac{1}{\sqrt{e^x - 1}}\mathrm{d}x = 2\arctan\sqrt{e^x - 1} + C.$$

解法 2 将被积函数分子分母同乘以 $e^{-\frac{1}{2}x}$, 即有

$$
\begin{array}{ccc}
\displaystyle\int \frac{1}{\sqrt{e^x - 1}}\mathrm{d}x & & -2\arcsin e^{-\frac{1}{2}x} + C \\[2mm]
\| & & \| \\[2mm]
\displaystyle\int \frac{e^{-\frac{1}{2}x}}{\sqrt{1 - e^{-x}}}\mathrm{d}x = & & -2\displaystyle\int \frac{\mathrm{d}\left(e^{-\frac{1}{2}x}\right)}{\sqrt{1 - e^{-x}}}
\end{array}
$$

从此 U 形等式串的两端即知

$$\int \frac{1}{\sqrt{e^x - 1}}\mathrm{d}x = -2\arcsin e^{-\frac{1}{2}x} + C.$$

例 22 求不定积分 $\displaystyle\int \frac{\ln\left(\tan x\right)}{\sin 2x}\mathrm{d}x$.

解 令 $t = \tan x$, 因为

$$\mathrm{d}t = \sec^2 x\mathrm{d}x = \left(1 + t^2\right)\mathrm{d}x, \sin 2x = \frac{2\tan x}{1 + \tan^2 x} = \frac{2t}{1 + t^2},$$

所以

$$
\begin{array}{ccc}
\displaystyle\int \frac{\ln\left(\tan x\right)}{\sin 2x}\mathrm{d}x & & \dfrac{1}{4}\ln^2\left(\tan x\right) + C \\[2mm]
\| & & \| \\[2mm]
\displaystyle\int \frac{\ln t}{2t}\mathrm{d}t & = & \dfrac{1}{4}\ln^2 t + C
\end{array}
$$

从此 U 形等式串的两端即知

$$\int \frac{\ln\left(\tan x\right)}{\sin 2x}\mathrm{d}x = \frac{1}{4}\ln^2\left(\tan x\right) + C.$$

例 23 设 $y = y\left(x\right)$ 由方程 $\left(x^2 + y^2\right)^2 = 2a^2\left(x^2 - y^2\right)$ 确定, 试求不定积分

$$\int \frac{\mathrm{d}x}{y\left(x^2 + y^2 + a^2\right)}.$$

解 令 $x = r\cos\theta, y = r\sin\theta$, 代入已知方程得到

$$r^2 = 2a^2\cos 2\theta, \tag{1}$$

因此

$$r^2 + a^2 = 2a^2\cos 2\theta + a^2 = a^2\left(1 + 2\cos 2\theta\right).$$

视 r 为 θ 的函数, (1) 式两边对 θ 求导, 得到 $rr' = -2a^2\sin 2\theta$, 因此

$$\frac{r'}{r} = \frac{rr'}{r^2} = -\tan 2\theta.$$

又

$$\tan 2\theta\cot\theta = \frac{2}{1 - \tan^2\theta}, \quad \cos 2\theta = \frac{1 - \tan^2\theta}{1 + \tan^2\theta},$$

故有

$$\frac{\mathrm{d}x}{y\left(x^2 + y^2 + a^2\right)} \qquad\qquad -\frac{\mathrm{d}\theta}{a^2\cos 2\theta}$$
$$\| \qquad\qquad\qquad\qquad\qquad\qquad \|$$
$$\frac{\left(\dfrac{r'}{r}\cos\theta - \sin\theta\right)\mathrm{d}\theta}{a^2\left(1 + 2\cos 2\theta\right)\sin\theta} = \frac{\left(-\tan 2\theta\cot\theta - 1\right)\mathrm{d}\theta}{a^2\left(1 + 2\cos 2\theta\right)} = \frac{\left(1 + \tan^2\theta\right)\mathrm{d}\theta}{a^2\left(-1 + \tan^2\theta\right)}$$

从此 U 形等式串的两端即知

$$\int \frac{\mathrm{d}x}{y\left(x^2 + y^2 + a^2\right)} = -\int \frac{\mathrm{d}\theta}{a^2\cos 2\theta}$$
$$= -\frac{1}{2a^2}\ln\left|\sec 2\theta + \tan 2\theta\right| + C. \tag{2}$$

最后, 将 θ 还原为原变量 x, y , 从

$$\begin{cases} x = r\cos\theta, \\ y = r\sin\theta \end{cases} \Longrightarrow \tan\theta = \frac{y}{x},$$

$$
\begin{array}{ccc}
\sec 2\theta + \tan 2\theta & & \dfrac{x+y}{x-y} \\[2mm]
\| & & \| \\[2mm]
\dfrac{1 + \sin 2\theta}{\cos 2\theta} & & \dfrac{1 + \dfrac{y}{x}}{1 - \dfrac{y}{x}} \\[4mm]
\| & & \| \\[2mm]
\dfrac{\sin\theta + \cos\theta}{-\sin\theta + \cos\theta} & = & \dfrac{1 + \tan\theta}{1 - \tan\theta}
\end{array}
$$

从此 U 形等式串的两端即知

$$\sec 2\theta + \tan 2\theta = \frac{x+y}{x-y}.$$

将上式代入 (2) 式, 即得

$$\int \frac{\mathrm{d}x}{y\left(x^2 + y^2 + a^2\right)} = \frac{1}{2a^2} \ln\left|\frac{x-y}{x+y}\right| + C.$$

3. 分部积分法

例 24　求不定积分 $\displaystyle\int \arcsin\frac{2\sqrt{x}}{1+x}\mathrm{d}x$.

解　用分部积分法, 有

$$
\begin{array}{ccc}
\displaystyle\int \arcsin\frac{2\sqrt{x}}{1+x}\mathrm{d}x & & (1+x)\arcsin\dfrac{2\sqrt{x}}{1+x} + 2\sqrt{x} + C \\[3mm]
\| & & \| \\[3mm]
\displaystyle\int \arcsin\frac{2\sqrt{x}}{1+x}\mathrm{d}\left(1+x\right) & = & (1+x)\arcsin\dfrac{2\sqrt{x}}{1+x} + \displaystyle\int \frac{1}{\sqrt{x}}\mathrm{d}x
\end{array}
$$

从此 U 形等式串的两端即知

$$\int \arcsin\frac{2\sqrt{x}}{1+x}\mathrm{d}x = (1+x)\arcsin\frac{2\sqrt{x}}{1+x} + 2\sqrt{x} + C.$$

例 25 求不定积分 $\displaystyle\int \frac{xe^x}{(1+x)^2}\mathrm{d}x$.

解 令 $u = xe^x$, $v = \dfrac{1}{x+1}$,

$$\int \frac{xe^x}{(1+x)^2}\mathrm{d}x \qquad\qquad \frac{e^x}{x+1}+C$$

$$\parallel \qquad\qquad\qquad\qquad \parallel$$

$$-\int u\mathrm{d}v \qquad\qquad -\frac{x}{x+1}e^x + e^x + C$$

$$\parallel \qquad\qquad\qquad\qquad \parallel$$

$$-uv+\int v\mathrm{d}u =\!=\! -\frac{x}{x+1}e^x + \int \frac{1}{x+1}e^x\,(x+1)\,\mathrm{d}x$$

从此 U 形等式串的两端即知

$$\int \frac{xe^x}{(1+x)^2}\mathrm{d}x = \frac{e^x}{x+1}+C.$$

例 26 求不定积分 $\displaystyle\int \frac{\ln(\sin x)}{\sin^2 x}\mathrm{d}x$.

解 我们有

$$\int \frac{\ln(\sin x)}{\sin^2 x}\mathrm{d}x \qquad\qquad -\ln(\sin x)\cot x - \cot x - x + C$$

$$\parallel \qquad\qquad\qquad\qquad \parallel$$

$$-\ln(\sin x)\cot x - \int\left(-\frac{\cos^2 x}{\sin^2 x}\right)\mathrm{d}x \qquad -\ln(\sin x)\cot x + \int\left(\csc^2 x - 1\right)\mathrm{d}x$$

$$\parallel \qquad\qquad\qquad\qquad \parallel$$

$$-\ln(\sin x)\frac{\cos x}{\sin x} + \int \cot^2 x\,\mathrm{d}x =\!=\! -\ln(\sin x)\cot x + \int \cot^2 x\,\mathrm{d}x$$

从此 U 形等式串的两端即知

$$\int \frac{\ln(\sin x)}{\sin^2 x}\mathrm{d}x = -\ln(\sin x)\cot x + -\cot x - x + C.$$

例 27 求不定积分 $\displaystyle\int \frac{x\cos^4 \dfrac{x}{2}}{\sin^3 x}\mathrm{d}x$.

解 我们有

$$
\begin{array}{cc}
\displaystyle\int \frac{x\cos^4\frac{x}{2}}{\sin^3 x}\mathrm{d}x & -\frac{x}{8}\cot^2\frac{x}{2}-\frac{x}{8}-\frac{1}{4}\cot\frac{x}{2}+C \\[2mm]
\parallel & \parallel \\[2mm]
\displaystyle\frac{1}{8}\int \frac{x\cos\frac{x}{2}}{\sin^3\frac{x}{2}}\mathrm{d}x & -\frac{x}{8}\cot^2\frac{x}{2}+\frac{1}{8}\int\left(\cot^2\frac{x}{2}+1-1\right)\mathrm{d}x \\[2mm]
\parallel & \parallel \\[2mm]
\displaystyle-\frac{1}{4}\int x\cot\frac{x}{2}\,\mathrm{d}\cot\frac{x}{2}=\!\!= & -\frac{1}{8}\int x\,\mathrm{d}\cot^2\frac{x}{2}
\end{array}
$$

从此 U 形等式串的两端即知

$$
\int \frac{x\cos^4\frac{x}{2}}{\sin^3 x}\mathrm{d}x = -\frac{x}{8}\cot^2\frac{x}{2}-\frac{x}{8}-\frac{1}{4}\cot\frac{x}{2}+C.
$$

例 28 求不定积分 $\displaystyle\int \frac{x^3\arccos x}{\sqrt{1-x^2}}\mathrm{d}x$.

解 先甩掉 $\arccos x$，计算 $\displaystyle\int \frac{x^3}{\sqrt{1-x^2}}\mathrm{d}x$：

$$
\begin{array}{cc}
\displaystyle\int \frac{x^3}{\sqrt{1-x^2}}\mathrm{d}x & -\frac{1}{3}\sqrt{1-x^2}\left(x^2+2\right)+C \\[2mm]
\parallel & \parallel \\[2mm]
\displaystyle\int \frac{(x^3-x)+x}{\sqrt{1-x^2}}\mathrm{d}x & \frac{1}{3}\left(1-x^2\right)^{\frac{3}{2}}-\sqrt{1-x^2}+C \\[2mm]
\parallel & \parallel \\[2mm]
\displaystyle-\int x\sqrt{1-x^2}\,\mathrm{d}x & \frac{1}{2}\int \sqrt{1-x^2}\,\mathrm{d}\left(1-x^2\right) \\[2mm]
\displaystyle+\int \frac{x}{\sqrt{1-x^2}}\mathrm{d}x=\!\!= & -\frac{1}{2}\int \frac{1}{\sqrt{1-x^2}}\,\mathrm{d}\left(1-x^2\right)
\end{array}
$$

从此 U 形等式串的两端即知

$$
\int \frac{x^3}{\sqrt{1-x^2}}\mathrm{d}x = -\frac{1}{3}\sqrt{1-x^2}\left(x^2+2\right)+C.
$$

然后分部积分, 留 $\arccos x$, 移 $\dfrac{x^3}{\sqrt{1-x^2}}$ 到 d 后面, 即

$$\int \frac{x^3 \arccos x}{\sqrt{1-x^2}} \mathrm{d}x = -\frac{1}{3} \int \arccos x \,\mathrm{d}\left(\sqrt{1-x^2}\left(x^2+2\right)\right)$$

$$= -\frac{1}{3}\sqrt{1-x^2}\left(x^2+2\right)\arccos x$$

$$+ \frac{1}{3}\int \sqrt{1-x^2}\left(x^2+2\right)\left(-\frac{1}{\sqrt{1-x^2}}\right)\mathrm{d}x$$

$$= -\frac{1}{3}\sqrt{1-x^2}\left(x^2+2\right)\arccos x - \frac{1}{3}\int \left(x^2+2\right)\mathrm{d}x,$$

接着,

$$-\frac{1}{3}\int \left(x^2+2\right)\mathrm{d}x = -\frac{1}{9}x\left(x^2+6\right)+C,$$

故

$$\int \frac{x^3 \arccos x}{\sqrt{1-x^2}}\mathrm{d}x = -\frac{1}{3}\sqrt{1-x^2}\left(x^2+2\right)\arccos x$$

$$-\frac{1}{9}x\left(x^2+6\right)+C.$$

例 29 求不定积分 $\displaystyle\int \mathrm{e}^{\arccos x}\mathrm{d}x$.

解 用分部积分法:

$$
\begin{array}{ccc}
I & & x\mathrm{e}^{\arccos x} - \mathrm{e}^{\arccos x}\sqrt{1-x^2} - I \\
\| & & \| \\
\displaystyle\int \mathrm{e}^{\arccos x}\mathrm{d}x & & \mathrm{e}^{\arccos x}\left(x-\sqrt{1-x^2}\right) - \displaystyle\int \mathrm{e}^{\arccos x}\mathrm{d}x \\
\| & & \| \\
x\mathrm{e}^{\arccos x} + \displaystyle\int \frac{x}{\sqrt{1-x^2}}\mathrm{e}^{\arccos x}\mathrm{d}x & = & x\mathrm{e}^{\arccos x} - \displaystyle\int \mathrm{e}^{\arccos x}\mathrm{d}\sqrt{1-x^2}
\end{array}
$$

从此 U 形等式串的两端即知

$$I = x\mathrm{e}^{\arccos x} - \mathrm{e}^{\arccos x}\sqrt{1-x^2} - I,$$

即

$$2I = x\mathrm{e}^{\arccos x} - \mathrm{e}^{\arccos x}\sqrt{1-x^2} + 2C,$$

即
$$\int e^{\arccos x} dx = \frac{1}{2} x e^{\arccos x} - \frac{1}{2} e^{\arccos x} \sqrt{1-x^2} + C.$$

例 30 求不定积分 $\int \dfrac{1}{\cos^n x} dx$.

解 我们有

$$
\begin{array}{ccc}
I_n & & \dfrac{\sin x}{\cos^{n-1} x} - (n-2)\left(I_n - I_{n-2}\right) \\
\| & & \| \\
\displaystyle\int \dfrac{1}{\cos^n x} dx = \int \dfrac{1}{\cos^{n-2} x} d\tan x & = & \dfrac{\sin x}{\cos^{n-1} x} - (n-2)\displaystyle\int \dfrac{\sin^2 x}{\cos^n x} dx
\end{array}
$$

从此 U 形等式串的两端即知

$$I_n = \frac{\sin x}{\cos^{n-1} x} - (n-2) I_n + (n-2) I_{n-2},$$

由此解得

$$I_n = \frac{1}{n-1} \cdot \frac{\sin x}{\cos^{n-1} x} + \frac{n-2}{n-1} I_{n-2} \quad (n = 3, 4, \cdots).$$

又

$$
\begin{array}{ccc}
I_1 = \displaystyle\int \sec x\, dx & & \ln\left(\sec x + \tan x\right) + C \\
\| & & \| \\
\displaystyle\int \dfrac{\sec x\left(\sec x + \tan x\right)}{\sec x + \tan x} dx & = & \displaystyle\int \dfrac{d\left(\sec x + \tan x\right)}{\sec x + \tan x}
\end{array}
$$

从此 U 形等式串的两端即知

$$I_1 = \int \sec x\, dx = \ln|\sec x + \tan x| + C;$$

$$I_2 = \int \frac{1}{\cos^2 x} dx = \tan x + C.$$

进一步, 根据递推公式, 可得

$$I_3 = \frac{\sin x}{2\cos^2 x} + \frac{1}{2} \ln|\sec x + \tan x| + C;$$

$$I_4 = \frac{\sin x}{3\cos^3 x} + \frac{2}{3} \tan x + C;$$

159

$$I_5 = \frac{\sin x}{4\cos^4 x} + \frac{3}{4}\left(\frac{\sin x}{2\cos^2 x} + \frac{1}{2}\ln|\sec x + \tan x|\right) + C.$$

4. 联合求解法

例 31　求不定积分 $I = \displaystyle\int \frac{\cos^3 x}{\cos x + \sin x}\mathrm{d}x.$

解　引进辅助积分 $J = \displaystyle\int \frac{\sin^3 x}{\cos x + \sin x}\mathrm{d}x$, 则有

$$
\begin{array}{ccc}
I + J & & x + \frac{1}{4}\cos 2x + C_1 \\
\| & & \| \\
\displaystyle\int \frac{\cos^3 x + \sin^3 x}{\cos x + \sin x}\mathrm{d}x & = & \displaystyle\int\left(1 - \frac{1}{2}\sin 2x\right)\mathrm{d}x
\end{array}
$$

$$
\begin{array}{ccc}
I - J & & \frac{1}{4}\sin 2x + \frac{1}{4}\ln(\sin 2x + 1) + C_2 \\
\| & & \| \\
\displaystyle\int \frac{\cos^3 x - \sin^3 x}{\cos x + \sin x}\mathrm{d}x & & \frac{1}{4}t + \frac{1}{4}\ln(t+1) + C \\
\| & & \| \\
\displaystyle\int \frac{\cos 2x\left(1 + \frac{1}{2}\sin 2x\right)}{1 + \sin 2x}\mathrm{d}x \xlongequal{t=\sin 2x} & & \displaystyle\int \frac{2+t}{4(1+t)}\mathrm{d}t
\end{array}
$$

联立

$$
\begin{cases}
I + J = x + \dfrac{1}{4}\cos 2x + C_1, \\[2mm]
I - J = \dfrac{1}{4}\sin 2x + \dfrac{1}{4}\ln(\sin 2x + 1) + C_2,
\end{cases}
$$

解得

$$
\begin{aligned}
I = {}& \frac{1}{2}x + \frac{1}{8}\cos 2x \\
& + \frac{1}{8}\sin 2x + \frac{1}{8}\ln(1 + \sin 2x) + C.
\end{aligned}
$$

例 32　求不定积分 $\displaystyle\int \frac{\mathrm{d}x}{1 + x^2 + x^4}.$

160

解 令 $I = \displaystyle\int \frac{\mathrm{d}x}{1+x^2+x^4}$, $J = \displaystyle\int \frac{x^2\mathrm{d}x}{1+x^2+x^4}$, 则

$$I + J \qquad\qquad\qquad \frac{1}{\sqrt{3}}\arctan\frac{x^2-1}{\sqrt{3}x} + C_1$$

$$\parallel \qquad\qquad\qquad\qquad\qquad \parallel$$

$$\int \frac{\left(1+x^2\right)\mathrm{d}x}{1+x^2+x^4} = \int \frac{\left(1+\dfrac{1}{x^2}\right)\mathrm{d}x}{\dfrac{1}{x^2}+1+x^2} = \int \frac{\mathrm{d}\left(x-\dfrac{1}{x}\right)}{\left(x-\dfrac{1}{x}\right)^2+3}$$

$$J - I \qquad\qquad\qquad \frac{1}{2}\ln\left|\frac{x^2-x+1}{x^2+x+1}\right| + C_2$$

$$\parallel \qquad\qquad\qquad\qquad\qquad \parallel$$

$$\int \frac{\left(x^2-1\right)\mathrm{d}x}{1+x^2+x^4} = \int \frac{\left(1-\dfrac{1}{x^2}\right)\mathrm{d}x}{\dfrac{1}{x^2}+1+x^2} = \int \frac{\mathrm{d}\left(x+\dfrac{1}{x}\right)}{\left(x+\dfrac{1}{x}\right)^2-1}$$

联立

$$\begin{cases} I + J = \dfrac{1}{\sqrt{3}}\arctan\dfrac{x^2-1}{\sqrt{3}x} + C_1, \\[2mm] J - I = \dfrac{1}{2}\ln\left|\dfrac{x^2-x+1}{x^2+x+1}\right| + C_2, \end{cases}$$

解得

$$\int \frac{\mathrm{d}x}{1+x^2+x^4} = -\frac{1}{4}\ln\left|\frac{x^2-x+1}{x^2+x+1}\right| + \frac{1}{2\sqrt{3}}\arctan\frac{x^2-1}{\sqrt{3}x} + C.$$

例 33 求不定积分 $\displaystyle\int \frac{\mathrm{d}x}{1+2\tan x}$.

解 原式 $= \displaystyle\int \frac{\cos x\mathrm{d}x}{\cos x+2\sin x}$. 受 $(\cos x+2\sin x)' = 2\cos x - \sin x$ 启发, 想到考虑两个积分

$$I = \int \frac{\cos x\mathrm{d}x}{\cos x + 2\sin x}, \quad J = \int \frac{\sin x\mathrm{d}x}{\cos x + 2\sin x}.$$

$$I + 2J = x + C_1.$$

$$2I - J \qquad\qquad \ln|\cos x + 2\sin x| + C_2$$
$$\|\qquad\qquad\qquad\qquad\quad \|$$
$$\int \frac{2\cos x - \sin x}{\cos x + 2\sin x}\mathrm{d}x = \int \frac{\mathrm{d}(\cos x + 2\sin x)}{\cos x + 2\sin x}$$

联立
$$\begin{cases} I + 2J = x + C_1, \\ 2I - J = \ln|\cos x + 2\sin x| + C_2, \end{cases}$$

解得
$$I = \frac{1}{5}x + \frac{2}{5}\ln|\cos x + 2\sin x| + C.$$

例 34　求不定积分 $\displaystyle\int \frac{\sin x \mathrm{d}x}{\sqrt{2 + \sin 2x}}$.

解　受 $\sin 2x = 2\sin x \cos x$ 启发, 想到考虑两个积分

$$I = \int \frac{\sin x \mathrm{d}x}{\sqrt{2 + \sin 2x}}, \quad J = \int \frac{\cos x \mathrm{d}x}{\sqrt{2 + \sin 2x}}.$$

$$I + J \qquad\qquad \arcsin \frac{\sin x - \cos x}{\sqrt{3}} + C_1$$
$$\|\qquad\qquad\qquad\qquad\qquad \|$$
$$\int \frac{\sin x + \cos x}{\sqrt{2 + \sin 2x}}\mathrm{d}x = \int \frac{\mathrm{d}(\sin x - \cos x)}{\sqrt{3 - (\sin x - \cos x)^2}}$$

$$J - I \qquad\qquad \ln\left|\sin x + \cos x + \sqrt{2 + \sin 2x}\right| + C_2$$
$$\|\qquad\qquad\qquad\qquad\qquad\qquad \|$$
$$\int \frac{\cos x - \sin x}{\sqrt{2 + \sin 2x}}\mathrm{d}x = \int \frac{\mathrm{d}(\sin x + \cos x)}{\sqrt{1 + (\sin x + \cos x)^2}}$$

联立
$$\begin{cases} I + J = \arcsin \dfrac{\sin x - \cos x}{\sqrt{3}} + C_1, \\ J - I = \ln\left|\sin x + \cos x + \sqrt{2 + \sin 2x}\right| + C_2, \end{cases}$$

解得
$$I = -\frac{1}{2}\ln\left|\sin x + \cos x + \sqrt{2 + \sin 2x}\right|$$

$$-\frac{1}{2}\arcsin\frac{1}{\sqrt{3}}(\cos x - \sin x) + C.$$

5. 综合应用

例 35　求不定积分 $\displaystyle\int\frac{\mathrm{d}x}{x\sqrt{4-x^2}}$.

解法 1　令 $u = \sqrt{4-x^2},\, u \in (0,2)$, 则有 $x^2 = 4 - u^2,\, x\mathrm{d}x = -u\mathrm{d}u$.

$$\int\frac{\mathrm{d}x}{x\sqrt{4-x^2}} \qquad \frac{1}{4}\ln\left|\frac{u-2}{u+2}\right| + C$$
$$\| \qquad\qquad\qquad\qquad \|$$
$$\int\frac{x\mathrm{d}x}{x^2\sqrt{4-x^2}} \qquad \frac{1}{4}\int\left(\frac{1}{u-2} - \frac{1}{u+2}\right)\mathrm{d}t$$
$$\| \qquad\qquad\qquad\qquad \|$$
$$\int\frac{-u\mathrm{d}u}{(4-u^2)u} =\!= \qquad \int\frac{\mathrm{d}u}{u^2-4}$$

从此 U 形等式串的两端即知

$$\int\frac{\mathrm{d}x}{x\sqrt{4-x^2}} = \frac{1}{4}\ln\left|\frac{u-2}{u+2}\right| + C$$
$$= \frac{1}{4}\ln\left|\frac{\sqrt{4-x^2}-2}{\sqrt{4-x^2}+2}\right| + C.$$

解法 2　先把原积分改写为

$$\int\frac{\mathrm{d}x}{x\sqrt{4-x^2}} = \frac{1}{2}\int\frac{\mathrm{d}\left(x^2\right)}{x^2\sqrt{4-x^2}}.$$

令 $x^2 = t,\, 0 < t < 4$, 则有

$$\int\frac{\mathrm{d}x}{x\sqrt{4-x^2}} = \int\frac{\mathrm{d}t}{2t\sqrt{4-t}}.$$

再令 $\sqrt{4-t} = u$, 则有 $t = 4 - u^2,\, \mathrm{d}t = -2u\mathrm{d}u$,

$$\int\frac{\mathrm{d}t}{2t\sqrt{4-t}} = \int\frac{\mathrm{d}u}{u^2-4} = \frac{1}{4}\ln\left|\frac{u-2}{u+2}\right| + C.$$

最后得到

$$\int\frac{\mathrm{d}x}{x\sqrt{4-x^2}} = \frac{1}{4}\ln\left|\frac{\sqrt{4-x^2}-2}{\sqrt{4-x^2}+2}\right| + C.$$

解法 3 先把原积分改写为

$$\int \frac{\mathrm{d}x}{x\sqrt{4-x^2}} = \frac{1}{2}\int \frac{\mathrm{d}\left(x^2\right)}{x^2\sqrt{4-x^2}}.$$

令 $x^2 = \dfrac{1}{t}$，$t > \dfrac{1}{4}$，则有

$$\begin{aligned}
\int \frac{\mathrm{d}x}{x\sqrt{4-x^2}} &= \frac{1}{2}\int \frac{\mathrm{d}\left(\dfrac{1}{t}\right)}{\dfrac{1}{t}\sqrt{4-\dfrac{1}{t}}}\\
&= \frac{1}{2}\int \frac{-\dfrac{1}{t^2}\mathrm{d}t}{\dfrac{1}{t}\sqrt{4-\dfrac{1}{t}}} = -\frac{1}{2}\int \frac{\mathrm{d}t}{\sqrt{4t^2-t}}\\
&= -\frac{1}{4}\int \frac{\mathrm{d}\left(t-\dfrac{1}{8}\right)}{\sqrt{\left(t-\dfrac{1}{8}\right)^2-\left(\dfrac{1}{8}\right)^2}}\\
&= -\frac{1}{4}\ln\left|t-\frac{1}{8}+\sqrt{t^2-\frac{t}{4}}\right| + C\\
&= -\frac{1}{4}\ln\left|\frac{1}{x^2}-\frac{1}{8}+\frac{\sqrt{4-x^2}}{2x^2}\right| + C.
\end{aligned}$$

解法 4 令 $x = \dfrac{1}{t}$，$|t| > \dfrac{1}{2}$，则有 $t = \dfrac{1}{x}$，$\mathrm{d}x = -\dfrac{1}{t^2}\mathrm{d}t$，因而

$$\begin{aligned}
\int \frac{\mathrm{d}x}{x\sqrt{4-x^2}} &= -\int \frac{t}{t^2\sqrt{4-\dfrac{1}{t^2}}}\mathrm{d}t = -\frac{1}{2}\int \frac{\mathrm{d}\left(2t\right)}{\sqrt{\left(2t\right)^2-1}}\\
&= -\frac{1}{2}\ln\left|2t+\sqrt{4t^2-1}\right| + C\\
&= -\frac{1}{2}\ln\left|\frac{2+\sqrt{4-x^2}}{x}\right| + C.
\end{aligned}$$

解法 5 令 $x = 2\sin t$，$|t| < \dfrac{\pi}{2}$，则有 $t = \arcsin \dfrac{x}{2}$，$\mathrm{d}x = 2\cos t\mathrm{d}t$. 因而

$$\int \frac{\mathrm{d}x}{x\sqrt{4-x^2}} = \int \frac{2\cos t}{4\sin t\cos t}\mathrm{d}t = \frac{1}{2}\int \csc t\,\mathrm{d}t$$
$$= \frac{1}{2}\ln|\csc t - \cot t| + C$$
$$= \frac{1}{2}\ln\left|\frac{2-\sqrt{4-x^2}}{x}\right| + C.$$

解法 6   先把原积分改写为

$$\int \frac{\mathrm{d}x}{x\sqrt{4-x^2}} = \int \frac{\mathrm{d}x}{x(2-x)\sqrt{\frac{2+x}{2-x}}},$$

然后令

$$\sqrt{\frac{2+x}{2-x}} = t(t>0), \text{ 并由此解出 } x = \frac{2(t^2-1)}{t^2+1}(t>0),$$

其图形如图 3.1 所示. 又由

$$2-x = \frac{4}{t^2+1}, \quad \mathrm{d}x - \frac{8t}{(t^2+1)^2}\mathrm{d}t,$$

由此可见

$$\int \frac{\mathrm{d}x}{x\sqrt{4-x^2}} = \int \frac{(t^2+1)\cdot(t^2+1)\cdot 8t}{2(t^2-1)\cdot 4\cdot t(t^2+1)^2}\mathrm{d}t$$
$$= \int \frac{1}{t^2-1}\mathrm{d}t = \frac{1}{2}\ln\left|\frac{t-1}{t+1}\right| + C$$
$$= \frac{1}{2}\ln\left|\frac{\sqrt{2+x}-\sqrt{2-x}}{\sqrt{2+x}+\sqrt{2-x}}\right| + C.$$

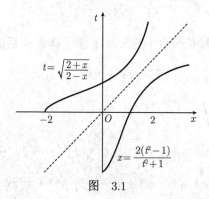

图   3.1

例 36 求 $I = \int x^2\sqrt{1+x^2}\,\mathrm{d}x$.

解法 1 用换元法, 目标去根号.

令 $x = \tan t$, $-\dfrac{\pi}{2} < t < \dfrac{\pi}{2}$, 则有 $\mathrm{d}x = \sec^2 t\mathrm{d}t$,

$$
\begin{array}{ccc}
I & & \displaystyle\int\frac{1}{\cos^5 t}\mathrm{d}t - \int\frac{1}{\cos^3 t}\mathrm{d}t \\[2mm]
\| & & \| \\[2mm]
\displaystyle\int\tan^2 t\sec^3 t\mathrm{d}t & = & \displaystyle\int\frac{1-\cos^2 t}{\cos^5 t}\mathrm{d}t
\end{array}
$$

从此 U 形等式串的两端即知

$$I = \int\frac{1}{\cos^5 t}\mathrm{d}t - \int\frac{1}{\cos^3 t}\mathrm{d}t.$$

接着, 根据本节前面的例 30, 有

$$\int\frac{1}{\cos^3 t}\mathrm{d}t = \frac{\sin t}{2\cos^2 t} + \frac{1}{2}\ln|\sec t + \tan t| + C_1,$$

$$\int\frac{1}{\cos^5 t}\mathrm{d}t = \frac{(3\cos^2 t + 2)\sin t}{8\cos^4 t} + \frac{3}{8}\ln|\sec t + \tan t| + C_2,$$

于是

$$
\begin{aligned}
I &= \frac{(2-\cos^2 t)\sin t}{8\cos^4 t} - \frac{1}{8}\ln|\sec t + \tan t| + C \\[2mm]
&= \frac{1}{8}x\sqrt{1+x^2}\,(2x^2+1) - \frac{1}{8}\ln\left|\sqrt{1+x^2} + x\right| + C.
\end{aligned}
$$

解法 2 将被积函数中的一次 x 因子移到 d 后面去.

$$
\begin{aligned}
I &= \frac{1}{2}\int x\sqrt{1+x^2}\mathrm{d}\left(1+x^2\right) \\[2mm]
&= \frac{1}{3}\int x\mathrm{d}\left[\left(1+x^2\right)^{\frac{3}{2}}\right] \\[2mm]
&= \frac{1}{3}x\left(1+x^2\right)\sqrt{1+x^2} - \frac{1}{3}\int\left(1+x^2\right)^{\frac{3}{2}}\mathrm{d}x \\[2mm]
&= \frac{1}{3}x\left(1+x^2\right)\sqrt{1+x^2} - \frac{1}{3}\int\sqrt{1+x^2}\mathrm{d}x - \frac{1}{3}I,
\end{aligned}
$$

由此易知

$$\frac{4}{3}I = \frac{1}{3}x\left(1+x^2\right)\sqrt{1+x^2} - \frac{1}{3}\int\sqrt{1+x^2}\mathrm{d}x.$$

$$I = \frac{1}{4}x\left(1+x^2\right)\sqrt{1+x^2} - \frac{1}{4}\int\sqrt{1+x^2}\mathrm{d}x$$

$$= \frac{1}{4}x\left(1+x^2\right)\sqrt{1+x^2}$$

$$\qquad - \frac{1}{4}\left(\frac{1}{2}x\sqrt{1+x^2} + \frac{1}{2}\ln\left|x+\sqrt{1+x^2}\right|\right) + C$$

$$= \frac{1}{8}x\sqrt{1+x^2}\left(2x^2+1\right) - \frac{1}{8}\ln\left|\sqrt{1+x^2}+x\right| + C.$$

解法 3　将被积函数中的一个一次 x 因子移到根号里面去, 另一个一次 x 因子移到 d 后面去, 并用基本积分表中的公式:

$$\int\sqrt{x^2\pm a^2}\mathrm{d}x = \frac{1}{2}x\sqrt{x^2\pm a^2} \pm \frac{a^2}{2}\ln\left|x+\sqrt{x^2\pm a^2}\right| + C.$$

$$I = \frac{1}{2}\int\sqrt{x^4+x^2}\mathrm{d}\left(x^2\right)$$

$$= \frac{1}{2}\int\sqrt{\left(x^2+\frac{1}{2}\right)^2 - \left(\frac{1}{2}\right)^2}\mathrm{d}\left(x^2+\frac{1}{2}\right)$$

$$= \frac{x}{4}\left(x^2+\frac{1}{2}\right)\sqrt{1+x^2}$$

$$\qquad - \frac{1}{16}\ln\left(x^2+\frac{1}{2}+\sqrt{x^4+x^2}\right) + C.$$

解法 4　将被积函数中的一次 x 因子留着, 将因子 $x\sqrt{1+x^2}$ 转移到 d 后面去. 为此, 先计算

$$\int x\sqrt{1+x^2}\mathrm{d}x = \frac{1}{2}\int\sqrt{1+x^2}\mathrm{d}\left(x^2+1\right)$$

$$= \frac{1}{3}\left(x^2+1\right)^{\frac{3}{2}} + C_1.$$

因此

$$I = \frac{1}{3} \int x \mathrm{d}\left[\left(x^2+1\right)^{\frac{3}{2}}\right]$$

$$= \frac{1}{3} x \left(x^2+1\right)^{\frac{3}{2}} - \frac{1}{3} \int \left(x^2+1\right)^{\frac{3}{2}} \mathrm{d}x$$

$$= \frac{1}{3} x \left(x^2+1\right)^{\frac{3}{2}} - \frac{1}{3} \int \left(x^2+1\right) \sqrt{x^2+1} \mathrm{d}x$$

$$= \frac{1}{3} x \left(x^2+1\right)^{\frac{3}{2}} - \frac{1}{3} I - \frac{1}{3} \int \sqrt{x^2+1} \mathrm{d}x$$

$$= \frac{1}{3} x \left(x^2+1\right)^{\frac{3}{2}} - \frac{1}{3} I - \frac{1}{6} \left(x\sqrt{1+x^2} + \ln\left|x+\sqrt{1+x^2}\right|\right),$$

由此解得

$$I = \frac{1}{4} x \left(x^2+1\right)^{\frac{3}{2}} - \frac{1}{8} \left(x\sqrt{1+x^2} + \ln\left|\sqrt{1+x^2}+x\right|\right) + C.$$

解法 5 受 $\left(x^3\sqrt{1+x^2}\right)'$ 中含有被积函数 $x^2\sqrt{1+x^2}$ 的启发, 计算

$$\left(x^3\sqrt{1+x^2}\right)' \qquad\qquad 4x^2\sqrt{1+x^2} - \sqrt{x^2+1} + \frac{1}{\sqrt{1+x^2}}$$

$$\|\qquad\qquad\qquad\qquad\qquad \|$$

$$3x^2\sqrt{1+x^2} + \frac{(x^4-1)+1}{\sqrt{1+x^2}} = [3x^2 + (x^2-1)]\sqrt{x^2+1} + \frac{1}{\sqrt{1+x^2}}$$

从此 U 形等式串的两端即知

$$\left(x^3\sqrt{1+x^2}\right)' = 4x^2\sqrt{1+x^2} - \sqrt{x^2+1} + \frac{1}{\sqrt{1+x^2}},$$

由此解得

$$x^2\sqrt{1+x^2} = \frac{1}{4}\left(\left(x^3\sqrt{1+x^2}\right)' + \sqrt{x^2+1} - \frac{1}{\sqrt{1+x^2}}\right).$$

于是

$$I = \frac{1}{4}\left(x^3\sqrt{1+x^2} + \frac{x}{2}\sqrt{x^2+1}\right.$$

$$\left. - \frac{1}{2}\ln\left|x+\sqrt{1+x^2}\right|\right) + C.$$

168

§2 定积分和广义积分

内 容 提 要

1. 定积分的定义

定义(定积分)　设函数 $f(x)$ 在 $[a,b]$ 上定义, 对在 $[a,b]$ 上的任意分划:

$$a = x_0 < x_1 < x_2 < \cdots < x_{n-1} < x_n = b,$$

及

$$\forall \xi_k \in [x_k, x_{k+1}] \quad (k = 0, 1, 2, \cdots, n-1),$$

令 $\Delta x_k \overset{\text{def}}{=} x_{k+1} - x_k$, 及 $\lambda \overset{\text{def}}{=} \max\limits_{0 \leqslant k \leqslant n-1} \Delta x_k$. 作和 $\sum\limits_{k=0}^{n-1} f(\xi_k) \Delta x_k$, 当 $\lambda \to 0$ 时, 如果极限

$$\lim_{\lambda \to 0} \sum_{k=0}^{n-1} f(\xi_k) \Delta x_k$$

存在, 并且这个极限值与 $[a,b]$ 的分法及 ξ_k 的取法无关, 那么称这个极限值为函数 $f(x)$ 在 $[a,b]$ 上的**定积分**, 记做 $\int_a^b f(x) \, dx$, 即

$$\int_a^b f(x) \, dx = \lim_{\lambda \to 0} \sum_{k=0}^{n-1} f(\xi_k) \Delta x_k.$$

在这种情况下, 我们称函数 $f(x)$ 在 $[a,b]$ 上**可积**.

当 $b < a$ 时, $\int_a^b f(x) \, dx \overset{\text{def}}{=\!=\!=} -\int_b^a f(x) \, dx$; 当 $b = a$ 时, $\int_a^a f(x) \, dx = 0$.

2. 函数可积的充分条件

定理　若 $f(x)$ 在 $[a,b]$ 上连续, 则 $f(x)$ 在 $[a,b]$ 上可积.

3. 微积分基本定理 (牛顿 - 莱布尼茨公式)

定理　若 $f(x), F(x)$ 在 $[a,b]$ 上连续, 在 (a,b) 内可导, 且 $F'(x) = f(x)$, 则

$$\int_a^b f(x) \, dx = F(b) - F(a) = F(x) \Big|_a^b.$$

4. 定积分性质

定理 1 (线性性)   若 $f(x), g(x)$ 在 $[a, b]$ 上可积, 则 $\forall\, c_1, c_2 \in \mathbb{R}$, 有

$$\int_a^b \left(c_1 f(x) + c_2 g(x)\right) \mathrm{d}x = c_1 \int_a^b f(x)\,\mathrm{d}x + c_2 \int_a^b g(x)\,\mathrm{d}x.$$

定理 2 (保序性)   若 $f(x), g(x)$ 在 $[a, b]$ 上可积, 则有

$$f(x) \leqslant g(x) \Longrightarrow \int_a^b f(x)\,\mathrm{d}x \leqslant \int_a^b g(x)\,\mathrm{d}x.$$

定理 3 (绝对可积性)   若 $f(x)$ 在 $[a, b]$ 上可积, 则有 $|f(x)|$ 在 $[a, b]$ 上可积, 且

$$\left| \int_a^b f(x)\,\mathrm{d}x \right| \leqslant \int_a^b |f(x)|\,\mathrm{d}x.$$

定理 4 (对区域可加性)   若 $f(x)$ 在含有 a, b, c 的区间上可积, 则有

$$\int_a^b f(x)\,\mathrm{d}x = \int_a^c f(x)\mathrm{d}x + \int_c^b f(x)\,\mathrm{d}x,$$

"偶倍奇零"

若 $f(x)$ 在 $[-a, a]$ 上是偶函数, 则

$$\int_{-a}^a f(x)\,\mathrm{d}x = 2 \int_0^a f(x)\,\mathrm{d}x \ (\text{偶倍});$$

若 $f(x)$ 在 $[-a, a]$ 上是奇函数, 则

$$\int_{-a}^a f(x)\,\mathrm{d}x = 0 \ (\text{奇零}).$$

定理 5 (积分第一中值定理)   设函数 $f(x)$ 在 $[a, b]$ 上连续, $g(x)$ 在 $[a, b]$ 上连续, 不变号, 则 $\exists \xi \in [a, b]$, 使得

$$\int_a^b f(x)g(x)\mathrm{d}x = f(\xi) \int_a^b g(x)\mathrm{d}x.$$

定理 6 (积分中值定理)   设函数 $f(x)$ 在 $[a, b]$ 上连续, 则存在 $\xi \in [a, b]$, 使得

$$\int_a^b f(x)\mathrm{d}x = f(\xi)(b - a),$$

定理 7   定积分的积分值与变量的记号 (名称) 无关.

170

5. 变限定积分

定理 8 若 $f(x)$ 在 $[a,b]$ 上连续, 令 $F(x) = \int_a^x f(t)\,\mathrm{d}t (a \leqslant x \leqslant b)$, 则 $F'(x) = f(x)$, 即

$$\left(\int_a^x f(t)\,\mathrm{d}t\right)' = f(x).$$

推论 任意连续函数都有原函数.

6. 定积分的积分法

分部积分法 设 $u'(x), v'(x)$ 在 $[a,b]$ 上可积, 则

$$\int_a^b u(x)\,\mathrm{d}v(x) = u(x)\,v(x)\bigg|_a^b - \int_a^b v(x)\,\mathrm{d}u(x).$$

换元积分法 设 $f(x)$ 在 $[a,b]$ 上可积, $x = \varphi(t)$ ——地把 $[\alpha, \beta] \to [a,b]$, 且 $\alpha = \varphi^{-1}(a), \beta = \varphi^{-1}(b), \varphi'(t)$ 在 $[\alpha, \beta]$ 上连续, 则

$$\int_a^b f(x)\,\mathrm{d}x = \int_{\varphi^{-1}(a)}^{\varphi^{-1}(b)} f(\varphi(t))\,\varphi'(t)\,\mathrm{d}t.$$

注 ① 定积分换元积分法实际上是不定积分第二换元积分法的直接应用, 只不过使用时有较大差别: 在这里换元之后变量不需回代, 但积分限要跟着更换 (在去掉根号的情形下须注意函数的符号).

② 对应于不定积分中的第一换元法 (即凑微分法), 在这里可以不加变动地直接应用, 而且积分限也不需作更改 (即仍然采用原来的积分变量). 但须注意所换的 "元", 在积分区间上是可微的, 否则就凑不成微分了.

7. 变限定积分的求导公式

$$\frac{\mathrm{d}}{\mathrm{d}t}\int_{u(t)}^{v(t)} f(x)\,\mathrm{d}x = f(v(t))\,\frac{\mathrm{d}v}{\mathrm{d}t} - f(u(t))\,\frac{\mathrm{d}u}{\mathrm{d}t}.$$

8. 广义积分的比较审敛法 (极限形式)

定理(无穷区间) 若 $f(x) \geqslant 0, g(x) > 0$, 且 $\lim\limits_{x \to +\infty} \dfrac{f(x)}{g(x)} = l$, 则

(1) 如果 $0 < l < +\infty$, 则 $\int_a^{+\infty} f(x)\,\mathrm{d}x$ 与 $\int_a^{+\infty} g(x)\,\mathrm{d}x$ 同敛散;

(2) 如果 $l = 0$, 由 $\int_a^{+\infty} g(x)\,\mathrm{d}x$ 收敛可得 $\int_a^{+\infty} f(x)\,\mathrm{d}x$ 收敛;

(3) 如果 $l = +\infty$, 由 $\int_a^{+\infty} g(x)\,\mathrm{d}x$ 发散可得 $\int_a^{+\infty} f(x)\,\mathrm{d}x$ 发散.

常常被作为比较标准的函数:

$$g(x) = \frac{1}{x^p}, \quad x \geqslant a > 0.$$

当 $p > 1$ 时, $\int_a^{+\infty} \frac{1}{x^p} \mathrm{d}x$ 收敛; 当 $p \leqslant 1$ 时, $\int_a^{+\infty} \frac{1}{x^p} \mathrm{d}x$ 发散.

定理(有限区间上无界函数, $x = a$ 为瑕点)　若 $f(x) \geqslant 0$, $g(x) > 0$, $a < x \leqslant b$ 且 $\lim\limits_{x \to a+0} \dfrac{f(x)}{g(x)} = l$, 则

(1) 如果 $0 < l < +\infty$, 则 $\int_a^b f(x) \mathrm{d}x$ 与 $\int_a^b g(x) \mathrm{d}x$ 同敛散;

(2) 如果 $l = 0$, 由 $\int_a^b g(x) \mathrm{d}x$ 收敛可得 $\int_a^b f(x) \mathrm{d}x$ 收敛;

(3) 如果 $l = +\infty$, 由 $\int_a^b g(x) \mathrm{d}x$ 发散可得 $\int_a^b f(x) \mathrm{d}x$ 发散.

常常被作为比较标准的函数:

$$g(x) = \frac{1}{(x-a)^p}, \quad a < x \leqslant b.$$

当 $p < 1$ 时, $\int_a^b \frac{1}{(x-a)^p} \mathrm{d}x$ 收敛; 当 $p > 1$ 时, $\int_a^b \frac{1}{(x-a)^p} \mathrm{d}x$ 发散.

9. 绝对收敛的广义积分

定理　绝对收敛的广义积分必收敛.

10. 几个重要公式

(1) $\displaystyle\int_0^{\frac{\pi}{2}} \sin^n x \mathrm{d}x = \int_0^{\frac{\pi}{2}} \cos^n x \mathrm{d}x$

$$= \frac{(n-1)!!}{n!!} \cdot \begin{cases} \dfrac{\pi}{2}, & n\text{为偶数}, \\ 1, & n\text{为奇数}. \end{cases}$$

(2) $\displaystyle\int_{-\infty}^{+\infty} \mathrm{e}^{-x^2} \mathrm{d}x = \sqrt{\pi}.$

典型例题解析

1. 定积分的计算与等式证明

例 1　设 $f(x)$ 在 $[a,b]$ 上连续, 求证:

$$\int_a^b f(x) \mathrm{d}x = \int_a^b f(a+b-x) \mathrm{d}x$$

172

$$=\frac{1}{2}\int_a^b [f(x)+f(a+b-x)]\,\mathrm{d}x,$$

并用以计算:

① $\displaystyle\int_0^{\frac{\pi}{2}} \frac{\cos x}{\cos x+\sin x}\,\mathrm{d}x$;

② $\displaystyle\int_0^a \frac{\mathrm{d}x}{x+\sqrt{a^2-x^2}}\,(a>0)$;

③ $\displaystyle\int_2^4 \frac{\sqrt{\ln(9-x)}}{\sqrt{\ln(9-x)}+\sqrt{\ln(3+x)}}\,\mathrm{d}x$;

④ $\displaystyle\int_0^{\frac{\pi}{2}} \frac{\mathrm{d}x}{1+\tan^\alpha x}\,(\alpha\in\mathbb{R})$;

⑤ $\displaystyle\int_0^1 \frac{\arcsin\sqrt{x}}{\sqrt{x(1-x)}}\,\mathrm{d}x$;

⑥ $\displaystyle\int_0^1 x\arcsin\left(2\sqrt{x(1-x)}\right)\,\mathrm{d}x$;

⑦ $\displaystyle\int_0^\pi \frac{x\sin x}{1+\cos^2 x}\,\mathrm{d}x$;

⑧ $\displaystyle\int_{-\frac{\pi}{4}}^{\frac{\pi}{4}} \frac{\sin^2 x}{1+\mathrm{e}^{-x}}\,\mathrm{d}x$;

⑨ $\displaystyle\int_0^{\frac{\pi}{4}} \ln(1+\tan x)\,\mathrm{d}x$;

⑩ $\displaystyle\int_0^1 \frac{\ln(1+x)}{1+x^2}\,\mathrm{d}x$.

证 第二个等式是第一个等式的推论, 只要证第一个等式.

令 $x=a+b-t$, 则 $\mathrm{d}x=-\mathrm{d}t$, $x\in[a,b]$, $t\in[b,a]$.

$$\int_a^b f(x)\,\mathrm{d}x \qquad\qquad \int_a^b f(a+b-x)\,\mathrm{d}x$$
$$\|\qquad\qquad\qquad\qquad\qquad\|$$
$$\int_b^a f(a+b-t)\,(-\mathrm{d}t)=\!=\!=\int_a^b f(a+b-t)\,\mathrm{d}t$$

从此 U 形等式串的两端即知

$$\int_a^b f(x)\,\mathrm{d}x=\int_a^b f(a+b-x)\,\mathrm{d}x.$$

评注 (1) 这个等式的几何意义是将积分区间以区间中点为对称中心翻转, 面积不变 (图 3.2).

事实上, 若记 $g(x)=f(a+b-x)$, 则有

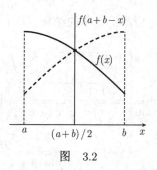

图 3.2

$$g\left(\frac{a+b}{2}-t\right)=f\left(a+b-\left(\frac{a+b}{2}-t\right)\right)$$

173

$$=f\left(\frac{a+b}{2}+t\right), \quad 0 \leqslant t \leqslant \frac{b-a}{2}.$$

鉴于这个几何意义, 姑且称此公式为**翻转公式**.

(2) 当 $a = -b$ 时, 翻转公式简化成:

$$\int_{-b}^{b} f(x)\,\mathrm{d}x = \int_{-b}^{b} f(-x)\,\mathrm{d}x = \frac{1}{2}\int_{-b}^{b}[f(x)+f(-x)]\,\mathrm{d}x.$$

解 ① 为了求解 $I = \int_{0}^{\frac{\pi}{2}} \frac{\cos x}{\cos x + \sin x}\mathrm{d}x$, 令 $f(x) = \frac{\cos x}{\cos x + \sin x}$, 则

$$f\left(\frac{\pi}{2}-x\right) = \frac{\sin x}{\sin x + \cos x}, \quad f(x)+f\left(\frac{\pi}{2}-x\right) = 1.$$

用翻转公式, 即得

$$I = \frac{1}{2}\int_{0}^{\frac{\pi}{2}}\left(f(x)+f\left(\frac{\pi}{2}-x\right)\right)\mathrm{d}x = \frac{\pi}{4}.$$

② 为了求解 $I = \int_{0}^{a} \frac{\mathrm{d}x}{x + \sqrt{a^2 - x^2}}$ $(a > 0)$, 令 $x = a\sin t$ $\left(0 < t < \frac{\pi}{2}\right)$, 则有

$$\mathrm{d}x = a\cos t\,\mathrm{d}t, \quad I = \int_{0}^{\frac{\pi}{2}} \frac{\cos t}{\cos t + \sin t}\mathrm{d}t.$$

应用第①小题的结果, 即得 $I = \frac{\pi}{4}$.

③ 为了求解 $I = \int_{2}^{4} \frac{\sqrt{\ln(9-x)}}{\sqrt{\ln(9-x)} + \sqrt{\ln(3+x)}}\mathrm{d}x$, 令 $f(x) = \frac{\sqrt{\ln(9-x)}}{\sqrt{\ln(9-x)} + \sqrt{\ln(3+x)}}$, 则

$$f(6-x) = \frac{\sqrt{\ln(3+x)}}{\sqrt{\ln(3+x)} + \sqrt{\ln(9-x)}}, \quad f(x)+f(6-x) = 1.$$

用翻转公式, 即得 $I = \frac{1}{2}\int_{2}^{4} 1\mathrm{d}x = 1.$

174

④ 为了求解 $I = \displaystyle\int_0^{\frac{\pi}{2}} \dfrac{\mathrm{d}x}{1+\tan^\alpha x}$, 令 $f(x) = \dfrac{1}{1+\tan^\alpha x}$, 则

$$f\left(\frac{\pi}{2}-x\right) = \frac{1}{1+\cot^\alpha x},$$

$$f(x) + f\left(\frac{\pi}{2}-x\right) = \frac{1}{1+\tan^\alpha x} + \frac{1}{1+\cot^\alpha x} = 1.$$

用翻转公式, 即得 $I = \displaystyle\int_0^{\frac{\pi}{2}} 1\mathrm{d}x = \dfrac{\pi}{2}$.

⑤ 为了求解 $I = \displaystyle\int_0^1 \dfrac{\arcsin\sqrt{x}}{\sqrt{x(1-x)}}\mathrm{d}x$, 令 $f(x) = \dfrac{\arcsin\sqrt{x}}{\sqrt{x(1-x)}}$, 则

$$f(1-x) = \frac{\arcsin\sqrt{1-x}}{\sqrt{x(1-x)}},$$

$$f(x) + f(1-x) = \frac{\arcsin\sqrt{x} + \arcsin\sqrt{1-x}}{\sqrt{x(1-x)}}.$$

注意到 $\sqrt{x}$ 与 $\sqrt{1-x}$ 是斜边长为 1 的直角三角形的两个直角边, 如图 3.3 所示, 易知

$$\arcsin\sqrt{x} + \arcsin\sqrt{1-x} = \frac{\pi}{2}.$$

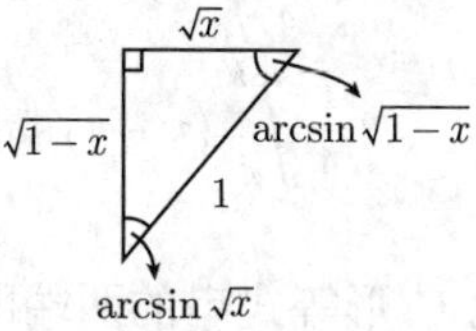

用翻转公式, 即得

图 3.3

$$
\begin{array}{ccc}
\displaystyle\int_0^1 \dfrac{\arcsin\sqrt{x}}{\sqrt{x(1-x)}}\mathrm{d}x & \qquad & \dfrac{\pi^2}{4} \\[2mm]
\| & & \| \\[2mm]
\dfrac{1}{2}\displaystyle\int_0^1 \dfrac{\arcsin\sqrt{x}+\arcsin\sqrt{1-x}}{\sqrt{x(1-x)}}\mathrm{d}x & = & \dfrac{1}{2}\displaystyle\int_0^1 \dfrac{\dfrac{\pi}{2}}{\sqrt{x(1-x)}}\mathrm{d}x
\end{array}
$$

由此 U 形等式串的两端即知 $I = \dfrac{\pi^2}{4}$.

⑥ 为了求解 $I = \displaystyle\int_0^1 x \arcsin\left(2\sqrt{x(1-x)}\right) \mathrm{d}x$, 令被积函数为 $f(x) = x \arcsin\left(2\sqrt{x(1-x)}\right)$, 则有

$$f(1-x) = (1-x)\arcsin 2\sqrt{x(1-x)},$$

$$f(x) + f(1-x) = \arcsin 2\sqrt{x(1-x)}.$$

用翻转公式, 即得

$$I = \frac{1}{2}\int_0^1 \arcsin\left(2\sqrt{x(1-x)}\right) \mathrm{d}x.$$

进一步, 令 $x = \sin^2 \dfrac{t}{2}, 0 \leqslant t \leqslant \pi$, 则 $\mathrm{d}x = \dfrac{1}{2}\sin t \mathrm{d}t$, $x : 0 \to 1, t : 0 \to \pi$.

$$
\begin{array}{ccc}
I & & 1/2 \\
\| & & \| \\
\dfrac{1}{4}\displaystyle\int_0^\pi \arcsin(\sin t)\sin t\mathrm{d}t & & \dfrac{1}{4} + \dfrac{1}{4} \\
\|\text{注} & & \| \\
\dfrac{1}{4}\displaystyle\int_0^{\frac{\pi}{2}} t\sin t\mathrm{d}t+ & & \dfrac{1}{4}\sin t - t\cos t\Big|_0^{\frac{\pi}{2}} + \\
\dfrac{1}{4}\displaystyle\int_{\frac{\pi}{2}}^\pi (\pi-t)\sin t\mathrm{d}t & = & \dfrac{1}{4} - (\pi-t)\cos t - \sin t\Big|_{\frac{\pi}{2}}^\pi
\end{array}
$$

从此 U 形等式串的两端即知 $I = \dfrac{1}{2}$.

注 $\arcsin(\sin t) = \begin{cases} t, & 0 \leqslant t \leqslant \dfrac{\pi}{2}, \\ \pi - t, & \dfrac{\pi}{2} \leqslant t \leqslant \pi. \end{cases}$ 事实上, 当 $\dfrac{\pi}{2} \leqslant t \leqslant \pi$ 时, $0 \leqslant \pi - t \leqslant \dfrac{\pi}{2}$, 故有

$$\arcsin(\sin t) = \arcsin(\sin(\pi - t)) = \pi - t.$$

⑦ 为了求解 $I = \displaystyle\int_0^\pi \dfrac{x\sin x}{1+\cos^2 x}\mathrm{d}x$. 令 $f(x) = \dfrac{x\sin x}{1+\cos^2 x}$, 则

$$f(\pi-x) = \dfrac{(\pi-x)\sin x}{1+\cos^2 x}, \quad f(x) + f(\pi-x) = \dfrac{\pi\sin x}{1+\cos^2 x}.$$

176

用翻转公式, 即得

$$I = \frac{1}{2} \int_0^\pi \frac{\pi \sin x}{1 + \cos^2 x} \mathrm{d}x = \frac{\pi^2}{4}.$$

⑧ 为了求解 $I = \int_{-\frac{\pi}{4}}^{\frac{\pi}{4}} \frac{\sin^2 x}{1 + \mathrm{e}^{-x}} \mathrm{d}x$, 令 $f(x) = \frac{\sin^2 x}{1 + \mathrm{e}^{-x}}$, 则有

$$f(x) + f(-x) = \sin^2 x.$$

用翻转公式, 即得

$$I = \frac{1}{2} \int_{-\frac{\pi}{4}}^{\frac{\pi}{4}} \sin^2 x \mathrm{d}x = \frac{\pi - 2}{8}.$$

⑨ 为了求解 $I = \int_0^{\frac{\pi}{4}} \ln(1 + \tan x) \, \mathrm{d}x$, 令 $f(x) = \ln(1 + \tan x)$, 则

$$f(x) + f\left(\frac{\pi}{4} - x\right) \qquad\qquad \ln 2$$
$$\|$$
$$\ln\left\{(1+\tan x)\left[1+\tan\left(\frac{\pi}{4}-x\right)\right]\right\} = \ln\left\{(1+\tan x)\left[1+\frac{1-\tan x}{1+\tan x}\right]\right\}$$

从此 U 形等式串的两端即知

$$f(x) + f\left(\frac{\pi}{4} - x\right) = \ln 2.$$

用翻转公式, 即得

$$I = \frac{1}{2} \int_0^{\frac{\pi}{4}} \left(f(x) + f\left(\frac{\pi}{4} - x\right) \right) \mathrm{d}x = \frac{1}{2} \int_0^{\frac{\pi}{4}} \ln 2 \mathrm{d}x = \frac{\pi \ln 2}{8}.$$

⑩ 为了求解 $I = \int_0^1 \frac{\ln(1+x)}{1+x^2} \mathrm{d}x$, 令 $x = \tan t \left(0 < t < \frac{\pi}{2}\right)$, 则有

$$\mathrm{d}x = \sec^2 t \mathrm{d}t, \quad I = \int_0^{\frac{\pi}{4}} \ln(1 + \tan t) \, \mathrm{d}t.$$

应用第⑨ 小题的结果, 即得 $I = \frac{\pi \ln 2}{8}$.

例 2 若 $f(a+x) = f(a-x), \forall x \in [0, 2a]$，求证：

$$\int_0^{2a} f(x)\,dx = 2\int_0^a f(x)dx,$$

并用以计算 $\displaystyle\int_0^{2\pi} \frac{dx}{\sin^4 x + \cos^4 x}$.

证 只需证 $\displaystyle\int_a^{2a} f(x)\,dx = \int_0^a f(x)dx$. 事实上

$$\int_a^{2a} f(x)\,dx \qquad\qquad \int_0^a f(x)dx$$

$$\Big\| x = a + u \qquad\qquad\qquad \|$$

$$\int_0^a f(a+u)du \xrightarrow{\because f(a+u)=f(a-u)} \int_0^a f(a-u)du$$

从此 U 形等式串的两端即知

$$\int_a^{2a} f(x)\,dx = \int_0^a f(x)dx,$$

于是

$$\int_0^{2a} f(x)\,dx = \int_0^a f(x)dx + \int_a^{2a} f(x)\,dx = 2\int_0^a f(x)dx,$$

下面计算 $\displaystyle\int_0^{2\pi} \frac{dx}{\sin^4 x + \cos^4 x}$.

<u>错误的解法</u>

$$\int_0^{2\pi} \frac{dx}{\sin^4 x + \cos^4 x} \qquad\qquad\qquad 0$$

$$\| \qquad\qquad\qquad\qquad\qquad\qquad \|$$

$$\int_0^{2\pi} \frac{dx}{\left(\sin^2 x - \cos^2 x\right)^2 + 2\sin^2 x \cos^2 x} \qquad \frac{1}{\sqrt{2}}\arctan\frac{\tan(2x)}{\sqrt{2}}\Big|_0^{2\pi}$$

$$\| \qquad\qquad\qquad\qquad\qquad\qquad \|$$

$$\int_0^{2\pi} \frac{dx}{\cos^2 2x + \frac{1}{2}\sin^2 2x} \qquad === \qquad \int_0^{2\pi} \frac{d(\tan 2x)}{2 + \tan^2 2x}$$

从此 U 形等式串的两端即知

$$\int_0^{2\pi} \frac{\mathrm{d}x}{\sin^4 x + \cos^4 x} = 0.$$

错在哪里

上述计算结果很明显是错误的. 这里被积函数大于零且积分的上限大于下限, 积分值应大于零. 上述解法错在 U 形表的底下一行, 从左端到右端用的是凑微分法, 然而 $\tan 2x$ 在区间 $[0, 2\pi]$ 上根本不可微, 所以此处 $\mathrm{d}(\tan 2x)$ 根本不存在.

正确的解法

设 $f(x) = \dfrac{1}{\sin^4 x + \cos^4 x}$, 则有

$$f(\pi + x) = f(\pi - x)$$

$$\Longrightarrow \int_0^{2\pi} \frac{\mathrm{d}x}{\sin^4 x + \cos^4 x} = 2 \int_0^{\pi} \frac{\mathrm{d}x}{\sin^4 x + \cos^4 x};$$

$$f\left(\frac{\pi}{2} + x\right) = f\left(\frac{\pi}{2} - x\right)$$

$$\Longrightarrow 2 \int_0^{\pi} \frac{\mathrm{d}x}{\sin^4 x + \cos^4 x} = 4 \int_0^{\frac{\pi}{2}} \frac{\mathrm{d}x}{\sin^4 x + \cos^4 x};$$

$$f\left(\frac{\pi}{4} + x\right) = f\left(\frac{\pi}{4} - x\right)$$

$$\Longrightarrow 4 \int_0^{\frac{\pi}{2}} \frac{\mathrm{d}x}{\sin^4 x + \cos^4 x} = 8 \int_0^{\frac{\pi}{4}} \frac{\mathrm{d}x}{\sin^4 x + \cos^4 x}.$$

综合之得

$$\int_0^{2\pi} \frac{\mathrm{d}x}{\sin^4 x + \cos^4 x} = 8 \int_0^{\frac{\pi}{4}} \frac{\mathrm{d}x}{\sin^4 x + \cos^4 x}. \tag{1}$$

接着

$$\int_0^{\frac{\pi}{4}} \frac{\mathrm{d}x}{\sin^4 x + \cos^4 x} \qquad\qquad \frac{\sqrt{2}\pi}{4}$$

$$\|\qquad\qquad\qquad\qquad\qquad\qquad \|$$

$$\int_0^{\frac{\pi}{4}} \frac{\mathrm{d}x}{\left(\sin^2 x - \cos^2 x\right)^2 + 2\sin^2 x \cos^2 x} \qquad \frac{1}{\sqrt{2}}\arctan\left(\frac{\tan 2x}{\sqrt{2}}\right)\Big|_0^{\frac{\pi}{4}}$$

$$\|\qquad\qquad\qquad\qquad\qquad\qquad \|$$

$$\int_0^{\frac{\pi}{4}} \frac{2\mathrm{d}x}{2\cos^2 2x + \sin^2 2x} \;\;=\!\!=\;\; \int_0^{\frac{\pi}{4}} \frac{\mathrm{d}\tan(2x)}{2 + \tan^2 2x}$$

从此 U 形等式串的两端即知

$$\int_0^{\frac{\pi}{4}} \frac{\mathrm{d}x}{\sin^4 x + \cos^4 x} = \frac{\sqrt{2}\pi}{4}. \tag{2}$$

联立 (1), (2) 两式即得 $\displaystyle\int_0^{2\pi} \frac{\mathrm{d}x}{\sin^4 x + \cos^4 x} = 2\sqrt{2}\pi.$

例 3 设 $f(x)$ 是以 T 为周期的连续函数, 求证: $\displaystyle\int_a^{a+T} f(x)\,\mathrm{d}x$ 的值与 a 无关, 即

$$\int_a^{a+T} f(x)\,\mathrm{d}x = \int_0^T f(x)\,\mathrm{d}x = \int_{-\frac{T}{2}}^{\frac{T}{2}} f(x)\,\mathrm{d}x,$$

并用以计算 $\displaystyle\int_0^{2\pi} \sqrt{1 - \sin 2x}\,\mathrm{d}x.$

证 令 $F(a) = \displaystyle\int_a^{a+T} f(x)\,\mathrm{d}x$, 则 $F'(a) = f(a+T) - f(a) = 0$, 所以 $F(a)$ 与 a 无关. 即 $\forall a \in \mathbb{R}$, 有

$$F(a) \qquad\qquad\qquad \int_{-\frac{T}{2}}^{\frac{T}{2}} f(x)\,\mathrm{d}x$$

$$\|\qquad\qquad\qquad\qquad\qquad \|$$

$$\int_a^{a+T} f(x)\,\mathrm{d}x \;=\; F(0) =\!\!= \int_0^T f(x)\,\mathrm{d}x$$

也就是说, 周期函数在一个周期内的积分都相等, 与积分起点无关.

180

下面计算 $I = \int_0^{2\pi} \sqrt{1 - \sin 2x}\,\mathrm{d}x$：

$$
\begin{array}{ccc}
I & & 4\sqrt{2} \\
\| & & \| \\
\displaystyle\int_0^{2\pi} \sqrt{(\cos x - \sin x)^2}\,\mathrm{d}x & & -2\sqrt{2}\cos u\,\big|_0^{\pi} \\
\| & & \| \\
\displaystyle\int_0^{2\pi} |\cos x - \sin x|\,\mathrm{d}x & & 2\sqrt{2}\displaystyle\int_0^{\pi} \sin u\,\mathrm{d}u \\
\| & & \|\text{注} \\
\sqrt{2}\displaystyle\int_0^{2\pi} \left|\sin\left(x - \dfrac{\pi}{4}\right)\right|\,\mathrm{d}x & \xrightarrow{u = x - \frac{\pi}{4}} & \sqrt{2}\displaystyle\int_{-\frac{\pi}{4}}^{\frac{7\pi}{4}} |\sin u|\,\mathrm{d}u
\end{array}
$$

注 $|\sin u|$ 的周期为 π.

例 4 求 $\displaystyle\int_0^3 \arcsin\sqrt{\dfrac{x}{1+x}}\,\mathrm{d}x$.

分析 本题的关键在于将无理式 $\sqrt{\dfrac{x}{1+x}}$ 化掉.

解法 1 令 $x = \tan^2 t,\ 0 \leqslant t \leqslant \dfrac{\pi}{2}$，则

$$
\arcsin\sqrt{\dfrac{x}{1+x}} = t, \quad x: 0 \to 3, t: 0 \to \dfrac{\pi}{3}.
$$

$$
\begin{array}{ccc}
\displaystyle\int_0^3 \arcsin\sqrt{\dfrac{x}{1+x}}\,\mathrm{d}x & & \dfrac{4\pi}{3} - \sqrt{3} \\
\| & & \| \\
\displaystyle\int_0^{\frac{\pi}{3}} t\,\mathrm{d}\left(\tan^2 t\right) & & \pi - \tan t\,\big|_0^{\frac{\pi}{3}} + \dfrac{\pi}{3} \\
\| & & \| \\
t\tan^2 t\,\big|_0^{\frac{\pi}{3}} - \displaystyle\int_0^{\frac{\pi}{3}} \tan^2 t\,\mathrm{d}t & = & \pi - \displaystyle\int_0^{\frac{\pi}{3}} \left(\sec^2 t - 1\right)\,\mathrm{d}t
\end{array}
$$

从此 U 形等式串的两端即知

$$
\int_0^3 \arcsin\sqrt{\dfrac{x}{1+x}}\,\mathrm{d}x = \dfrac{4}{3}\pi - \sqrt{3}.
$$

解法 2 令 $t = \arcsin\sqrt{\dfrac{x}{1+x}}$，反解得 $x = \tan^2 t$，$0 \leqslant t \leqslant \dfrac{\pi}{2}$. 以下同解法 1.

解法 3 用分部积分法. 记 $u(x) = \sqrt{\dfrac{x}{1+x}}$，则有

$$\frac{1}{\sqrt{1-u(x)^2}} = \sqrt{x+1}, \quad u'(x) = \frac{\sqrt{x+1}}{2\sqrt{x}(x+1)^2},$$

$$\mathrm{d}\arcsin u = \frac{1}{2\sqrt{x}(x+1)}\mathrm{d}x.$$

$$\int_0^3 \arcsin\sqrt{\frac{x}{1+x}}\mathrm{d}x \qquad\qquad \frac{4}{3}\pi - \sqrt{3}$$

$$\|\qquad\qquad\qquad\qquad\qquad\qquad \|$$

$$\int_0^3 \arcsin u\,\mathrm{d}x \qquad\qquad \pi - \int_0^{\sqrt{3}} \frac{t^2}{t^2+1}\mathrm{d}t$$

$$\|\qquad\qquad\qquad\qquad\qquad\qquad \| t = \sqrt{x}$$

$$x\arcsin u(x)\big|_{x=0}^{x=3} - \int_0^3 x\,\mathrm{d}\arcsin u = \!\!=\!\! \pi - \frac{1}{2}\int_0^3 \frac{\sqrt{x}}{x+1}\mathrm{d}x$$

从此 U 形等式串的两端即知

$$\int_0^3 \arcsin\sqrt{\frac{x}{1+x}}\mathrm{d}x = \frac{4}{3}\pi - \sqrt{3}.$$

例 5 计算定积分

$$\int_{-1}^1 \frac{\sqrt{1-x^2}}{a-x}\mathrm{d}x \qquad (a > 1).$$

解 $I \xLongequal{t=-x} \int_{-1}^1 \frac{\sqrt{1-t^2}}{a+t}\mathrm{d}t = \frac{1}{2}\int_{-1}^1 \left(\frac{1}{a+x} + \frac{1}{a-x}\right)\sqrt{1-x^2}\mathrm{d}x$

$\qquad = a\int_{-1}^1 \frac{\sqrt{1-x^2}}{a^2-x^2}\mathrm{d}x = 2a\int_0^1 \frac{\sqrt{1-x^2}}{a^2-x^2}\mathrm{d}x$

$\qquad \xLongequal{x=\sin\theta} 2a\int_0^{\frac{\pi}{2}} \frac{\cos^2\theta}{a^2-\sin^2\theta}\mathrm{d}\theta$

$\qquad = 2a\int_0^{\frac{\pi}{2}} \frac{1-\sin^2\theta}{a^2-\sin^2\theta}\mathrm{d}\theta = 2a\int_0^{\frac{\pi}{2}} \frac{(a^2-\sin^2\theta)+(1-a^2)}{a^2-\sin^2\theta}\mathrm{d}\theta$

182

$$= 2a \left(\int_0^{\frac{\pi}{2}} \mathrm{d}\theta - \left(a^2 - 1 \right) \int_0^{\frac{\pi}{2}} \frac{1}{a^2 - \sin^2 \theta} \mathrm{d}\theta \right)$$

$$= \pi a - 2a\sqrt{a^2-1} \int_0^{\frac{\pi}{2}} \frac{1}{a^2 + (a^2-1)\tan^2 \theta} \mathrm{d} \left(\sqrt{a^2-1} \tan \theta \right)$$

$$\xlongequal{u=\sqrt{a^2-1}\tan\theta} \pi a - 2a\sqrt{a^2-1} \int_0^{+\infty} \frac{1}{a^2 + u^2} \mathrm{d}u$$

$$= \pi \left(a - \sqrt{a^2-1} \right).$$

例 6 证明:

$$\int_0^{\frac{\pi}{2}} \cos^n x \sin nx \mathrm{d}x$$

$$= \frac{1}{2^{n+1}} \left(\frac{2}{1} + \frac{2^2}{2} + \frac{2^3}{3} + \cdots + \frac{2^n}{n} \right).$$

证 记 $I_n = \int_0^{\frac{\pi}{2}} \cos^n x \sin nx \mathrm{d}x$, 则 $I_0 = 0$. 用分部积分法,

$$I_n = - \frac{1}{n} \int_0^{\frac{\pi}{2}} \cos^n x \mathrm{d}\cos nx$$

$$= - \frac{1}{n} \cos^n x \cos nx \Big|_0^{\frac{\pi}{2}} - \int_0^{\frac{\pi}{2}} \cos^{n-1} x \cos nx \sin x \mathrm{d}x$$

$$= \frac{1}{n} - \int_0^{\frac{\pi}{2}} \cos^{n-1} x \cos nx \sin x \mathrm{d}x.$$

于是

$$I_n = \frac{1}{2} \left(I_n + I_n \right)$$

$$= \frac{1}{2} \left(\overbrace{\int_0^{\frac{\pi}{2}} \cos^n x \sin nx \mathrm{d}x}^{I_n} + \overbrace{\frac{1}{n} - \int_0^{\frac{\pi}{2}} \cos^{n-1} x \cos nx \sin x \mathrm{d}x}^{I_n} \right)$$

$$= \frac{1}{2} \left(\frac{1}{n} + \int_0^{\frac{\pi}{2}} \cos^{n-1} x \left(\cos x \sin nx - \cos nx \sin x \right) \mathrm{d}x \right)$$

$$= \frac{1}{2n} + \frac{1}{2} \int_0^{\frac{\pi}{2}} \cos^{n-1} x \sin (n-1) x \mathrm{d}x$$

$$= \frac{1}{2n} + \frac{1}{2}I_{n-1},$$

$$I_n - \frac{1}{2}I_{n-1} = \frac{1}{2n}. \tag{1}$$

为了将 (1) 式改写成裂项相消型, 在 (1) 两边同乘以 2^n, 得到

$$2^n I_n - 2^{n-1} I_{n-1} = \frac{2^n}{2n}.$$

记 $J_n = 2^n I_n$, 则有 $J_0 = I_0 = 0$, 以及

$$J_n - J_{n-1} = \frac{2^n}{2n}. \tag{2}$$

由此两边求和 (先将 n 改写为 k, 然后 k 从 1 到 n 求和) 即得

$$\sum_{k=1}^{n} (J_k - J_{k-1}) = \sum_{k=1}^{n} \frac{2^k}{2k}, \quad \text{即} \quad J_n - J_0 = \sum_{k=1}^{n} \frac{2^k}{2k},$$

也就是

$$I_n = \frac{1}{2^{n+1}} \sum_{k=1}^{n} \frac{2^k}{k}.$$

例 7 求证: $\displaystyle\int_0^1 \frac{x^4 (1-x)^4}{1+x^2} \mathrm{d}x = \frac{22}{7} - \pi.$

证 因为

$$x^4 (1-x)^4 = x^8 + 6x^6 + x^4 - 4x^5 (1+x^2),$$

所以

$$\begin{aligned}
\int_0^1 \frac{x^4 (1-x)^4}{1+x^2} \mathrm{d}x &= \int_0^1 \frac{x^8 + 6x^6 + x^4}{1+x^2} \mathrm{d}x - \int_0^1 4x^5 \mathrm{d}x \\
&= \int_0^1 \frac{x^8 + 6x^6 + x^4}{1+x^2} \mathrm{d}x - \frac{2}{3}.
\end{aligned} \tag{1}$$

又因为

$$\frac{x^8 + 6x^6 + x^4}{1+x^2} \xlongequal{t=x^2} \frac{t^4 + 6t^3 + t^2}{1+t} = \frac{f(t)}{1+t},$$

184

其中
$$f(t) = t^4 + 6t^3 + t^2, \quad f(-1) = -4,$$
$$f'(-1) = 12, \quad f''(-1) = -22,$$
$$f'''(-1) = 12, \quad f''''(-1) = 24,$$

根据泰勒公式, 有
$$f(t) = -4 + 12(t+1) - 11(t+1)^2 + 2(t+1)^3 + (t+1)^4,$$
$$\frac{f(t)}{1+t} = -\frac{4}{1+t} + 12 - 11(t+1) + 2(t+1)^2 + (t+1)^3,$$

即
$$\frac{x^8 + 6x^6 + x^4}{1+x^2} = -\frac{4}{1+x^2} + 12 - 11(x^2+1)$$
$$+ 2(x^2+1)^2 + (x^2+1)^3.$$

因此
$$\int_0^1 \frac{x^8 + 6x^6 + x^4}{1+x^2}\mathrm{d}x = -\int_0^1 \frac{4}{1+x^2}\mathrm{d}x + 12 - 11\int_0^1 (x^2+1)\,\mathrm{d}x$$
$$+ 2\int_0^1 (x^2+1)^2\,\mathrm{d}x + \int_0^1 (x^2+1)^3\,\mathrm{d}x$$
$$= -\pi + \frac{80}{21}. \tag{2}$$

联立 (1), (2) 式即得
$$\int_0^1 \frac{x^4(1-x)^4}{1+x^2}\mathrm{d}x = \frac{22}{7} - \pi.$$

例 8 ① 设 $f(x)$ 为 $[-1,1]$ 上的三次多项式, 求证:
$$\int_{-1}^1 f(x)\,\mathrm{d}x = \frac{1}{3}\left(f(-1) + 4f(0) + f(1)\right).$$

② 设 $f(x)$ 为 $[a,b]$ 上的三次多项式, 求证:
$$\int_a^b f(x)\,\mathrm{d}x = \frac{b-a}{6}\left[f(a) + 4f\left(\frac{a+b}{2}\right) + f(b)\right].$$

185

证　① 设 $f(x) = ax^3 + \beta x^2 + \gamma x + \delta$，则

$$\int_{-1}^{1} f(x)\,\mathrm{d}x \qquad\qquad\qquad \frac{1}{3}\left(f(-1) + 4f(0) + f(1)\right)$$

$$\|\qquad\qquad\qquad\qquad\qquad\qquad \|$$

$$\int_{-1}^{1}\left(\beta x^2 + \delta\right)\mathrm{d}x = 2\int_0^1\left(\beta x^2 + \delta\right)\mathrm{d}x \qquad = \frac{2}{3}\beta + 2\delta$$

从此 U 形等式串的两端即知

$$\int_{-1}^{1} f(x)\,\mathrm{d}x = \frac{1}{3}\left(f(-1) + 4f(0) + f(1)\right).$$

② 令 $x = \dfrac{a+b}{2} + \dfrac{b-a}{2}t$，$g(t) = f\left(\dfrac{a+b}{2} + \dfrac{b-a}{2}t\right)$，则应用第①

小题的结果，

$$\int_a^b f(x)\,\mathrm{d}x \qquad\qquad \frac{b-a}{6}\left[f(a) + 4f\left(\frac{a+b}{2}\right) + f(b)\right]$$

$$\|\qquad\qquad\qquad\qquad\qquad\qquad \|$$

$$\frac{b-a}{2}\int_{-1}^{1} g(t)\,\mathrm{d}t = \quad \frac{b-a}{2}\cdot\frac{1}{3}\left(g(-1) + 4g(0) + g(1)\right)$$

从此 U 形等式串的两端即知

$$\int_a^b f(x)\,\mathrm{d}x = \frac{b-a}{6}\left[f(a) + 4f\left(\frac{a+b}{2}\right) + f(b)\right].$$

例 9　若 $f''(x)$ 在 $[a, b]$ 上连续，求证:

$$\int_a^b f(x)\,\mathrm{d}x = \frac{b-a}{2}\left(f(a) + f(b)\right) + \frac{1}{2}\int_a^b (x-a)(x-b)f''(x)\,\mathrm{d}x.$$

证　因为

$$\int_a^b f(x)\,\mathrm{d}x = \int_a^b f(x)\,\mathrm{d}(x-a) = (b-a)f(b) - \int_a^b f'(x)(x-a)\,\mathrm{d}x$$

及

$$\int_a^b f(x)\,\mathrm{d}x = \int_a^b f(x)\,\mathrm{d}(x-b) = (b-a)f(a) - \int_a^b f'(x)(x-b)\,\mathrm{d}x,$$

186

将上面两式相加除以 2, 得

$$\int_a^b f(x)\,\mathrm{d}x$$

$$\begin{array}{c} \dfrac{b-a}{2}\left(f(a)+f(b)\right) \\[2mm] +\dfrac{1}{2}\displaystyle\int_a^b (x-a)(x-b)f''(x)\,\mathrm{d}x \end{array}$$

$$\|\qquad\qquad\qquad\qquad\qquad\qquad\|$$

$$\begin{array}{c} \dfrac{b-a}{2}\left(f(a)+f(b)\right) \\[2mm] -\dfrac{1}{2}\displaystyle\int_a^b f'(x)\left[(x-a)+(x-b)\right]\mathrm{d}x \end{array} \!\!=\!\! \begin{array}{c} \dfrac{b-a}{2}\left(f(a)+f(b)\right) \\[2mm] -\dfrac{1}{2}\displaystyle\int_a^b f'(x)\,\mathrm{d}\left((x-a)(x-b)\right) \end{array}$$

从此 U 形等式串的两端即知

$$\int_a^b f(x)\,\mathrm{d}x = \frac{b-a}{2}\left(f(a)+f(b)\right) + \frac{1}{2}\int_a^b (x-a)(x-b)f''(x)\,\mathrm{d}x.$$

评注 本例给出用梯形面积 $\dfrac{b-a}{2}\left(f(a)+f(b)\right)$ 近似曲边梯形面积 $\displaystyle\int_a^b f(x)\,\mathrm{d}x$ 产生的误差是 $\dfrac{1}{2}\displaystyle\int_a^b (x-a)(x-b)f''(x)\,\mathrm{d}x$.

例 10 设 $f(x), g(x)$ 在 $[0,+\infty)$ 上连续,

$$(f*g)(x)\xlongequal{\text{def}}\int_0^x f(t)g(x-t)\,\mathrm{d}t \quad (x\geqslant 0)$$

称为函数 $f(x)$ 与 $g(x)$ 的**卷积**.

① 求证: $(f*g)(x)=(g*f)(x)$;

② 设 $f(x)=x, x\geqslant 0$,

$$g(x)=\begin{cases} \sin x, & 0\leqslant x\leqslant \dfrac{\pi}{2}, \\[2mm] 0, & x>\dfrac{\pi}{2}, \end{cases}$$

求 $(f*g)(x), x\geqslant 0$.

解 ① 证 令 $u=x-t$, 则 $\mathrm{d}u=-\mathrm{d}t$. 当 t 由 0 变到 x 时, u 由 0 变到 x,

$$(f*g)(x)=\int_0^x f(t)g(x-t)\,\mathrm{d}t$$

$$= \int_x^0 f(x-u)\,g(u)\,(-\mathrm{d}u)$$
$$= \int_0^x f(x-u)\,g(u)\,\mathrm{d}u = (g*f)(x),$$

$$
\begin{array}{ccc}
(f*g)(x) & & (g*f)(x)\\
\| & & \|\\
\int_0^x f(t)\,g(x-t)\,\mathrm{d}t = \int_x^0 f(x-u)\,g(u)\,(-\mathrm{d}u) = \int_0^x f(x-u)\,g(u)\,\mathrm{d}u
\end{array}
$$

从此 U 形等式串的两端即知

$$(f*g)(x) = (g*f)(x), \quad x \geqslant 0.$$

② 当 $0 \leqslant x \leqslant \dfrac{\pi}{2}$ 时,

$$
\begin{array}{ccc}
(f*g)(x) & & x - \sin x\\
\| & & \|\\
(g*f)(x) & & (u-x)\cos u|_0^x - \int_0^x \cos u\,\mathrm{d}u\\
\| & & \|\\
\int_0^x (x-u)\sin u\,\mathrm{d}u = & & \int_0^x (u-x)\,\mathrm{d}\cos u
\end{array}
$$

从此 U 形等式串的两端即知

$$(f*g)(x) = x - \sin x, \quad 0 \leqslant x \leqslant \frac{\pi}{2}. \tag{1}$$

当 $x > \dfrac{\pi}{2}$ 时,

$$
\begin{array}{ccc}
(f*g)(x) & & x - 1\\
\| & & \|\\
(g*f)(x) & & -(x-u)\cos u - \sin u|_0^{\frac{\pi}{2}}\\
\| & & \|\\
\int_0^{\frac{\pi}{2}} (x-a)\sin u\,\mathrm{d}u + \int_{\frac{\pi}{2}}^x 0\,\mathrm{d}u = & & \int_0^{\frac{\pi}{2}} (x-u)\sin u\,\mathrm{d}u + 0
\end{array}
$$

188

从此 U 形等式串的两端即知

$$(f * g)(x) = x - 1, \quad x > \frac{\pi}{2}. \tag{2}$$

联立 (1), (2) 式得

$$(f * g)(x) = \begin{cases} x - \sin x, & 0 \leqslant x \leqslant \frac{\pi}{2}, \\ x - 1, & x > \frac{\pi}{2}. \end{cases}$$

2. 含定积分的不等式证明

例 11 若 $f''(x)$ 在 $[0,1]$ 上连续, 且 $f(0) = 0$, $f''(x) > 0$, 证明

$$\int_0^1 x f(x) \, dx > \frac{2}{3} \int_0^1 f(x) \, dx.$$

证 我们有

$$\int_0^1 x f(x) \, dx - \frac{2}{3} \int_0^1 f(x) \, dx = \int_0^1 \left(x - \frac{2}{3} \right) f(x) \, dx. \tag{1}$$

为了通过分部积分出现 $f'(x)$, 考虑把 $\left(x - \frac{2}{3} \right)$ 移到 d 后面去,

$$\int \left(x - \frac{2}{3} \right) dx = \frac{1}{2} x^2 - \frac{2}{3} x + C.$$

进一步, 为了使

$$f(x) \int \left(x - \frac{2}{3} \right) dx \bigg|_0^1 = 0,$$

因为有条件 $f(0) = 0$, 只要

$$\frac{1}{2} x^2 - \frac{2}{3} x + C \bigg|_{x=1} = -\frac{1}{6} + C = 0 \Longrightarrow C = \frac{1}{6},$$

故有
$$\frac{1}{2} x^2 - \frac{2}{3} x + \frac{1}{6} = \frac{1}{6} (3x - 1)(x - 1).$$

由 (1) 式, 分部积分

$$\int_0^1 x f(x) \, dx - \frac{2}{3} \int_0^1 f(x) \, dx = \frac{1}{6} \int_0^1 f(x) \, d(3x - 1)(x - 1)$$

$$= -\frac{1}{6} \int_0^1 (3x-1)(x-1) f'(x) \, dx. \tag{2}$$

为了再通过分部积分出现 $f''(x)$, 考虑把 $-\frac{1}{6}(3x-1)(x-1)$ 移到 d 后面去, 因为

$$\int \left(-\frac{1}{6}(3x-1)(x-1) \right) dx = -\frac{1}{6}x(x-1)^2 + C,$$

只要取 $C=0$, 由 (2) 式, 即有

$$\int_0^1 xf(x) \, dx - \frac{2}{3} \int_0^1 f(x) \, dx = \int_0^1 f'(x) \, d\left(-\frac{1}{6}x(x-1)^2 \right)$$
$$= \frac{1}{6} \int_0^1 f''(x) \left(x(x-1)^2 \right) dx > 0.$$

3. 含定积分的中值命题

例 12　设 $f(x)$ 在 $[a,b]$ 上连续. 求证: $\exists \xi \in [a,b]$, 使得

$$\int_a^\xi f(t) \, dt = \int_\xi^b f(t) \, dt.$$

证　令 $F(x) = \int_a^x f(t) \, dt - \int_x^b f(t) \, dt$, 则有 $F(a) = -F(b)$. 若 $F(a) = 0$, 则 $\xi = a$ 或 $\xi = b$; 若 $F(a) \neq 0$, 则 $F(a) \cdot F(b) < 0$. 根据连续函数零点存在定理, $\exists \xi \in (a,b)$, 使得 $F(\xi) = 0$, 即

$$\int_a^\xi f(t) \, dt = \int_\xi^b f(t) \, dt.$$

例 13　设 $f(x)$ 在 $[a,b]$ 上连续, 且 $\int_a^b f(x) \, dx = 0$. 求证: $\exists \xi \in (a,b)$, 使得

$$\int_a^\xi f(x) \, dx = f(\xi).$$

证　令 $F(x) = e^{-x} \int_a^x f(t) \, dt$, 则有 $F(a) = F(b) = 0$. 由罗尔定理,

$$\exists \xi \in (a,b), \text{ 使得 } F'(\xi) = 0,$$

而
$$F'(x) = \mathrm{e}^{-x} f(x) - \mathrm{e}^{-x} \int_a^x f(t)\,\mathrm{d}t,$$

故有
$$\mathrm{e}^{-\xi} f(\xi) - \mathrm{e}^{-\xi} \int_a^\xi f(t)\,\mathrm{d}t = 0.$$

两边约去 $\mathrm{e}^{-\xi} \neq 0$, 即得 $\displaystyle\int_a^\xi f(x)\,\mathrm{d}x = f(\xi)$.

例 14 设 $f(x)$ 在 $[a,b]$ 上连续, $a > 0, \displaystyle\int_a^b f(x)\,\mathrm{d}x = 0$. 求证: $\exists \xi \in (a,b)$, 使得
$$\int_a^\xi f(x)\,\mathrm{d}x = \xi \cdot f(\xi).$$

证 令 $F(x) = \dfrac{1}{x} \displaystyle\int_a^x f(t)\,\mathrm{d}t$, 则有 $F(a) = F(b) = 0$. 由罗尔定理,
$$\exists \xi \in (a,b), \ \text{使得} \ F'(\xi) = 0,$$

而
$$F'(x) = -\frac{1}{x^2} \int_a^x f(t)\,\mathrm{d}t + \frac{1}{x} f(x), \quad x > 0,$$

故有
$$-\frac{1}{\xi^2} \int_a^\xi f(t)\,\mathrm{d}t + \frac{1}{\xi} f(\xi) = 0.$$

两边同乘以 ξ^2, 并移项即得
$$\int_a^\xi f(x)\,\mathrm{d}x = \xi \cdot f(\xi).$$

例 15 设 $f(x), g(x)$ 在 $[a,b]$ 上连续, 且 $g(x) \neq 0, \forall x \in [a,b]$. 求证: $\exists \xi \in (a,b)$, 使得
$$g(\xi) \int_a^b f(x)\,\mathrm{d}x = f(\xi) \int_a^b g(x)\,\mathrm{d}x.$$

证 令 $F(x) = \displaystyle\int_a^x f(t)\,\mathrm{d}t, G(x) = \int_a^x g(t)\,\mathrm{d}t$, 用柯西中值定理, $\exists \xi \in (a,b)$, 使得

$$\frac{F(b) - F(a)}{G(b) - G(a)} = \frac{F'(\xi)}{G'(\xi)}, \quad 即 \quad \frac{\int_a^b f(x)\,dx}{\int_a^b g(x)\,dx} = \frac{f(\xi)}{g(\xi)},$$

两边同乘以 $g(\xi) \int_a^b g(x)\,dx$, 即得

$$g(\xi) \int_a^b f(x)\,dx = f(\xi) \int_a^b g(x)\,dx.$$

例 16 设 $f(x), g(x)$ 在 $[a,b]$ 上连续, 求证: $\exists \xi \in (a,b)$, 使得

$$g(\xi) \int_a^\xi f(x)\,dx = f(\xi) \int_\xi^b g(x)\,dx.$$

证 令 $F(x) = \int_a^x f(t)\,dt \cdot \int_x^b g(t)\,dt$. 因为 $F(a) = F(b) = 0$, 所以由罗尔定理,

$$\exists \xi \in (a,b), \quad 使得 \quad F'(\xi) = 0,$$

而

$$F'(x) = f(x) \int_x^b g(t)\,dt - g(x) \int_a^x f(t)\,dt,$$

故由 $F'(\xi) = 0$, 即

$$f(\xi) \int_\xi^b g(t)\,dt - g(\xi) \int_a^\xi f(t)\,dt = 0,$$

移项即得

$$g(\xi) \int_a^\xi f(x)\,dx = f(\xi) \int_\xi^b g(x)\,dx.$$

例 17 设 $f(x), g(x)$ 在 $[a,b]$ 上连续,, 且 $f(x), g(x) > 0$. 求证: $\exists \xi \in (a,b)$, 使得

$$\frac{f(\xi)}{\int_a^\xi f(x)\,dx} - \frac{g(\xi)}{\int_\xi^b g(x)\,dx} = 1.$$

192

分析　记 $F(x) = \int_a^x f(t)\,dt, G(x) = \int_b^x g(t)\,dt$, 则

$$\frac{f(\xi)}{\int_a^\xi f(x)\,dx} - \frac{g(\xi)}{\int_\xi^b g(x)\,dx} = 1$$

$$\Longleftrightarrow f(\xi)\int_b^\xi g(x)\,dx + g(\xi)\int_a^\xi f(x)\,dx$$

$$= \int_a^\xi f(x)\,dx \int_b^\xi g(x)\,dx$$

$$\Longleftrightarrow f(x)\int_b^x g(t)\,dt + g(x)\int_a^x f(t)\,dt$$

$$- \int_a^x f(t)\,dt \int_b^x g(t)\,dt \text{有零点}$$

$$\Longleftrightarrow F'(x)G(x) + G'(x)F(x) - F(x)G(x) \text{有零点}$$

$$\Longleftrightarrow [F(x)G(x)]' - F(x)G(x) \text{有零点}$$

$$\Longleftrightarrow e^{-x}[F(x)G(x)]' - e^{-x}F(x)G(x) \text{有零点}$$

$$\Longleftrightarrow \left[e^{-x}F(x)G(x)\right]' \text{有零点}.$$

证　令 $H(x) = e^{-x}F(x)G(x)$. 因为 $H(a) = H(b) = 0$, 所以由罗尔定理,

$$\exists \xi \in (a, b), \text{ 使得 } H'(\xi) = 0.$$

而

$$H'(x) = e^{-x}[F'(x)G(x) + G'(x)F(x) - F(x)G(x)],$$

故由 $H'(\xi) = 0$, 即

$$F'(\xi)G(\xi) + G'(\xi)F(\xi) - F(\xi)G(\xi) = 0,$$

有

$$f(\xi)\int_b^\xi g(t)\,dt + g(\xi)\int_a^\xi f(t)\,dt - \int_a^\xi f(t)\,dt \int_b^\xi g(t)\,dt = 0,$$

即

$$\frac{f(\xi)}{\int_a^\xi f(x)\,\mathrm{d}x} - \frac{g(\xi)}{\int_\xi^b g(x)\,\mathrm{d}x} = 1.$$

4. 定积分的极限

例 18 若 $f(x)$ 是以 T 为周期的连续函数, 求证:

$$\lim_{x\to+\infty} \frac{\int_0^x f(t)\,\mathrm{d}t}{x} = \frac{\int_0^T f(t)\,\mathrm{d}t}{T}.$$

证 令

$$\varphi(x) = \int_0^x f(t)\,\mathrm{d}t - \frac{x}{T}\int_0^T f(t)\,\mathrm{d}t,$$

则有

$$
\begin{array}{ccc}
\varphi(x+T) & & \varphi(x) \\
\| & & \| \\
\displaystyle\int_0^{x+T} f(t)\,\mathrm{d}t & \displaystyle\int_0^x f(t)\,\mathrm{d}t + \int_x^{x+T} f(t)\,\mathrm{d}t & \displaystyle\int_0^x f(t)\,\mathrm{d}t \\
-\dfrac{x+T}{T}\displaystyle\int_0^T f(t)\,\mathrm{d}t \;=\; -\displaystyle\int_0^T f(t)\,\mathrm{d}t - \dfrac{x}{T}\int_0^T f(t)\,\mathrm{d}t \;=\; -\dfrac{x}{T}\displaystyle\int_0^T f(t)\,\mathrm{d}t
\end{array}
$$

从此 U 形等式串的两端即知 $\varphi(x)$ 是以 T 为周期的连续函数. 因此 $\varphi(x)$ 是有界函数, 从而 $\displaystyle\lim_{x\to\infty}\frac{\varphi(x)}{x}=0$. 又

$$\frac{\int_0^x f(t)\,\mathrm{d}t}{x} - \frac{\int_0^T f(t)\,\mathrm{d}t}{T} = \frac{1}{x}\left(\int_0^x f(t)\,\mathrm{d}t - \frac{x}{T}\int_0^T f(t)\,\mathrm{d}t\right) = \frac{\varphi(x)}{x},$$

故

$$\lim_{x\to+\infty} \frac{\int_0^x f(t)\,\mathrm{d}t}{x} = \frac{\int_0^T f(t)\,\mathrm{d}t}{T}.$$

例 19 设 $I_n = \displaystyle\int_0^1 x^n\sqrt{1-x^2}\,\mathrm{d}x$, 其中 n 为正整数. 求 $\displaystyle\lim_{n\to\infty}\frac{I_n}{I_{n-1}}$.

194

解 首先, 证明 I_n 的递减性. 事实上,

$$\overset{I_n}{\overset{\|}{\int_0^1 x \cdot x^{n-1}\sqrt{1-x^2}\mathrm{d}x}} \leqslant \overset{I_{n-1}}{\overset{\|}{\int_0^1 x^{n-1}\sqrt{1-x^2}\mathrm{d}x}}$$

从此 U 形等式 - 不等式串的两端即知 $I_n \leqslant I_{n-1}$.

其次, 用分部积分,

$$I_n = \int_0^1 x^n \sqrt{1-x^2}\mathrm{d}x = \int_0^1 x^{n-1} \cdot x\sqrt{1-x^2}\mathrm{d}x$$

$$= -\frac{1}{3}\int_0^1 x^{n-1}\mathrm{d}\left(1-x^2\right)^{\frac{3}{2}}$$

$$= -\frac{1}{3}x^{n-1}\left(1-x^2\right)^{\frac{3}{2}}\Big|_0^1 + \frac{n-1}{3}\int_0^1 \left(1-x^2\right)^{\frac{3}{2}} x^{n-2}\mathrm{d}x$$

$$= \frac{n-1}{3}\int_0^1 \left(1-x^2\right)^{\frac{1}{2}} x^{n-2}\mathrm{d}x - \frac{n-1}{3}\int_0^1 \left(1-x^2\right)^{\frac{1}{2}} x^n\mathrm{d}x$$

$$= \frac{n-1}{3}I_{n-2} - \frac{n-1}{3}I_n.$$

由此推出

$$I_n = \frac{n-1}{n+2}I_{n-2}.$$

进一步, 由 I_n 的递减性, 有

$$\frac{n-1}{n+2}I_{n-1} \leqslant \frac{n-1}{n+2}I_{n-2} = I_n \leqslant I_{n-1}.$$

两端同除以 $I_{n-1} > 0$, 即得

$$\frac{n-1}{n+2} \leqslant \frac{I_n}{I_{n-1}} \leqslant 1.$$

因为 $\lim\limits_{n\to\infty}\dfrac{n-1}{n+2} = 1$, 所以根据极限的两边夹准则, 便有 $\lim\limits_{n\to\infty}\dfrac{I_n}{I_{n-1}} = 1.$

§3　定积分应用

内 容 提 要

1. 几何应用

在直角坐标系中,

(1) 如果曲线方程为 $y = f(x)$, 那么

面积微元: $\mathrm{d}A = f(x)\,\mathrm{d}x$;

弧长微元: $\mathrm{d}s = \sqrt{1 + (f'(x))^2}\,\mathrm{d}x$;

旋转体体积微元:

$$\mathrm{d}V = \pi f^2(x)\,\mathrm{d}x \text{ 或 } \mathrm{d}V = A(x)\,\mathrm{d}x(\text{横截面积为 } A(x));$$

旋转体侧面积微元: $\mathrm{d}P = 2\pi f(x)\sqrt{1 + (f'(x))^2}\,\mathrm{d}x$.

(2) 如果光滑曲线由参数方程 $x = x(t), y = y(t)$ 给出, 那么

面积微元: $\mathrm{d}A = \dfrac{1}{2}(x\mathrm{d}y - y\mathrm{d}x)$;

弧长微元: $\mathrm{d}s = \sqrt{x'^2 + y'^2}\,\mathrm{d}t$

(3) 如果曲线由极坐标 $r = r(\theta)$ 给出, 那么

面积微元: $\mathrm{d}A = \dfrac{1}{2}r^2\mathrm{d}\theta$;

弧长微元: $\mathrm{d}s = \sqrt{r^2 + r'^2}\,\mathrm{d}\theta$.

(4) 光滑曲线的弧长:

若 $x = x(t), y = y(t)$ 为平面光滑曲线, 参数 $t \in [\alpha, \beta], A(x(\alpha), y(\alpha))$, $B(x(\beta), y(\beta))$ 为其两个端点, 则

$$\frac{\mathrm{d}s}{\mathrm{d}t} = \sqrt{x'^2 + y'^2}, \quad s = \int_\alpha^\beta \sqrt{x'^2 + y'^2}\,\mathrm{d}t.$$

2. 物理上的应用

物理应用主要是求曲线段的质量, 质心, 压力及变力所作的功等.

典型例题解析

例 1　求曲线 $\left(\dfrac{x}{a}\right)^{\frac{2}{3}} + \left(\dfrac{y}{b}\right)^{\frac{2}{3}} = 1\,(a > 0, b > 0)$ 的长度.

解　将曲线的隐函数方程改写为参数方程:

$$\begin{cases} x = a\cos^3 t, \\ y = b\sin^3 t, \end{cases} \quad 0 \leqslant t \leqslant 2\pi,$$

则有

$$\frac{\mathrm{d}x}{\mathrm{d}t} = -3a\cos^2 t\sin t, \quad \frac{\mathrm{d}y}{\mathrm{d}t} = 3b\sin^2 t\cos t,$$

$$\sqrt{\left(\frac{\mathrm{d}x}{\mathrm{d}t}\right)^2 + \left(\frac{\mathrm{d}y}{\mathrm{d}t}\right)^2} = 3\cos t\sin t\sqrt{a^2\cos^2 t + \boldsymbol{b}^2\sin^2 t},$$

$$
\begin{array}{ccc}
L & & \dfrac{4\left(a^2+ab+b^2\right)}{a+b}\\[2mm]
\| & & \|\\[2mm]
4\displaystyle\int_0^{\frac{\pi}{2}}\sqrt{\left(\frac{\mathrm{d}x}{\mathrm{d}t}\right)^2+\left(\frac{\mathrm{d}y}{\mathrm{d}t}\right)^2}\,\mathrm{d}t & & 4\cdot\dfrac{b^3-a^3}{b^2-a^2}\\[2mm]
\| & & \|\\[2mm]
12\displaystyle\int_0^{\frac{\pi}{2}} A\sqrt{a^2\cos^2 t+b^2\sin^2 t}\,\mathrm{d}t & & \left(\dfrac{12}{c^2}\cdot\dfrac{1}{3}\left(b^3-a^3\right)\right)\\[2mm]
\| & & \|\\[2mm]
6\displaystyle\int_0^{\frac{\pi}{2}}\sqrt{a^2 B+b^2\sin^2 t}\,\mathrm{d}\left(\sin^2 t\right) & & \dfrac{12}{c^2}\displaystyle\int_a^b v^2\,\mathrm{d}v\\[2mm]
\|u=\sin^2 t & & \|v=\sqrt{a^2+c^2 u}\\[2mm]
6\displaystyle\int_0^1\sqrt{a^2\left(1-u\right)+b^2 u}\,\mathrm{d}u & & \dfrac{12}{c^2}\displaystyle\int_0^1\left(a^2+c^2 u\right)\mathrm{d}\left(\sqrt{a^2+c^2 u}\right)\\[2mm]
\| & & \|\\[2mm]
6\displaystyle\int_0^1\sqrt{a^2+\left(b^2-a^2\right)u}\,\mathrm{d}u & \xlongequal{c^2=b^2-a^2} & 6\displaystyle\int_0^1\sqrt{a^2+c^2 u}\,\mathrm{d}u
\end{array}
$$

其中 $A=\cos t\sin t, B=1-\sin^2 t$. 从此 U 形等式串即知

$$L = \frac{4(a^2+ab+b^2)}{a+b}.$$

例 2 设 $a<c<d<b$. 记以连接 $(a,0),(b,0)$ 线段为直径的上半圆为 L, L 夹在直线 $x=c$ 与 $x=d$ 之间的一段弧为 L_1 (图 3.4). 求证: L_1 的弧度数等于

$$\int_c^d \frac{\mathrm{d}x}{\sqrt{(x-a)(b-x)}},$$

并用此结果计算积分 $\displaystyle\int_{\frac{1}{4}}^{\frac{3}{4}} \frac{\mathrm{d}x}{\sqrt{x(1-x)}}$.

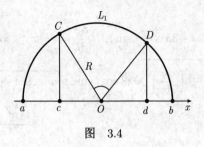

图 3.4

证 记直线 $x = c$ 与 $x = d$ 分别交 L 于 C, D, 半圆圆心为 O. 依题意, L 的方程为 $y = \sqrt{(x-a)(b-x)}$, L_1 的弧长为 $\int_c^d \sqrt{1 + y'^2}\mathrm{d}x$. 又

$$y = \sqrt{(x-a)(b-x)} \qquad \frac{1}{R}\sqrt{1 + y'^2} = \frac{1}{y}$$

$$\Downarrow \qquad\qquad \Uparrow$$

$$y^2 = (x-a)(b-x) \qquad (1 + y'^2)\,y^2 = R^2$$

$$\Downarrow \qquad\qquad \Uparrow$$

$$2yy' = b - x - (x-a) \Longrightarrow (yy')^2 = \left(\frac{a+b}{2} - x\right)^2$$

从此 U 形推理串的终端即知

$$\frac{1}{R}\sqrt{1 + y'^2} = \frac{1}{y} = \frac{1}{\sqrt{(x-a)(b-x)}}.$$

由此可见

$$\int_c^d \frac{\mathrm{d}x}{\sqrt{(x-a)(b-x)}} \qquad \text{弧}CD\text{的弧度数}$$

$$\| \qquad\qquad\qquad \|$$

$$\frac{\int_c^d \sqrt{1 + y'^2}\mathrm{d}x}{R} = \frac{\text{弧}CD\text{的长度}}{R}$$

198

当 $c = \dfrac{1}{4} < \dfrac{1}{2} < \dfrac{3}{4} = d$ 时, 易知角 $COc = \dfrac{\pi}{3}$, 角 $DOd = \dfrac{\pi}{3}$,

$$
\begin{array}{ccc}
\displaystyle\int_{\frac{1}{4}}^{\frac{3}{4}} \frac{\mathrm{d}x}{\sqrt{x\,(1-x)}} & & \dfrac{\pi}{3} \\[3mm]
\parallel & & \parallel \\[2mm]
\text{角} COD & = \pi - (\text{角}\,COc + \text{角}\,DOd)
\end{array}
$$

从此 U 形等式串的两端即知

$$
\int_{\frac{1}{4}}^{\frac{3}{4}} \frac{\mathrm{d}x}{\sqrt{x\,(1-x)}} = \frac{\pi}{3}.
$$

例 3　求曲线 $y^2 = x^2\,(1-x)$ 所围平面图形的面积 (图 3.5).

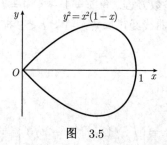

图　3.5

解法 1　根据图形关于 x 轴的对称性, 上半部分由曲线 $y = x\sqrt{1-x}\ (0 \leqslant x \leqslant 1)$ 与 Ox 轴所围成. 故有

$$
S = 2\int_0^1 x\sqrt{1-x}\,\mathrm{d}x.
$$

$$
\begin{array}{ccc}
S & & \dfrac{8}{15} \\[3mm]
\parallel & & \parallel \\[2mm]
2\displaystyle\int_0^1 x\sqrt{1-x}\,\mathrm{d}x & \xlongequal{t=\sqrt{1-x}} & 4\displaystyle\int_0^1 t^2\,(1-t^2)\,\mathrm{d}t
\end{array}
$$

从此 U 形等式串即知 $S = \dfrac{8}{15}$.

解法 2　转换成极坐标 $r = \dfrac{1 - \tan^2\theta}{\cos\theta}$, 令 $r = 0$ 解出 $\theta = \pm\dfrac{\pi}{4}$,

从而确定 θ 的变化范围是 $-\dfrac{\pi}{4} \leqslant \theta \leqslant \dfrac{\pi}{4}$. 于是根据极坐标面积公式:
$S = \dfrac{1}{2} \displaystyle\int_{\alpha}^{\beta} r^2(\theta)\, \mathrm{d}\theta$, 有

$$
\begin{array}{ccc}
S & & \dfrac{8}{15} \\[2mm]
\| & & \| \\[2mm]
2\displaystyle\int_0^{\frac{\pi}{4}} \dfrac{1}{2}\left(\dfrac{1-\tan^2\theta}{\cos\theta}\right)^2 \mathrm{d}\theta \xlongequal{u=\tan\theta} \displaystyle\int_0^1 \left(1-u^2\right)^2 \mathrm{d}u
\end{array}
$$

从此 U 形等式串即知 $S = \dfrac{8}{15}$.

解法 3　化为参数方程. 令 $x = 1-t^2$, $y = t\left(1-t^2\right)$, $-\infty < t < +\infty$. 因为 $t = \pm 1$ 时曲线经过原点, $-1 < t < 1$ 描出封闭图形, 故

$$
\begin{array}{ccc}
S & & \dfrac{8}{15} \\[2mm]
\| & & \| \\[2mm]
\left|\displaystyle\int_{-1}^1 y(t)\, x'(t)\, \mathrm{d}t\right| == \left|\displaystyle\int_{-1}^1 t\left(1-t^2\right)(-2t)\, \mathrm{d}t\right| == 4\displaystyle\int_0^1 \left(t^2 - t^4\right) \mathrm{d}t
\end{array}
$$

例 4　设 $A > 0$, $AC - B^2 > 0$, 求平面曲线 $Ax^2 + 2Bxy + Cy^2 = 1$ 所围的图形面积.

解　由已知方程解出 $y_{\pm}(x) = -\dfrac{Bx}{C} \pm \dfrac{1}{C}\sqrt{C - \left(CA - B^2\right)x^2}$, 再由

$$
y_{+}(x) = y_{-}(x) \implies C - \left(CA - B^2\right)x^2 = 0
$$

得出曲线 $y = y_{+}(x)$ 与曲线 $y = y_{-}(x)$ 的两个交点的横坐标

$$
x_{\pm} = \pm\dfrac{\sqrt{C}}{\sqrt{AC - B^2}} = \pm\dfrac{\sqrt{C}}{D}, \text{ 其中 } D = \sqrt{AC - B^2}.
$$

于是平面曲线 $Ax^2 + 2Bxy + Cy^2 = 1$ 所围图形的面积就是曲线 $y =$

$y_+(x)$ 与曲线 $y = y_-(x)$ 所围图形的面积. 此面积

$$
\begin{array}{ccc}
S & & \dfrac{\pi}{\sqrt{AC-B^2}} \\[2mm]
\| & & \| \\[2mm]
\displaystyle\int_{x_-}^{x_+}(y_+(x)-y_-(x))\,\mathrm{d}x & & \dfrac{4}{CD}\cdot\dfrac{\pi}{4}\left(\sqrt{C}\right)^2 \\[2mm]
\| & & \| \\[2mm]
\dfrac{2}{C}\displaystyle\int_{-\frac{\sqrt{C}}{D}}^{\frac{\sqrt{C}}{D}}\sqrt{C-D^2x^2}\,\mathrm{d}x \xlongequal{u=Dx} & \dfrac{4}{CD}\displaystyle\int_0^{\sqrt{C}}\sqrt{C-u^2}\,\mathrm{d}u &
\end{array}
$$

从此 U 形等式串的两端即知 $S = \dfrac{\pi}{\sqrt{AC-B^2}}$.

例 5　已知抛物线 $y = px^2 + qx$（其中 $p < 0, q > 0$）在第一象限内与直线 $x + y = 5$ 相切, 且此抛物线与 x 轴所围成的平面图形的面积为 S (图 3.6). 当 p 和 q 为何值时, S 达到最大值, 求出此最大值.

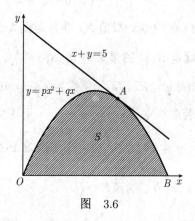

图　3.6

解　令 $px^2 + qx = 0$ 得抛物线与 x 轴的两交点为 $O(0,0)$, $B\left(-\dfrac{q}{p}, 0\right)$. 由于 $p < 0$, 抛物线开口向下 (如图 3.6 所示), 则

$$
S = \int_0^{-\frac{q}{p}}\left(px^2 + qx\right)\mathrm{d}x = \frac{q^3}{6p^2}. \tag{1}
$$

为将 S 化成仅为一个参数的函数, 需找出 p 和 q 的关系. 设抛物线

201

$y = px^2 + qx$ 与直线 $x + y = 5$ 相切于 $A = (x_0, y_0)$ 点, 则有

$$px_0^2 + qx_0 = 5 - x_0 (纵坐标相等),$$

$$2px_0 + q = -1 (切线斜率与直线斜率相等).$$

联立上述两式, 消去 x_0, 得到

$$p = -\frac{1}{20}(q+1)^2. \tag{2}$$

将 (2) 式代入 (1) 式得到 $S(q) = \dfrac{200q^3}{3(q+1)^4}$. 令 $f(q) = 3\ln q - 4\ln(q+1)$, 则 $f(q)$ 与 $S(q)$ 有相同的极值点. 对 $f(q)$ 求导数得

$$f'(q) = \frac{3-q}{q(q+1)} \begin{cases} > 0, & q < 3, \\ = 0, & q = 3, \\ < 0, & q > 3. \end{cases}$$

点 $q = 3$ 是函数 $f(q)$ 的唯一极值点, 并且是极大点, 从而达到函数 $f(q)$ 的最大值, 也就是 $S(q)$ 的最大值, $S(3) = \dfrac{225}{32}$.

例 6 已知曲线 $y = kx^2$ (k 是常数) 与 $y = \sin x$ 交点的横坐标为 $t\left(0 < t < \dfrac{\pi}{2}\right)$. 若曲线 $y = kx^2$ 与 $y = \sin x$ 所围成的面积为 S_1, 曲线 $y = \sin x$ 与直线 $y = \sin t$ 及 $x = \dfrac{\pi}{2}$ 所围成的面积为 S_2 (如图 3.7 所示).

① 试将 $S_1 + S_2$ 写成 t 的函数 $f(t)$ $\left(0 < t < \dfrac{\pi}{2}\right)$.

② 求证: 存在唯一的 $t \in \left(0, \dfrac{3\pi}{8}\right)$, 使得 $f(t)$ 取到 $\left(0, \dfrac{\pi}{2}\right)$ 上的最小值.

解 ① 设两条曲线在 $x = t$ 处相交, 则由

$$\begin{cases} y = kx^2 \\ y = \sin x \end{cases} \Longrightarrow kt^2 = \sin t \Longrightarrow k = \frac{\sin t}{t^2},$$

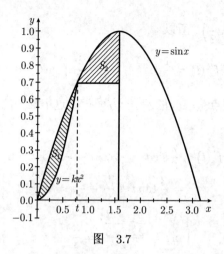

图 3.7

由此得出

$$S_1 = \int_0^t \left(\sin x - \frac{\sin t}{t^2} x^2 \right) \mathrm{d}x = -\cos t - \frac{t}{3} \sin t + 1,$$

$$S_2 = \int_t^{\frac{\pi}{2}} (\sin x - \sin t) \, \mathrm{d}x = \left(t - \frac{\pi}{2} \right) \sin t + \cos t.$$

$$S_1 + S_2 = -\cos t - \frac{t}{3} \sin t + 1 - \frac{\pi}{2} \sin t$$
$$+ \cos t + t \sin t$$
$$= \frac{2t}{3} \sin t + 1 - \frac{\pi}{2} \sin t,$$

② 设

$$f(t) = \left(\frac{2t}{3} - \frac{\pi}{2} \right) \sin t + 1.$$

我们有

$$f'(t) = \frac{2}{3} \sin t + \frac{2}{3} t \cos t - \frac{1}{2} \pi \cos t,$$

$$f'(0) = -\frac{1}{2} \pi < 0, \quad f'\left(\frac{\pi}{2} \right) = \frac{2}{3} > 0.$$

由连续函数零点存在定理, $\exists t \in \left(0, \frac{\pi}{2} \right)$ 使得 $f'(t) = 0$.

203

因为 $t \in \left(0, \dfrac{\pi}{2}\right)$, 所以

$$f''(t) = \frac{4}{3}\cos t + \left(\frac{\pi}{2} - \frac{2t}{3}\right)\sin t > 0.$$

这一方面肯定驻点是唯一的, 另一方面肯定这个唯一的驻点是极小点. 由

$$f'(t) = \frac{2}{3}\sin t + \frac{2}{3}t\cos t - \frac{1}{2}\pi\cos t = 0$$

$$\Longrightarrow \frac{2}{3}\tan t + \frac{2}{3}t - \frac{1}{2}\pi = 0,$$

$$\tan t = \frac{\dfrac{1}{2}\pi - \dfrac{2}{3}t}{\dfrac{2}{3}} = \frac{3}{4}\pi - t.$$

又因为 $\tan t > t, t \in \left(0, \dfrac{\pi}{2}\right)$, 所以

$$t + \tan t = \frac{3}{4}\pi \Longrightarrow \frac{3}{4}\pi > 2t \Longrightarrow t < \frac{3\pi}{8}.$$

例 7 旋轮线的参数方程为

$$\begin{cases} x(t) = a(t - \sin t), \\ y(t) = a(1 - \cos t) \end{cases} \quad (0 \leqslant t \leqslant 2\pi).$$

① 求旋轮线在直线 $y = \dfrac{3}{2}a$ 上方那一部分的弧长;

② 设旋轮线起点为 $O(t=0)$, 终点为 $A(t=2\pi)$, 若点 Q 分旋轮线为两段 (图 3.8), 使得弧 OQ 与弧 QA 的长度之比为 $\dfrac{2+\sqrt{3}}{2-\sqrt{3}}$, 求 Q 点的坐标;

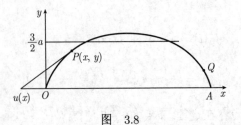

图 3.8

204

③ 设 $P(x,y)\ (0 < x < \pi a)$ 是旋轮线上的任意一点, 在点 P 处作旋轮线的切线, 若该切线在 Ox 轴上的截距为 $u(x)$, 求 $\lim\limits_{x \to 0+0} \dfrac{u(x)}{x}$.

解 ① 由 $a(1-\cos t) = \dfrac{3a}{2}$, 有

$$1 - \cos t = \frac{3}{2}, \quad \cos t = -\frac{1}{2} \Longrightarrow t = \frac{2}{3}\pi, \frac{4}{3}\pi,$$

$$x'(t) = a - a\cos t, \quad y'(t) = a\sin t.$$

因为

$$\begin{array}{cc} (a - a\cos t)^2 + a^2\sin^2 t & 4a^2\sin^2\dfrac{t}{2} \\ \| & \| \\ 2a^2 - 2a^2\cos t & = 2a^2(1-\cos t) \end{array}$$

所以

$$\mathrm{d}l = \sqrt{x'^2(t) + y'^2(t)} = 2a\left|\sin\frac{t}{2}\right|\mathrm{d}t,$$

于是

$$l = 2a\int_{\frac{2}{3}\pi}^{\frac{4}{3}\pi} \sin\frac{t}{2}\mathrm{d}t = 4a.$$

② 设 Q 点对应的参数为 t_0, 弧 OQ 长度为

$$\frac{2+\sqrt{3}}{2-\sqrt{3}+2+\sqrt{3}} \cdot 8a = \frac{2+\sqrt{3}}{4} \cdot 8a = 8a\left(\frac{1}{4}\sqrt{3} + \frac{1}{2}\right).$$

由此有

$$2a\int_0^{t_0} \sin\frac{t}{2}\mathrm{d}t = 4a\left(1 - \cos\frac{1}{2}t_0\right),$$

$$4a\left(1 - \cos\frac{1}{2}t_0\right) = 8a\left(\frac{1}{4}\sqrt{3} + \frac{1}{2}\right),$$

$$1 - \cos\frac{1}{2}t_0 = \frac{1}{2}\sqrt{3} + 1 \Rightarrow t_0 = \frac{5}{3}\pi,$$

$$\cos\frac{5}{3}\pi = \frac{1}{2}, \quad \sin\frac{5}{3}\pi = -\frac{1}{2}\sqrt{3},$$

$$x\left(\frac{5}{3}\pi\right) = a\left(\frac{5}{3}\pi + \frac{1}{2}\sqrt{3}\right), \quad y\left(\frac{5}{3}\pi\right) = \frac{1}{2}a.$$

故分点 Q 坐标为 $\left(a\left(\dfrac{5}{3}\pi+\dfrac{1}{2}\sqrt{3}\right),\dfrac{1}{2}a\right)$.

③ **解法 1**   根据截距公式 $u(x)=x-\dfrac{f(x)}{f'(x)}$, 有

$$\frac{u(x)}{x}=1-\frac{f(x)}{xf'(x)}=1-\frac{y(t)}{x(t)}\frac{x'(t)}{y'(t)},$$

$$\frac{y(t)}{x(t)}\frac{x'(t)}{y'(t)}=\frac{(1-\cos t)^2}{(\sin t)(t-\sin t)}\sim\frac{\dfrac{t^4}{4}}{t(t-\sin t)}\sim\frac{t^3}{4(t-\sin t)},$$

$$\lim_{t\to0}\frac{t^3}{4(t-\sin t)}=\lim_{t\to0}\frac{3t^2}{4(1-\cos t)}=\frac{3}{2}$$

$$\Longrightarrow\lim_{t\to0}\left(1-\frac{y(t)}{x(t)}\frac{x'(t)}{y'(t)}\right)=-\frac{1}{2}$$

解法 2   由洛必达法则 $\displaystyle\lim_{x\to0}\frac{u(x)}{x}=\lim_{x\to0}u'(x)$, 又 $u'(x)=\dfrac{f''(x)f(x)}{f'(x)^2}$,
而且经计算有

$$f'(x)=\frac{\mathrm{d}y}{\mathrm{d}x}=\frac{y'(t)}{x'(t)},$$

$$f''(x)=\frac{\mathrm{d}}{\mathrm{d}x}f'(x)=\frac{\dfrac{\mathrm{d}}{\mathrm{d}t}\left(\dfrac{y'(t)}{x'(t)}\right)}{x'(t)},\quad\frac{\mathrm{d}}{\mathrm{d}t}\left(\frac{y'(t)}{x'(t)}\right)=\frac{1}{\cos t-1}.$$

把 $x'(t)=-a(\cos t-1)$ 代入 $f''(x)$ 表示式, 得

$$f''(x)=\frac{\dfrac{\mathrm{d}}{\mathrm{d}t}\dfrac{y'(t)}{x'(t)}}{x'(t)}=-\frac{1}{a(\cos t-1)^2}.$$

再把 $f(x),f'(x),f''(x)$ 代入得

$$\frac{f''(x)f(x)}{f'(x)^2}=\frac{-\dfrac{y(t)}{a(\cos t-1)^2}}{\left(\dfrac{y'(t)}{x'(t)}\right)^2}=\frac{1}{\sin^2 t}(\cos t-1),$$

$$\lim_{h\to\infty}u'(t)=\lim_{t\to0}\frac{1}{\sin^2 t}(\cos t-1)=-\frac{1}{2}.$$

206

解法 3 由 $x(t) = a(t - \sin t)$, 则有 $y(t) = a(1 - \cos t)$,

$$\frac{\mathrm{d}y}{\mathrm{d}x} = \frac{y'(t)}{x'(t)} = \frac{a \sin t}{-a(\cos t - 1)} = \frac{\sin t}{1 - \cos t},$$

$$y - a(1 - \cos t) = \frac{\sin t}{1 - \cos t}(x - a(t - \sin t)),$$

令 $y = 0$, 得

$$0 - a(1 - \cos t) = \frac{\sin t}{1 - \cos t}(u(x) - a(t - \sin t)),$$

解出

$$u(x) = -\frac{1}{\sin t}(a\cos^2 t - 2a\cos t + a\sin^2 t - at\sin t + a)$$

$$= -\frac{1}{\sin t}(2a - 2a\cos t - at\sin t).$$

由此得

$$\frac{u(x)}{x} = \frac{-\frac{1}{\sin t}(2a - 2a\cos t - at\sin t)}{a(t - \sin t)}$$

$$= 2\frac{2\cos t + t\sin t - 2}{\cos 2t + 2t\sin t - 1},$$

$$\lim_{t \to 0} \frac{u(x)}{x} = \lim_{t \to 0} 2\frac{2\cos t + t\sin t - 2}{\cos 2t + 2t\sin t - 1} = -\frac{1}{2}.$$

例 8　已知曲线 Γ 的表达式为 $y = x + \dfrac{1}{x}$ $(x \in (0, +\infty))$. 若直线 $y = k$ 与曲线 Γ 有两个交点 A 和 B, 并且曲线 Γ 在点 A 处的切线 L_1 与在点 B 处的切线 L_2 互相垂直 (图 3.9).

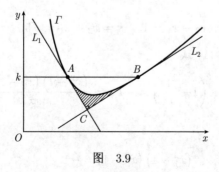

图　3.9

① 求 k 的值及由直线 L_1, L_2 与曲线 Γ 所围成图形绕 Ox 轴旋转所产生旋转体的体积.

② 设曲线 Γ 夹在点 A 和 B 之间的弧长为 l, 求证: $1 < l < 7/6$.

解 ① 首先用两种方法计算 k 的值. **方法 1** 由 $f(x) = x + \dfrac{1}{x}$, $y = k$ 求出两曲线的交点. 设交点的横坐标为 x_1, x_2. 根据已知

$$x + \frac{1}{x} = k \Longrightarrow x^2 - kx + 1 = 0.$$

又 $f'(x) = 1 - \dfrac{1}{x^2}$, 故有

$$\begin{cases} x_1 + x_2 = k, \\ x_1 x_2 = 1, \\ \left(1 - \dfrac{1}{x_1^2}\right) \cdot \left(1 - \dfrac{1}{x_2^2}\right) = -1. \end{cases} \tag{1}$$

不妨设 $x_1 < x_2$, 因为 x_1, x_2 都是方程 $\left(1 - \dfrac{1}{x^2}\right)\left(1 - x^2\right) = -1$ 的正根, 化简

$$\left(1 - \frac{1}{x^2}\right)\left(1 - x^2\right) = 2 - x^2 - \frac{1}{x^2}$$

得

$$2 - x^2 - \frac{1}{x^2} = -1, \quad x^2 + \frac{1}{x^2} = 3,$$

解出

$$x_1 = -\frac{1}{2} + \frac{1}{2}\sqrt{5}, \quad x_2 = \frac{1}{2} + \frac{1}{2}\sqrt{5}.$$

于是

$$x_2 - x_1 = 1, \quad k = x_2 + x_1 = \sqrt{5}.$$

方法 2 由 (1) 式

$$\left(1 - \frac{1}{x_1^2}\right) \cdot \left(1 - \frac{1}{x_2^2}\right) = -1 \Longrightarrow \frac{\left(x_1^2 - 1\right)\left(x_2^2 - 1\right)}{x_1^2 x_2^2} = -1,$$

把上式变形化简:

$$\left(x_1^2 - 1\right)\left(x_2^2 - 1\right) = -1,$$

208

$$1 - x_1^2 - x_2^2 + x_1^2 x_2^2 = -1,$$
$$1 - x_1^2 - x_2^2 + 1 = -1,$$
$$1 - (x_1 + x_2)^2 + 1 + 2 = -1,$$
$$(x_1 + x_2)^2 = 5 \Longrightarrow k = \sqrt{5}.$$

进一步, 求旋转体的体积. 由

$$f'(x_1) = 1 - \frac{1}{x_1^2} = 1 - \frac{1}{\left(\frac{1}{2}\sqrt{5} - \frac{1}{2}\right)^2} = -\frac{2}{\sqrt{5} - 1},$$

$$f'(x_2) = 1 - \frac{1}{x_2^2} = 1 - \frac{1}{\left(\frac{1}{2} + \frac{1}{2}\sqrt{5}\right)^2} = \frac{2}{\sqrt{5} + 1},$$

$$L_1 : y = f(x_1) + f'(x_1)(x - x_1) = -2\frac{-2 + x}{\sqrt{5} - 1},$$

$$L_2 : y = f(x_2) + f'(x_2)(x - x_2) = 2\frac{2 + x}{1 + \sqrt{5}}.$$

设 L_1, L_2 的交点为 C, 则由联立方程

$$\begin{cases} y = -2\dfrac{-2 + x}{\sqrt{5} - 1}, \\ y = 2\dfrac{2 + x}{1 + \sqrt{5}}, \end{cases}$$

解得 $x = \dfrac{2}{5}\sqrt{5}$, $y = \dfrac{4}{5}\sqrt{5}$. $y = f(x)$ 旋转所产生旋转体的体积:

$$\int_{x_1}^{x_2} \pi(f(x))^2 \, \mathrm{d}x = \int_{x_1}^{x_2} \pi \left(x + \frac{1}{x}\right)^2 \mathrm{d}x$$
$$= \pi \left. \frac{1}{3}x^3 + 2x - \frac{1}{x} \right|_{x_1}^{x_2} = \frac{13\pi}{3}.$$

AC, BC 旋转所产生旋转体的体积分别为:

$$\int_{-\frac{1}{2} + \frac{1}{2}\sqrt{5}}^{\frac{2}{5}\sqrt{5}} \pi \left(-2\frac{-2 + x}{\sqrt{5} - 1}\right)^2 \mathrm{d}x = \frac{244}{75} \pi \frac{5 - 2\sqrt{5}}{\left(\sqrt{5} - 1\right)^2},$$

$$\int_{\frac{2}{5}\sqrt{5}}^{\frac{1}{2}+\frac{1}{2}\sqrt{5}} \pi\left(2\,\frac{2+x}{1+\sqrt{5}}\right)^2 \mathrm{d}x = \frac{244}{75}\pi\,\frac{5+2\sqrt{5}}{\left(\sqrt{5}+1\right)^2},$$

两个旋转体积的和为

$$\frac{244}{75}\pi\,\frac{5-2\sqrt{5}}{\left(\sqrt{5}-1\right)^2} + \frac{244}{75}\pi\,\frac{5+2\sqrt{5}}{\left(\sqrt{5}+1\right)^2}$$

$$= \frac{976}{15}\cdot\frac{\pi}{16} = \frac{61}{15}\pi.$$

于是所求体积为

$$\frac{13\pi}{3} - \frac{61}{15}\pi = \frac{4}{15}\pi.$$

② 一方面,

$$l = \int_{x_1}^{x_2} \sqrt{1+\left(1-\frac{1}{x^2}\right)^2}\,\mathrm{d}x > \int_{x_1}^{x_2} 1\mathrm{d}x = x_2 - x_1 = 1,$$

另一方面

$$
\begin{array}{ccc}
l & & \dfrac{7}{6}\\[2mm]
\| & & \|\\[2mm]
\displaystyle\int_{x_1}^{x_2}\left(\sqrt{1+\left(1-\dfrac{1}{x^2}\right)^2}-1\right)\mathrm{d}x+1 & & \dfrac{1}{6}+1\\[2mm]
\| & & \|\\[2mm]
\displaystyle\int_{x_1}^{x_2}\dfrac{\left(1-\dfrac{1}{x^2}\right)^2}{\sqrt{1+\left(1-\dfrac{1}{x^2}\right)^2}+1}\mathrm{d}x+1 & < \displaystyle\int_{x_1}^{x_2}\dfrac{1}{2}\left(1-\dfrac{1}{x^2}\right)^2\mathrm{d}x+1 &
\end{array}
$$

从此 U 形等式–不等式串的两端即知 $l < \dfrac{7}{6}$. 故有 $1 < l < \dfrac{7}{6}$.

例 9 设 $0 < a < 1$, 在直角坐标系里, 从点 $A(a,0)$ 向单位圆周 $x^2+y^2=1$ 上所有点 $P(\cos\theta,\sin\theta)$ $(0\leqslant\theta\leqslant 2\pi,)$ 处的切线作垂线, 并设垂足的轨迹曲线为 Γ (图 3.10), θ 是向径 OP 与 Ox 轴正向的夹角.

① 试用 θ 为参数写出曲线 Γ 的参数方程;

② 求曲线 Γ 所围的的面积;

③ 求证: 曲线 Γ 的全长不小于 $8\sqrt{a}$.

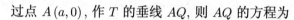

图 3.10

解 ① 设过点 P 作圆的切线为 T, 则 T 的方程为

$$y - \sin\theta = -\cot\theta \left(x - \cos\theta \right),$$

即

$$x\cos\theta + y\sin\theta = 1.$$

过点 $A(a, 0)$, 作 T 的垂线 AQ, 则 AQ 的方程为

$$y = (x - a)\tan\theta.$$

从而垂足坐标满足:

$$\begin{cases} x\cos\theta + y\sin\theta = 1, \\ y = (x - a)\tan\theta, \end{cases}$$

解之得

$$\begin{cases} x = a\sin^2\theta + \cos\theta, \\ y = \sin\theta - \dfrac{1}{2}a\sin 2\theta. \end{cases}$$

这就是垂足曲线的参数方程.

② 由 $x'(\theta) = a\sin 2\theta - \sin\theta$, $y'(\theta) = \cos\theta - a\cos 2\theta$, 得曲线 Γ 所围的面积

$$\begin{aligned} A &= 2\int_0^\pi -\left(\sin\theta - \frac{1}{2}a\sin 2\theta \right)(a\sin 2\theta - \sin\theta)\,\mathrm{d}\theta \\ &= \frac{1}{2}\pi\left(a^2 + 2 \right), \end{aligned}$$

这里负号源于 $\mathrm{d}x$ 与 $\mathrm{d}\theta$ 反号!

③ 已知 $\mathrm{d}s = \sqrt{x'^2(\theta) + y'^2(\theta)}\,\mathrm{d}\theta = \sqrt{a^2 - 2a\cos\theta + 1}\,\mathrm{d}\theta$. 因为当 $0 < \theta < \pi$ 时, $\sqrt{a^2 - 2a\cos\theta + 1} \geqslant \sqrt{2a\left(1 - \cos\theta \right)} = 2\sqrt{a}\sin\dfrac{\theta}{2}$, 所以

$$L = 2\int_0^\pi \sqrt{a^2 - 2a\cos\theta + 1}\,\mathrm{d}\theta$$

$$\geqslant 2\int_0^\pi 2\sqrt{a}\sin\frac{\theta}{2}\,\mathrm{d}\theta = 8\sqrt{a}.$$

例 10 已知抛物线 $L : y^2 = x$.

① 求抛物线 L 在直线 $x = 1$ 左侧部分弧的长度.

② 在 L 上哪一点的法线被 L 所截之线段为最短? 最短长度是多少?

③ 若抛物线 L 与以 $(4, 0)$ 为圆心, 以 r 为半径的圆相交于 A, B, C, D 四个点 (图 3.11). 求 r 的取值范围, 并求使得四边形 $ABCD$ 面积达到最大的半径 r 值.

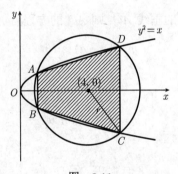

图 3.11

解 ① 曲线 $y^2 = x$ 看成参数方程 $\begin{cases} x = y^2, \\ y = y, \end{cases}$ 则有 $\mathrm{d}l = \sqrt{1 + (2y)^2}\,\mathrm{d}y$, 于是

$$
\underset{\underset{\displaystyle 2\int_0^1 \sqrt{1 + 4y^2}\,\mathrm{d}y}{\parallel}}{l}
=\!=\!=
\underset{\underset{\displaystyle y\sqrt{1 + 4y^2} + \frac{1}{2}\ln\left(2y + \sqrt{1 + 4y^2}\right)\Big|_0^1}{\parallel}}{\frac{1}{2}\ln\left(\sqrt{5} + 2\right) + \sqrt{5}}
$$

从此 U 形等式串的两端即知: 抛物线 L 在直线 $x = 1$ 左侧部分弧的长度

$$l = \frac{1}{2}\ln\left(\sqrt{5} + 2\right) + \sqrt{5}.$$

② 将 L 写成参数方程为

$$\begin{cases} x = t^2, \\ y = t. \end{cases}$$

在 L 上的任一给定点 $M\left(t^2, t\right)$, 过该点的法线与 L 的另一交点设为 $N\left(s^2, s\right)$. MN 连线的斜率为

$$\frac{s - t}{s^2 - t^2} = \frac{1}{s + t}.$$

M 点的切线斜率为 $\dfrac{\dfrac{\mathrm{d}y}{\mathrm{d}t}}{\dfrac{\mathrm{d}x}{\mathrm{d}t}} = \dfrac{1}{2t}$, 法线斜率为 $-2t$, 故有

$$\frac{1}{s + t} = -2t \Longrightarrow s = -t - \frac{1}{2t}, \ s - t = -2t - \frac{1}{2t},$$

$$|MN|^2 = (s - t)^2 + \left(s^2 - t^2\right)^2 = \frac{1}{16} \frac{\left(4t^2 + 1\right)^3}{t^4}.$$

令 $f\left(t\right) = \dfrac{1}{16} \dfrac{\left(4t^2 + 1\right)^3}{t^4}$, 则有

$$f'\left(t\right) = \frac{1}{4} \left(4t^2 + 1\right)^2 \frac{2t^2 - 1}{t^5} = 0.$$

因为

$$f'\left(t\right) \begin{cases} < 0, & t^2 < 1/2, \\ = 0, & t^2 = 1/2, \\ > 0, & t^2 > 1/2, \end{cases}$$

所以当 $t^2 = \dfrac{1}{2}$ 时, $f\left(t\right)$ 最小. 因此

$$|MN|_{\min} \xlongequal{u = t^2} \frac{1}{16} \frac{\left(4u + 1\right)^3}{u^2} \bigg|_{u = \frac{1}{2}} = \frac{27}{4}.$$

于是在 L 上点 $\left(\dfrac{1}{2}, \pm\dfrac{1}{\sqrt{2}}\right)$ 处的法线被 L 所截之线段为最短, 最短长度是 $\dfrac{27}{4}$.

③ $y^2 = x$ 与圆 $(x-4)^2 + y^2 = r^2$ 相交于 A, B, C, D 的充要条件是方程

$$(x-4)^2 + x - r^2 = 0, \quad \text{即} \ x^2 - 7x + 16 - r^2 = 0$$

有两个不等正根 x_1, x_2. 故有

$$\begin{cases} \Delta = (-7)^2 - 4\left(16 - r^2\right) > 0, \\ x_1 + x_2 = 7 > 0, \\ x_1 x_2 = 16 - r^2 > 0, \end{cases}$$

解得 $\dfrac{15}{4} < r^2 < 16,\ r > 0$, 即 $\dfrac{\sqrt{15}}{2} < r < 4$.

进一步, 不妨设四个交点坐标为

$$A\left(x_1, \sqrt{x_1}\right),\ B\left(x_1, -\sqrt{x_1}\right),\ C\left(x_2, -\sqrt{x_2}\right),\ D\left(x_2, \sqrt{x_2}\right);$$

$$\text{等腰梯形高}: x_2 - x_1, \quad \text{中位线}: \sqrt{x_1} + \sqrt{x_2}.$$

因为

$$\begin{aligned} \left(\sqrt{x_1} + \sqrt{x_2}\right)^2 &= x_1 + x_2 + 2\sqrt{x_1 x_2} \\ &= 7 + 2\sqrt{16 - r^2}, \end{aligned}$$

$$(x_2 - x_1)^2 = (x_2 + x_1)^2 - 4x_1 x_2 = 4r^2 - 15,$$

所以, 若设四边形 $ABCD$ 面积为 S, 则有

$$\begin{aligned} S^2 &= \left(\sqrt{x_1} + \sqrt{x_2}\right)^2 (x_2 - x_1)^2 \\ &= \left(7 + 2\sqrt{16 - r^2}\right)\left(4r^2 - 15\right). \end{aligned}$$

令 $t = 2\sqrt{16 - r^2}$, 则有 $0 < t < 7$, 并且

$$S^2 = (7 + t)^2 (7 - t).$$

记 $f(t) = (7+t)^2 (7-t)$, 则

$$f'(t) = 49 - 3t^2 - 14t = -(7+t)(3t-7).$$

令 $f'(t) = 0 \Longrightarrow t = \dfrac{7}{3}$. 又由 $f''(t) = -6t - 14 < 0$, 以及 $f''\left(\dfrac{7}{3}\right) < 0$ 知点 $t = \dfrac{7}{3}$ 是函数 $f(t)$ 的唯一极值点, 并且是极大点, 由此可见, 当 $t = \dfrac{7}{3}$ 时 $f(t)$ 取到最大值. 于是从

$$t = 2\sqrt{16 - r^2} = \frac{7}{3} \Longrightarrow r = \frac{\sqrt{527}}{6}.$$

于是使得四边形 $ABCD$ 面积达到最大的半径 r 值为 $\dfrac{\sqrt{527}}{6}$.

评注 最后求 $f(t) = (7+t)^2 (7-t)$ 的最大值, 可以用几何平均不超过算术平均的不等式得到. 事实上,

$$f(t) = (7+t)^2 (7-t) = \frac{1}{2}(7+t)(7+t)(14-2t)$$

$$\leqslant \frac{1}{2}\left(\frac{7+t+7+t+14-2t}{3}\right)^3 = \frac{1}{2}\left(\frac{28}{3}\right)^3,$$

其中等号当且仅当 $7+t = 14 - 2t$ 时, 即当 $t = \dfrac{7}{3}$ 时达到.

第四章　向量代数与空间解析几何

内 容 提 要

1. 向量概念

(1) 向量的坐标表示: 已知两点 $M_1\,(x_1, y_1, z_1)$, $M_2\,(x_2, y_2, z_2)$, 则

$$\overrightarrow{M_1M_2} = (x_2 - x_1)\,\vec{i} + (y_2 - y_1)\,\vec{j} + (z_2 - z_1)\,\vec{k}$$
$$= \{x_2 - x_1, y_2 - y_1, z_2 - z_1\}.$$

(2) 向量的模与方向余弦: 若 $\vec{a} = \{a_x, a_y, a_z\}$, 则

$$|\vec{a}| = \sqrt{a_x^2 + a_y^2 + a_z^2};$$

$$\cos\alpha = \frac{a_x}{|\vec{a}|} = \frac{a_x}{\sqrt{a_x^2 + a_y^2 + a_z^2}}, \quad \cos\beta = \frac{a_y}{|\vec{a}|} = \frac{a_y}{\sqrt{a_x^2 + a_y^2 + a_z^2}},$$

$$\cos\gamma = \frac{a_z}{|\vec{a}|} = \frac{a_z}{\sqrt{a_x^2 + a_y^2 + a_z^2}}, \quad \cos^2\alpha + \cos^2\beta + \cos^2\gamma = 1.$$

2. 向量的运算

设 $\vec{a} = \{a_x, a_y, a_z\}$, $\vec{b} = \{b_x, b_y, b_z\}$, $\vec{c} = \{c_x, c_y, c_z\}$, 则

(1) $\vec{a} \pm \vec{b} = \{a_x \pm b_x, a_y \pm b_y, a_z \pm b_z\}$;

(2) $\lambda\vec{a} = \{\lambda a_x, \lambda a_y, \lambda a_z\}$;

(3) $\vec{a} \cdot \vec{b} = |\vec{a}|\,|\vec{b}|\cos\theta = a_xb_x + a_yb_y + a_zb_z$;

(4) $\vec{a} \times \vec{b} = \begin{vmatrix} \vec{i} & \vec{j} & \vec{k} \\ a_x & a_y & a_z \\ b_x & b_y & b_z \end{vmatrix}$, $\left|\vec{a} \times \vec{b}\right| = |\vec{a}|\,\left|\vec{b}\right|\sin\theta$;

(5) $\vec{a} \cdot \left(\vec{b} \times \vec{c}\right) = \begin{vmatrix} a_x & a_y & a_z \\ b_x & b_y & b_z \\ c_x & c_y & c_z \end{vmatrix}$, $\vec{a} \cdot \left(\vec{b} \times \vec{c}\right)$ 称为向量 $\vec{a}$, $\vec{b}$, $\vec{c}$

的混合积.

(6) 一些性质和结论:

① $\vec{a} \cdot \vec{a} = |\vec{a}|^2$;

② $\vec{a} \times \vec{a} = 0$;

③ $\vec{a} \times \vec{b} = -\vec{b} \times \vec{a}$;

④ $\vec{a}^0 = \dfrac{\vec{a}}{|\vec{a}|}$ ($\vec{a}^0$ 为 $\vec{a}$ 方向上的单位向量);

⑤ $\vec{a} // \vec{b}$ 的充要条件为

$$\vec{a} \times \vec{b} = 0 \text{ 或 } \frac{a_x}{b_x} = \frac{a_y}{b_y} = \frac{a_z}{b_z};$$

⑥ $\vec{a} \perp \vec{b}$ 的充要条件为

$$\vec{a} \cdot \vec{b} = 0 \text{ 或 } a_x b_x + a_y b_y + a_z b_z = 0.$$

3. 平面及其方程

(1) 平面的点法式方程: 平面过 (x_0, y_0, z_0), 且垂直于 $\vec{n} = \{A, B, C\}$, 其方程为

$$A(x - x_0) + B(y - y_0) + C(z - z_0) = 0.$$

(2) 平面的一般式方程: 三元一次方程

$$Ax + By + Cz + D = 0$$

称为平面的**一般式方程**.

(3) 平面的截距式方程: 若平面在 x 轴, y 轴和 z 轴上的截距分别为 a, b 和 c, 则平面方程可写为

$$\frac{x}{a} + \frac{y}{b} + \frac{z}{c} = 1.$$

(4) 平面的三点式方程: 若平面过三个点 $M_1(x_1, y_1, z_1)$, $M_2(x_2, y_2, z_2)$, $M_3(x_3, y_3, z_3)$, 则平面的方程可写为

$$\begin{vmatrix} x - x_1 & y - y_1 & z - z_1 \\ x_2 - x_1 & y_2 - y_1 & z_2 - z_1 \\ x_3 - x_1 & y_3 - y_1 & z_3 - z_1 \end{vmatrix} = 0.$$

(5) 两平面的夹角: 设平面 π_1 与 π_2 的方程分别为

$$A_1 x + B_1 y + C_1 z + D_1 = 0,$$
$$A_2 x + B_2 y + C_2 z + D_2 = 0,$$

则两平面的夹角 θ 由下式确定

$$\cos\theta = \frac{|A_1A_2 + B_1B_2 + C_1C_2|}{\sqrt{A_1^2 + B_1^2 + C_1^2}\sqrt{A_2^2 + B_2^2 + C_2^2}}.$$

两平面垂直条件：

$$A_1A_2 + B_1B_2 + C_1C_2 = 0.$$

两平面平行条件：

$$\frac{A_1}{A_2} = \frac{B_1}{B_2} = \frac{C_1}{C_2}.$$

(6) 点到平面的距离：设平面 $\pi : Ax + By + Cz + D = 0$, 以及平面外一点 $M_0(x_0, y_0, z_0)$, 则点 M_0 到平面 π 的距离

$$d = \frac{|Ax_0 + By_0 + Cz_0 + D|}{\sqrt{A^2 + B^2 + C^2}}.$$

4. 直线及其方程

(1) 直线的一般式方程：设两平面

$$\pi_1 : A_1x + B_1y + C_1z + D_1 = 0,$$

$$\pi_2 : A_2x + B_2y + C_2z + D_2 = 0$$

不平行, 则其交线的方程 (**交面式方程**)

$$\begin{cases} A_1x + B_1y + C_1z + D_1 = 0, \\ A_2x + B_2y + C_2z + D_2 = 0 \end{cases}$$

称为**直线的一般方程**.

(2) 直线的对称式方程：设直线 L 过点 $M_0(x_0, y_0, z_0)$, 且平行于向量 $\vec{l} = \{m, n, p\}$, 其方程为

$$\frac{x - x_0}{m} = \frac{y - y_0}{n} = \frac{z - z_0}{p}.$$

(3) 直线的参数式方程：设直线 L 过点 $M_0(x_0, y_0, z_0)$, 则直线可写为参数方程为

$$\begin{cases} x = x_0 + mt, \\ y = y_0 + nt, \\ z = z_0 + pt. \end{cases}$$

(4) 直线的两点式方程: 设直线 L 过两点 $M_0(x_0, y_0, z_0)$ 与 $M_1(x_1, y_1, z_1)$, 其方程可写为

$$\frac{x - x_0}{x_1 - x_0} = \frac{y - y_0}{y_1 - y_0} = \frac{z - z_0}{z_1 - z_0}.$$

(5) 两直线的夹角: 两直线

$$L_1 : \frac{x - x_1}{m_1} = \frac{y - y_1}{n_1} = \frac{z - z_1}{p_1} \text{ 与 } L_2 : \frac{x - x_2}{m_2} = \frac{y - y_2}{n_2} = \frac{z - z_2}{p_2}$$

的夹角 θ 由下式确定

$$\cos\theta = \frac{|m_1 m_2 + n_1 n_2 + p_1 p_2|}{\sqrt{m_1^2 + n_1^2 + p_1^2}\sqrt{m_2^2 + n_2^2 + p_2^2}}.$$

两直线垂直条件:

$$m_1 m_2 + n_1 n_2 + p_1 p_2 = 0.$$

两直线平行条件:

$$\frac{m_1}{m_2} = \frac{n_1}{n_2} = \frac{p_1}{p_2}.$$

(6) 点到直线的距离与两直线间的距离: 设 P_0 点坐标为 $P_0(x_0, y_0, z_0)$, 直线 L_1, L_2 分别过点 $M_1(x_1, y_1, z_1), M_2(x_2, y_2, z_2)$, 其方向向量分别为 $\vec{l_1} = \{m_1, n_1, p_1\}, \vec{l_2} = \{m_2, n_2, p_2\}$, 则

$$P_0 \text{到直线} L_1 \text{的距离} d_1 = \frac{|\overrightarrow{M_1 P_0} \times \vec{l_1}|}{|\vec{l_1}|}, \text{ 其中} \vec{l_1} \text{是} L_1 \text{的方向向量};$$

$$l_1 \text{与} l_2 \text{之间的距离} d_2 = \frac{|\overrightarrow{M_1 M_2} \cdot \vec{l}|}{|\vec{l}|}, \text{ 其中} \vec{l} = \vec{l_1} \times \vec{l_2}.$$

(7) 直线与平面的夹角: 设直线

$$L : \frac{x - x_0}{m} = \frac{y - y_0}{n} = \frac{z - z_0}{p} \text{ 与平面 } \pi : Ax + By + Cz + D = 0$$

的夹角为 φ, 则 φ 由下式确定

$$\sin\varphi = \frac{|Am + Bn + Cp|}{\sqrt{A^2 + B^2 + C^2}\sqrt{m^2 + m^2 + p^2}}.$$

直线与平面垂直条件:

$$\frac{A}{m} = \frac{B}{n} = \frac{C}{p}.$$

直线与平面平行条件:

$$Am + Bn + Cp = 0.$$

5. 平面束方程

设有两平面

$$\pi_1: \ A_1x + B_1y + C_1z + D_1 = 0,$$

$$\pi_2: \ A_2x + B_2y + C_2z + D_2 = 0.$$

若两平面不平行, 则以 π_1 与 π_2 的交线为轴的平面束 (有轴平面束) 为

$$A_1x + B_1y + C_1z + D_1 + \lambda \left(A_2x + B_2y + C_2z + D_2 \right) = 0$$

或

$$A_2x + B_2y + C_2z + D_2 + \mu \left(A_1x + B_1y + C_1z + D_1 \right) = 0.$$

6. 曲面概念

(1) 旋转曲面: Oyz 平面上的曲线

$$\begin{cases} f(y, z) = 0, \\ z = 0 \end{cases}$$

绕 z 轴旋转一周所形成的旋转曲面方程为

$$f \left(\pm\sqrt{x^2 + y^2}, z \right) = 0.$$

(2) 柱面: 在三维空间中,

$$f(x, y) = 0, \quad g(y, z) = 0, \quad h(x, z) = 0$$

分别表示母线平行于 z 轴、x 轴和 y 轴的柱面.

7. 二次曲面

(1) 椭球面: $\dfrac{x^2}{a^2} + \dfrac{y^2}{b^2} + \dfrac{z^2}{c^2} = 1$;

(2) 圆锥面: $z^2 = a^2 \left(x^2 + y^2 \right)$;

(3) 椭圆抛物面: $\dfrac{x^2}{2p} + \dfrac{y^2}{2q} = z$ (p 与 q 同号);

(4) 双曲抛物面: $\dfrac{x^2}{2p} + \dfrac{y^2}{2q} = z$ (p 与 q 异号);

(5) 单叶双曲面: $\dfrac{x^2}{a^2} + \dfrac{y^2}{b^2} - \dfrac{z^2}{c^2} = 1$;

(6) 双叶双曲面: $-\dfrac{x^2}{a^2} + \dfrac{y^2}{b^2} - \dfrac{z^2}{c^2} = 1$.

8. 空间曲线概念

(1) 空间曲线的一般方程

$$\begin{cases} F(x,y,z) = 0, \\ G(x,y,z) = 0. \end{cases}$$

(2) 空间曲线的参数方程

$$\begin{cases} x = \varphi(t), \\ y = \psi(t), \\ z = \omega(t). \end{cases}$$

(3) 空间曲线在坐标面上的投影：设空间曲线 C 的一般方程为

$$\begin{cases} F(x,y,z) = 0, \\ G(x,y,z) = 0, \end{cases}$$

消去 x, y 或 z 分别得曲线 C 关于 Oyz 面, Oxz 面和 Oxy 面的投影柱面

$$R(y,z) = 0, \quad T(x,z) = 0, \quad H(x,y) = 0.$$

因此, 曲线 C 在 Oyz 面, Oxz 面, Oxy 面上的投影曲线分别为

$$\begin{cases} R(y,z) = 0, \\ x = 0, \end{cases} \quad \begin{cases} T(x,z) = 0, \\ y = 0, \end{cases} \quad \begin{cases} H(x,y) = 0, \\ z = 0. \end{cases}$$

典型例题解析

例 1 一直线 L 过点 $M(2, -1, 3)$ 且与直线 $l: \dfrac{x-1}{2} = \dfrac{y}{-1} = \dfrac{z+2}{1}$ 相交, 又平行于平面

$$\pi: 3x - 2y + z + 5 = 0,$$

求它的方程.

解法 1 设直线 L 的方程为

$$\frac{x-2}{m} = \frac{y+1}{n} = \frac{z-3}{p},$$

因为它与 l 相交, 对于空间两直线相交意味着两直线共面, 因此点 $M(2, -1, 3)$ 到 l 上的点 $(1, 0, -2)$ 的向径也在这个平面上, 故

$$\begin{vmatrix} m & n & p \\ 2 & -1 & 1 \\ 1 & -1 & 5 \end{vmatrix} = 0, \text{ 即 } 4m + 9n + p = 0.$$

又所求直线与法向量为 $\{3, -2, 1\}$ 的平面 π 平行, 故

$$3m - 2n + p = 0.$$

联立以上两式, 即

$$\begin{cases} 4m + 9n + p = 0, \\ 3m - 2n + p = 0 \end{cases} \Longrightarrow m = -11n, p = 35n,$$

即知 $\{m, n, p\} // \{-11, 1, 35\}$. 故所求直线 L 的对称式方程为

$$\frac{x-2}{-11} = \frac{y+1}{1} = \frac{z-3}{35}.$$

解法 2　所求直线 L 必在平行于平面 π 且过点 $M(2, -1, 3)$ 的平面 π_1 上, 为了写出平面 π_1 的方程, 设其是

$$\pi : 3x - 2y + z + D = 0,$$

其中 D 待定. 代入点 M 的坐标, 得到

$$3(2) - 2(-1) + 3 + D = 0 \Longrightarrow D = -11.$$

故平面 π_1 的方程是:

$$3x - 2y + z - 11 = 0.$$

又因为所求直线 L 与已知直线 l 相交, 所以 π_1 必与 l 相交, 设交点为 M_1, 过 M, M_1 的直线便是所求直线. 为了求 M_1, 将 l 改写为参数式:

$$\begin{cases} x = 1 + 2t, \\ y = -t, \\ z = -2 + t, \end{cases}$$

并代入 π_1 方程, 得到

$$3(1+2t)-2(-t)+(-2+t)-11=0 \Longrightarrow t=\frac{10}{9}.$$

将此 t 值代入 l 的参数方程, 得到 M_1 的坐标: $M_1\left(\frac{29}{9},-\frac{10}{9},-\frac{8}{9}\right)$. 过 M,M_1 的直线方程为

$$\frac{x-2}{11}=\frac{y+1}{-1}=\frac{z-3}{-35},$$

故所求直线 L 的对称式方程为 $\dfrac{x-2}{11}=\dfrac{y+1}{-1}=\dfrac{z-3}{-35}$.

解法 3　一方面, 如解法 2, 所求直线 L 必在平行于平面 π 且过点 $M(2,-1,3)$ 的平面 π_1 上,

$$\pi_1: 3x-2y+z-11=0.$$

另一方面, 因为所求直线 L 与已知直线 l 相交, 所以 L 必与过点 M 及直线 l 的平面相交, 若过点 M 及直线 l 的平面为 π_2, 则 π_1,π_2 的交线便是所求直线 L. 为了求 π_2 的方程, 将 l 改写为交面式:

$$\begin{cases} \dfrac{x-1}{2}=\dfrac{y}{-1}, \\[2mm] \dfrac{y}{-1}=\dfrac{z+2}{1}, \end{cases}$$

过 l 的平面束方程为

$$\left(\frac{x-1}{2}-\frac{y}{-1}\right)+\lambda\left(\frac{y}{-1}-\frac{z+2}{1}\right)=0.$$

将 $M(2,-1,3)$ 的坐标代入, 得到

$$\left(\frac{2-1}{2}-\frac{-1}{-1}\right)+\lambda\left(\frac{-1}{-1}-\frac{3+2}{1}\right)=0,$$

解得 $\lambda=-\dfrac{1}{8}$. 代入平面束方程并化简, 得到

$$4x+9y+z-2=0.$$

故所求直线 L 的交面式方程为

$$\begin{cases} 3x - 2y + z - 11 = 0, \\ 4x + 9y + z - 2 = 0. \end{cases}$$

解法 4　设所求直线与已知直线交点为 (x_0, y_0, z_0)，则所求直线 L 的方向向量为

$$\vec{l} = \{x_0 - 2, y_0 + 1, z_0 - 3\}.$$

因为所求直线 L 平行于平面 π，所以 $\vec{l} \cdot \vec{n}_\pi = 0$，即

$$\{x_0 - 2, y_0 + 1, z_0 - 3\} \cdot \{3, -2, 1\} = 0.$$

化简得

$$3x_0 - 2y_0 + z_0 - 11 = 0.$$

又交点在已知直线上，有

$$\frac{x_0 - 1}{2} = \frac{y_0}{-1} = \frac{z_0 + 2}{1}.$$

联立上面诸式解得

$$(x_0, y_0, z_0) = \left(\frac{29}{9}, -\frac{10}{9}, -\frac{8}{9} \right).$$

故所求直线 L 的方向向量 $\vec{l} = \left\{ \frac{11}{9}, -\frac{1}{9}, -\frac{35}{9} \right\}$，其对称式方程为

$$\frac{x - 2}{11} = \frac{y + 1}{-1} = \frac{z - 3}{-35}.$$

解法 5　设直线 L 的参数方程为

$$\begin{cases} x = 2 + mt, \\ y = -1 + nt, \\ z = 3 + pt. \end{cases}$$

因为它与平面 π 平行，所以

$$\{m, n, p\} \cdot \{3, -2, 1\} = 0,$$

即

$$3m - 2n + p = 0. \tag{1}$$

将 l 改写为交面式: $\begin{cases} \dfrac{x-1}{2} = \dfrac{y}{-1} \\ \dfrac{y}{-1} = \dfrac{z+2}{1} \end{cases}$ ，并将参数方程代入并与 (1) 联立，

即

$$\begin{cases} \dfrac{2+mt-1}{2} = \dfrac{-1+nt}{-1}, \\ \dfrac{-1+nt}{-1} = \dfrac{3+pt+2}{1}, \\ 3m - 2n + p = 0, \end{cases}$$

由此解得

$$m = \frac{11}{9t}, n = -\frac{1}{9t}, p = -\frac{35}{9t}, \ 即知 \ \{m,n,p\} \ /\!/ \ \{11, -1, -35\},$$

故直线 L 的参数方程为

$$\begin{cases} x = 2 + 11t, \\ y = -1 - t, \\ z = 3 - 35t. \end{cases}$$

例 2　求过三个已知点 $P_1(2,3,0)$, $P_2(-2,-3,4)$ 和 $P_3(0,6,0)$ 所确定的平面方程.

解法 1 (平面束方法)　过 $P_1(2,3,0)$, $P_2(-2,-3,4)$ 两点的直线方程为

$$\frac{x-2}{-4} = \frac{y-3}{-6} = \frac{z}{4},$$

过这条直线的平面束方程为

$$\left(\frac{x-2}{4} - \frac{y-3}{6} \right) + \lambda \left(\frac{y-3}{-6} - \frac{z}{4} \right) = 0.$$

依题意, 所求平面还过 $P_3(0,6,0)$, 将此代入上述平面束方程, 得到

$$\left(\frac{0-2}{4} - \frac{6-3}{6} \right) + \lambda \left(\frac{6-3}{-6} - \frac{0}{4} \right) = 0.$$

225

由此解得 $\lambda = -2$, 再将此代入上述平面束方程, 得到

$$3x + 2y + 6z - 12 = 0,$$

这就是所求的平面方程.

解法 2 (待定系数法)　设所求的平面方程为 $Ax + By + Cz + D = 0$. 根据其过 $P_k (k = 1, 2, 3)$ 点, 有

$$\begin{cases} 2A + 3B + D = 0, \\ -2A - 3B + 4C + D = 0, \\ 6B + D = 0 \end{cases}$$

$$\Longrightarrow A = -\frac{1}{4}D, \quad B = -\frac{1}{6}D, \quad C = -\frac{1}{2}D, \quad D \neq 0;$$

否则 $A = B = C = D = 0$, 不合题意. 所求的平面方程为

$$-\frac{1}{4}x - \frac{1}{6}y - \frac{1}{2}z + 1 = 0, \ \text{即} \ 3x + 2y + 6z - 12 = 0.$$

解法 3 (向量分析法 1)　由题设

$$\overrightarrow{P_1 P_2} = \{-4, -6, 4\}, \quad \overrightarrow{P_1 P_3} = \{-2, 3, 0\},$$

则所求平面的法向量

$$\overrightarrow{n} = \overrightarrow{P_1 P_2} \times \overrightarrow{P_1 P_3} = \{-12, -8, -24\} // \{3, 2, 8\},$$

故所求方程为

$$3(x - 2) + 2(y - 3) + 8z = 3x + 2y + 8z - 12 = 0.$$

解法 4 (向量分析法 2)　因所求平面过 P_1, 故可设其方程为

$$A(x - 2) + B(y - 3) + Cz = 0. \tag{1}$$

又平面过 P_2, P_3 有

$$-4A - 6B + 4C = 0, \tag{2}$$

及
$$-2A + 3B = 0. \tag{3}$$

注意到由 $(1) \Longrightarrow \{x - 2, y - 3, z\} \perp \{A, B, C\}$, $(2) \Longrightarrow \{-4, -6, 4\} \perp$ $\{A, B, C\}$, $(3) \Longrightarrow \{-2, 3, 0\} \perp \{A, B, C\}$. 由此即知向量 $\{x - 2, y - 3, z\}$, $\{-4, -6, 4\}$ 与 $\{-2, 3, 0\}$ 共面, 故有

$$\begin{vmatrix} x - 2 & y - 3 & z \\ -4 & -6 & 4 \\ -2 & 3 & 0 \end{vmatrix} = 0,$$

即得 $3x + 2y + 6z - 12 = 0$.

例 3 求下列投影点的坐标:

① 点 $(-1, 2, 0)$ 在平面 $x + 2y - z + 1 = 0$ 上的投影;

② 点 $(2, 3, 1)$ 在 $\dfrac{x + 7}{1} = \dfrac{y + 2}{2} = \dfrac{z + 2}{3}$ 上的投影.

分析 ① 先求出过该点与平面垂直的直线, 再求垂线与平面的交点, 即为所求投影; ② 先求过该点垂直于直线的平面, 再求此平面与直线的交点, 即为所求投影.

解 ① 平面的法向量 $\vec{n} = \{1, 2, -1\}$ 即为平面垂线的方向向量, 于是过题设点 $(-1, 2, 0)$ 的垂线方程为

$$\frac{x + 1}{1} = \frac{y - 2}{2} = \frac{z}{-1}.$$

将其与方程 $x + 2y - z + 1 = 0$ 联立求出交点, 即为所求投影. 为此, 令 $\dfrac{x + 1}{1} = \dfrac{y - 2}{2} = \dfrac{z}{-1} = t$, 即得直线的参数式方程:

$$\begin{cases} x = t - 1, \\ y = 2t + 2, \\ z = -t, \end{cases}$$

代入平面方程 $x + 2y - z + 1 = 0$ 得到

$$(t - 1) + 2(2t + 2) - (-t) + 1 = 0 \Longrightarrow t = -\frac{2}{3}.$$

解出 $x = -\dfrac{5}{3}, y = \dfrac{2}{3}, z = \dfrac{2}{3}$, 即求出交点 $\left(-\dfrac{5}{3}, \dfrac{2}{3}, \dfrac{2}{3}\right)$, 这就是所求投影点.

② 和直线 $\dfrac{x+7}{1} = \dfrac{y+2}{2} = \dfrac{z+2}{3}$ 垂直的平面的法向量 $\vec{n} = \{1, 2, 3\}$ 即为直线的方向向量, 故过点 $(2, 3, 1)$ 且与直线垂直的平面方程为

$$1 \cdot (x - 2) + 2(y - 3) + 3(z - 1) = 0,$$

将其与直线方程联立求出交点, 即为所求投影. 为此, 令 $\dfrac{x+7}{1} = \dfrac{y+2}{2} = \dfrac{z+2}{3} = t$, 即得直线的参数式方程:

$$\begin{cases} x = t - 7, \\ y = 2t - 2, \\ z = 3t - 2, \end{cases}$$

代入平面方程得到

$$(t - 7) + 2(2t - 2) + 3(3t - 2) - 11 = 0 \implies t = 2.$$

解出 $x = -5, y = 2, z = 4$, 即求出交点 $(-5, 2, 4)$, 这就是所求投影点.

例 4 求两条直线

$$L_1 : \dfrac{x-3}{2} = \dfrac{y}{4} = \dfrac{z}{3}, \quad L_2 : \dfrac{x+1}{2} = \dfrac{y-3}{0} = \dfrac{z-2}{1}$$

的公垂线的方程和公垂线的长.

解法 1 直线 L_1 过点 $P_1(3, 0, 0)$, 方向向量为 $\vec{l}_1 = \{2, 4, 3\}$, 直线 L_2 过点 $P_2(-1, 3, 2)$ 方向向量为 $\vec{l}_2 = \{2, 0, 1\}$, 则公垂线的方向向量为

$$\vec{l} = \vec{l}_1 \times \vec{l}_2 = \{2, 4, 3\} \times \{2, 0, 1\} = 4\{1, 1, -2\},$$

公垂线的长为

$$d = \dfrac{\left|\overrightarrow{P_1 P_2} \cdot \vec{l}\right|}{\left|\vec{l}\right|} = \dfrac{|-20|}{4\sqrt{6}} = \dfrac{5}{6}\sqrt{6}.$$

设公垂线为 L, 若记过 L, L_1 的平面为 π_1, 过 L, L_2 的平面为 π_2, 则平面 π_1, π_2 的法向量分别为

$$\overrightarrow{n}_1 = \overrightarrow{l} \times \overrightarrow{l}_1 = 4\{11, -7, 2\}, \quad \overrightarrow{n}_2 = \overrightarrow{l} \times \overrightarrow{l}_2 = 4\{1, -5, -2\},$$

故 π_1 和 π_2 的方程分别为

$$11(x-3) - 7y + 2z = 0,$$

$$(x+1) - (y-3) + (z-2) = 0,$$

即

$$\pi_1 : 11x - 7y + 2z - 33 = 0,$$

$$\pi_2 : x - y + z + 2 = 0.$$

联立 π_1, π_2 即得公垂线 L 的方程

$$\begin{cases} 11x - 7y + 2z - 33 = 0, \\ x - y + z + 2 = 0. \end{cases}$$

解法 2　将直线 L_1 与 L_2 写为参数式得

$$L_1 : \begin{cases} x = 3 + 2t, \\ y = 4t, \\ z = 3t, \end{cases} \qquad L_2 : \begin{cases} x = -1 + 2s, \\ y = 3, \\ z = 2 + s, \end{cases}$$

这里 t, s 为参数, 设公垂线 L 与直线 L_1, L_2 的交点分别为 M_1, M_2(图 4.1), 点 M_1 与 M_2 所对应的参数为 t_1, s_1, 则 $\overrightarrow{M_1 M_2} // \overrightarrow{l}$, 且 $\overrightarrow{l} = \overrightarrow{l_1} \times \overrightarrow{l_2} = 4\{1, 1, -2\}$, 于是

$$\frac{3 + 2t_1 + 1 - 2s_1}{1} = \frac{4t_1 - 3}{1} = \frac{3t_1 - 2 - s_1}{-2},$$

即

$$\begin{cases} \dfrac{3 + 2t_1 + 1 - 2s_1}{1} = \dfrac{4t_1 - 3}{1}, \\ \dfrac{4t_1 - 3}{1} = \dfrac{3t_1 - 2 - s_1}{-2}, \end{cases} \Longrightarrow t_1 = \frac{23}{24}, \quad s_1 = \frac{61}{24}.$$

由此即知点 M_1 的坐标 $\left(\dfrac{59}{12}, \dfrac{23}{6}, \dfrac{23}{8}\right)$，点 M_2 的坐标为 $\left(\dfrac{49}{12}, 3, \dfrac{109}{24}\right)$. 因而公垂线的方程为

$$\frac{x - \dfrac{59}{12}}{1} = \frac{y - \dfrac{23}{6}}{1} = \frac{z - \dfrac{23}{8}}{-2},$$

公垂线长度

$$d = \left|\overrightarrow{M_1 M_2}\right| = \left|\left\{-\frac{5}{6}, -\frac{5}{6}, \frac{5}{3}\right\}\right| = \frac{5}{6}\sqrt{6}.$$

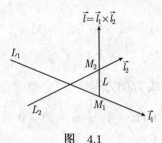

图 4.1

例 5 已知入射光线路径为 $L : \dfrac{x-1}{4} = \dfrac{y-1}{3} = \dfrac{z-2}{1}$，求该光线经平面 $x + 2y + 5z + 17 = 0$ 反射后的反射光线方程.

分析 如图 4.2 所示, L 过 P 点, $\vec{l}$ 为入射线方向, $\vec{n}$ 为平面法向, $\vec{l'}$ 为反射线方向, 关键是求出 $\vec{l'}$, 设入射线与平面交点为 Q, P 关于平面的对称点为 P', 则 $\overrightarrow{P'Q}$ 与 $\vec{l'}$ 平行从而过 $P'Q$ 的直线就是反射线.

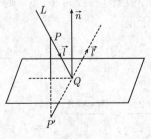

图 4.2

解 先求直线与平面交点. 由已知 $L: \dfrac{x-1}{4} = \dfrac{y-1}{3} = \dfrac{z-2}{1}$, 改写为参数方程:

$$\begin{cases} x = 1 + 4t, \\ y = 1 + 3t, \\ z = 2 + t, \end{cases}$$

代入平面方程得到

$$30 + 15t = 0 \Longrightarrow t = -2,$$

即得 $Q(-7, -5, 0)$

再求对称点 P': 过 $P(1, 1, 2)$ 作垂直于平面的直线

$$\frac{x-1}{1} = \frac{y-1}{2} = \frac{z-2}{5},$$

化成参数式

$$\begin{cases} x = 1 + t, \\ y = 1 + 2t, \\ z = 2 + 5t, \end{cases}$$

设 P' 为 $(1+t, 1+2t, 2+5t)$, 则 P, P' 的中点 $\left(\dfrac{2+t}{2}, \dfrac{2+2t}{2}, \dfrac{4+5t}{2} \right)$ 必须满足平面方程, 即

$$\frac{2+t}{2} + 2 + 2t + 5 \cdot \frac{4+5t}{2} + 17 = 0 \Longrightarrow t = -2.$$

由此得 $P'(-1. -3, -8)$, 则过 $P', Q(-7, -5, 0)$ 的直线方程 $\dfrac{x+7}{3} = \dfrac{y+5}{1} = \dfrac{z}{-4}$ 为反射线方程.

例 6 一镜面放在平面 $\pi: \; x + 2y + 5z + 17 = 0$ 上, 在镜面上方有两点 $A(1, 1, 2)$, $B(-10, -6, 4)$. 现从点 A 发射一束光线至镜面上点 P 处, 其反射光线通过点 B, 试求 P 点的位置.

解 设点 A 关于平面 π 的对称点为 A_1, 连接 $A_1 B$, 直线 $A_1 B$ 与平面 π 的交点 P 即为所求的点 (如图 4.3 所示). 过 AA_1 的直线方程为

$$\frac{x-1}{1} = \frac{y-1}{2} = \frac{z-2}{5},$$

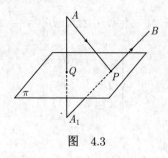

图 4.3

化成参数式为

$$\begin{cases} x = 1 + t, \\ y = 1 + 2t, \\ z = 2 + 5t, \end{cases}$$

代入平面 π 的方程:

$$(1+t) + 2(1+2t) + 5(2+5t) + 17 = 0 \Longrightarrow t = -1,$$

于是直线 AA_1 与平面 π 的交点 Q 的坐标为 $Q(0, -1, -3)$, 因而点 A_1 的坐标为 $A_1(-1, -3, -8)$, 直线 A_1B 的方程为 $\dfrac{x+1}{3} = \dfrac{y+3}{1} = \dfrac{z+8}{-4}$, 写成参数形式为

$$\begin{cases} x = -1 + 3t, \\ y = -3 + t, \\ z = -8 - 4t. \end{cases}$$

代入平面 π 的方程:

$$(-1+3t) + 2(-3+t) + 5(-8-4t) + 17 = 0 \Longrightarrow t = -2,$$

于是所求 P 点坐标为 $P(-7, -5, 0)$.

例 7 ① 已知平面 $\pi: Ax + By + Cz + D = 0$, 其法向量 $\vec{n} = \{A, B, C\} \neq \vec{0}$. 求证:

若点 $P(x, y, z)$ 使得 $Ax + By + Cz + D > 0$, 则点 P 在 $\vec{n}$ 的正向一侧;

反之, 若点 $P(x, y, z)$ 使得 $Ax + By + Cz + D < 0$, 则点 P 在 $\vec{n}$ 的正向异侧.

② 已知两点 $P(1,1,2), Q(-10,-6,4)$, 在平面 $\pi: x+2y+5z+17 = 0$ 上求一点 M, 使得 $|PM|+|QM|$ 最小.

解 ① 证 记 $\vec{r}=\{x,y,z\}$, 在平面 π 上任意取定一点 (x_0,y_0,z_0), 并记 $\vec{r}_0 = \{x_0,y_0,z_0\}$. 因为

$$Ax_0 + By_0 + Cz_0 + D = 0 \Longrightarrow D = -\vec{n} \cdot \vec{r}_0,$$

所以

$$Ax + By + Cz + D = \vec{n} \cdot (\vec{r} - \vec{r}_0).$$

如图 4.4 所示, 如果 $\vec{n} \cdot (\vec{r} - \vec{r}_0) > 0$, 意味着向量 $\vec{r} - \vec{r}_0$ 与向量 $\vec{n}$ 的正向夹锐角 θ, 此时点 (x,y,z) 在 $\vec{n}$ 的正向一侧; 如果 $\vec{n} \cdot (\vec{r} - \vec{r}_0) < 0$, 意味着向量 $\vec{r} - \vec{r}_0$ 与向量 $\vec{n}$ 的正向夹钝角 θ, 此时点 (x,y,z) 在 $\vec{n}$ 的正向异侧.

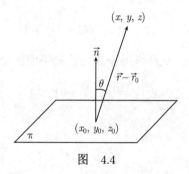

图 4.4

② 解 首先容易验证 $P(1,1,2), Q(-10,-6,4)$ 在平面 $x + 2y + 5z + 17 = 0$ 的同一侧. 事实上,

$$x + 2y + 5z + 17|_{x=1,y=1,z=2} = 30 > 0,$$

$$x + 2y + 5z + 17|_{x=-10,y=-6,z=4} = 15 > 0.$$

根据第 ① 小题结论, P, Q 两点同在 $\vec{n} = \{1,2,5\}$ 的正向一侧 (图 4.5).

其次, 过点 P 作垂直于已知平面的直线

$$\frac{x-1}{1} = \frac{y-1}{2} = \frac{z-2}{5},$$

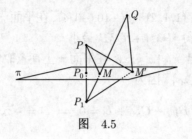

图 4.5

其参数方程为

$$\begin{cases} x = 1 + t, \\ y = 1 + 2t, \\ z = 2 + 5t, \end{cases}$$

将它代入已知平面方程, 得到

$$1 + t + 2\left(1 + 2t\right) + 5\left(2 + 5t\right) + 17 = 0.$$

解此方程, 得 $t = -1$. 从而求得垂线与已知平面的交点

$$P_0 = (0, -1, -3).$$

再根据中点公式

$$\begin{cases} \dfrac{x+1}{2} = 0, \\ \dfrac{y+1}{2} = -1, \implies x = -1, \quad y = -3, \quad z = -8 \\ \dfrac{z+2}{2} = -3 \end{cases}$$

求出点 P 关于已知平面的对称点 $P_1 = (-1, -3, -8)$. 直线 P_1Q 的方程易写出为

$$\frac{x+1}{3} = \frac{y+3}{1} = \frac{z+8}{-4}.$$

这样直线 P_1Q 的对称式方程易写出为

$$\frac{x+1}{-3} = \frac{y+3}{-1} = \frac{z+8}{4},$$

234

相应的参数方程为

$$\begin{cases} x = -1 - 3t, \\ y = -3 - t, \\ z = -8 + 4t, \end{cases}$$

代入已知平面方程, 得到

$$-1 - 3t + 2(-3 - t) + 5(-8 + 4t) + 17 = 0,$$

解此方程, 得 $t = 2$. 将此代入参数方程求得直线 P_1Q 与已知平面的交点

$$M = (-7, -5, 0).$$

容易验证点 M 为所求. 事实上, 如图 4.5 所示, 设 M' 是已知平面上的异于 M 的点, 根据三角形两边之和大于第三边, 如图 4.5 所示即有

$$\begin{array}{ccc} |M'P| + |M'Q| & & |PM| + |QM| \\ \| & & \| \\ |M'P_1| + |M'Q| & > & |P_1Q| \end{array}$$

从此 U 形等式–不等式串的两端即知

$$|M'P| + |M'Q| > |PM| + |QM|, \quad \text{即} \quad |PM| + |QM| \text{ 最小}.$$

例 8　求直线 $L: \dfrac{x-1}{1} = \dfrac{y}{2} = \dfrac{z-1}{1}$ 绕 Oy 轴旋转一周所得旋转曲面的方程.

解　在直线上取一定点 $P_0(x_0, y_0, z_0)$, 经过旋转得动点 $P(x, y, z)$, 则有

$$\begin{cases} \dfrac{x_0 - 1}{1} = \dfrac{y_0}{2} = \dfrac{z_0 - 1}{1}, \\ y = y_0, \\ x^2 + z^2 = x_0^2 + z_0^2. \end{cases} \tag{1}$$

(1) 式中第二行 $y = y_0$ 是因为绕 Oy 轴旋转, 从定点到动点 y 坐标不变;

(1) 式中第三行 $x^2 + z^2 = x_0^2 + z_0^2$ 是因为绕 Oy 轴旋转, 无论定点还是动点到 Oy 轴的距离不变; (1) 中第一行是因为点 $P_0(x_0, y_0, z_0)$ 在

L 上, 它实际上是由两个方程组成. 为了消去 x_0, y_0, z_0, 联立 (1) 中的前两行, 共三个方程, 即

$$\begin{cases} \dfrac{x_0 - 1}{1} = \dfrac{y_0}{2}, \\[2mm] \dfrac{y_0}{2} = \dfrac{z_0 - 1}{1}, \\[2mm] y = y_0 \end{cases} \implies x_0 = \frac{1}{2}y + 1, y_0 = y, z_0 = \frac{1}{2}y + 1.$$

将此结果代入 (1) 中的第三行, 即得

$$x^2 + z^2 = \left(\frac{1}{2}y + 1 \right)^2 + \left(\frac{1}{2}y + 1 \right)^2$$

$$= 2 \left(\frac{1}{2}y + 1 \right)^2,$$

即 $2x^2 + 2z^2 = (y + 2)^2$ 为所求的旋转曲面方程.

例 9　求 z 轴绕直线 $L : \begin{cases} 2x + z = 0, \\ y = 0 \end{cases}$ 旋转所形成的曲面方程.

解　直线 L 与 z 轴有交点 $(0, 0, 0)$, 可见旋转曲面是以坐标原点为顶点的圆锥面, z 轴上任一点 M 绕直线旋转时, OM 与直线 L 的夹角始终不变, 即为圆锥面的半顶角 θ. 由于 z 轴的方向向量 $\vec{k} = \{0, 0, 1\}$, 直线 L 的方向向量为

$$\vec{l} = \{2, 0, 1\} \times \{0, 1, 0\} = \{-1, 0, 2\},$$

所以 z 轴与直线 L 的夹角余弦为

$$\cos \theta = \frac{\vec{k} \cdot \vec{l}}{|\vec{k}| \cdot |\vec{l}|} = \frac{2}{\sqrt{5}}.$$

在旋转曲面上任取一点 $M(x, y, z)$, 即 $\overrightarrow{OM} = \{x, y, z\}$, 则 $\dfrac{\overrightarrow{OM} \cdot \vec{l}}{|\overrightarrow{OM}| \cdot |\vec{l}|} = \cos \theta$, 即 $\dfrac{2z - x}{\sqrt{x^2 + y^2 + z^2}\sqrt{5}} = \dfrac{2}{\sqrt{5}}$. 两边平方整理, 得

$$3x^2 + 4y^2 + 4zx = 0.$$

例 10 设 $P = P(\xi, \eta, \zeta)$ 是曲面 $z = x^2 - y^2$ 上的任一点, 证明过 P 点的直线中必有两条在该曲面上.

分析 由于过 P 点的直线方程可表示为

$$x = \xi + at, \quad y = \eta + bt, \quad z = \zeta + ct.$$

其中 $\{a, b, c\}$ 是直线的方向向量. 只要能证明存在两个不平行的向量 $\{a_1, b_1, c_1\}, \{a_2, b_2, c_2\}$ 对一切实数 t 都能满足恒等式

$$(\xi + a_k t)^2 - (\eta + b_k t)^2 = \zeta + c_k t \quad (k = 1, 2)$$

即可.

证 过点 $P(\xi, \eta, \zeta)$ 以 $\vec{l} = \{a, b, c\}$ 为方向向量的直线可写为参数方程

$$x = \xi + at, \quad y = \eta + bt, \quad z = \zeta + ct.$$

该直线在曲面 $x^2 - y^2 = z$ 上的充要条件是: 对一切实数 t, 恒有

$$(\xi + at)^2 - (\eta + bt)^2 - (\zeta + ct) = 0.$$

将上式左边按 t 的幂次整理, 得

$$t^2 (a^2 - b^2) + (2a\xi - 2b\eta - c) t + \xi^2 - \eta^2 - \zeta = 0.$$

上式恒成立的充要条件是

$$\begin{cases} a^2 = b^2, & (1) \\ 2a\xi - 2b\eta - c = 0, & (2) \\ \xi^2 - \eta^2 - \zeta = 0. & (3) \end{cases}$$

因为 $P(\xi, \eta, \zeta)$ 在曲面 $x^2 - y^2 = z$ 上, (3) 式显然成立.

由 (1) $\Longrightarrow b = \pm a$, 若取 $a = 1$, 则有 $b = \pm 1$, 再代入 (2) 式, 得 $c = 2\xi \mp 2\eta$.

过点 $P(\xi, \eta, \zeta)$ 且在曲面上的直线中, 有如下两条 (图 4.6):

$$L_1 : \frac{x - \xi}{1} = \frac{y - \eta}{1} = \frac{z - \zeta}{2\xi - 2\eta},$$

$$L_2 : \frac{x - \xi}{1} = \frac{y - \eta}{-1} = \frac{z - \zeta}{2\xi + 2\eta}.$$

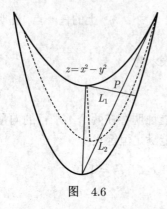

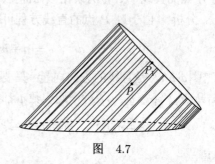

图 4.6   图 4.7

例 11 设与直线 $\begin{cases} y = 0, \\ x = z \end{cases}$ 平行的光线射到球面 $x^2 + y^2 + z^2 = 4z$ 上, 问该球面在 Oxy 平面上所成的投影是什么区域?

分析 这束光线射到球面上是与球面相切的光线, 切点组成球面上的一个大圆, 切线组成与球面相切的柱面, 这个柱面与 Oxy 平面相交的交线是一条封闭曲线, 该曲线所围的区域即为投影区域 (图 4.7).

解 先求球面上的一个大圆, 在这个大圆上每一点光线与球面相切. 依题意, 该大圆所在平面应该与光线垂直, 因此该大圆所在平面是过球心 $(0, 0, 2)$, 法向量 $\overrightarrow{n} = (1, 0, 1)$ 的平面 $x + z - 2 = 0$. 于是, 若 $\overrightarrow{n}$ 与 z 轴正向的夹角为 φ, 则有 $\sin\varphi = \dfrac{\sqrt{2}}{2}$. 从而, 大圆的参数方程为

$$\begin{cases} x = \sqrt{2}\cos\theta, \\ y = \sqrt{2}\sin\theta, \qquad (0 \leqslant \theta \leqslant 2\pi). \\ z = 2 - \sqrt{2}\cos\theta \end{cases}$$

进一步, 求母线平行于 $\begin{cases} y = 0, \\ x = z \end{cases}$ 且与球面相切的柱面方程. 该柱面的母线方向为 $(1, 0, 1)$, 上述大圆是其准线. 设 $P(x, y, z)$ 为柱面上的任一点, 过 P 的母线与准线交于 $P_1(\sqrt{2}\cos\theta, \sqrt{2}\sin\theta, 2 - \sqrt{2}\cos\theta)$, 则 $PP_1 // (1, 0, 1)$, 即 $(x, y, z) - (\sqrt{2}\cos\theta, \sqrt{2}\sin\theta, 2 - \sqrt{2}\cos\theta) = \lambda(1, 0, 1)$, 即

$$\begin{cases} x - \sqrt{2}\cos\theta = \lambda, & (1) \\ y - \sqrt{2}\sin\theta = 0, & (2) \\ z - \left(2 - \sqrt{2}\cos\theta\right) = \lambda. & (3) \end{cases}$$

由 (1), (3) 式消去 λ, 得到

$$\frac{x - z + 2}{2\sqrt{2}} = \cos\theta. \tag{4}$$

由 (2) 式得

$$\sin\theta = \frac{y}{\sqrt{2}}. \tag{5}$$

联合 (4), (5) 式即得

$$\left(\frac{y}{\sqrt{2}}\right)^2 + \left(\frac{x - z + 2}{2\sqrt{2}}\right)^2 = 1,$$

此即所求柱面方程. 所求投影区域边界为曲线

$$\begin{cases} \left(\dfrac{y}{\sqrt{2}}\right)^2 + \left(\dfrac{x - z + 2}{2\sqrt{2}}\right)^2 = 1, \\ z = 0 \end{cases}$$

所围区域, 即

$$\begin{cases} \left(\dfrac{y}{\sqrt{2}}\right)^2 + \left(\dfrac{x - z + 2}{2\sqrt{2}}\right)^2 \leqslant 1, \\ z = 0. \end{cases}$$

例 12 写出过点 $A\,(1, 0, 0)$, $B\,(0, 2, 0)$, $C\,(0, 0, 3)$ 的圆周方程.

解法 1 用截距式写出过三点的平面方程为

$$\frac{x}{1} + \frac{y}{2} + \frac{z}{3} = 1,$$

设所求圆的圆心为 $O_0\,(x_0, y_0, z_0)$, 半径为 r, 则 O_0 在上述平面上, 故 $\dfrac{x_0}{1} + \dfrac{y_0}{2} + \dfrac{z_0}{3} = 1$. 又 $|AO_0| = |BO_0| = |CO_0| = r$, 从而

$$|AO_0|^2 = |BO_0|^2 \Longrightarrow 4y_0 - 2x_0 - 3 = 0;$$

$$|BO_0|^2 = |CO_0|^2 \Longrightarrow 6z_0 - 4y_0 - 5 = 0.$$

联立

239

$$\begin{cases} 4y_0 - 2x_0 - 3 = 0, \\ 6z_0 - 4y_0 - 5 = 0, \\ \dfrac{x_0}{1} + \dfrac{y_0}{2} + \dfrac{z_0}{3} = 1, \end{cases}$$

由此解出 $x_0 = \dfrac{13}{98}, y_0 = \dfrac{40}{49}, z_0 = \dfrac{135}{98}$, 再返回求得

$$r = |AO_0| = \sqrt{\left(1 - \frac{13}{98}\right)^2 + \left(\frac{40}{49}\right)^2 + \left(\frac{135}{98}\right)^2}$$

$$= \frac{5\sqrt{26}}{14}.$$

解法 2 同解法 1, 用截距式写出过三点的平面方程为

$$\frac{x}{1} + \frac{y}{2} + \frac{z}{3} = 1.$$

将所求圆周看成上述平面与过 $O\,(0,0,0)$, A, B, C 四点的球面的交线, 设球心在点 $O_1\,(x,y,z)$ 处, 由 $|OO_1| = |AO_1| = |BO_1| = |CO_1|$, 有

$$|OO_1|^2 = |AO_1|^2 \Longrightarrow 2x - 1 = 0 \Longrightarrow x = \frac{1}{2},$$

$$|OO_1|^2 = |BO_1|^2 \Longrightarrow 4y - 4 = 0 \Longrightarrow y = 1,$$

$$|OO_1|^2 = |CO_1|^2 \Longrightarrow 6z - 9 = 0 \Longrightarrow z = \frac{3}{2},$$

即知球心 $O_1\left(\dfrac{1}{2}, 1, \dfrac{3}{2}\right)$, 而半径

$$|OO_1| = \sqrt{\frac{1}{4} + 1 + \frac{9}{4}} = \frac{\sqrt{14}}{2}.$$

所以圆周的方程为

$$\begin{cases} \left(x - \dfrac{1}{2}\right)^2 + (y - 1)^2 + \left(z - \dfrac{3}{2}\right)^2 = \dfrac{7}{2}, \\ x + \dfrac{y}{2} + \dfrac{z}{3} = 1. \end{cases}$$

第五章 多元函数微分学

内 容 提 要

1. 二元函数的极限与连续

1.1 n 元函数的定义及其极限

定义(n 元函数) 设 $\mathbb{R}^n$ 为 n 维欧氏空间, $D \subset \mathbb{R}^n$. 如果对于 D 中每一点 $(x_1, x_2, \cdots, x_n)$, 按照某种对应规则 f, 都有唯一确定的实数 z 与之对应, 则称 f 是一个定义在 D 上的 n **元函数**, 记做

$$z = f(z_1, x_2, \cdots, x_n).$$

这里 D 称为 f 的**定义域**,

$$f(D) = \{f(x_1, x_2, \cdots, x_n | (x_1, x_2, \cdots, x_n) \in D)\}$$

称为 f 的**值域**.

1.2 二元函数的极限及累次极限

定义(二元极限) 设函数 $z = f(x, y)$ 在 Oxy 平面上点 (x_0, y_0) 的某个空心邻域内有定义. 若有常数 A, 对任意给定的正数 ε, 都存在 $\delta > 0$, 使当

$$0 < \sqrt{(x - x_0)^2 + (y - y_0)^2} < \delta$$

时, 就有

$$|f(x, y) - A| < \varepsilon,$$

则称 $(x, y) \to (x_0, y_0)$ 时 $f(x, y)$**以A为极限**, 记做

$$\lim_{(x,y) \to (x_0, y_0)} f(x, y) = A.$$

定义(累次极限) 设函数 $z = f(x, y)$ 在点 $P_0(x_0, y_0)$ 的某个空心邻域内有定义. 对任意固定的 y, 假设极限

$$\lim_{x \to x_0} f(x, y) = A(y)$$

存在. 如果当 $y \to y_0$ 时, $A(y)$ 也有极限, 那么称

$$\lim_{y \to y_0} A(y) = \lim_{y \to y_0} \left[\lim_{x \to x_0} f(x,y) \right]$$

为函数 $f(x,y)$ 的**累次极限**.

1.3 连续函数及其性质

定义(连续) 设函数 $z = f(x,y)$ 在点 $P_0(x_0, y_0)$ 的某邻域内有定义. 若 $\lim\limits_{(x,y) \to (x_0, y_0)} f(x,y)$ 存在且等于 $f(x_0, y_0)$, 即

$$\lim_{(x,y) \to (x_0, y_0)} f(x,y) = f(x_0, y_0),$$

则称函数 $f(x,y)$**在P_0点连续**. 若 $f(x,y)$ 在有界闭区域 D 上每一点连续, 则称 $f(x,y)$**在区域D上连续**.

性质 1(有界性) 若函数 $f(x,y)$ 在有界闭区域 D 上连续, 则 $f(x,y)$ 一定有界.

性质 2(最值定理) 若函数 $f(x,y)$ 在有界闭区域 D 上连续, 则 $f(x,y)$ 在 D 上存在最大值和最小值.

最大值、最小值定理的确定方法:

对于最大值、最小值问题要区别讨论. 若 $f(x,y)$ 在有界闭区域 D 上连续, 在 D 上必取得最大值和最小值, 但最大值点和最小值点可能在 D 内, 也可能在 D 的边界上, 要求出 D 内所有驻点的函数值与 D 的边界上的最大值和最小值相互比较来求出函数的最大值和最小值. 在实际问题中, 若最大值与最小值一定在 D 内取得, 并且函数在 D 内只有一个驻点, 则可以根据实际问题确定驻点处的函数值即为函数 $f(x,y)$ 的最大值 (最小值).

性质 3(介值定理) 有界闭区域 D 上的连续函数, 在区域 D 上必能取得介于最大值与最小值之间的任何值.

2. 多元函数微分学

2.1 偏导数、方向导数、梯度

若二元函数 $z = f(x,y)$ 将变量 y(或 x) 当做常数, 对变量 x(或 y) 求导, 称为**求偏导数**, 记为 $\dfrac{\partial z}{\partial x}, f'_x, z_x$ 或 $f_x \left(\dfrac{\partial z}{\partial y}, f'_y, z_y \right.$ 或 $\left. f_y \right)$.

若 $\lim\limits_{t \to 0^+} \dfrac{f(x_0 + t\cos\alpha, y_0 + t\sin\alpha) - f(x_0, y_0)}{t} = A$ 存在, 则 A 称为函数 $f(x,y)$ 在点 (x_0, y_0) 沿方向 $\overrightarrow{l} = \{\cos\alpha, \sin\alpha\}$ 的**方向导数**, 记为 $\dfrac{\partial z}{\partial l}$.

如果 $f(x, y)$ 可微, 则任意方向的方向导数都存在, 且有

$$\frac{\partial z}{\partial l} = \mathrm{grad} f \cdot \vec{l},$$

其中, 矢量 $\mathrm{grad} f = \{f_x, f_y\}$ 称为函数 $f(x, y)$ 的**梯度**.

2.2 可微性与复合函数求导法则

定义(可微)   若 $z = f(x, y)$ 在 (x, y) 处有 $\Delta z = A\Delta x + B\Delta y + o(\rho)$, 其中, 系数 A, B 与 $\Delta x, \Delta y$ 无关, $\rho = \sqrt{(\Delta x)^2 + (\Delta y)^2}$, 则称函数 $z = f(x, y)$ 在点 (x, y) **可微**.

(1) 可微的必要条件: 偏导数存在; 可微的充分条件: 偏导数连续.

(2) 函数 $z = f(x, y)$ 的全微分 $\mathrm{d} z = \dfrac{\partial f}{\partial x}\mathrm{d}x + \dfrac{\partial f}{\partial y}\mathrm{d}y$.

(3) 复合函数求导法则: 设 $z = f(u, v)$ 有复合关系 $z = f(u(x, y)), v((x, y))$, 且 $\dfrac{\partial z}{\partial u}, \dfrac{\partial z}{\partial v}$ 连续, $\dfrac{\partial u}{\partial x}, \dfrac{\partial u}{\partial y}, \dfrac{\partial v}{\partial x}, \dfrac{\partial v}{\partial y}$ 存在, 则

$$\frac{\partial z}{\partial x} = \frac{\partial z}{\partial u}\frac{\partial u}{\partial x} + \frac{\partial z}{\partial v}\frac{\partial v}{\partial x},$$

$$\frac{\partial z}{\partial y} = \frac{\partial z}{\partial u}\frac{\partial u}{\partial y} + \frac{\partial z}{\partial v}\frac{\partial v}{\partial y}.$$

一般情况下, 函数对某自变量的偏导数, 等于函数对中间变量的偏导数与该中间变量对此自变量偏导数之积的所有项之和. 有多少中间变量就有多少项, 每项中有几层复合关系则有几个乘积.

2.3 一阶微分形式不变性

$$\mathrm{d} z = \frac{\partial z}{\partial x}\mathrm{d}x + \frac{\partial z}{\partial y}\mathrm{d}y = \frac{\partial z}{\partial u}\mathrm{d}u + \frac{\partial z}{\partial v}\mathrm{d}v$$

不论把 z 看做是自变量 x, y 的函数, 还是看做中间变量 u, v 的函数, 函数 z 的全微分形式都是一样的.

2.4 隐函数微分法

如果 $F(x, y) = 0$ 确定函数 $y(x)$, 且 $F_y' \neq 0$, 则 $\dfrac{\mathrm{d}y}{\mathrm{d}x} = -\dfrac{F_x}{F_y}$;

如果 $F(x, y, z) = 0$ 确定函数 $z(x, y)$, 且 $F_z' \neq 0$, 则

$$\frac{\partial z}{\partial x} = -\frac{F_x}{F_z}, \quad \frac{\partial z}{\partial y} = -\frac{F_y}{F_z}.$$

2.5 曲面的切平面与法线

函数 $z = f(x, y)$ 在点 (x_0, y_0) 处的切平面方程为

$$z - z_0 = f'_x(x_0, y_0)(x - x_0) + f'_y(x_0, y_0)(y - y_0);$$

函数 $z = f(x, y)$ 在点 (x_0, y_0) 处的法线方程为

$$\frac{z - z_0}{-1} = \frac{x - x_0}{f'_x(x_0, y_0)} = \frac{y - y_0}{f'_y(x_0, y_0)}.$$

设曲面 S 的方程为 $F(x, y, z) = 0, P_0(x_0, y_0, z_0)$ 是曲面上一点. 若 F 在 P_0 附近可微, 且 F'_x, F'_y, F'_z 不全为零, 则曲面 S 在 P_0 的法向量为 $\vec{n} = \{F'_x, F'_y, F'_z\}$, 切平面方程为

$$F'_x(x_0, y_0, z_0)(x - x_0) + F'_y(x_0, y_0, z_0)(y - y_0) + F'_z(x_0, y_0, z_0)(z - z_0) = 0.$$

法线方程为

$$\frac{x - x_0}{F'_x(x_0, y_0, z_0)} = \frac{y - y_0}{F'_y(x_0, y_0, z_0)} = \frac{z - z_0}{F'_z(x_0, y_0, z_0)}.$$

2.6 空间曲线的切线与法平面

已知空间曲线方程 $\begin{cases} x = x(t), \\ y = y(t), \\ z = z(t), \end{cases}$ 则在 $t = t_0$ 点的切线方程为

$$\frac{x - x_0}{x'(t_0)} = \frac{y - y_0}{y'(t_0)} = \frac{z - z_0}{z'(t_0)}.$$

法平面方程为

$$x'(t_0)(x - x_0) + y'(t_0)(y - y_0) + z'(t_0)(z - z_0) = 0.$$

2.7 高阶导数

二阶及二阶以上的偏导数称为**高阶偏导数**, 例如

$$f''_{xy} = \frac{\partial}{\partial y}\left(\frac{\partial z}{\partial x}\right).$$

2.8 函数的极值

(1) **普通极值**:

定理 1 设函数 $f(x, y)$ 在点 (x_0, y_0) 可微, 则 $f(x, y)$ 在 (x_0, y_0) 有极值的必要条件为

$$\begin{cases} f'_x(x_0, y_0) = 0, \\ f'_y(x_0, y_0) = 0. \end{cases}$$

244

定理 2 设函数 $f(x, y)$ 在点 (x_0, y_0) 的某邻域内有连续的二阶偏导数, 且 $f'_x(x_0, y_0) = 0, f'_y(x_0, y_0) = 0$, 则

当 $B^2 - AC < 0$ 时, 若 $A < 0$, 则 $f(x, y)$ 在点 (x_0, y_0) 处有极大值; 若 $A > 0$, 则 $f(x, y)$ 在点 (x_0, y_0) 处有极小值.

当 $B^2 - AC = 0$ 时, 不能判定 $f(x, y)$ 在点 (x_0, y_0) 处是否有极值.

当 $B^2 - AC > 0$ 时, $f(x, y)$ 在点 (x_0, y_0) 处无极值.

这里

$$A = \left. \frac{\partial^2 z(x, y)}{\partial x^2} \right|_{(x_0, y_0)}, \quad B = \left. \frac{\partial^2 z(x, y)}{\partial x \partial y} \right|_{(x_0, y_0)}, \quad C = \left. \frac{\partial^2 z(x, y)}{\partial y^2} \right|_{(x_0, y_0)}.$$

(2) **条件极值**:

求多元函数的极值问题或最大值、最小值问题时, 对自变量的取值往往要附加一定的约束条件, 这类附有约束条件的极值问题, 称为**条件极值**.

拉格朗日乘数法:

求函数 $u = f(x, y, z)$ 在满足约束条件

$$g_1(x, y, z) = 0, \quad g_2(x, y, z) = 0$$

下的条件极值, 其常用方法是拉格朗日乘数法, 其具体步骤如下:

① 构造拉格朗日函数:

$$h(x, y, z, \lambda_1, \lambda_2) = f(x, y, z) + \lambda_1 g_1(x, y, z) + \lambda_2 g_2(x, y, z),$$

其中 λ_1, λ_2 为待定常数, 称其为**拉格朗日乘数**.

② 求五元函数 $h(x, y, z, \lambda_1, \lambda_2)$ 的驻点, 即列方程组

$$\begin{cases} h_x = \dfrac{\partial f(x, y, z)}{\partial x} + \lambda_1 \dfrac{\partial g_1(x, y, z)}{\partial x} + \lambda_2 \dfrac{\partial g_2(x, y, z)}{\partial x} = 0, \\[2mm] h_y = \dfrac{\partial f(x, y, z)}{\partial y} + \lambda_1 \dfrac{\partial g_1(x, y, z)}{\partial y} + \lambda_2 \dfrac{\partial g_2(x, y, z)}{\partial y} = 0, \\[2mm] h_z = \dfrac{\partial f(x, y, z)}{\partial z} + \lambda_1 \dfrac{\partial g_1(x, y, z)}{\partial z} + \lambda_2 \dfrac{\partial g_2(x, y, z)}{\partial z} = 0, \\[2mm] h_{\lambda_1} = g_1(x, y, z) = 0, \\[2mm] h_{\lambda_2} = g_2(x, y, z) = 0, \end{cases}$$

然后求出上述方程组的解, 那么驻点 (x, y, z) 有可能是极值点.

③ 判别求出的点 (x, y, z) 是否是极值点, 通常由实际问题的实际意义来确定.

典型例题解析

例 1 设 $u = \left(\dfrac{x}{y}\right)^{\frac{z}{y}}$，求 $xu'_x + yu'_y + zu'_z$.

解 令 $v = \dfrac{x}{y}, w = \dfrac{z}{y}$，则

$$\mathrm{d}v = \frac{y\mathrm{d}x - x\mathrm{d}y}{y^2}, \quad \mathrm{d}w = \frac{y\mathrm{d}z - z\mathrm{d}y}{y^2},$$

$$u = v^w, \quad \ln u = w \ln v,$$

上式两端求微分得

$$\frac{\mathrm{d}u}{u}$$

$$\frac{z\mathrm{d}x}{xy} - z(1+\ln v)\frac{\mathrm{d}y}{y^2} + \frac{\ln v}{y}\mathrm{d}z$$

$$\|$$

$$\frac{w}{v}\mathrm{d}v + \ln v \mathrm{d}w == \frac{w}{v}\frac{y\mathrm{d}x - x\mathrm{d}y}{y^2} + \frac{y\mathrm{d}z - z\mathrm{d}y}{y^2}\ln v$$

从此 U 形等式串的两端即知

$$\mathrm{d}u = \frac{uz}{xy}\mathrm{d}x - \frac{uz(1+\ln v)}{y^2}\mathrm{d}y + \frac{u\ln v}{y}\mathrm{d}z.$$

分别提取 $\mathrm{d}x, \mathrm{d}y, \mathrm{d}z$ 前的系数, 即得

$$u'_x = \frac{uz}{xy}, \quad u'_y = -\frac{uz(1+\ln v)}{y^2}, \quad u'_z = \frac{u\ln v}{y},$$

$$xu'_x + yu'_y + zu'_z = \frac{uz}{y} - \frac{uz(1+\ln v)}{y} + \frac{zu\ln v}{y} = 0.$$

例 2 设 $f(u)$ 为任意的可微分函数. 试证明: $z = yf\left(x^2 - y^2\right)$ 满足方程

$$y^2\frac{\partial z}{\partial x} + xy\frac{\partial z}{\partial y} = xz.$$

证 令 $u = x^2 - y^2$，则

$$z = yf(u) \Longrightarrow \begin{cases} \mathrm{d}z = f(u)\mathrm{d}y - yf'(u)\mathrm{d}u, & (1) \\ \mathrm{d}u = 2x\mathrm{d}x - 2y\mathrm{d}y. & (2) \end{cases}$$

246

(2) 式代入 (1) 式消去 du, 得到

$$dz = -2xyf'(u)\,dx + \left[f(u) + 2y^2 f'(u)\right]dy.$$

分别提取 dx, dy 前的系数, 即得

$$\frac{\partial z}{\partial x} = -2xyf'(u), \quad \frac{\partial z}{\partial y} = f(u) + 2y^2 f'(u).$$

因此

$$
\begin{array}{ccc}
y^2\dfrac{\partial z}{\partial x} + xy\dfrac{\partial z}{\partial y} & \qquad & xz \\
\| & & \| \\
-2xy^3 f'(u) + 2xy^3 f'(u) + xyf(u) & = & xyf(u)
\end{array}
$$

从此 U 形等式串的两端即知

$$y^2\frac{\partial z}{\partial x} + xy\frac{\partial z}{\partial y} = xz.$$

例 3　设 $z = z(x, y)$, 由方程 $z = \sqrt{x^2 - y^2}\tan\dfrac{z}{\sqrt{x^2 - y^2}}$ 确定, 求其二阶偏微商.

解　令 $u = \dfrac{z}{\sqrt{x^2 - y^2}}$, 则有 $z = u\sqrt{x^2 - y^2}$, 并且

$$
\begin{array}{ccc}
z = \sqrt{x^2 - y^2}\tan\dfrac{z}{\sqrt{x^2 - y^2}} & \qquad & u\text{为常数} \\
\Downarrow & & \Uparrow \\
u = \tan u & & du = 0 \\
\Downarrow & & \Uparrow \\
du = \sec^2 u\,du & \Longrightarrow & \tan^2 u\,du = 0
\end{array}
$$

从此 U 形推理串的末端即知 u 为常数. 因此要求 z 的二阶偏微商只要在 u 为常数的前提下, 从 $z = u\sqrt{x^2 - y^2}$ 出发即可. 于是

$$\frac{\partial z}{\partial x} = u\frac{x}{\sqrt{x^2 - y^2}}, \quad \frac{\partial z}{\partial y} = -u\frac{y}{\sqrt{x^2 - y^2}}.$$

下面计算 $\dfrac{\partial^2 z}{\partial x^2}$:

$$\begin{array}{ccc}
\dfrac{\partial^2 z}{\partial x^2} & & -\dfrac{zy^2}{(x^2-y^2)^2} \\[2mm]
\| & & \|\text{注} \\[2mm]
\dfrac{\partial}{\partial x}\left(\dfrac{\partial z}{\partial x}\right) &=\!\!=& -u\dfrac{y^2}{(x^2-y^2)^{\frac{3}{2}}}
\end{array}$$

从此 U 形等式串的两端即知 $\dfrac{\partial^2 z}{\partial x^2} = -\dfrac{zy^2}{(x^2-y^2)^2}$.

再计算 $\dfrac{\partial^2 z}{\partial x\partial y}$:

$$\begin{array}{ccc}
\dfrac{\partial^2 z}{\partial x\partial y} & & \dfrac{xyz}{(x^2-y^2)^2} \\[2mm]
\| & & \|\text{注} \\[2mm]
\dfrac{\partial}{\partial y}\left(\dfrac{\partial z}{\partial x}\right) &=\!\!=& u\dfrac{xy}{(x^2-y^2)^{\frac{3}{2}}}
\end{array}$$

从此 U 形等式串的两端即知 $\dfrac{\partial^2 z}{\partial x\partial y} = \dfrac{xyz}{(x^2-y^2)^2}$.

最后计算 $\dfrac{\partial^2 z}{\partial y^2}$:

$$\begin{array}{ccc}
\dfrac{\partial^2 z}{\partial y^2} & & -\dfrac{zx^2}{(x^2-y^2)^{\frac{3}{2}}} \\[2mm]
\| & & \|\text{注} \\[2mm]
\dfrac{\partial}{\partial y}\left(\dfrac{\partial z}{\partial y}\right) &=\!\!=& -u\dfrac{x^2}{(x^2-y^2)^2}
\end{array}$$

从此 U 形等式串的两端即知 $\dfrac{\partial^2 z}{\partial y^2} = -\dfrac{zx^2}{(x^2-y^2)^{\frac{3}{2}}}$.

注 分子分母同乘以 $\sqrt{x^2-y^2}$, 并应用 $u\sqrt{x^2-y^2}=z$.

例 4 设 $u=u(x,y)$, $x=r\cos\theta, y=r\sin\theta$. 求证:

$$u_x^2 + u_y^2 = u_r^2 + \dfrac{1}{r^2}\cdot u_\theta^2.$$

证 全微分已知的诸式, 得到

$$\begin{cases} du = u_x dx + u_y dy, & (1) \\ dx = \cos\theta dr - r\sin\theta d\theta, & (2) \\ dy = \sin\theta dr + r\cos\theta d\theta. & (3) \end{cases}$$

将 (2), (3) 式代入 (1) 式, 消去 dx, dy, 得到

$$du = (u_x \cos\theta + u_y \sin\theta)\, dr + r\,(u_y \cos\theta - u_x \sin\theta)\, d\theta.$$

分别提取 $dr, d\theta$ 前的系数, 即得

$$u_r = u_x \cos\theta + u_y \sin\theta,$$
$$u_\theta = r\,(u_y \cos\theta - u_x \sin\theta).$$

由此得到

$$u_r^2 + \frac{1}{r^2} \cdot u_\theta^2 = (u_x \cos\theta + u_y \sin\theta)^2 + (u_y \cos\theta - u_x \sin\theta)^2$$
$$= u_x^2 + u_y^2.$$

例 5 设 $z = z(x, y)$, $x = r\cos\theta, y = r\sin\theta$. 求证:

$$\frac{\partial^2 z}{\partial x^2} + \frac{\partial^2 z}{\partial y^2} = \frac{1}{r}\frac{\partial z}{\partial r} + \frac{\partial^2 z}{\partial r^2} + \frac{1}{r^2}\frac{\partial^2 z}{\partial \theta^2}.$$

证法 1 从左边证到右边. 将 $\dfrac{\partial z}{\partial x}, \dfrac{\partial z}{\partial y}$ 当作未知数解如下二元一次方程组:

$$\begin{cases} \dfrac{\partial z}{\partial r} = \dfrac{\partial z}{\partial x}\cos\theta + \dfrac{\partial z}{\partial y}\sin\theta, \\ \dfrac{\partial z}{\partial \theta} = \dfrac{\partial z}{\partial x}(-r\sin\theta) + \dfrac{\partial z}{\partial y}(r\cos\theta), \end{cases}$$

得到

$$\frac{\partial z}{\partial x} = \frac{\begin{vmatrix} \dfrac{\partial z}{\partial r} & \sin\theta \\ \dfrac{\partial z}{\partial \theta} & r\cos\theta \end{vmatrix}}{\begin{vmatrix} \cos\theta & \sin\theta \\ -r\sin\theta & r\cos\theta \end{vmatrix}}$$
$$= \frac{\partial z}{\partial r}\cos\theta - \frac{\partial z}{\partial \theta}\frac{\sin\theta}{r},$$

$$\frac{\partial z}{\partial y} = \frac{\begin{vmatrix} \cos\theta & \dfrac{\partial z}{\partial r} \\[2mm] -r\sin\theta & \dfrac{\partial z}{\partial \theta} \end{vmatrix}}{\begin{vmatrix} \cos\theta & \sin\theta \\[1mm] -r\sin\theta & r\cos\theta \end{vmatrix}}$$

$$= \frac{\partial z}{\partial r}\sin\theta + \frac{\partial z}{\partial \theta}\frac{\cos\theta}{r}.$$

进一步, 把所解出的

$$\frac{\partial z}{\partial x} = \frac{\partial z}{\partial r}\cos\theta - \frac{\partial z}{\partial \theta}\frac{\sin\theta}{r}$$

中的 z 换成 $\dfrac{\partial z}{\partial x}$, 得到

$\dfrac{\partial^2 z}{\partial x^2}$

$$\frac{\partial^2 z}{\partial r^2}\cos^2\theta - A\frac{\partial^2 z}{\partial r\partial\theta} + \frac{\sin^2\theta}{r^2}\frac{\partial^2 z}{\partial\theta^2}$$
$$+\frac{2\cos\theta\sin\theta}{r^2}\frac{\partial z}{\partial\theta} + \frac{\sin^2\theta}{r}\frac{\partial z}{\partial r}$$

$\parallel$ $\qquad\qquad$ $\parallel$

$$\frac{\partial^2 z}{\partial r^2}\cos^2\theta$$

$\dfrac{\partial}{\partial x}\left(\dfrac{\partial z}{\partial x}\right)$

$$-\frac{\cos\theta\sin\theta}{r}\frac{\partial}{\partial r}\left(\frac{\partial z}{\partial\theta}\right) + \frac{\cos\theta\sin\theta}{r^2}\frac{\partial z}{\partial\theta}$$
$$-\frac{\sin\theta\cos\theta}{r}\frac{\partial}{\partial\theta}\left(\frac{\partial z}{\partial r}\right) + \frac{\partial z}{\partial r}\frac{\sin^2\theta}{r}$$
$$+\frac{\partial^2 z}{\partial\theta^2}\frac{\sin^2\theta}{r^2} + \frac{\sin\theta\cos\theta}{r^2}\frac{\partial z}{\partial\theta}$$

$\parallel$ $\qquad\qquad$ $\parallel$

$$\frac{\partial}{\partial r}\left(\frac{\partial z}{\partial x}\right)\cos\theta \qquad\qquad \frac{\partial}{\partial r}\left(\frac{\partial z}{\partial r}\cos\theta - \frac{\partial z}{\partial\theta}\frac{\sin\theta}{r}\right)\cos\theta$$
$$-\frac{\partial}{\partial\theta}\left(\frac{\partial z}{\partial x}\right)\frac{\sin\theta}{r} \;=\; -\frac{\partial}{\partial\theta}\left(\frac{\partial z}{\partial r}\cos\theta - \frac{\partial z}{\partial\theta}\frac{\sin\theta}{r}\right)\frac{\sin\theta}{r}$$

250

其中 $A = \dfrac{2\cos\theta\sin\theta}{r}$. 从此 U 形等式串的两端即知

$$\frac{\partial^2 z}{\partial x^2} = \frac{\partial^2 z}{\partial r^2}\cos^2\theta - \frac{2\cos\theta\sin\theta}{r}\frac{\partial^2 z}{\partial r\partial\theta} + \frac{\sin^2\theta}{r^2}\frac{\partial^2 z}{\partial\theta^2}$$

$$+ \frac{2\cos\theta\sin\theta}{r^2}\frac{\partial z}{\partial\theta} + \frac{\sin^2\theta}{r}\frac{\partial z}{\partial r}.$$

再把所解出的

$$\frac{\partial z}{\partial y} = \frac{\partial z}{\partial r}\sin\theta + \frac{\partial z}{\partial\theta}\frac{\cos\theta}{r}$$

中的 z 换成 $\dfrac{\partial z}{\partial y}$, 得到

$$\frac{\partial^2 z}{\partial y^2}$$

$$\frac{\partial^2 z}{\partial r^2}\sin^2\theta + A\frac{\partial^2 z}{\partial r\partial\theta} + \frac{\cos^2\theta}{r^2}\frac{\partial^2 z}{\partial\theta^2}$$

$$-\frac{2\cos\theta\sin\theta}{r^2}\frac{\partial z}{\partial\theta} + \frac{\cos^2\theta}{r}\frac{\partial z}{\partial r}$$

$$\|$$

$$\frac{\partial}{\partial y}\left(\frac{\partial z}{\partial y}\right)$$

$$\frac{\partial^2 z}{\partial r^2}\sin^2\theta$$

$$+\frac{\cos\theta\sin\theta}{r}\frac{\partial^2 z}{\partial r\partial\theta} - \frac{\cos\theta\sin\theta}{r^2}\frac{\partial z}{\partial\theta}$$

$$+\frac{\cos\theta\sin\theta}{r}\frac{\partial^2 z}{\partial\theta\partial r} + \frac{\cos^2\theta}{r}\frac{\partial z}{\partial r}$$

$$+\frac{\cos^2\theta}{r^2}\frac{\partial^2 z}{\partial\theta^2} - \frac{\cos\theta\sin\theta}{r^2}\frac{\partial z}{\partial\theta}$$

$$\|$$

$$\frac{\partial}{\partial r}\left(\frac{\partial z}{\partial y}\right)\sin\theta \qquad\qquad \frac{\partial}{\partial r}\left(\frac{\partial z}{\partial r}\sin\theta + \frac{\partial z}{\partial\theta}\frac{\cos\theta}{r}\right)\sin\theta$$

$$= $$

$$+\frac{\partial}{\partial\theta}\left(\frac{\partial z}{\partial y}\right)\frac{\cos\theta}{r} \qquad\qquad +\frac{\partial}{\partial\theta}\left(\frac{\partial z}{\partial r}\sin\theta + \frac{\partial z}{\partial\theta}\frac{\cos\theta}{r}\right)\frac{\cos\theta}{r}$$

其中 $A = \dfrac{2\cos\theta\sin\theta}{r}$. 从此 U 形等式串的两端即知

$$\frac{\partial^2 z}{\partial y^2} = \frac{\partial^2 z}{\partial r^2}\sin^2\theta + \frac{2\cos\theta\sin\theta}{r}\frac{\partial^2 z}{\partial r\partial\theta} + \frac{\cos^2\theta}{r^2}\frac{\partial^2 z}{\partial\theta^2}$$

$$- \frac{2\cos\theta\sin\theta}{r^2}\frac{\partial z}{\partial\theta} + \frac{\cos^2\theta}{r}\frac{\partial z}{\partial r}.$$

最后得到

$$\frac{\partial^2 z}{\partial x^2} + \frac{\partial^2 z}{\partial y^2} = \frac{1}{r}\frac{\partial z}{\partial r} + \frac{\partial^2 z}{\partial r^2} + \frac{1}{r^2}\frac{\partial^2 z}{\partial\theta^2}.$$

注 上述用解二元一次方程组方法得到的两个公式:

$$\frac{\partial z}{\partial x} = \frac{\partial z}{\partial r}\cos\theta - \frac{\partial z}{\partial\theta}\frac{\sin\theta}{r},$$

$$\frac{\partial z}{\partial y} = \frac{\partial z}{\partial r}\sin\theta + \frac{\partial z}{\partial\theta}\frac{\cos\theta}{r}.$$

也可以用解另外一个二元一次方程组得到. 由

$$\begin{cases} x = r\cos\theta, \\ y = r\sin\theta, \end{cases} \text{得} \begin{cases} \mathrm{d}x = \cos\theta\mathrm{d}r - r\sin\theta\mathrm{d}\theta, \\ \mathrm{d}y = \sin\theta\mathrm{d}r + r\cos\theta\mathrm{d}\theta. \end{cases}$$

将 $\mathrm{d}r, \mathrm{d}\theta$ 当作未知数解此二元一次方程组得到

$$\mathrm{d}r = \frac{\begin{vmatrix} \mathrm{d}x & -r\sin\theta \\ \mathrm{d}y & r\cos\theta \end{vmatrix}}{\begin{vmatrix} \cos\theta & -r\sin\theta \\ \sin\theta & r\cos\theta \end{vmatrix}}$$

$$= \cos\theta\mathrm{d}x + \sin\theta\mathrm{d}y,$$

$$\mathrm{d}\theta = \frac{\begin{vmatrix} \cos\theta & \mathrm{d}x \\ \sin\theta & \mathrm{d}y \end{vmatrix}}{\begin{vmatrix} \cos\theta & -r\sin\theta \\ \sin\theta & r\cos\theta \end{vmatrix}}$$

$$= -\frac{\sin\theta}{r}\mathrm{d}x + \frac{1}{r}\cos\theta\mathrm{d}y,$$

从而

$$\mathrm{d}z$$
$$\left(\frac{\partial z}{\partial r}\cos\theta - \frac{\partial z}{\partial\theta}\frac{\sin\theta}{r}\right)\mathrm{d}x$$
$$+\left(\frac{\partial z}{\partial r}\sin\theta + \frac{\partial z}{\partial\theta}\frac{\cos\theta}{r}\right)\mathrm{d}y$$

$$\|\qquad\qquad\qquad\|$$

$$\frac{\partial z}{\partial r}\mathrm{d}r + \frac{\partial z}{\partial\theta}\mathrm{d}\theta = \begin{aligned}&\frac{\partial z}{\partial r}\left(\cos\theta\mathrm{d}x + \sin\theta\mathrm{d}y\right)\\ &+\frac{\partial z}{\partial\theta}\left(-\frac{\sin\theta}{r}\mathrm{d}x + \frac{1}{r}\cos\theta\mathrm{d}y\right)\end{aligned}$$

从此 U 形等式串的两端即知

$$\mathrm{d}z = \left(\frac{\partial z}{\partial r}\cos\theta - \frac{\partial z}{\partial\theta}\frac{\sin\theta}{r}\right)\mathrm{d}x$$
$$+\left(\frac{\partial z}{\partial r}\sin\theta + \frac{\partial z}{\partial\theta}\frac{\cos\theta}{r}\right)\mathrm{d}y,$$

于是

$$\begin{cases}\dfrac{\partial z}{\partial x} = \dfrac{\partial z}{\partial r}\cos\theta - \dfrac{\partial z}{\partial\theta}\dfrac{\sin\theta}{r},\\[3mm] \dfrac{\partial z}{\partial y} = \dfrac{\partial z}{\partial r}\sin\theta + \dfrac{\partial z}{\partial\theta}\dfrac{\cos\theta}{r}.\end{cases}$$

证法 2 从右边证到左边. 把 $\begin{cases}x = r\cos\theta,\\ y = r\sin\theta\end{cases}$ 代入 $z\,(x,y)$, 得到

$$\frac{\partial z}{\partial r} = \frac{\partial z}{\partial x}\cos\theta + \frac{\partial z}{\partial y}\sin\theta,$$

$$\frac{\partial z}{\partial\theta} = \frac{\partial z}{\partial x}\left(-r\sin\theta\right) + \frac{\partial z}{\partial y}\left(r\cos\theta\right).$$

进一步, 将以上两式中的 z 分别换成 $\dfrac{\partial z}{\partial r}$ 和 $\dfrac{\partial z}{\partial\theta}$, 得到

253

$$\frac{\partial^2 z}{\partial r^2} \qquad\qquad \cos^2\theta\frac{\partial^2 z}{\partial x^2} + A\frac{\partial^2 z}{\partial x\partial y} + \sin^2\theta\frac{\partial^2 z}{\partial y^2}$$

$$\| \qquad\qquad\qquad\qquad \|$$

$$\frac{\partial}{\partial r}\left(\frac{\partial z}{\partial r}\right) \qquad \begin{aligned}&\left(\frac{\partial^2 z}{\partial x^2}\cos\theta + \frac{\partial^2 z}{\partial x\partial y}\sin\theta\right)\cos\theta\\&+\left(\frac{\partial^2 z}{\partial x\partial y}\cos\theta + \frac{\partial^2 z}{\partial y^2}\sin\theta\right)\sin\theta\end{aligned}$$

$$\| \qquad\qquad\qquad\qquad \|$$

$$\frac{\partial}{\partial r}\left(\frac{\partial z}{\partial x}\cos\theta + \frac{\partial z}{\partial y}\sin\theta\right) = \frac{\partial}{\partial r}\left(\frac{\partial z}{\partial x}\cos\theta\right) + \frac{\partial}{\partial r}\left(\frac{\partial z}{\partial y}\sin\theta\right)$$

其中 $A = 2\cos\theta\sin\theta$. 从此 U 形等式串的两端即知

$$\frac{\partial^2 z}{\partial r^2} = \cos^2\theta\frac{\partial^2 z}{\partial x^2} + 2\cos\theta\sin\theta\frac{\partial^2 z}{\partial x\partial y} + \sin^2\theta\frac{\partial^2 z}{\partial y^2}. \tag{1}$$

同理

$$\frac{\partial^2 z}{\partial\theta^2} \qquad \begin{aligned}&r^2\sin^2\theta\frac{\partial^2 z}{\partial x^2} + r^2\cos^2\theta\frac{\partial^2 z}{\partial y^2}\\&-r\frac{\partial z}{\partial r} - 2r^2\sin\theta\cos\theta\frac{\partial^2 z}{\partial x\partial y}\end{aligned}$$

$$\| \qquad\qquad\qquad\qquad \|$$

$$\frac{\partial}{\partial\theta}\left(\frac{\partial z}{\partial\theta}\right) \qquad \begin{aligned}&-r\cos\theta\frac{\partial z}{\partial x} - r\sin\theta\frac{\partial z}{\partial y}\\&-r\sin\theta\left(\frac{\partial^2 z}{\partial x^2}A + \frac{\partial^2 z}{\partial x\partial y}B\right)\\&+r\cos\theta\left(A\frac{\partial^2 z}{\partial x\partial y} + B\frac{\partial^2 z}{\partial y^2}\right)\end{aligned}$$

$$\| \qquad\qquad\qquad\qquad \|$$

$$\frac{\partial}{\partial\theta}\left[\frac{\partial z}{\partial x}(-r\sin\theta) + \frac{\partial z}{\partial y}(r\cos\theta)\right] = \begin{aligned}&\frac{\partial}{\partial\theta}\left[\frac{\partial z}{\partial x}(-r\sin\theta)\right]\\&+\frac{\partial}{\partial\theta}\left[\frac{\partial z}{\partial y}(r\cos\theta)\right]\end{aligned}$$

其中 $A = -r\sin\theta, B = r\cos\theta$. 从此 U 形等式串的两端即知

$$\frac{\partial^2 z}{\partial \theta^2} = -r\frac{\partial z}{\partial r} + r^2 \sin^2\theta\frac{\partial^2 z}{\partial x^2} + r^2\cos^2\theta\frac{\partial^2 z}{\partial y^2}$$

$$-2r^2\sin\theta\cos\theta\frac{\partial^2 z}{\partial x\partial y},$$

即

$$\frac{1}{r^2}\frac{\partial^2 z}{\partial\theta^2} = -\frac{1}{r}\frac{\partial z}{\partial r} + \sin^2\theta\frac{\partial^2 z}{\partial x^2} + \cos^2\theta\frac{\partial^2 z}{\partial y^2}$$

$$-2\sin\theta\cos\theta\frac{\partial^2 z}{\partial x\partial y}. \tag{2}$$

最后 $(1) + (2)$ 式即得

$$\frac{\partial^2 z}{\partial r^2} + \frac{1}{r^2}\frac{\partial^2 z}{\partial\theta^2} + \frac{1}{r}\frac{\partial z}{\partial r} = \frac{\partial^2 z}{\partial x^2} + \frac{\partial^2 z}{\partial y^2}.$$

例 6 设 $F\left(x + \dfrac{z}{y}, y + \dfrac{z}{x}\right) = 0$, 这里 F 可微, 计算

$$x\frac{\partial z}{\partial x} + y\frac{\partial z}{\partial y} - z,$$

并说明它与 F 无关.

解 令 $\xi = x + \dfrac{z}{y}, \eta = y + \dfrac{z}{x}$, 则 $F(\xi, \eta) = 0$, 全微分得

$$\begin{cases} F'_\xi \mathrm{d}\xi + F'_\eta \mathrm{d}\eta = 0, & (1) \\[2mm] \mathrm{d}\xi = \mathrm{d}x + \dfrac{y\mathrm{d}z - z\mathrm{d}y}{y^2}, & (2) \\[2mm] \mathrm{d}\eta = \mathrm{d}y + \dfrac{x\mathrm{d}z - z\mathrm{d}x}{x^2}. & (3) \end{cases}$$

将 (2),(3) 式代入 (1) 式, 消去 $\mathrm{d}\xi, \mathrm{d}\eta$, 得到

$$F'_\xi\left(\mathrm{d}x + \frac{y\mathrm{d}z - z\mathrm{d}y}{y^2}\right) + F'_\eta\left(\mathrm{d}y + \frac{x\mathrm{d}z - z\mathrm{d}x}{x^2}\right) = 0,$$

即

$$\mathrm{d}z = \frac{\left(\dfrac{z}{x^2}F'_\eta - F'_\xi\right)\mathrm{d}x + \left(\dfrac{z}{y^2}F'_\xi - F'_\eta\right)\mathrm{d}y}{\dfrac{F'_\xi}{y} + \dfrac{F'_\eta}{x}}.$$

分别提取 $\mathrm{d}x, \mathrm{d}y$ 前的系数, 即得

$$\frac{\partial z}{\partial x} = \frac{\dfrac{z}{x^2}F'_\eta - F'_\xi}{\dfrac{F'_\xi}{y} + \dfrac{F'_\eta}{x}}, \quad \frac{\partial z}{\partial y} = \frac{\dfrac{z}{y^2}F'_\xi - F'_\eta}{\dfrac{F'_\xi}{y} + \dfrac{F'_\eta}{x}}.$$

故有
$$x\frac{\partial z}{\partial x} + y\frac{\partial z}{\partial y} - z \qquad\qquad -xy$$

$$\|\qquad\qquad\qquad\qquad\qquad\qquad \|$$

$$\frac{\dfrac{z}{x}F'_\eta - xF'_\xi + \dfrac{z}{y}F'_\xi - yF'_\eta}{\dfrac{F'_\xi}{y} + \dfrac{F'_\eta}{x}} - z =\!\!=\!\!= -\frac{xF'_\xi + yF'_\eta}{\dfrac{F'_\xi}{y} + \dfrac{F'_\eta}{x}}$$

从此 U 形等式串的两端即知 $x\dfrac{\partial z}{\partial x} + y\dfrac{\partial z}{\partial y} - z = -xy$. 由此可见, 结果与 F 无关.

例 7 设 $x = u + v, y = u^2 + v^2$, 求 $\dfrac{\partial u}{\partial x}, \dfrac{\partial u}{\partial y}, \dfrac{\partial v}{\partial x}, \dfrac{\partial v}{\partial y}$.

解 分别对 $x = u + v, y = u^2 + v^2$ 两边取微分, 得到

$$\begin{cases} \mathrm{d}u + \mathrm{d}v = \mathrm{d}x, \\ 2u\mathrm{d}u + 2v\mathrm{d}v = \mathrm{d}y. \end{cases}$$

将以上两式看做以 $\mathrm{d}u, \mathrm{d}v$ 为未知数的二元一次方程组, 解得

$$\mathrm{d}u = \frac{\begin{vmatrix} \mathrm{d}x & 1 \\ \mathrm{d}y & 2v \end{vmatrix}}{\begin{vmatrix} 1 & 1 \\ 2u & 2v \end{vmatrix}} = \frac{1}{2v - 2u}(2v\mathrm{d}x - \mathrm{d}y),$$

$$\mathrm{d}v = \frac{\begin{vmatrix} 1 & \mathrm{d}x \\ 2u & \mathrm{d}y \end{vmatrix}}{\begin{vmatrix} 1 & 1 \\ 2u & 2v \end{vmatrix}} = \frac{1}{2v - 2u}(\mathrm{d}y - 2u\mathrm{d}x).$$

分别提取 dx, dy 前的系数, 即得

$$\frac{\partial u}{\partial x} = \frac{v}{v - u}, \quad \frac{\partial u}{\partial y} = \frac{-1}{2v - 2u}.$$

$$\frac{\partial v}{\partial x} = \frac{-u}{v - u}, \quad \frac{\partial v}{\partial y} = \frac{1}{2v - 2u}.$$

例 8 已知曲面方程为

$$\begin{cases} x = e^u \cos v, \\ y = e^u \sin v, \\ z = uv, \end{cases}$$

求 $\dfrac{\partial z}{\partial x}, \dfrac{\partial z}{\partial y}$.

解 利用一阶全微分形式不变性, 对前两个方程求微分得

$$\begin{cases} dx = e^u \cos v du - e^u \sin v dv, \\ dy = e^u \sin v du + e^u \cos v dv. \end{cases}$$

视 du, dv 为未知数, 这是一个二元一次方程组, 由此解出

$$du = \frac{\begin{vmatrix} dx & -e^u \sin v \\ dy & e^u \cos v \end{vmatrix}}{\begin{vmatrix} e^u \cos v & -e^u \sin v \\ e^u \sin v & e^u \cos v \end{vmatrix}} = \frac{\cos v dx + \sin v dy}{e^u}, \tag{1}$$

$$dv = \frac{\begin{vmatrix} e^u \cos v & dx \\ e^u \sin v & dy \end{vmatrix}}{\begin{vmatrix} e^u \cos v & -e^u \sin v \\ e^u \sin v & e^u \cos v \end{vmatrix}} = \frac{-\sin v dx + \cos v dy}{e^u}. \tag{2}$$

再对第三个方程 $z = uv$ 两边微分, 得

$$dz = udv + vdu. \tag{3}$$

将 (1), (2) 式代入 (3) 式得到

$$dz = u \frac{-\sin v dx + \cos v dy}{e^u} + v \frac{\cos v dx + \sin v dy}{e^u}$$

$$= \frac{(v \cos v - u \sin v) dx + (v \sin v + u \cos v) dy}{e^u}.$$

分别提取 dx, dy 前的系数, 即得

$$\frac{\partial z}{\partial x} = e^{-u} (v \cos v - u \sin v),$$

$$\frac{\partial z}{\partial y} = e^{-u} (v \sin v + u \cos v).$$

例 9 设 $x = -u^2 + v + z$, $y = u + vz$, 求 $\dfrac{\partial u}{\partial x}, \dfrac{\partial v}{\partial x}, \dfrac{\partial u}{\partial z}$.

解 利用一阶全微分形式不变性, 求微分得

$$\begin{cases} dx = -2u du + dv + dz, \\ dy = du + z dv + v dz. \end{cases}$$

为了求 $\dfrac{\partial u}{\partial x}, \dfrac{\partial v}{\partial x}, \dfrac{\partial u}{\partial z}$, 只要求出 du, dv. 为此将上述微分得到的结果移项, 改写成

$$\begin{cases} -2u du + dv = dx - dz, \\ du + z dv = dy - v dz. \end{cases}$$

视 du, dv 为未知数, 这是一个二元一次方程组, 由此解出

$$du = \frac{\begin{vmatrix} dx - dz & 1 \\ dy - v dz & z \end{vmatrix}}{\begin{vmatrix} -2u & 1 \\ 1 & z \end{vmatrix}} = -\frac{z dx - dy + (v - z) dz}{2uz + 1},$$

$$dv = \frac{\begin{vmatrix} -2u & dx - dz \\ 1 & dy - v dz \end{vmatrix}}{\begin{vmatrix} -2u & 1 \\ 1 & z \end{vmatrix}} = -\frac{-dx - 2u dy + (2uv + 1) dz}{2uz + 1}.$$

258

所以有

$$\frac{\partial u}{\partial x} = -\frac{z}{2uz+1}, \quad \frac{\partial v}{\partial x} = \frac{1}{2uz+1}, \quad \frac{\partial u}{\partial z} = \frac{z-v}{2uz+1}.$$

例 10　设 $u\,(x,y)$ 二阶偏导数连续, 且有

$$\frac{\partial^2 u}{\partial x^2} - \frac{\partial^2 u}{\partial y^2} = 0, \quad u\,(x,2x) = x, \quad \frac{\partial u}{\partial x}\Big|_{(x,2x)} = x^2.$$

试求: $\dfrac{\partial^2 u}{\partial x^2}\Big|_{(x,2x)}$, $\dfrac{\partial^2 u}{\partial x \partial y}\Big|_{(x,2x)}$ 及 $\dfrac{\partial^2 u}{\partial y^2}\Big|_{(x,2x)}$.

解　首先, 由 $u\,(x,2x) = x$ 两边对 x 求导, 得

$$u_1'\,(x,2x) + 2u_2'\,(x,2x) = 1.$$

将题设条件 $u_1'\,(x,2x) = x^2$ 代入上式, 得

$$u_2'\,(x,2x) = \frac{1-x^2}{2}.$$

将上式再对 x 求导, 得

$$u_{21}''\,(x,2x) + 2u_{22}''\,(x,2x) = -x. \tag{1}$$

再返回将题设条件 $u_1'\,(x,2x) = x^2$ 两边对 x 求导得

$$u_{11}''\,(x,2x) + 2u_{12}''\,(x,2x) = 2x. \tag{2}$$

还有一个题设条件 $\dfrac{\partial^2 u}{\partial x^2} - \dfrac{\partial^2 u}{\partial y^2} = 0$, 当然蕴涵

$$u_{11}''\,(x,2x) = u_{22}''\,(x,2x). \tag{3}$$

又因为 $u\,(x,y)$ 二阶偏导数连续, 所以 $u_{12}''\,(x,2x) = u_{21}''\,(x,2x)$.

联立 (1),(2),(3) 式, 解得

$$u_{21}''\,(x,2x) = \frac{5}{3}x, \quad u_{11}''\,(x,2x) = -\frac{4}{3}x,$$

259

即求得

$$\frac{\partial^2 u}{\partial x^2}\bigg|_{(x,2x)} = \frac{\partial^2 u}{\partial y^2}\bigg|_{(x,2x)} = u_{11}''(x,2x) = -\frac{4}{3}x,$$

$$\frac{\partial^2 u}{\partial x \partial y}\bigg|_{(x,2x)} = u_{21}''(x,2x) = \frac{5x}{3}.$$

例 11 设函数 $f(x,y)$ 有连续偏导数, 且 $f(1,1) = 1$, $f_x'(1,1) = a$, $f_y'(1,1) = b$. 若 $\varphi(x) = f(x, f(x,x))$, 求 $\varphi(1)$ 及 $\varphi'(1)$.

解 由已知条件有 $\varphi(1) = f(1, f(1,1)) = f(1,1) = 1$.

$$\begin{array}{ccc} \varphi'(x) & & f_x' + f_y'\left[f_x'(x,x) + f_y'(x,x)\right] \\ \| & & \| \\ \dfrac{\mathrm{d}}{\mathrm{d}x}f(x, f(x,x)) = & & f_x' + f_y'\dfrac{\mathrm{d}}{\mathrm{d}x}f(x,x) \end{array}$$

从此 U 形等式串的两端即知

$$\varphi'(x) = f_x' + f_y'\left[f_x'(x,x) + f_y'(x,x)\right].$$

$$\begin{array}{ccc} \varphi'(1) & & a + b(a+b) \\ \| & & \| \\ \begin{array}{c} f_x'(1, f(1,1)) \\ + f_y'(1, f(1,1))\left[f_x'(1,1) + f_y'(1,1)\right] \end{array} & = & f_x'(1,1) + f_y'(1,1)(a+b) \end{array}$$

从此 U 形等式串的两端即知

$$\varphi'(1) = a + b(a+b).$$

例 12 设 $z = z(x,y)$ 可微, 引入变换

$$x = u, \quad y = \frac{u}{1+uv}, \quad z = \frac{u}{1+uw},$$

将 $x^2\dfrac{\partial z}{\partial x} + y^2\dfrac{\partial z}{\partial y} = z^2$ 化为 $w = w(u,v)$ 的方程.

分析 这里既有函数变换 $z \to w$, 又有自变量变换 $(x,y) \to (u,v)$, 务必弄清楚函数关系.

解　由已知条件得

$$\begin{cases} x = u, \\ y = \dfrac{u}{1+uv}, \\ z = \dfrac{u}{1+uw} \end{cases} \implies \begin{cases} u = x, \\ v = \dfrac{1}{y} - \dfrac{1}{x}, \\ w = \dfrac{1}{z} - \dfrac{1}{x}. \end{cases}$$

又由 $z = \dfrac{u}{1+uw} = \dfrac{x}{1+xw}$, 利用复合函数求偏导数得

$$\frac{\partial z}{\partial x} = \frac{\begin{vmatrix} 1+xw & x \\ w+x\left(\dfrac{\partial w}{\partial u} + \dfrac{1}{x^2}\dfrac{\partial w}{\partial v}\right) & 1 \end{vmatrix}}{(1+xw)^2} = \frac{1 - x^2\dfrac{\partial w}{\partial u} - \dfrac{\partial w}{\partial v}}{(1+xw)^2},$$

$$\frac{\partial z}{\partial y} = \frac{\begin{vmatrix} 1+xw & x \\ x\left[\dfrac{\partial w}{\partial v}\left(-\dfrac{1}{y^2}\right)\right] & 0 \end{vmatrix}}{(1+xw)^2} = \frac{x^2\dfrac{\partial w}{\partial v}}{y^2(1+xw)^2}.$$

由此

$$x^2\frac{\partial z}{\partial x} + y^2\frac{\partial z}{\partial y} - z^2 = x^2\frac{1 - x^2\dfrac{\partial w}{\partial u} - \dfrac{\partial w}{\partial v}}{(1+xw)^2} + \frac{x^2\dfrac{\partial w}{\partial v}}{(1+xw)^2} - \frac{x^2}{(1+xw)^2}$$

$$= \frac{-x^4\dfrac{\partial w}{\partial u}}{(1+xw)^2}.$$

故 $x^2\dfrac{\partial z}{\partial x} + y^2\dfrac{\partial z}{\partial y} = z^2$ 化为 $w = w(u,v)$ 的方程是

$$\frac{\partial w}{\partial u} = 0.$$

例 13　设 $y = f(x,t)$, 其中 $t = t(x,y)$ 是由方程 $F(x,y,t) = 0$ 所确定的隐函数. 假定 f, F 都具有一阶连续偏导数, 求 $\dfrac{\mathrm{d}y}{\mathrm{d}x}$.

解 这里有三个变元: x, y, t, 受两个条件限制, 故自由度为 1. 即

方程组 $\begin{cases} y = f(x, t), \\ F(x, y, t) = 0 \end{cases}$ 确定了一对隐函数 $\begin{cases} y = y(x), \\ t = t(x), \end{cases}$ 我们要求

的 $\dfrac{\mathrm{d}y}{\mathrm{d}x}$ 是其中一个函数的导数. 因为条件是以方程组形式给出的, 所

以我们想导出 $\dfrac{\mathrm{d}y}{\mathrm{d}x}, \dfrac{\mathrm{d}t}{\mathrm{d}x}$ 满足的方程组. 为此, 对方程组中的各个方程两

边微分并除以 $\mathrm{d}x$ 得到

$$\begin{cases} \dfrac{\mathrm{d}y}{\mathrm{d}x} = \dfrac{\partial f}{\partial x} + \dfrac{\partial f}{\partial t}\dfrac{\mathrm{d}t}{\mathrm{d}x}, \\[2mm] \dfrac{\partial F}{\partial x} + \dfrac{\partial F}{\partial y}\dfrac{\mathrm{d}y}{\mathrm{d}x} + \dfrac{\partial F}{\partial t}\dfrac{\mathrm{d}t}{\mathrm{d}x} = 0, \end{cases}$$

即

$$\begin{cases} \dfrac{\mathrm{d}y}{\mathrm{d}x} - \dfrac{\partial f}{\partial t}\dfrac{\mathrm{d}t}{\mathrm{d}x} = \dfrac{\partial f}{\partial x}, \\[2mm] \dfrac{\partial F}{\partial y}\dfrac{\mathrm{d}y}{\mathrm{d}x} + \dfrac{\partial F}{\partial t}\dfrac{\mathrm{d}t}{\mathrm{d}x} = -\dfrac{\partial F}{\partial x}. \end{cases}$$

这就是 $\dfrac{\mathrm{d}y}{\mathrm{d}x}, \dfrac{\mathrm{d}t}{\mathrm{d}x}$ 满足的方程组. 从此解出

$$\dfrac{\mathrm{d}y}{\mathrm{d}x} = \dfrac{\begin{vmatrix} \dfrac{\partial f}{\partial x} & -\dfrac{\partial f}{\partial t} \\[2mm] -\dfrac{\partial F}{\partial x} & \dfrac{\partial F}{\partial t} \end{vmatrix}}{\begin{vmatrix} 1 & -\dfrac{\partial f}{\partial t} \\[2mm] \dfrac{\partial F}{\partial y} & \dfrac{\partial F}{\partial t} \end{vmatrix}} = \dfrac{\dfrac{\partial f}{\partial x}\dfrac{\partial F}{\partial t} - \dfrac{\partial F}{\partial x}\dfrac{\partial f}{\partial t}}{\dfrac{\partial F}{\partial t} + \dfrac{\partial f}{\partial t}\dfrac{\partial F}{\partial y}}.$$

例 14 设 $z = z(x, y)$ 是可微函数, 试证:

① 若 $z = z(x, y)$ 满足方程 $x\dfrac{\partial z}{\partial x} + y\dfrac{\partial z}{\partial y} = 0$, 则 $z = z(\theta)$, 其中

$\theta = \arctan\dfrac{y}{x}$, 即 z 只与 $\dfrac{y}{x}$ 有关;

② 若 $z = z(x, y)$ 满足方程 $y\dfrac{\partial z}{\partial x} - x\dfrac{\partial z}{\partial y} = 0$, 则 $z = z(r)$, 其中

$r = \sqrt{x^2 + y^2}$, 即 z 只与 $\sqrt{x^2 + y^2}$ 有关.

证法 1 用极坐标. 令
$$
\begin{cases}
x = r\cos\theta, \\
y = r\sin\theta,
\end{cases}
$$

将函数 $z = z(x, y)$ 看做是自变量为 r, θ, 而 x, y 为中间变量的函数, 利用复合函数求导公式

$$
\frac{\partial z}{\partial r} = \frac{\partial z}{\partial x}\cos\theta + \frac{\partial z}{\partial y}\sin\theta, \tag{1}
$$

$$
\frac{\partial z}{\partial \theta} = -\frac{\partial z}{\partial x}r\sin\theta + \frac{\partial z}{\partial y}r\cos\theta. \tag{2}
$$

(1) 式两边乘以 r, 并将 $x = r\cos\theta$, $y = r\sin\theta$ 代入, 得

$$
r\frac{\partial z}{\partial r} = x\frac{\partial z}{\partial x} + y\frac{\partial z}{\partial y}. \tag{3}
$$

再将 $x = r\cos\theta$, $y = r\sin\theta$ 代入 (2) 式, 得

$$
\frac{\partial z}{\partial \theta} = -y\frac{\partial z}{\partial x} + x\frac{\partial z}{\partial y}. \tag{4}
$$

根据第①小题的条件, (3) 式即 $\dfrac{\partial z}{\partial r} = 0$, 可见 $z = z(\theta)$.

根据第②小题的条件, (4) 式即 $\dfrac{\partial z}{\partial \theta} = 0$, 可见 $z = z(r)$.

证法 2 令 $\begin{cases} u = x^2 + y^2, \\ v = \dfrac{y}{x}. \end{cases}$ 此时将 $z = z(u, v)$ 看做以 u, v 为

中间变量, x, y 为自变量的函数, 其偏导数关系由下式给出

$$
\begin{cases}
\dfrac{\partial z}{\partial x} = 2x\dfrac{\partial z}{\partial u} + \left(-\dfrac{y}{x^2}\right)\dfrac{\partial z}{\partial v}, \\
\dfrac{\partial z}{\partial y} = 2y\dfrac{\partial z}{\partial u} + \dfrac{1}{x}\dfrac{\partial z}{\partial v},
\end{cases}
$$

从而

$$
x\frac{\partial z}{\partial x} + y\frac{\partial z}{\partial y} = 2\left(x^2 + y^2\right)\frac{\partial z}{\partial u} = 2u\frac{\partial z}{\partial u}, \tag{5}
$$

$$y\frac{\partial z}{\partial x} - x\frac{\partial z}{\partial y} = -\left(\frac{y^2}{x^2} + 1\right)\frac{\partial z}{\partial v} = -\left(1 + v^2\right)\frac{\partial z}{\partial v}. \tag{6}$$

根据第①小题的条件, (5) 式即 $\dfrac{\partial z}{\partial u} = 0$, 可见 $z = z(v) = z\left(\dfrac{y}{x}\right)$.

根据第②小题的条件, (6) 式即 $\dfrac{\partial z}{\partial v} = 0$, 可见 $z = z(u) = z\left(x^2 + y^2\right)$.

例 15 求二元函数 $u = x^2 - xy + y^2$ 在点 $(-1,1)$ 沿方向 $\vec{l} = \dfrac{1}{\sqrt{5}}\{2,1\}$ 的方向导数及梯度, 并指出 u 在该点沿哪个方向减小得最快? 沿哪个方向 u 的值不变化?

解 由 $u = x^2 - xy + y^2$, 得

$$\begin{array}{ccc}
\mathrm{grad}\,u\,(-1,1) & & \{-3,3\} \\
\| & & \| \\
\left\{\dfrac{\partial u}{\partial x}, \dfrac{\partial u}{\partial y}\right\}\Big|_{(-1,1)} & = & \{2x - y, 2y - x\}|_{(-1,1)}
\end{array}$$

从此 U 形等式串的两端即知 $\mathrm{grad}\,u\,(-1,1) = \{-3,3\}$. 又由方向导数定义, 有

$$\begin{array}{ccc}
\dfrac{\partial u}{\partial l}\Big|_{(-1,1)} & & -\dfrac{3}{\sqrt{5}} \\
\| & & \| \\
\mathrm{grad}\,u\,(-1,1) \cdot \vec{l} & = & \{-3,3\} \cdot \dfrac{1}{\sqrt{5}}\{2,1\}
\end{array}$$

从此 U 形等式串的两端即知 $\dfrac{\partial u}{\partial l}\Big|_{(-1,1)} = -\dfrac{3}{\sqrt{5}}$.

方向导数最大值的方向即梯度方向, 即为 $\dfrac{1}{\sqrt{2}}\{-1,1\}$.

方向导数的最大值即 $|\mathrm{grad}\,u\,(-1,1)| = 3\sqrt{2}$.

u 沿梯度的负方向, 即 $\dfrac{1}{\sqrt{2}}\{1,-1\}$ 的方向减小的最快.

为求使 u 的变化率为零的方向, 令 $\vec{e} = \{\cos\theta, \sin\theta\}$, 则

$$\begin{array}{ccc}
\left.\dfrac{\partial u}{\partial e}\right|_{(-1,1)} & & 3\sqrt{2}\sin\left(\theta - \dfrac{\pi}{4}\right) \\
\| & & \| \\
\mathrm{grad}\,u\,(-1,1) \cdot \vec{e} & = & -3\cos\theta + 3\sin\theta
\end{array}$$

从此 U 形等式串的两端即知

$$\left.\frac{\partial u}{\partial e}\right|_{(-1,1)} = 3\sqrt{2}\sin\left(\theta - \frac{\pi}{4}\right).$$

令 $\left.\dfrac{\partial u}{\partial e}\right|_{(-1,1)} = 0$, 可得 $\theta = \dfrac{\pi}{4}$ 或 $\theta = \dfrac{\pi}{4} + \pi$. 故在点 $(-1,1)$ 处沿 $\theta = \dfrac{\pi}{4}$ 或 $\theta = \dfrac{5\pi}{4}$ 的方向, 函数 u 的值不变化.

例 16 设二元函数 F 可微, 试证明由方程 $F\left(\dfrac{x-a}{z-c}, \dfrac{y-b}{z-c}\right) = 0$ 所确定的曲面的任一切平面都通过某定点.

证法 1 先求出切平面方程, 看是否通过一个固定点. 为此将曲面方程看做由方程

$$F\left(\frac{x-a}{z-c}, \frac{y-b}{z-c}\right) = 0$$

确定的隐函数 $z = z(x,y)$. 利用隐函数求导办法, 计算 $\dfrac{\partial z}{\partial x}$ 及 $\dfrac{\partial z}{\partial y}$. 将方程两边对 x 求导得

$$F_1' \cdot \frac{(z-c) - (x-a)\,z_x'}{(z-c)^2} + F_2' \cdot \frac{-(y-b)\,z_x'}{(z-c)^2} = 0,$$

由此解出 z_x', 得

$$\frac{\partial z}{\partial x} = \frac{(z-c)\,F_1'}{(x-a)\,F_1' + (y-b)\,F_2'}.$$

同理可得

$$\frac{\partial z}{\partial y} = \frac{(z-c)\,F_2'}{(x-a)\,F_1' + (y-b)\,F_2'}.$$

过曲面上点 $P_0\left(x_0, y_0, z_0\right)$ 处的切平面方程为

$$z - z_0 = \frac{\left(z_0 - c\right) F_1'}{\left(x_0 - a\right) F_1' + \left(y_0 - b\right) F_2'}\left(x - x_0\right)$$
$$+ \frac{\left(z_0 - c\right) F_2'}{\left(x_0 - a\right) F_1' + \left(y_0 - b\right) F_2'}\left(y - y_0\right),$$

即

$$z - z_0 = \frac{\left(x_0 - x\right) F_1' + \left(y_0 - y\right) F_2'}{\left(x_0 - a\right) F_1' + \left(y_0 - b\right) F_2'}\left(c - z_0\right).$$

从上式可见, 定点 (a, b, c) 总在切平面上.

证法 2　对所给的隐函数方程两边求微分, 得到

$$F_1' \cdot \mathrm{d}\left(\frac{x - a}{z - c}\right) + F_2' \cdot \mathrm{d}\left(\frac{y - b}{z - c}\right) = 0,$$

即

$$F_1' \frac{\left(z - c\right) \mathrm{d}x - \left(x - a\right) \mathrm{d}z}{\left(z - c\right)^2} + F_2' \frac{\left(z - c\right) \mathrm{d}y - \left(y - b\right) \mathrm{d}z}{\left(z - c\right)^2} = 0,$$

整理即得

$$F_1'\left(z - c\right) \mathrm{d}x + F_2'\left(z - c\right) \mathrm{d}y - \left[\left(x - a\right) F_1' + \left(y - b\right) F_2'\right] \mathrm{d}z = 0.$$

由此可见, 曲面在点 $P_0(x_0, y_0, z_0)$ 的法向量为

$$\vec{n} = F_1'\left(z_0 - c\right) \vec{i} + F_2'\left(z_0 - c\right) \vec{j} - \left[\left(x_0 - a\right) F_1' + \left(y_0 - b\right) F_2'\right] \vec{k}.$$

因此, 切平面方程就是

$$F_1'\left(z_0 - c\right)\left(x - x_0\right) + F_2'\left(z_0 - c\right)\left(y - y_0\right)$$
$$- \left[\left(x_0 - a\right) F_1' + \left(y_0 - b\right) F_2'\right]\left(z - z_0\right) = 0,$$

即

$$z - z_0 = \frac{\left(x_0 - x\right) F_1' + \left(y_0 - y\right) F_2'}{\left(x_0 - a\right) F_1' + \left(y_0 - b\right) F_2'}\left(c - z_0\right).$$

从上式易知, 定点 (a, b, c) 总在切平面上.

评注 本例曲面是以定点 (a,b,c) 为顶点, 以 Oxy 平面上的曲线 $F(x,y)=0$ 为准线的锥面.

例 17 若对 $\forall \lambda > 0$, 有 $f(\lambda x, \lambda y, \lambda z) = \lambda^n f(x,y,z)$, 则称 f 为 n **次齐次函数**. 设 f 连续可微, 求证:

① f 为 n 次齐次函数的充要条件是

$$xf_x' + yf_y' + zf_z' = nf.$$

② 若 f 是 n 次齐次函数, 则由 $f(x,y,z) = 0$ 确定的函数 $z = z(x,y)$ 是一次齐次函数.

解 ① **必要性** 设 f 为 n 次齐次函数, 在等式

$$f(\lambda x, \lambda y, \lambda z) = \lambda^n f(x,y,z)$$

两边对 λ 求导得

$$xf_1'(\lambda x, \lambda y, \lambda z) + yf_2'(\lambda x, \lambda y, \lambda z) + zf_3'(\lambda x, \lambda y, \lambda z) = n\lambda^{n-1}f(x,y,z).$$

令 $\lambda = 1$, 代入上式, 得

$$xf_x'(x,y,z) + yf_y'(x,y,z) + zf_z'(x,y,z) = nf(x,y,z).$$

充分性 设

$$xf_x'(x,y,z) + yf_y'(x,y,z) + zf_z'(x,y,z) = nf(x,y,z).$$

对 $\forall \lambda > 0$, 在上式中将 x,y,z 分别换成 $\lambda x, \lambda y, \lambda z$ 即有

$$\lambda x f_{\lambda x}'(\lambda x, \lambda y, \lambda z) + \lambda y f_{\lambda y}'(\lambda x, \lambda y, \lambda z)$$
$$+ \lambda z f_{\lambda z}'(\lambda x, \lambda y, \lambda z) = nf(\lambda x, \lambda y, \lambda z),$$

即

$$xf_{\lambda x}'(\lambda x, \lambda y, \lambda z) + yf_{\lambda y}'(\lambda x, \lambda y, \lambda z)$$
$$+ zf_{\lambda z}'(\lambda x, \lambda y, \lambda z) = \frac{n}{\lambda}f(\lambda x, \lambda y, \lambda z).$$

而

$$\frac{\mathrm{d}}{\mathrm{d}\lambda} f(\lambda x, \lambda y, \lambda z)$$

$$= x f'_{\lambda x}(\lambda x, \lambda y, \lambda z) + y f'_{\lambda y}(\lambda x, \lambda y, \lambda z) + z f'_{\lambda z}(\lambda x, \lambda y, \lambda z).$$

比较以上两式, 易知

$$\frac{\mathrm{d}}{\mathrm{d}\lambda} f(\lambda x, \lambda y, \lambda z) = \frac{n}{\lambda} f(\lambda x, \lambda y, \lambda z),$$

即

$$\frac{\mathrm{d}f(\lambda x, \lambda y, \lambda z)}{f(\lambda x, \lambda y, \lambda z)} = \frac{n}{\lambda} \mathrm{d}\lambda.$$

两边积分得 $f(\lambda x, \lambda y, \lambda z) = C\lambda^n$, 令 $\lambda = 1$, 解得 $C = f(x, y, z)$, 于是

$$f(\lambda x, \lambda y, \lambda z) = \lambda^n f(x, y, z),$$

即 f 为 n 次齐次函数.

② 因为 f 是 n 次齐次函数, 则由第①小题知

$$x f'_x + y f'_y + z f'_z = nf.$$

又 $z = z(x, y)$ 是由 $f(x, y, z) = 0$ 确定的函数, 故有

$$\begin{cases} x f'_x + y f'_y + z f'_z = 0, & (1) \\ \dfrac{\partial z}{\partial x} = -\dfrac{f'_x}{f'_z}, & (2) \\ \dfrac{\partial z}{\partial y} = -\dfrac{f'_y}{f'_z}. & (3) \end{cases}$$

(1) 式两边同除以 f'_z, 并以 (2), (3) 式代入即得

$$x \frac{\partial z}{\partial x} + y \frac{\partial z}{\partial y} = z.$$

此式表明 $z = z(x, y)$ 为一次齐次函数.

例 18 求函数 $z = x^4 + y^4 - x^2 - 2xy - y^2$ 的驻点与极值.

解　先求函数 $z(x,y)$ 的驻点, 由

$$\begin{cases} \dfrac{\partial z}{\partial x} = 4x^3 - 2y - 2x = 0, \\[3mm] \dfrac{\partial z}{\partial y} = 4y^3 - 2y - 2x = 0, \end{cases}$$

解得驻点有三个 $(-1,-1), (0,0), (1,1)$. 又通过求二阶偏导数算出:

$$A = \frac{\partial^2}{\partial x^2} z = 12x^2 - 2,$$

$$B = \frac{\partial^2}{\partial x \partial y} z = -2,$$

$$C = \frac{\partial^2}{\partial y^2} z = 12y^2 - 2.$$

根据 A, B, C 的值列表如下:

驻点	$(-1,-1)$	$(0,0)$	$(1,1)$
$A = 12x^2 - 2$	$10 > 0$	-2	$10 > 0$
$B = -2$	-2	-2	-2
$C = 12y^2 - 2$	10	-2	10
$\Delta = AC - B^2$	$96 > 0$	0	$96 > 0$
结论	极小值点	判别法失效	极小值点

由于在驻点 $(0,0)$ 处 $\Delta = 0$, 由此不能判定 $z(0,0)$ 是否为极值. 但是一方面, 从 $z(x,-x) = 2x^4 > 0$, 可知当点 (x,y) 在直线 $y = -x$ 上变化时 $z(0,0) = 0$ 为极小值; 另一方面, 从 $z(x,x) = 2x^4 - 2x^2 = 2x^2(x^2 - 1) < 0$ 可知当点 (x,y) 在直线 $y = x$ 上变化时 $= 0$ 为极大值.

综合以上两方面即知 $z(0,0)$ 不是极值.

例 19　求证: 函数 $f(x,y) = 3xy - (x^3 + y^3)$ 在闭区域

$$D = \{(x,y) \mid -2 \leqslant x \leqslant 2, -2 \leqslant y \leqslant 2\}$$

上仅有一个极大值, 但是它不是闭区域 D 上的最大值.

证　由 $\dfrac{\partial}{\partial x}f(x,y)=3y-3x^2,\dfrac{\partial}{\partial y}f(x,y)=3x-3y^2$ 计算出

$$A=\dfrac{\partial^2}{\partial x^2}f(x,y)=-6x,$$

$$B=\dfrac{\partial^2}{\partial x\partial y}f(x,y)=3,$$

$$C=\dfrac{\partial^2}{\partial y^2}f(x,y)=-6y.$$

令 $\dfrac{\partial}{\partial x}f(x,y)=0,\dfrac{\partial}{\partial y}f(x,y)=0$, 解方程组

$$\begin{cases} 3y-3x^2=0, \\ 3x-3y^2=0, \end{cases}$$

解得稳定点 $(0,0),(1,1)$.

对于点 $(0,0)$, 因为 $B^2-AC=9>0$, 所以 $(0,0)$ 不是极值点.

对于点 $(1,1)$, 因为 $B^2-AC=-27<0,A=-6<0$, 所以 $(1,1)$ 为极大值点, 极大值为 $f(1,1)=1$.

对边界的讨论:

① 左边界: 即当 $x=-2,|y|<2$ 时,

$$f(-2,y)=-y^3-6y+8.$$

令 $g(y)=-y^3-6y+8$, 则有 $g'(y)=-3y^2-6\neq 0$, 没有稳定点.

② 右边界: 即当 $x=2,|y|<2$ 时,

$$f(2,y)=-y^3+6y-8.$$

令 $h(y)=-y^3+6y-8$, 则有 $h'(y)=-3y^2+6\neq 0$, 没有稳定点.

③ 下边界: 即当 $y=-2,|x|<2$ 时,

$$f(x,-2)=-x^3-6x+8.$$

令 $u(x)=-x^3-6x+8$, 则有 $u'(x)=-3x^2-6\neq 0$, 没有稳定点. 下边界的两端点 $(-2,2)$ 和 $(2,-2)$ 对应的函数值为

$$f(-2,-2)=28, \qquad f(2,-2)=-12.$$

④ 上边界：即当 $y = 2, |x| < 2$ 时，

$$f(x, 2) = -x^3 + 6x - 8.$$

令 $v(x) = -x^3 + 6x - 8$，则有 $v'(x) = 6 - 3x^2 = -3(x^2 - 2)$. 令 $v'(x) = 0$，解得 $x = \pm\sqrt{2}$，代入函数中，得

$$f(\sqrt{2}, 2) = 4\sqrt{2} - 8, \quad f(-\sqrt{2}, 2) = -4\sqrt{2} - 8.$$

上边界的两端点 $(2, 2)$ 和 $(-2, 2)$ 对应的函数值为

$$f(2, 2) = -4, \quad f(-2, 2) = -12.$$

比较这些函数值，可得 $f(-2, -2) = 28$ 为最大值. 即最大值在边界上取得.

例 20　设由抛物面 $z = \dfrac{1}{2}(x^2 + y^2)$ 与平面 $z = 4$ 所围成的抛物体为 Ω. 在 Ω 内作一内接长方体，使各侧面平行于坐标面 (图 5.1). 问长方体的尺寸如何时，长方体的体积最大? 最大体积是多少?

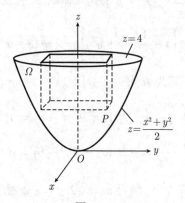

图　5.1

分析　设内接长方体 Ω 在第一卦限的部分有一在抛物面上的顶点为 $P(x, y, z)$，则该长方体的体积为 $V = 4xy(4 - z)$，这里 $2x, 2y$ 分别是长方体底面的长与宽，$4 - z$ 是长方体的高.

解法 1　应用拉格朗日乘数法，求 V 满足条件 $x^2 + y^2 = 2z$ 的极值.

令 $f(x, y, z) = xy(4 - z) + \lambda(x^2 + y^2 - 2z)$, 由

$$
\begin{cases}
\dfrac{\partial f(x, y, z)}{\partial x} = 2x\lambda - y(z - 4) = 0, \\[2mm]
\dfrac{\partial f(x, y, z)}{\partial y} = 2y\lambda - x(z - 4) = 0, \\[2mm]
\dfrac{\partial f(x, y, z)}{\partial z} = -2\lambda - xy = 0, \\[2mm]
\dfrac{\partial f(x, y, z)}{\partial \lambda} = x^2 + y^2 - 2z = 0,
\end{cases}
$$

解得 $x = \sqrt{2}, y = \sqrt{2}, z = 2$.

由问题本身可以看出所求最大体积的长方体是存在的, 因此可以得知: 当 $x = \sqrt{2}, y = \sqrt{2}, z = 2$ 时体积 V 取最大值, 并且

$$
V_{\max} = 4x^2(4 - z)\big|_{x=\sqrt{2}, z=2} = 16.
$$

解法 2 把 $z = \dfrac{1}{2}(x^2 + y^2)$ 代入体积 V 的表达式中, 得

$$
V = 4xy\left[4 - \frac{1}{2}(x^2 + y^2)\right] = 2xy(8 - x^2 - y^2).
$$

对 V 求偏导数并令其为 0 得:

$$
\begin{cases}
\dfrac{\partial V}{\partial x} = -2y(3x^2 + y^2 - 8) = 0, \\[2mm]
\dfrac{\partial V}{\partial y} = -2x(x^2 + 3y^2 - 8) = 0.
\end{cases}
$$

在 $x > 0, y > 0$ 的条件下, 解得 $x = \sqrt{2}, y = \sqrt{2}$. 由问题本身可以看出所求最大体积的长方体是存在的, 因此可以得知: 当 $x = \sqrt{2}, y = \sqrt{2}$ 时体积 V 取最大值, 并且

$$
V_{\max} = 2xy(8 - x^2 - y^2)\big|_{x=\sqrt{2}, y=\sqrt{2}} = 16.
$$

第六章　多元函数积分学

§1　重　积　分

内容提要

1. 重积分的基本概念与性质

1.1　二重积分

定义　设 $f(x, y)$ 是平面有界闭区域 D 上的有界函数, 将 D 分割成 n 小块: $\Delta D_1, \Delta D_2, \cdots, \Delta D_n$. 与定积分定义类似, 在每一个小块中, 任取 $(\xi_k, \eta_k) \in \Delta D_k$, 如果 $\lim\limits_{\lambda \to 0} \sum\limits_{k=1}^{n} f(\xi_k, \eta_k) \Delta \sigma_k$ 存在, 则用记号 $\iint\limits_{D} f(x, y) \mathrm{d}\sigma$ 表示此极限值, 即

$$\iint\limits_{D} f(x, y) \mathrm{d}\sigma = \lim_{\lambda \to 0} \sum_{k=1}^{n} f(\xi_k, \eta_k) \Delta \sigma_k,$$

其中 $\lambda = \max\{\lambda_1, \lambda_2, \cdots, \lambda_n\}$, λ_k 为 ΔD_k 的直径, $\Delta \sigma_k$ 为 ΔD_k 的面积.

几何意义　当 $f(x, y) \geqslant 0$, $(x, y) \in D$ 时, 二重积分 $\iint\limits_{D} f(x, y) \mathrm{d}\sigma$ 表示有界闭区域 D 上方的曲面 $z = f(x, y)$ 投影下的体积; 特别当 $f(x, y)=1$ 时, $\iint\limits_{D} \mathrm{d}\sigma$ 表示 D 的面积.

可积性　有界闭区域 D 上的连续函数 $f(x, y)$ 是可积的, 或在 D 上有界且只有有限条间断线、有限个间断点的函数 $f(x, y)$ 在 D 上是可积的.

1.2　三重积分

设 $f(x, y, z)$ 是空间有界闭区域 Ω 上的有界函数, 将 Ω 分割成 n 个小立体 $\Delta \Omega_1, \Delta \Omega_2, \cdots, \Delta \Omega_n$. 与二重积分定义类似, 有

$$\iiint\limits_{\Omega} f(x, y, z) \, \mathrm{d}V = \lim_{\lambda \to 0} \sum_{k=1}^{n} f(\xi_k, \eta_k, \zeta_k) \, \Delta V_k \quad \text{(当极限存在时)},$$

其中 $\lambda = \max\{\lambda_1, \lambda_2, \cdots, \lambda_n\}$, λ_k 为 $\Delta\Omega_k$ 的直径, ΔV_k 为 $\Delta\Omega_k$ 的体积, $(\xi_k, \eta_k, \zeta_k) \in \Delta\Omega_k$.

物理意义 $\displaystyle\iiint\limits_{\Omega} f(x, y, z)\,\mathrm{d}V$ 表示密度为 $\rho = f(x, y, z)$ 的立体 Ω 的质量.

几何意义 Ω 的体积可由三重积分 $\displaystyle\iiint\limits_{\Omega} \mathrm{d}V$ 表示.

可积性 同二重积分.

1.3 重积分性质

类似定积分, 重积分具有线性性、区域可加性、不等式性质、积分中值定理等.

2. 重积分化累次积分

2.1 二重积分计算 —— 化为累次积分

在直角坐标系中 面积元素 $\mathrm{d}\sigma = \mathrm{d}x\mathrm{d}y$.

若 $D: \begin{cases} a \leqslant x \leqslant b, \\ \varphi_1(x) \leqslant y \leqslant \varphi_2(x), \end{cases}$ 则

$$\iint\limits_{D} f(x, y)\mathrm{d}\sigma = \int_a^b \mathrm{d}x \int_{\varphi_1(x)}^{\varphi_2(x)} f(x, y)\mathrm{d}y.$$

若 $D: \begin{cases} c \leqslant y \leqslant d, \\ h_1(y) \leqslant x \leqslant h_2(y), \end{cases}$ 则

$$\iint\limits_{D} f(x, y)\mathrm{d}\sigma = \int_c^d \mathrm{d}y \int_{h_1(y)}^{h_2(y)} f(x, y)\mathrm{d}x.$$

在极坐标系中 面积元素 $\mathrm{d}\sigma = r\mathrm{d}r\mathrm{d}\theta$.

若 $D: \begin{cases} \alpha \leqslant \theta \leqslant \beta, \\ \varphi_1(\theta) \leqslant r \leqslant \varphi_2(\theta), \end{cases}$ 则

$$\iint\limits_{D} f(x, y)\mathrm{d}\sigma = \int_\alpha^\beta \mathrm{d}\theta \int_{\varphi_1(\theta)}^{\varphi_2(\theta)} f(r\cos\theta, r\sin\theta)r\mathrm{d}r.$$

若 $D: \begin{cases} R_1 \leqslant r \leqslant R_2, \\ h_1(r) \leqslant \theta \leqslant h_2(r), \end{cases}$ 则

$$\iint\limits_{D} f(x, y)\mathrm{d}\sigma = \int_{R_1}^{R_2} \mathrm{d}r \int_{h_1(r)}^{h_2(r)} f(r\cos\theta, r\sin\theta)r\mathrm{d}\theta.$$

274

2.2 三重积分计算 —— 化为累次积分

在直角坐标系中　体积元素 $\mathrm{d}V = \mathrm{d}x\mathrm{d}y\mathrm{d}z$.

若 $\Omega : \begin{cases} (x,y) \in D, \\ z_1(x,y) \leqslant z \leqslant z_2(x,y), \end{cases}$ 则

$$\iiint\limits_{\Omega} f(x,y,z)\,\mathrm{d}V = \iint\limits_{D} \mathrm{d}x\mathrm{d}y \int_{z_1(x,y)}^{z_2(x,y)} f(x,y,z)\,\mathrm{d}z.$$

若 $\Omega : \begin{cases} c \leqslant z \leqslant d, \\ D_z : 依赖于 \ z \ 的平面区域, \end{cases}$ 则

$$\iiint\limits_{\Omega} f(x,y,z)\,\mathrm{d}V = \int_{c}^{d} \mathrm{d}z \iint\limits_{D_z} f(x,y,z)\,\mathrm{d}x\mathrm{d}y.$$

在柱坐标系中　体积元素 $\mathrm{d}V = r\mathrm{d}r\mathrm{d}\theta\mathrm{d}z$.

$$\iiint\limits_{\Omega} f(x,y,z)\,\mathrm{d}V = \iiint\limits_{\widetilde{\Omega}} f(r\cos\theta, r\sin\theta, z)r\mathrm{d}r\mathrm{d}\theta\mathrm{d}z,$$

其中, $\widetilde{\Omega}$ 与 Ω 为同一区域, 当 Ω 的界面用柱坐标 r, θ, z 表示时, 记为 $\widetilde{\Omega}$.

在球坐标系中　体积元素 $\mathrm{d}V = r^2\sin\varphi\mathrm{d}r\mathrm{d}\theta\mathrm{d}\varphi$.

$$\iiint\limits_{\Omega} f(x,y,z)\,\mathrm{d}V = \iiint\limits_{\widetilde{\Omega}} f(r\sin\varphi\cos\theta, r\sin\varphi\sin\theta, r\cos\varphi)r^2\sin\varphi\mathrm{d}r\mathrm{d}\theta\mathrm{d}\varphi,$$

其中, $\widetilde{\Omega}$ 与 Ω 为同一区域, 当 Ω 的界面用球坐标 r, θ, φ 表示时, 记为 $\widetilde{\Omega}$.

3. 重积分变换

定理　设 $f(x,y)$ 在平面有界闭区域 D 上连续, 变换

$$\begin{cases} x = x(u,v), \\ y = y(u,v) \end{cases}$$

将 uv 平面上的闭区域 $\widetilde{D}$ 一一对应地变到 xy 平面上的闭区域 D, 且满足

(1) $x(u,v)$, $y(u,v)$ 在 $\widetilde{D}$ 上有连续偏导数;

(2) 在 $\widetilde{D}$ 上雅可比行列式

$$J(u,v) = \frac{\partial(x,y)}{\partial(u,v)} = \begin{vmatrix} \dfrac{\partial x}{\partial u} & \dfrac{\partial x}{\partial v} \\ \dfrac{\partial y}{\partial u} & \dfrac{\partial y}{\partial v} \end{vmatrix} \neq 0,$$

则有

$$\iint\limits_{D} f(x,y)\mathrm{d}x\mathrm{d}y = \iint\limits_{\widetilde{D}} f(x(u,v),y(u,v))\,|J(u,v)|\,\mathrm{d}u\mathrm{d}v.$$

在二重积分中. 最常用的变量代换是极坐标代换, 已列举于上. 三重积分的一般变换类似二重积分, 其中最常用的是柱坐标及球坐标变换. 已列举于上.

4. 重积分的应用

4.1 计算体积

空间立体 Ω 的体积 $V = \iiint\limits_{\Omega} \mathrm{d}V.$

若 $\Omega : \begin{cases} (x,y) \in D, \\ z_1(x,y) \leqslant z \leqslant z_2(x,y), \end{cases}$ 则

$$V = \iint\limits_{D} [z_2(x,y) - z_1(x,y)]\,\mathrm{d}x\mathrm{d}y.$$

4.2 计算曲面面积

曲面 $z = f(x,y)\,((x,y) \in D)$ 的面积为

$$A = \iint\limits_{D} \sqrt{1 + \left(\frac{\partial z}{\partial x}\right)^2 + \left(\frac{\partial z}{\partial y}\right)^2}\,\mathrm{d}x\mathrm{d}y.$$

4.3 计算质心

面密度为 $\rho(x,y)$ 的平面薄片 D 的质心坐标为

$$\overline{x} = \frac{\iint\limits_{D} x\rho\mathrm{d}\sigma}{\iint\limits_{D} \rho\mathrm{d}\sigma}, \quad \overline{y} = \frac{\iint\limits_{D} y\rho\mathrm{d}\sigma}{\iint\limits_{D} \rho\mathrm{d}\sigma},$$

其中 $\iint\limits_{D} \rho\mathrm{d}\sigma$ 为 D 的质量.

密度为 $\rho(x,y,z)$ 的空间立体 Ω 的质心坐标为

$$\overline{x} = \frac{\iiint\limits_{\Omega} x\rho\mathrm{d}V}{\iiint\limits_{\Omega} \rho\mathrm{d}V}, \quad \overline{y} = \frac{\iiint\limits_{\Omega} y\rho\mathrm{d}V}{\iiint\limits_{\Omega} \rho\mathrm{d}V}, \quad \overline{z} = \frac{\iiint\limits_{\Omega} z\rho\mathrm{d}V}{\iiint\limits_{\Omega} \rho\mathrm{d}V},$$

其中 $\iiint\limits_{\Omega} \rho dV$ 表示立体 Ω 的质量.

4.4 计算转动惯量

面密度为 $\rho(x,y)$ 的平面薄片 D 关于坐标轴的转动惯量分别为

$$J_x = \iint\limits_{D} y^2 \rho d\sigma, \quad J_y = \iint\limits_{D} x^2 \rho d\sigma.$$

密度为 $\rho(x,y,z)$ 的空间立体 Ω 关于坐标轴的转动惯量分别为

$$J_x = \iiint\limits_{\Omega} \left(y^2 + z^2\right) \rho dV,$$

$$J_y = \iiint\limits_{\Omega} \left(x^2 + z^2\right) \rho dV,$$

$$J_z = \iiint\limits_{\Omega} \left(x^2 + y^2\right) \rho dV.$$

典型例题解析

例 1   计算积分 $I = \iint\limits_{D} (x+y) dxdy$, 其中 D 是由 $y^2 = 2x$,
$x + y = 4$, $x + y = 12$ 所围成的区域.

解   如图 6.1 所示知:

$$\iint\limits_{D} (x+y)dxdy = \iint\limits_{D+D_0} (x+y)dxdy - \iint\limits_{D_0} (x+y)dxdy.$$

$$\begin{aligned}
\iint\limits_{D+D_0} (x+y)\,dxdy &= \int_{-6}^{4} dy \int_{\frac{y^2}{2}}^{12-y} (x+y)\,dx \\
&= \int_{-6}^{4} \left(-\frac{1}{8}y^4 - \frac{1}{2}y^3 - \frac{1}{2}y^2 + 72\right) dy \\
&= \int_{-6}^{4} \left(-\frac{1}{8}y^4 - \frac{1}{2}y^3 - \frac{1}{2}y^2\right) dy + 720 \\
&= \int_{-6}^{4} g(y)\,dy + 720,
\end{aligned}$$

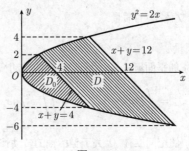

图 6.1

其中 $g(y) := -\dfrac{1}{8}y^4 - \dfrac{1}{2}y^3 - \dfrac{1}{2}y^2 = -\dfrac{1}{8}y^2(y+2)^2$.

$$\iint\limits_{D_0}(x+y)\,\mathrm{d}x\mathrm{d}y = \int_{-4}^{2}\mathrm{d}y\int_{\frac{y^2}{2}}^{4-y}(x+y)\,\mathrm{d}x$$

$$= \int_{-4}^{2}g(y)\,\mathrm{d}y + 48.$$

$$\begin{matrix} I \\ \| \end{matrix} \qquad\qquad\qquad\qquad \begin{matrix} \frac{8156}{15} \\ \| \end{matrix}$$

$$\iint\limits_{D+D_0}(x+y)\,\mathrm{d}x\mathrm{d}y - \iint\limits_{D_0}(x+y)\,\mathrm{d}x\mathrm{d}y = 672 + \int_{-6}^{-4}g(y)\,\mathrm{d}y + \int_{2}^{4}g(y)\,\mathrm{d}y$$

从此 U 形等式串的两端即知 $I = \dfrac{8156}{15}$.

评注　可以看出, 我们不急于将积分 $\displaystyle\int_{-6}^{4}g(y)\,\mathrm{d}y$ 及 $\displaystyle\int_{-4}^{2}g(y)\,\mathrm{d}y$ 算出来, 主要是它们还要相减, 消去一些项后再算要简单些.

例 2　设函数 $f(x,y) = \sqrt{\dfrac{x^2+y^2-x}{2x-x^2-y^2}}$.

① 指出函数 $f(x,y)$ 的定义域;

② 设函数 $f(x,y)$ 的定义域为 D, 求 $I = \displaystyle\iint\limits_{D}f(x,y)\,\mathrm{d}x\mathrm{d}y$.

解　① $x^2+y^2-x = \left(x-\dfrac{1}{2}\right)^2 + y^2 - \dfrac{1}{4}$,

278

$$2x - x^2 - y^2 = -\left(-2x + x^2 + y^2\right) = -\left((x-1)^2 + y^2 - 1\right).$$

函数 $f(x, y)$ 的定义域为

$$D : \begin{cases} \left(x - \dfrac{1}{2}\right)^2 + y^2 - \dfrac{1}{4} \geqslant 0, \\[2mm] (x-1)^2 + y^2 - 1 < 0, \end{cases}$$

如图 6.2 中阴影所示.

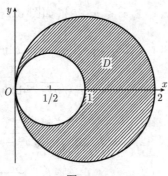

图　6.2

② 根据定义域将重积分化为累次积分:

$$I = \iint\limits_{D} \sqrt{\frac{x^2 + y^2 - x}{2x - x^2 - y^2}} \, \mathrm{d}x\mathrm{d}y = \int_{-\frac{\pi}{2}}^{\frac{\pi}{2}} \mathrm{d}\theta \int_{\cos\theta}^{2\cos\theta} \sqrt{\frac{r - \cos\theta}{2\cos\theta - r}} \, r\mathrm{d}r$$

$$= 2\int_{0}^{\frac{\pi}{2}} \mathrm{d}\theta \int_{\cos\theta}^{2\cos\theta} \sqrt{\frac{r - \cos\theta}{2\cos\theta - r}} \, r\mathrm{d}r.$$

令 $u = \sqrt{\dfrac{r - \cos\theta}{2\cos\theta - r}}$, 则有

$$\int_{\cos\theta}^{2\cos\theta} \underbrace{\sqrt{\frac{r - \cos\theta}{2\cos\theta - r}}}_{u} r\mathrm{d}r = \int_{0}^{+\infty} u \cdot \underbrace{\frac{\cos\theta + 2u^2\cos\theta}{u^2 + 1}}_{r} \cdot \underbrace{\frac{2u\cos\theta}{\left(u^2 + 1\right)^2}\mathrm{d}u}_{\mathrm{d}r}$$

$$= 2\cos^2\theta \int_{0}^{+\infty} \frac{u^2\left(1 + 2u^2\right)}{\left(u^2 + 1\right)^3} \mathrm{d}u = \frac{7}{16}\pi \cdot 2\cos^2\theta = \frac{7}{8}\pi\cos^2\theta.$$

于是

$$I = 2\int_0^{\frac{\pi}{2}} \frac{7}{8}\pi\cos^2\theta\mathrm{d}\theta = \frac{7}{16}\pi^2.$$

例 3　求 $I = \iint\limits_{D} \sqrt{|y - x^2|}\mathrm{d}x\mathrm{d}y$, 其中 D: $|x| \leqslant 1, 0 \leqslant y \leqslant 2$.

解　将区域 D 分成两块: $D = D_1 + D_2$, 其中

$D_1 = \{(x,y) \,|\, |x| \leqslant 1, 0 \leqslant y \leqslant x^2\}$, 如图 6.3 横线阴影所示;

$D_2 = \{(x,y) \,|\, |x| \leqslant 1, x^2 \leqslant y \leqslant 2\}$, 如图 6.3 竖线阴影所示.

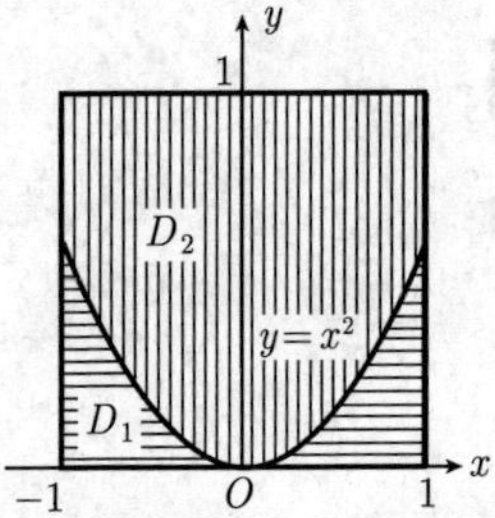

图　6.3

$$I = \iint\limits_{D} \sqrt{|y - x^2|}\mathrm{d}x\mathrm{d}y = \iint\limits_{D_1} \sqrt{x^2 - y}\mathrm{d}x\mathrm{d}y$$

$$+ \iint\limits_{D_2} \sqrt{y - x^2}\mathrm{d}x\mathrm{d}y$$

$$= \int_{-1}^{1} \mathrm{d}x \int_0^{x^2} \sqrt{x^2 - y}\mathrm{d}y$$

$$+ \int_{-1}^{1} \mathrm{d}x \int_{x^2}^{2} \sqrt{y - x^2}\mathrm{d}y$$

$$= \frac{4}{3}\int_0^1 x^3\mathrm{d}x + \frac{4}{3}\int_0^1 \left(2 - x^2\right)^{\frac{3}{2}}\mathrm{d}x$$

$$\underline{\underline{x = \sqrt{2}\sin\theta}} \frac{1}{3} + \frac{16}{3}\int_0^{\frac{\pi}{4}} \cos^4\theta\mathrm{d}\theta.$$

(1)

又

$$\cos^4\theta = \left(\frac{1 + \cos 2\theta}{2}\right)^2 = \frac{1}{4}\left(1 + 2\cos 2\theta + \frac{1 + \cos 4\theta}{2}\right)$$

$$= \frac{1}{8}\left(3 + 4\cos 2\theta + \cos 4\theta\right).$$

将上式代入 (1) 式中的积分中, 即得

$$\int_0^{\frac{\pi}{4}} \cos^4\theta\mathrm{d}\theta = \frac{1}{8}\int_0^{\frac{\pi}{4}} (3 + 4\cos 2\theta + \cos 4\theta)\,\mathrm{d}\theta = \frac{3}{32}\pi + \frac{1}{4},$$

则所求积分为

$$I = \frac{1}{3} + \frac{16}{3}\left(\frac{3}{32}\pi + \frac{1}{4}\right) = \frac{\pi}{2} + \frac{5}{3}.$$

例 4   设 $D = \{(x, y) \mid -1 \leqslant x \leqslant 1, 0 \leqslant y \leqslant 1\}$, 求

$$I = \iint\limits_{D} \max\left\{xy, x^3\right\} \mathrm{d}x\mathrm{d}y.$$

解   因为所求积分的被积函数 $\max\left\{xy, x^3\right\}$ 没有初等函数的表达式, 不便计算, 但是易知

$$\begin{cases} \max\left\{xy, x^3\right\} + \min\left\{xy, x^3\right\} = xy + x^3, \\ \max\left\{xy, x^3\right\} - \min\left\{xy, x^3\right\} = \left|xy - x^3\right|, \end{cases} \tag{1}$$

所以考虑引进一个辅助积分

$$J = \iint\limits_{D} \min\left\{xy, x^3\right\} \mathrm{d}x\mathrm{d}y.$$

由 (1) 式, 有

$$I + J = \iint\limits_{D} \left(xy + x^3\right) \mathrm{d}x\mathrm{d}y = \int_0^1 \mathrm{d}y \int_{-1}^1 \left(xy + x^3\right) \mathrm{d}x = 0 \tag{2}$$

及

$$\begin{array}{cc}
I - J & \dfrac{1}{3} \\
\parallel & \parallel \\
\iint\limits_{D} |x|\left|y - x^2\right| \mathrm{d}x\mathrm{d}y & \dfrac{1}{2}\int_0^1 \left[y^2 + (1-y)^2\right] \mathrm{d}y \\
\parallel & \parallel\text{注} \\
2\int_0^1 \mathrm{d}y \int_0^1 x\left|y - x^2\right| \mathrm{d}x \xlongequal{u=x^2} & \int_0^1 \mathrm{d}y \int_0^1 |y - u| \mathrm{d}u
\end{array}$$

从此 U 形等式串的两端即知

$$I - J = \frac{1}{3}. \tag{3}$$

281

(2) + (3) 式推出 $2I = \dfrac{1}{3}$, 即得 $I = \dfrac{1}{6}$.

注 通过几何意义 (见图 6.4) 容易得出:

$$\int_0^1 |y - u|\,\mathrm{d}u = \frac{1}{2}y^2 + \frac{1}{2}\left(1 - y\right)^2.$$

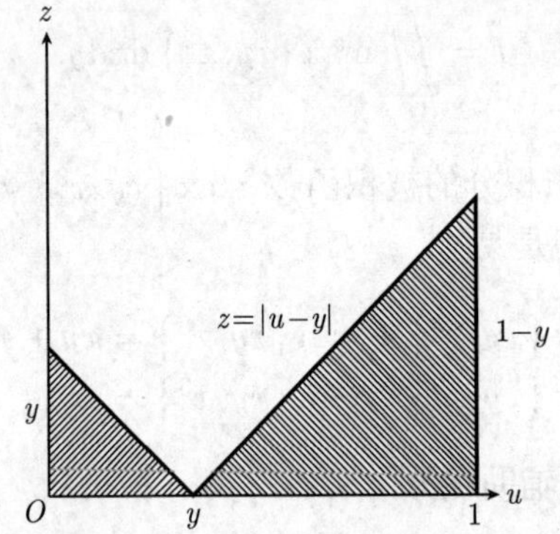

图 6.4

例 5 计算 $\displaystyle\iint\limits_{D} x\mathrm{e}^{-y^2}\mathrm{d}x\mathrm{d}y$, D 由曲线 $y = 4x^2$ 和 $y = 9x^2$ 在第一象限所围区域.

解 积分域 D 如图 6.5 所示是无限区域.

$$\iint\limits_{D} x\mathrm{e}^{-y^2}\mathrm{d}x\mathrm{d}y \qquad\qquad \frac{5}{144}$$

$$\| \qquad\qquad\qquad\qquad \|$$

$$\int_0^{+\infty}\mathrm{d}y\int_{\frac{1}{3}\sqrt{y}}^{\frac{1}{2}\sqrt{y}} x\mathrm{e}^{-y^2}\mathrm{d}x \qquad -\frac{5}{144}\,\mathrm{e}^{-y^2}\Big|_0^{+\infty}$$

$$\| \qquad\qquad\qquad\qquad \|$$

$$\int_0^{+\infty}\mathrm{e}^{-y^2}\mathrm{d}y\int_{\frac{1}{3}\sqrt{y}}^{\frac{1}{2}\sqrt{y}} x\mathrm{d}x \;=\!=\; \frac{5}{72}\int_0^{+\infty} y\mathrm{e}^{-y^2}\mathrm{d}y$$

从此 U 形等式串的两端即知

$$\iint\limits_{D} x\mathrm{e}^{-y^2}\mathrm{d}x\mathrm{d}y = \frac{5}{144}.$$

282

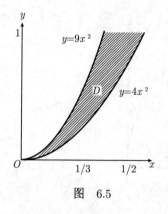
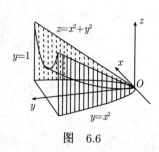

图 6.5　　　　　　　　图 6.6

例 6　求由曲面 $z = x^2 + y^2$, $y = 1$, $y = x^2$, $z = 0$ 所围的体积.

解　设 $D = \{(x, y) \mid -1 \leqslant x \leqslant 1, x^2 \leqslant y \leqslant 1\}$(图 6.6)，则有

$$V = \iint\limits_{D} \left(x^2 + y^2\right) \mathrm{d}x\mathrm{d}y = \int_{-1}^{1} \mathrm{d}x \int_{x^2}^{1} \left(x^2 + y^2\right) \mathrm{d}y.$$

注意：$\int_{x^2}^{1} \left(x^2 + y^2\right) \mathrm{d}y = x^2 - x^4 - \dfrac{1}{3}x^6 + \dfrac{1}{3}$，则有

$$
\begin{array}{ccc}
V & & \dfrac{88}{105} \\[2mm]
\| & & \| \\[2mm]
\int_{-1}^{1} \left(x^2 - x^4 - \dfrac{1}{3}x^6 + \dfrac{1}{3}\right) \mathrm{d}x & = 2\int_{0}^{1} & \left(x^2 - x^4 - \dfrac{1}{3}x^6 + \dfrac{1}{3}\right) \mathrm{d}x
\end{array}
$$

从此 U 形等式串的两端即知 $V = \dfrac{88}{105}$.

例 7　计算二重积分 $\iint\limits_{D} \left|x^2 + y^2 - 1\right| \mathrm{d}x\mathrm{d}y$, 其中 $D = \{(x,y)|0 \leqslant x \leqslant 1, 0 \leqslant y \leqslant 1\}$.

解　将积分区域分块 (图 6.7), 令

$$D_1 = \left\{(x, y) \,\middle|\, x^2 + y^2 \leqslant 1, x \geqslant 0, y \geqslant 0\right\},$$
$$D_2 = \left\{(x, y) \,\middle|\, x^2 + y^2 > 1, 0 \leqslant x \leqslant 1, 0 \leqslant y \leqslant 1\right\},$$

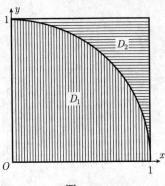

图　6.7

则 $D = D_1 + D_2$. 用极坐标分块计算二重积分.

$$\iint\limits_{D_1} \left|x^2 + y^2 - 1\right| \mathrm{d}x\mathrm{d}y \qquad\qquad \frac{1}{8}\pi$$

$$\|$$

$$\iint\limits_{D_1} \left(1 - x^2 - y^2\right) \mathrm{d}x\mathrm{d}y = \int_0^{\frac{\pi}{2}} \mathrm{d}\theta \int_0^1 \left(1 - r^2\right) r\mathrm{d}r$$

$$\iint\limits_{D_2} \left|x^2 + y^2 - 1\right| \mathrm{d}x\mathrm{d}y = \iint\limits_{D_2} \left(x^2 + y^2 - 1\right) \mathrm{d}x\mathrm{d}y$$

$$= \iint\limits_{D} \left(x^2 + y^2 - 1\right) \mathrm{d}x\mathrm{d}y - \iint\limits_{D_1} \left(x^2 + y^2 - 1\right) \mathrm{d}x\mathrm{d}y$$

$$= \iint\limits_{D} \left(x^2 + y^2 - 1\right) \mathrm{d}x\mathrm{d}y + \iint\limits_{D_1} \left(1 - x^2 - y^2\right) \mathrm{d}x\mathrm{d}y$$

$$= \iint\limits_{D} x^2\mathrm{d}x\mathrm{d}y + \iint\limits_{D} y^2\mathrm{d}x\mathrm{d}y - \iint\limits_{D} 1\mathrm{d}x\mathrm{d}y + \frac{\pi}{8}$$

$$= 2\int_0^1 \mathrm{d}x \int_0^1 x^2\mathrm{d}y - 1 + \frac{\pi}{8} = \frac{\pi}{8} - \frac{1}{3}.$$

最后

$$\iint\limits_{D} \left|x^2 + y^2 - 1\right| \mathrm{d}x\mathrm{d}y = \iint\limits_{D_1} \left|x^2 + y^2 - 1\right| \mathrm{d}x\mathrm{d}y$$

284

$$+ \iint\limits_{D_2} |x^2 + y^2 - 1|\, \mathrm{d}x\mathrm{d}y$$

$$= \frac{\pi}{8} + \frac{\pi}{8} - \frac{1}{3} = \frac{\pi}{4} - \frac{1}{3}.$$

评注 本例计算 $\iint\limits_{D_2} |x^2 + y^2 - 1|\, \mathrm{d}x\mathrm{d}y$ 的方法使计算大大简化,

值得借鉴.

例 8 求 $\iint\limits_{D} \left| \dfrac{x + y}{\sqrt{2}} - x^2 - y^2 \right| \mathrm{d}x\mathrm{d}y$, 其中 $D : \left\{ (x, y) \mid x^2 + y^2 \leqslant 1 \right\}$.

解 由 $\dfrac{x + y}{\sqrt{2}} - x^2 - y^2 = \left(x - \dfrac{1}{2\sqrt{2}} \right)^2 + \left(y - \dfrac{1}{2\sqrt{2}} \right)^2 - \dfrac{1}{4}$, 可见

$\dfrac{x + y}{\sqrt{2}} - x^2 - y^2 = 0$ 是以 $\left(\dfrac{1}{2\sqrt{2}}, \dfrac{1}{2\sqrt{2}} \right)$ 为圆心, 以 $\dfrac{1}{2}$ 为半径的圆周.

用极坐标 $x = r \cos\theta, y = r \sin\theta$ 表示该圆周:

$$\left(r\cos\theta - \frac{1}{2\sqrt{2}} \right)^2 + \left(r\sin\theta - \frac{1}{2\sqrt{2}} \right)^2 - \frac{1}{4} = 0,$$

$$r^2 - \frac{1}{\sqrt{2}} r\cos\theta - \frac{1}{\sqrt{2}} r\sin\theta = 0,$$

$$r^2 - r\cos\left(\theta - \frac{\pi}{4} \right) = 0,$$

$$r - \frac{1}{\sqrt{2}}\cos\theta - \frac{1}{\sqrt{2}}\sin\theta = 0.$$

即圆周的极坐标方程是

$$r = \cos\left(\theta - \frac{\pi}{4} \right),$$

并且被积函数可改写为

$$\left| \frac{x + y}{\sqrt{2}} - x^2 - y^2 \right| = r \left| r - \cos\left(\theta - \frac{\pi}{4} \right) \right|.$$

由此有

$$\iint\limits_{D} \left| \frac{x + y}{\sqrt{2}} - x^2 - y^2 \right| \mathrm{d}x\mathrm{d}y = \iint\limits_{D} \left| r - \cos\left(\theta - \frac{\pi}{4} \right) \right| r^2 \mathrm{d}r\mathrm{d}\theta.$$

从图 6.8 可知, 区域 $D = D_1 + D_2$, 分别计算 D_1, D_2 上的二重积分:

$$\iint\limits_{D_1} \left[\cos\left(\theta - \frac{\pi}{4}\right) - r \right] r^2 \mathrm{d}r\mathrm{d}\theta$$

$$= \int_{-\frac{\pi}{4}}^{\frac{3\pi}{4}} \mathrm{d}\theta \int_0^{\cos\left(\theta - \frac{\pi}{4}\right)} \left[\cos\left(\theta - \frac{\pi}{4}\right) - r \right] r^2 \mathrm{d}r,$$

其中

$$\int_0^{\cos\left(\theta - \frac{\pi}{4}\right)} \left[\cos\left(\theta - \frac{\pi}{4}\right) - r \right] r^2 \mathrm{d}r = \frac{1}{12} \sin^4\left(\frac{1}{4}\pi + \theta\right),$$

将上述积分结果代入 D_1 上的二重积分, 可得

$$\int_{-\frac{\pi}{4}}^{\frac{3\pi}{4}} \frac{1}{12} \sin^4\left(\frac{1}{4}\pi + \theta\right) \mathrm{d}\theta = \frac{1}{32}\pi.$$

$$\iint\limits_{D_2} \left| r - \cos\left(\theta - \frac{\pi}{4}\right) \right| r^2 \mathrm{d}r\mathrm{d}\theta = \iint\limits_{D_2} \left[r - \cos\left(\theta - \frac{\pi}{4}\right) \right] r^2 \mathrm{d}r\mathrm{d}\theta$$

$$= \iint\limits_{D} \left[r - \cos\left(\theta - \frac{\pi}{4}\right) \right] r^2 \mathrm{d}r\mathrm{d}\theta$$

$$- \iint\limits_{D_1} \left[r - \cos\left(\theta - \frac{\pi}{4}\right) \right] r^2 \mathrm{d}r\mathrm{d}\theta$$

$$= \iint\limits_{D} \left[r - \cos\left(\theta - \frac{\pi}{4}\right) \right] r^2 \mathrm{d}r\mathrm{d}\theta + \frac{1}{32}\pi$$

$$= \iint\limits_{D} r^3 \mathrm{d}r\mathrm{d}\theta + \iint\limits_{D} \cos\left(\theta - \frac{\pi}{4}\right) r^2 \mathrm{d}r\mathrm{d}\theta + \frac{1}{32}\pi$$

$$= \int_0^{2\pi} \mathrm{d}\theta \int_0^1 r^3 \mathrm{d}r + \int_{-\frac{\pi}{4}}^{2\pi - \frac{\pi}{4}} \cos\theta\mathrm{d}\theta \int_0^1 r^2 \mathrm{d}r + \frac{1}{32}\pi$$

$$= \frac{1}{2}\pi + 0 + \frac{1}{32}\pi = \frac{17}{32}\pi.$$

故有

$$\iint\limits_{D} \left| r - \cos\left(\theta - \frac{\pi}{4}\right) \right| r^2 \mathrm{d}r\mathrm{d}\theta = \frac{1}{32}\pi + \frac{17}{32}\pi = \frac{9}{16}\pi.$$

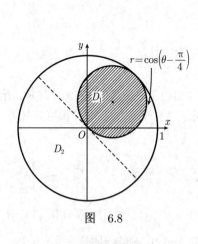

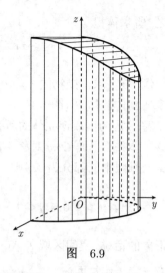

图 6.8

图 6.9

例 9 试计算圆柱体 $x^2 + y^2 = ax$ 内部, 平面 $z = 0$ 上方, 曲面 $y^2 = a^2 - az$ 的下方所围成立体的体积 (图 6.9).

解 由对称性, 我们只考虑 $y > 0$ 部分, 如图 6.9 所示, 底在平面 $z = 0$ 上; 边界曲线是 $x^2 + y^2 = ax$; 顶是抛物柱面 $y^2 = a^2 - az$, 即 $z = a - \dfrac{y^2}{a}$. 换成柱坐标, 边界曲线是 $r = a\cos\theta$, 故有

$$V = 2\int_0^{\frac{\pi}{2}} \mathrm{d}\theta \int_0^{a\cos\theta} \left(a - \frac{r^2\sin^2\theta}{a}\right) r\mathrm{d}r.$$

分项计算上式积分:

$$\int_0^{a\cos\theta} ar\mathrm{d}r = \frac{1}{2}a^3\cos^2\theta;$$

$$\int_0^{a\cos\theta} \frac{r^2\sin^2\theta}{a}r\mathrm{d}r = \frac{1}{8}a^3\cos^4\theta\left(1 - \cos 2\theta\right);$$

$$2\int_0^{\frac{\pi}{2}} \frac{1}{2}a^3\cos^2\theta\mathrm{d}\theta = \frac{1}{4}\pi a^3;$$

$$2\int_0^{\frac{\pi}{2}} \frac{1}{8}a^3\cos^4\theta\left(1 - \cos 2\theta\right)\mathrm{d}\theta = \frac{1}{64}\pi a^3.$$

总之, 所求体积

$$V = \frac{1}{4}\pi a^3 - \frac{1}{64}\pi a^3 = \frac{15}{64}\pi a^3.$$

例 10 求由抛物面 $y = x^2 + z^2$, 抛物柱面 $x = \frac{1}{2}\sqrt{y}$ 及平面 $y = 1$ 所围成立体的体积 (图 6.10).

解 因为围成该立体的所有边界曲面都是关于平面 Oxy 对称, 所以该立体关于平面 Oxy 对称, 并且所求体积部分位于第一和第八卦限. 记第一卦限中的部分为 Ω, 则

$$\Omega = \left\{ (x, y, z) \,\middle|\, 0 \leqslant y \leqslant 1, \frac{1}{2}\sqrt{y} \leqslant x \leqslant \sqrt{y}, 0 \leqslant z \leqslant \sqrt{y - x^2} \right\}.$$

用形象的话说, 空间区域 Ω 有一扇墙 $y = 1$, 如图 6.10 斜线阴影所示; 另有一扇墙由柱面 $x = \frac{1}{2}\sqrt{y}$ 组成, 如图 6.10 虚竖线阴影所示; 还有一张 "落地顶棚" 由抛物面 $y = x^2 + z^2$ 组成, 底部由坐标面 $z = 0$ 组成. 故可得所求立体的体积公式为

$$V = 2\iiint\limits_{\Omega} \mathrm{d}x\mathrm{d}y\mathrm{d}z = 2\int_0^1 \mathrm{d}y \int_{\frac{\sqrt{y}}{2}}^{\sqrt{y}} \mathrm{d}x \int_0^{\sqrt{y - x^2}} \mathrm{d}z.$$

分项计算上式积分:

$$2\int_{\frac{\sqrt{y}}{2}}^{\sqrt{y}} \sqrt{y - x^2}\mathrm{d}x \xlongequal{y = a^2} 2\int_{\frac{a}{2}}^{a} \sqrt{a^2 - x^2}\mathrm{d}x$$

$$= \left(x\sqrt{a^2 - x^2} + a^2 \arcsin \frac{x}{a} \right) \Bigg|_{x = \frac{a}{2}}^{x = a}$$

$$= \left(\frac{1}{3}\pi - \frac{\sqrt{3}}{4} \right) a^2 = \left(\frac{1}{3}\pi - \frac{\sqrt{3}}{4} \right) y;$$

$$\int_0^1 \left(\frac{1}{3}\pi - \frac{\sqrt{3}}{4} \right) y\mathrm{d}y = \frac{1}{6}\pi - \frac{1}{8}\sqrt{3} = \frac{1}{6}\left(\pi - \frac{3}{4}\sqrt{3} \right).$$

于是所求体积为 $\frac{1}{6}\left(\pi - \frac{3}{4}\sqrt{3} \right)$.

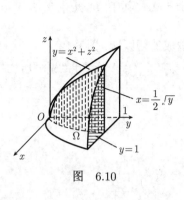 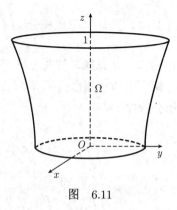

图 6.10   图 6.11

例 11 求 $I = \iiint\limits_{\Omega} (z+x)\,\mathrm{d}x\mathrm{d}y\mathrm{d}z$, 其中 Ω 为由 $z=0$, $z=1$,

$z^2 = x^2 + \dfrac{y^2}{4} - 1$ 所围成.

解 由积分区域 (如图 6.11 所示) 的构成, 宜采用 "先二后一" 的
积分次序, 则

$$I = \int_0^1 \mathrm{d}z \iint\limits_{D_z} (z+x)\,\mathrm{d}x\mathrm{d}y,$$

其中 $D_z = \left\{ (x,y,z) \,\middle|\, x^2 + \dfrac{y^2}{4} \leqslant 1+z^2 \right\}$.

对于二重积分 $\iint\limits_{D_z} x\mathrm{d}x\mathrm{d}y$, 积分区域 D_z 中的 z 是固定的, 可以看

做常数, 故 D_z 是两轴为 $\sqrt{1+z^2}$ 与 $2\sqrt{1+z^2}$ 的椭圆形区域, 所以

$$\iint\limits_{D_z} x\mathrm{d}x\mathrm{d}y = \int_{-2\sqrt{1+z^2}}^{2\sqrt{1+z^2}} \mathrm{d}y \int_{-\sqrt{1+z^2-\frac{y^2}{4}}}^{\sqrt{1+z^2-\frac{y^2}{4}}} x\mathrm{d}x = 0,$$

而

$$\iint\limits_{D_z} z\mathrm{d}x\mathrm{d}y = z \cdot \pi\sqrt{1+z^2} \cdot 2\sqrt{1+z^2} = 2\pi z \left(1+z^2\right).$$

于是

$$I = \int_0^1 2\pi z \left(1+z^2\right) \mathrm{d}z = \frac{3}{2}\pi.$$

例 12 计算三重积分 $\iiint\limits_{\Omega} z\mathrm{d}x\mathrm{d}y\mathrm{d}z$, 其中 Ω 是由平面 $z = 0, y = 1, z = y$ 及抛物柱面 $y = x^2$ 所围成的闭区域 (图 6.12).

解 记 $D = \{(x,y) \mid -1 \leqslant x \leqslant 1, x^2 \leqslant y \leqslant 1\}$. 采用"先一后二"的积分次序, 则有

$$
\begin{array}{ccc}
\displaystyle\iiint\limits_{\Omega} z\mathrm{d}x\mathrm{d}y\mathrm{d}z & & \dfrac{2}{7} \\[2ex]
\parallel & & \parallel \\[2ex]
\displaystyle\iint\limits_{D} \mathrm{d}x\mathrm{d}y \int_0^y z\mathrm{d}z & & \dfrac{1}{3} - \dfrac{1}{21} \\[2ex]
\parallel & & \parallel \\[2ex]
\displaystyle\iint\limits_{D} \dfrac{1}{2}y^2 \mathrm{d}x\mathrm{d}y & & \dfrac{1}{3}\int_0^1 \left(1 - x^6\right)\mathrm{d}x \\[2ex]
\parallel & & \parallel \\[2ex]
\displaystyle\int_{-1}^1 \mathrm{d}x \int_{x^2}^1 \dfrac{1}{2}y^2\mathrm{d}y & \!\!=\!\! & \dfrac{1}{6}\int_{-1}^1 \left(1 - x^6\right)\mathrm{d}x
\end{array}
$$

从此 U 形等式串的两端即知 $\iiint\limits_{\Omega} z\mathrm{d}x\mathrm{d}y\mathrm{d}z = \dfrac{2}{7}$.

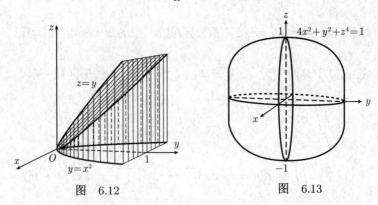

图 6.12 　　　　　　　　图 6.13

例 13 求曲面 $4x^2 + y^2 + z^4 = 1$ 所围的立体体积 (图 6.13).

解　任意固定 $z, -1 \leqslant z \leqslant 1$, 作截面

$$D_z : \frac{x^2}{\dfrac{1-z^4}{4}} + \frac{y^2}{1-z^4} = 1,$$

它是以 $\sqrt{\dfrac{1-z^4}{4}}$ 与 $\sqrt{1-z^4}$ 为轴的椭圆, 故有

$$
\begin{array}{ccc}
V & & \dfrac{4}{5}\pi \\
\| & & \| \\
\displaystyle\int_{-1}^{1}\mathrm{d}z\iint_{D_z}\mathrm{d}x\mathrm{d}y & & \displaystyle\int_{0}^{1}\pi\left(1-z^4\right)\mathrm{d}z \\
\| & & \| \\
\displaystyle\int_{-1}^{1}\pi\sqrt{\dfrac{1-z^4}{4}}\cdot\sqrt{1-z^4}\mathrm{d}z & = & \displaystyle\int_{-1}^{1}\dfrac{\pi}{2}\left(1-z^4\right)\mathrm{d}z
\end{array}
$$

由此 U 形等式串即知 $V = \dfrac{4}{5}\pi$.

例 14　计算三重积分 $\displaystyle\iiint_{\Omega}\mathrm{e}^{3Rz^2-z^3}\mathrm{d}V$, 其中 $\Omega : x^2+y^2+z^2 \leqslant 2Rz, R$ 为常数.

分析　被积函数 $\mathrm{e}^{3Rz^2-z^3}$ 是一个一元函数, 但若我们先对 z 积分, 遇到被积函数的原函数不是初等函数, 就走不通了. 而用垂直于 z 轴的平面去截立体 Ω 时, 所得截面图形是半径为 $r(z) = \sqrt{2Rz-z^2}$ 的圆, 它的面积 $A(z)$ 是很好算的. 所以采用 "先二后一" 的积分次序.

解　根据上面的分析, 截面图形的面积 $A(z)$ 为

$$
\begin{array}{ccc}
A(z) & & \pi z\left(2R-z\right) \\
\| & & \| \\
\pi\left(r(z)\right)^2 & = & \pi\left(2Rz-z^2\right)
\end{array}
$$

从此 U 形等式串的两端即知 $A(z) = \pi z\left(2R-z\right)$.

记 $f(z) = 3Rz^2 - z^3$, 则有

$$f'(z) = 3z\left(2R-z\right) = \frac{3}{\pi}A(z),$$

$$f(0) = 0, \quad f(2R) = 4R^3,$$

故有

$$
\begin{array}{ccc}
\displaystyle\iiint\limits_{\Omega} \mathrm{e}^{3Rz^2 - z^3}\mathrm{d}V & & \dfrac{\pi}{3}\left(\mathrm{e}^{4R^3} - 1\right) \\[2mm]
\| & & \| \\[2mm]
\displaystyle\int_0^{2R} \mathrm{e}^{f(z)}\mathrm{d}z \iint\limits_{D_z}\mathrm{d}x\mathrm{d}y & & \dfrac{\pi}{3}\mathrm{e}^{f(z)}\Big|_0^{2R} \\[2mm]
\| & & \| \\[2mm]
\displaystyle\int_0^{2R} \mathrm{e}^{f(z)}A(z)\mathrm{d}z & = \dfrac{\pi}{3}\displaystyle\int_0^{2R} \mathrm{e}^{f(z)}f'(z)\,\mathrm{d}z &
\end{array}
$$

从此 U 形等式串的两端即知

$$\iiint\limits_{\Omega} \mathrm{e}^{3Rz^2 - z^3}\mathrm{d}V = \frac{\pi}{3}\left(\mathrm{e}^{4R^3} - 1\right).$$

例 15　计算三重积分

$$I = \iiint\limits_{\Omega}\left(\frac{x^2}{a^2} + \frac{y^2}{b^2} + \frac{z^2}{c^2}\right)\mathrm{d}V,$$

其中 Ω 由椭球面 $\dfrac{x^2}{a^2} + \dfrac{y^2}{b^2} + \dfrac{z^2}{c^2} = 1(a, b, c$ 为非零常数) 围成.

分析　本题如果不对被积函数作处理, 直接化成直角坐标系下的三重积分进行计算实在太繁. 如果考虑把被积函数分成三项, 那么就容易看出, 其中的每一项都是一个一元函数, 而且用垂直于坐标轴的平面去截立体 Ω 时, 所得截面图形是椭圆, 它的面积也好算, 所以采用"先二后一"的积分次序来计算就较为简单.

解　令 $I = \dfrac{1}{a^2}I_1 + \dfrac{1}{b^2}I_2 + \dfrac{1}{c^2}I_3$, 其中

$$I_1 = \iiint\limits_{\Omega} x^2\mathrm{d}V, \quad I_2 = \iiint\limits_{\Omega} y^2\mathrm{d}V, \quad I_3 = \iiint\limits_{\Omega} z^2\mathrm{d}V.$$

先计算 I_1:

$$I_1 = \int_{-a}^{a} x^2\mathrm{d}x \iint\limits_{D_x}\mathrm{d}y\mathrm{d}z = \int_{-a}^{a} x^2 A(x)\,\mathrm{d}x,$$

这里 $A(x)$ 为截面椭圆

$$D_x = \left\{ (y, z) \,\middle|\, \frac{y^2}{b^2\left(1 - \dfrac{x^2}{a^2}\right)} + \frac{z^2}{c^2\left(1 - \dfrac{x^2}{a^2}\right)} \leqslant 1 \right\}$$

的面积, 所以 $A(x) = \pi bc\left(1 - \dfrac{x^2}{a^2}\right)$. 从而有

$$I_1 = \pi bc \int_{-a}^{a} x^2\left(1 - \frac{x^2}{a^2}\right) \mathrm{d}x = \frac{4\pi}{15}a^3bc.$$

类似地有 $I_2 = \dfrac{4\pi}{15}ab^3c, I_3 = \dfrac{4\pi}{15}abc^3$.
所以有 $I = \dfrac{4\pi}{5}abc$.

例 16 求抛物面 $x^2 + y^2 + az = 4a^2$ 将球 $x^2 + y^2 + z^2 \leqslant 4az(a > 0)$ 分成两部分立体 (图 6.14) 的体积比.

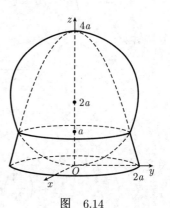

图 6.14

解 两个曲面在柱坐标系下的方程分别是

$$r^2 + az = 4a^2, \quad r^2 + z^2 = 4az,$$

即 $z = \dfrac{1}{a}(4a^2 - r^2)$ 及 $z = 2a \pm \sqrt{4a^2 - r^2}$.

联立曲面方程, 可得到两曲面的交线:

$$\begin{cases} r^2 + az = 4a^2, \\ r^2 + z^2 = 4az \end{cases} \Longrightarrow z = a, r^2 = 3a^2 \quad 或 \quad z = 4a, r^2 = 0.$$

当 $z = a$ 时, 两曲面的交线为

$$x^2 + y^2 = 3a^2,$$

它在 Oxy 平面上的投影曲线为

$$\begin{cases} x^2 + y^2 = 3a^2, \\ z = 0. \end{cases}$$

当 $z = 4a$ 时, 两曲面的交点为 $(0, 0, 4a)$. 由此知, 抛物面下方与球面上方所围成立体部分由顶: $z = \dfrac{1}{a}\left(4a^2 - r^2\right)$, 底: $z = 2a - \sqrt{4a^2 - r^2}$ 围成. 故这部分体积为

$$V_1 = \int_0^{2\pi} \mathrm{d}\theta \int_0^{\sqrt{3}a} \left[\frac{1}{a}\left(4a^2 - r^2\right) - \left(2a - \sqrt{4a^2 - r^2}\right) \right] r\mathrm{d}r$$

$$= 2\pi \int_0^{\sqrt{3}a} \left(\sqrt{4a^2 - r^2} + 2a - \frac{r^2}{a} \right) r\mathrm{d}r$$

$$\xLongequal{u = r^2} \pi \int_0^{3a^2} \left(\sqrt{4a^2 - u} + 2a - \frac{u}{a} \right) \mathrm{d}u.$$

分项计算:

$$\pi \int_0^{3a^2} \sqrt{4a^2 - u}\,\mathrm{d}u = \pi \int_a^{2a} 2v^2 \mathrm{d}v = \frac{14}{3}\pi a^3;$$

$$\pi \int_0^{3a^2} 2a\,\mathrm{d}u = 6\pi a^3; \quad \pi \int_0^{3a^2} \frac{u}{a}\,\mathrm{d}u = \frac{9}{2}\pi a^3;$$

总之

$$V_1 = \left(\frac{14}{3} + 6 - \frac{9}{2} \right)\pi a^3 = \frac{37}{6}\pi a^3.$$

球 $x^2 + y^2 + z^2 \leqslant 4az$ 被抛物面 $x^2 + y^2 + az = 4a^2$ 分成两部分中的另一部分 $V_2 = V - V_1$, 其中 V 是球体积. 因为球的半径是 $2a$, 所以

$$V = \frac{4}{3}\pi(2a)^3 = \frac{32}{3}\pi a^3, \quad V_2 = \left(\frac{32}{3} - \frac{37}{6} \right)\pi a^3 = \frac{9}{2}\pi a^3.$$

最后有

$$\frac{V_1}{V_2} = \frac{\dfrac{37}{6}}{\dfrac{9}{2}} = \frac{37}{27}.$$

例 17 求由锥面 $z = a - \sqrt{x^2 + y^2}\,(a > 0)$, 平面 $x = 0, z = x$ 所围立体 (图 6.15) 的体积.

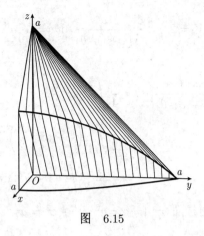

图　6.15

解　平面 $z = x$ 与锥面 $z = a - \sqrt{x^2 + y^2}$ 的交线投影到 Oxy 平面上的投影曲线方程是

$$x = a - \sqrt{x^2 + y^2},$$

转换成极坐标, 则为

$$r\cos\theta = a - r \Longrightarrow r = \frac{a}{1 + \cos\theta}.$$

从而可得

$$V = 2\int_0^{\frac{\pi}{2}} \mathrm{d}\theta \int_0^{\frac{a}{1+\cos\theta}} (a - r - r\cos\theta)\, r\mathrm{d}r$$

$$= 2\int_0^{\frac{\pi}{2}} \mathrm{d}\theta \int_0^{\frac{a}{1+\cos\theta}} [a - r(1 + \cos\theta)]\, r\mathrm{d}r.$$

分项计算:

$$\int_0^{\frac{a}{1+\cos\theta}} ar\mathrm{d}r = \frac{1}{2}\frac{a^3}{(1 + \cos\theta)^2};$$

$$\int_0^{\frac{a}{1+\cos\theta}} (1 + \cos\theta)\, r^2\mathrm{d}r = \frac{1}{3}\frac{a^3}{(1 + \cos\theta)^2};$$

$$\int_0^{\frac{a}{1+\cos\theta}} [a - r(1 + \cos\theta)]\, r\mathrm{d}r = \frac{1}{6}\frac{a^3}{(1 + \cos\theta)^2};$$

$$V = 2 \int_0^{\frac{\pi}{2}} \frac{1}{6} \frac{a^3}{(1+\cos\theta)^2} \mathrm{d}\theta \xlongequal{\text{注}} \frac{2}{9} a^3.$$

注

$$\int_0^{\frac{\pi}{2}} \frac{1}{(1+\cos\theta)^2} \mathrm{d}\theta = \frac{1}{4} \int_0^{\frac{\pi}{2}} \sec^4 \frac{\theta}{2} \mathrm{d}\theta$$

$$= \frac{1}{2} \int_0^{\frac{\pi}{2}} \left(1 + \tan^2 \frac{\theta}{2}\right) \mathrm{d}\tan \frac{\theta}{2}$$

$$\xlongequal{u = \tan\frac{\theta}{2}} \frac{1}{2} \int_0^1 \left(1 + u^2\right) \mathrm{d}u = \frac{2}{3}.$$

例 18 求由柱面 $x^2 + y^2 = a^2$, $y^2 + z^2 = a^2$, $z^2 + x^2 = a^2$ 所围区域的体积.

解 根据对称性可分成等体积的 16 块, 其中一块设为 V_1, 如图 6.16 所示:

$$D_1 = \left\{ (x,y) \mid 0 \leqslant y \leqslant x, x^2 + y^2 \leqslant a^2 \right\}.$$

$$
\begin{array}{ccc}
V_1 & & \dfrac{a^3}{2}\left(2 - \sqrt{2}\right) \\
\| & & \| \\
\displaystyle\iint_{D_1} \sqrt{a^2 - x^2}\,\mathrm{d}x\mathrm{d}y & & \dfrac{a^3}{3}\left[1 - \left(\dfrac{3}{2}\sqrt{2} - 2\right)\right] \\
\| & & \| \\
\displaystyle\int_0^{\frac{\pi}{4}} \mathrm{d}\theta \int_0^a \sqrt{a^2 - r^2\cos^2\theta}\,r\mathrm{d}r & = & \dfrac{a^3}{3}\displaystyle\int_0^{\frac{\pi}{4}} \dfrac{1 - \sin^3\theta}{\cos^2\theta}\,\mathrm{d}\theta
\end{array}
$$

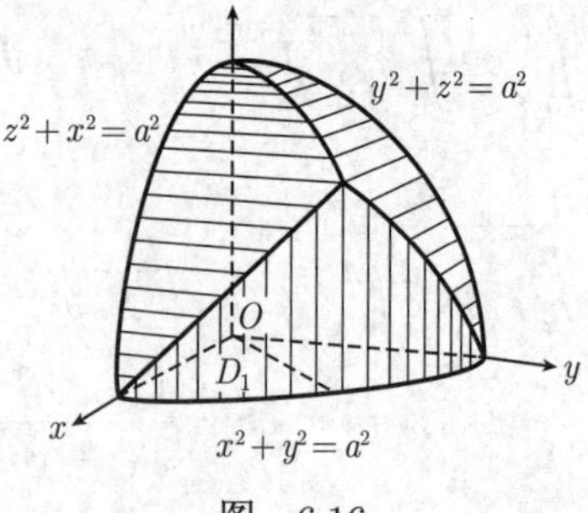

图 6.16

从此 U 形等式串的两端即知 $V_1 = \dfrac{a^3}{2}\left(2 - \sqrt{2}\right)$, 故有

$$V = 16V_1 = 8a^3\left(2 - \sqrt{2}\right).$$

例 19 求 $I = \displaystyle\int_{-1}^{1}\mathrm{d}x\int_{0}^{\sqrt{1-x^2}}\mathrm{d}y\int_{1}^{1+\sqrt{1-x^2-y^2}}\dfrac{\mathrm{d}z}{\sqrt{x^2+y^2+z^2}}.$

解 首先按累次积分的顺序将 I 写成空间区域 Ω 上的积分为

$$I = \iiint\limits_{\Omega}\dfrac{\mathrm{d}v}{\sqrt{x^2+y^2+z^2}},$$

其中 $\Omega = \{(x,y,z)|-1 \leqslant x \leqslant 1, 0 \leqslant y \leqslant \sqrt{1-x^2}, 1 \leqslant z \leqslant 1 + \sqrt{1-x^2-y^2}\}$.

进一步, 用球坐标计算:

$$I = \int_{0}^{\pi}\mathrm{d}\theta\int_{0}^{\frac{\pi}{4}}\sin\varphi\mathrm{d}\varphi\int_{\frac{1}{\cos\varphi}}^{2\cos\varphi}\rho^2\cdot\dfrac{1}{\rho}\mathrm{d}\rho$$

$$= \int_{0}^{\pi}\mathrm{d}\theta\int_{0}^{\frac{\pi}{4}}\dfrac{1}{2}\dfrac{4\cos^4\varphi - 1}{\cos^2\varphi}\sin\varphi\mathrm{d}\varphi \overset{\text{注}}{=\!=} \pi\left(\dfrac{7}{6} - \dfrac{2}{3}\sqrt{2}\right).$$

注

$$\int_{0}^{\frac{\pi}{4}}\dfrac{1}{2}\dfrac{4\cos^4\varphi - 1}{\cos^2\varphi}\sin\varphi\mathrm{d}\varphi = \int_{1}^{\frac{1}{2}\sqrt{2}}\left[-\dfrac{1}{2u^2}\left(4u^4 - 1\right)\right]\mathrm{d}u$$

$$= \dfrac{7}{6} - \dfrac{2}{3}\sqrt{2}.$$

例 20 设一球面的方程为 $x^2 + y^2 + z^2 = 1$, 从点 $\left(0, 0, \dfrac{1}{2}\right)$ 向球面上任一点 Q 处的切平面作垂线, 垂足为点 P, 当点 Q 在球面上变动时, 点 P 的轨迹形成一曲面 S(图 6.17), 求此曲面 S 的方程及该曲面所围成立体的体积.

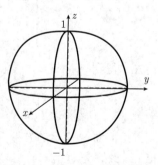

图 6.17

解 设点 Q 为 (x_0, y_0, z_0), 则在该点处, 球面的切平面法方向为 $\{x_0, y_0, z_0\}$, 该点处的切平面方程为

$$x_0 x + y_0 y + z_0 z - 1 = 0.$$

从点 $\left(0, 0, \dfrac{1}{2}\right)$ 引该切平面的垂线, 垂线的方程为

$$\frac{x}{x_0} = \frac{y}{y_0} = \frac{z - \dfrac{1}{2}}{z_0}.$$

设 $\dfrac{x}{x_0} = \dfrac{y}{y_0} = \dfrac{z - \dfrac{1}{2}}{z_0} = \dfrac{1}{t}$, 则有

$$\begin{cases} x_0 = tx, \\ y_0 = ty, \\ z_0 = t\left(z - \dfrac{1}{2}\right). \end{cases} \tag{1}$$

将 (1) 式代入 $x_0^2 + y_0^2 + z_0^2 = 1$, 得到

$$x^2 + y^2 + \left(z - \frac{1}{2}\right)^2 = \frac{1}{t^2}.$$

这是垂线上的点应满足的方程.

再将 (1) 式代入切平面方程 $x_0 x + y_0 y + z_0 z - 1 = 0$, 得到

$$x^2 + y^2 + z\left(z - \frac{1}{2}\right) = \frac{1}{t}.$$

联立上面两个方程, 得

$$\begin{cases} x^2 + y^2 + \left(z - \dfrac{1}{2}\right)^2 = \dfrac{1}{t^2}, \\ x^2 + y^2 + z\left(z - \dfrac{1}{2}\right) = \dfrac{1}{t}, \end{cases}$$

消去 t 得到

$$\left[x^2 + y^2 + z\left(z - \frac{1}{2}\right)\right]^2 = x^2 + y^2 + \left(z - \frac{1}{2}\right)^2. \tag{2}$$

这就是曲面 S 满足的方程, 显然这是一个绕 z 轴旋转的旋转曲面方程. 将 (2) 改写为

$$\left[x^2 + y^2 + z\left(z - \frac{1}{2}\right)\right]^2 = x^2 + y^2 + z\left(z - \frac{1}{2}\right) + v,$$

其中 $v = \left(z - \dfrac{1}{2}\right)^2 - z\left(z - \dfrac{1}{2}\right)$. 将上式中的 $x^2 + y^2 + z\left(z - \dfrac{1}{2}\right)$ 作为整体, 则上式可看做以它为未知量的一元二次方程. 解之得到

$$x^2 + y^2 + z\left(z - \frac{1}{2}\right) = \frac{1 \pm \sqrt{2(1-z)}}{2},$$

即

$$x^2 + y^2 = \frac{1}{2}(2z+1)(1-z) \pm \frac{1}{\sqrt{2}}\sqrt{1-z}. \tag{3}$$

注意到, 当 (3) 式右端中的 "$\pm$" 取负号时, 右端值非正^{注}, 而左端值非负, 等号仅当 $x = y = 0, z = 1$ 时成立. 这种情况对曲面 S 围成立体体积没有贡献, 故舍弃, 于是

$$x^2 + y^2 = \frac{1}{2}(2z+1)(1-z) + \frac{1}{\sqrt{2}}\sqrt{1-z}. \tag{4}$$

注 事实上, 令

$$
\begin{aligned}
f(z) &= \frac{1}{2}(2z+1)(1-z) - \frac{1}{\sqrt{2}}\sqrt{1-z}, \\
&= \frac{1}{2}\sqrt{1-z}\left[(2z+1)\sqrt{1-z} - \sqrt{2}\right] \\
&= \frac{1}{2}\sqrt{1-z}\,g(z),
\end{aligned}
$$

其中 $g(z) = (2z+1)\sqrt{1-z} - \sqrt{2}$, 则

$$g'(z) = 2\sqrt{1-z} - \frac{1}{2}\frac{2z+1}{\sqrt{1-z}} = -\frac{3}{2}\frac{2z-1}{\sqrt{-z+1}}\begin{cases} > 0, & z < 1/2, \\ = 0, & z = 1/2, \\ < 0, & z > 1/2, \end{cases}$$

由此得 $g(z) \leqslant g\left(\dfrac{1}{2}\right) = 0$. 因此 $f(z) \leqslant 0$.

进一步改写 (4) 式的右端为

$$
\begin{aligned}
&\frac{1}{2}(2z+1)(1-z) + \frac{1}{\sqrt{2}}\sqrt{1-z} \\
&= \frac{1}{2}\sqrt{1-z}\left[(2z+1)\sqrt{1-z} + \sqrt{2}\right].
\end{aligned}
$$

因为 (4) 式的左端非负, 所以

$$(2z+1)\sqrt{1-z}+\sqrt{2} \geqslant 0.$$

解此不等式得到 $-1 \leqslant z \leqslant 1$.

最后, 对任意给定的 z, 令

$$D_z : 0 \leqslant x^2 + y^2 \leqslant \frac{1}{2}(2z+1)(1-z) + \frac{1}{\sqrt{2}}\sqrt{1-z}.$$

用切片法 ("先二后一" 的积分次序), 则曲面 S 所围立体的体积为

$$
\begin{array}{ccc}
V & & \dfrac{5}{3}\pi \\
\| & & \| \\
\displaystyle\int_{-1}^{1} \mathrm{d}z \iint_{D_z} \mathrm{d}x\mathrm{d}y & = & \pi \displaystyle\int_{-1}^{1} \left[\frac{1}{2}(2z+1)(1-z) + \frac{1}{\sqrt{2}}\sqrt{1-z} \right] \mathrm{d}z
\end{array}
$$

从此 U 形等式串的两端即知 $V = \dfrac{5}{3}\pi$.

例 21 设 $f(x) = \displaystyle\int_0^x \frac{\sin t}{\pi - t}\mathrm{d}t$, 求 $\displaystyle\int_0^\pi f(x)\mathrm{d}x$.

分析 将问题看做二次积分问题, 那么先把它化成二重积分, 再通过交换积分次序后计算

解 如图 6.18 所示, 设 $D = \{(x,t) \mid 0 \leqslant t \leqslant x, 0 \leqslant x \leqslant \pi\}$, 则有

$$
\begin{array}{ccc}
\displaystyle\int_0^\pi \left(\int_0^x \frac{\sin t}{\pi - t}\mathrm{d}t \right) \mathrm{d}x & & 2 \\
\| & & \| \\
\displaystyle\int_0^\pi \mathrm{d}x \int_0^x \frac{\sin t}{\pi - t}\mathrm{d}t & & \displaystyle\int_0^\pi \sin t\, \mathrm{d}t \\
\| & & \| \\
\displaystyle\iint_D \frac{\sin t}{\pi - t}\mathrm{d}x\mathrm{d}t & = & \displaystyle\int_0^\pi \mathrm{d}t \int_t^\pi \frac{\sin t}{\pi - t}\mathrm{d}x
\end{array}
$$

从此 U 形等式串的两端即知 $\displaystyle\int_0^\pi f(x)\mathrm{d}x = 2$.

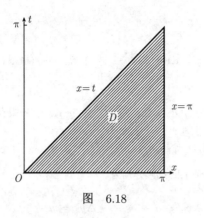

图　6.18

§2　平面曲线积分与格林公式

内 容 提 要

1. 曲线积分

1.1　对弧长的曲线积分 (第一型曲线积分)

定义　设 $f(x,y)$ 是平面光滑曲线 $\overset{\frown}{AB}$ 上的有界函数, 任意插入分点

$$A = A_0, A_1, A_2, \cdots, A_{n-1}, A_n = B,$$

则第一型曲线积分

$$\int_{\overset{\frown}{AB}} f(x,y)\,\mathrm{d}s = \lim_{\lambda \to 0} \sum_{k=1}^{n} f(\xi_k, \eta_k)\,\Delta s_k (极限存在时),$$

其中 Δs_k 为 $\overset{\frown}{A_{k-1}A_k}$ 的弧长, $(\xi_k, \eta_k) \in \overset{\frown}{A_{k-1}A_k}$, $\lambda = \max\{\Delta s_1, \Delta s_2, \cdots, \Delta s_n\}$.

物理意义　线密度为 $\rho = f(x,y)$ 的弧段 $\overset{\frown}{AB}$ 的质量为

$$m = \int_{\overset{\frown}{AB}} f(x,y)\,\mathrm{d}s.$$

当 $f(x,y) \equiv 1$ 时, $\int_{\overset{\frown}{AB}} \mathrm{d}s$ 表示弧 $\overset{\frown}{AB}$ 的弧长.

计算方法　化为定积分, 但化为定积分定限时规定: 下限小, 上限大.

1.2　对坐标的曲线积分 (第二型曲线积分)

定义　设 $P(x,y), Q(x,y)$ 是平面光滑曲线弧 $\overset{\frown}{AB}$ 上的有界函数, 任意插入分点

$$A = A_0, A_1, A_2, \cdots, A_{n-1}, A_n = B,$$

则第二型曲线积分

$$\int_{\widehat{AB}} P(x,y)\,\mathrm{d}x = \lim_{\lambda \to 0} \sum_{k=1}^{n} P(\xi_k, \eta_k)\,\Delta x_k\,(\text{极限存在时});$$

$$\int_{\widehat{AB}} Q(x,y)\,\mathrm{d}y = \lim_{\lambda \to 0} \sum_{k=1}^{n} Q(\xi_k, \eta_k)\,\Delta y_k\,(\text{极限存在时}),$$

其中 Δs_k 为 $\widehat{A_{k-1}A_k}$ 的弧长, $(\xi_k, \eta_k) \in \widehat{A_{k-1}A_k}$, $\lambda = \max\{\Delta s_1, \Delta s_2, \cdots, \Delta s_n\}$.
而弧 $\widehat{A_{k-1}A_k}$ 在坐标轴上的投影分别为

$$\Delta x_k = x_k - x_{k-1}, \quad \Delta y_k = y_k - y_{k-1}.$$

物理意义 质点受力 $\vec{F} = P(x,y)\vec{i} + Q(x,y)\vec{j}$ 作用, 从点 A 沿曲线 $\widehat{AB}$ 移动到点 B, $\vec{F}$ 做功

$$W = \int_{\widehat{AB}} \vec{F} \cdot \overrightarrow{\mathrm{d}r} = \int_{\widehat{AB}} P(x,y)\,\mathrm{d}x + Q(x,y)\,\mathrm{d}y,$$

其中 $\overrightarrow{\mathrm{d}r} = \{\mathrm{d}x, \mathrm{d}y\}$, $\left|\overrightarrow{\mathrm{d}r}\right| = \mathrm{d}s$ (弧微分).

1.3 两类曲线积分的关系

定理 设与 L^+ 方向一致的切向量 $\vec{\tau}$ 与 Ox, Oy 轴正方向的夹角分别为 α, β, 如图 6.19 所示, 则有

$$\int_{L^+} P\mathrm{d}x + Q\mathrm{d}y = \int_{L^+} \left(P\frac{\mathrm{d}x}{\mathrm{d}s} + Q\frac{\mathrm{d}y}{\mathrm{d}s}\right)\mathrm{d}s$$
$$= \int_{L^+} (P\cos\alpha + Q\cos\beta)\,\mathrm{d}s.$$

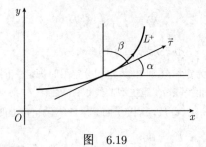

图　6.19

2. 格林公式

定理(格林公式) 设 $P(x,y), Q(x,y)$ 在有界闭区域 D 上有一阶连续偏导数, D 的边界 L 是逐段光滑曲线, 则有格林公式

$$\oint_{L+} P\mathrm{d}x + Q\mathrm{d}y = \iint\limits_{D} \left(\frac{\partial Q}{\partial x} - \frac{\partial P}{\partial y} \right) \mathrm{d}x\mathrm{d}y.$$

特别地, $\dfrac{1}{2} \oint_{L+} x\mathrm{d}y - y\mathrm{d}x = \iint\limits_{D} \mathrm{d}x\mathrm{d}y = $ 区域 D 面积.

3. 曲线积分与路径无关的条件

定理 设 $P(x,y), Q(x,y)$ 在单连通区域 D 上具有一阶连续偏导数, 则下列四个条件等价:

(1) $\oint_{C} P\mathrm{d}x + Q\mathrm{d}y = 0$, 其中 C 为 D 内的任意闭曲线;

(2) $\int P\mathrm{d}x + Q\mathrm{d}y$ 在 D 内与路径无关;

(3) $P\mathrm{d}x + Q\mathrm{d}y$ 为某个函数 $u(x,y)$ 的全微分;

(4) $\dfrac{\partial Q}{\partial x} = \dfrac{\partial P}{\partial y}$ 在 D 内处处成立.

4. 当曲线积分与路径无关时, 求原函数的简捷算法

如何求 $u(x,y)$, 使得 $\mathrm{d}u = P\mathrm{d}x + Q\mathrm{d}y$?

由 $\dfrac{\partial u}{\partial x} = P, \dfrac{\partial u}{\partial y} = Q$. 对第一式固定 y, 对变量 x 求不定积分, 得

$$u(x,y) = \int \frac{\partial u}{\partial x}\mathrm{d}x + \varphi(y), \tag{1}$$

其中 $\varphi(y)$ 看做任意常数, 它是 y 的函数. 这样求 $u(x,y)$ 归结为求函数 $\varphi(y)$.

(1) 式两边对 y 求偏导数, 并移项得到

$$\varphi'(y) = \frac{\partial u}{\partial y} - \frac{\partial}{\partial y} \int P\mathrm{d}x = Q - \frac{\partial}{\partial y} \int P\mathrm{d}x,$$

所以

$$\varphi(y) = \int \left(Q - \frac{\partial}{\partial y} \int P\mathrm{d}x \right) \mathrm{d}y + C,$$

其中 C 为任意常数.

下面说明当曲线积分与路径无关时, $Q - \dfrac{\partial}{\partial y}\displaystyle\int P\mathrm{d}x$ 只是 y 的函数. 事实上,

$$\frac{\partial}{\partial x}\left(Q - \frac{\partial}{\partial y}\int P\mathrm{d}x\right) \qquad\qquad 0$$

$$\|\qquad\qquad\qquad\qquad\qquad \|$$

$$\frac{\partial Q}{\partial x} - \frac{\partial^2}{\partial x \partial y}\int P\mathrm{d}x \ =\!=\ \frac{\partial Q}{\partial x} - \frac{\partial P}{\partial y}$$

从此 U 形等式串的两端即知

$$\frac{\partial}{\partial x}\left(Q - \frac{\partial}{\partial y}\int P\mathrm{d}x\right) = 0.$$

故 $Q - \dfrac{\partial}{\partial y}\displaystyle\int P\mathrm{d}x$ 只含变量 y, 从而 $\displaystyle\int\left(Q - \dfrac{\partial}{\partial y}\displaystyle\int P\mathrm{d}x\right)\mathrm{d}y$ 也只含变量 y. 于是求出函数

$$u\left(x,y\right) = \int P\mathrm{d}x + \int\left(Q - \frac{\partial}{\partial y}\int P\mathrm{d}x\right)\mathrm{d}y, \tag{2}$$

其中含变量 x 的函数仅出现在 $\displaystyle\int P\mathrm{d}x$ 中. 因此, 在用 (2) 式具体演算时, 只需先把 $Q\left(x,y\right),\ \displaystyle\int P\left(x,y\right)\mathrm{d}x$ 内含有 x 的项删除, 再对剩余的项进行积分即可. 形式上, 可记做

$$u\left(x,y\right) = \int P\left(x,y\right)\mathrm{d}x + \int \underline{Q\left(x,y\right)}\,\mathrm{d}y,$$

其中 $\underline{Q\left(x,y\right)}$ 表示 $Q\left(x,y\right)$ 内删除含有 x 的项后得到的式子.

类似地, 我们有

$$u\left(x,y\right) = \int Q\left(x,y\right)\mathrm{d}y + \int \overline{P\left(x,y\right)}\,\mathrm{d}x,$$

其中 $\overline{P\left(x,y\right)}$ 表示 $P\left(x,y\right)$ 内删除含有 y 的项后得到的式子.

典型例题解析

例 1 求第一型曲线积分 $I = \int_L y\mathrm{e}^{x^2+y^2}\mathrm{d}l$, 其中 L 是圆周 $x^2 + y^2 = 2x$ 的上半部分 $(y \geqslant 0)$(图 6.20).

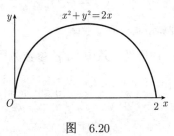

图 6.20

分析 此为第一型曲线积分. 一般有三种计算方法:

① L 可表示为直角坐标系中的显函数 $y = y(x)$(或 $x = x(y)$). 本题中为 $y = \sqrt{2x - x^2}$, 则可化为对 x(或 y) 的定积分.

② L 可表示为直角坐标系中的参数方程. 本题中为

$$\begin{cases} x = 1 + \cos t, \\ y = \sin t, \end{cases}$$

则可化为对 t 的定积分.

③ L 可表示为极坐标系中的显函数 $r = r(\theta)$. 本题中为 $r = 2\cos\theta$, 则可化为对 θ 的定积分.

解法 1 L 的方程为 $y = \sqrt{2x - x^2}\ (0 \leqslant x \leqslant 2)$, 则 $y' = \dfrac{1 - x}{\sqrt{x(2 - x)}}$, 所以有

$$\begin{array}{ccc} \mathrm{d}l & & \dfrac{\mathrm{d}x}{\sqrt{x(2 - x)}} \\ \| & & \| \\ \sqrt{1 + y'^2}\mathrm{d}x & = & \sqrt{1 + \dfrac{(1 - x)^2}{x(2 - x)}}\mathrm{d}x \end{array}$$

从此 U 形等式串的两端即知 $\mathrm{d}l = \dfrac{\mathrm{d}x}{\sqrt{x(2 - x)}}$, 因而

$$\begin{matrix} I & & \dfrac{1}{2}\left(e^4-1\right) \\ \| & & \| \\ \displaystyle\int_0^2 \sqrt{2x-x^2}\,e^{2x}\,\dfrac{dx}{\sqrt{x\left(2-x\right)}} & == & \displaystyle\int_0^2 e^{2x}\,dx \end{matrix}$$

从此 U 形等式串的两端即知 $I=\dfrac{1}{2}\left(e^4-1\right)$.

解法 2 因为在直角坐标系中, L 的参数方程为

$$\begin{cases} x=1+\cos t, \\ y=\sin t, \end{cases} \quad (0\leqslant t\leqslant \pi),$$

所以有

$$\begin{matrix} dl & & dt \\ \| & & \| \\ \sqrt{\left[x'\left(t\right)\right]^2+\left[y'\left(t\right)\right]^2}\,dt & == & \sqrt{\left(-\sin t\right)^2+\left(\cos t\right)^2}\,dt \end{matrix}$$

从此 U 形等式串的两端即知 $dl=dt$, 因而

$$\begin{matrix} I & & \dfrac{1}{2}\left(e^4-1\right) \\ \| & & \| \\ \displaystyle\int_0^\pi \sin t\cdot e^{2(1+\cos t)}\,dt & == & \left.-\dfrac{1}{2}e^{2(1+\cos t)}\right|_0^\pi \end{matrix}$$

从此 U 形等式串知 $I=\dfrac{1}{2}(e^4-1)$.

解法 3 因为 L 在极坐标系下的方程为 $r=2\cos\theta$, 所以有

$$\begin{matrix} dl & & 2d\theta \\ \| & & \| \\ \sqrt{r^2\left(\theta\right)+r'^2\left(\theta\right)}\,d\theta & == & \sqrt{\left(2\cos\theta\right)^2+\left(2\sin\theta\right)^2}\,d\theta \end{matrix}$$

从此 U 形等式串的两端即知 $dl=2d\theta$, 因而

$$\begin{matrix} I & & \dfrac{1}{2}\left(e^4-1\right) \\ \| & & \cdot\| \\ \displaystyle\int_0^{\frac{\pi}{2}} 2\cos\theta\sin\theta\, e^{4\cos^2\theta}2d\theta & == & \left.-\dfrac{1}{2}e^{4\cos^2\theta}\right|_0^{\frac{\pi}{2}} \end{matrix}$$

从此 U 形等式串的两端即知 $I = \dfrac{1}{2}\left(\mathrm{e}^4 - 1\right)$.

评注　解法 3 与解法 2 同属于参数方程解法, 只不过两种参数不同而已. 一般以极坐标给出的平面曲线 $r = r\left(\theta\right)$, 都可以化为以 θ 为参数的参数方程:

$$\begin{cases} x = r\left(\theta\right)\cos\theta, \\ y = r\left(\theta\right)\sin\theta. \end{cases}$$

例 2　求圆柱面 $x^2 + y^2 = ax$ 在球 $x^2 + y^2 + z^2 = a^2$ 内那部分的面积 (图 6.21).

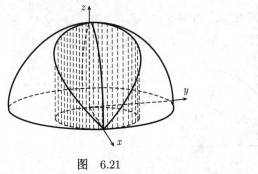

图　6.21

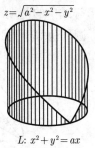

图　6.22

分析　这是一类求曲顶柱面面积的问题, 在底面曲线 (准线) L: $x^2 + y^2 = ax$ 上任一弧段 $\mathrm{d}l$, 对应于 (弧段) $\mathrm{d}l$ 的柱面的面积元素为

$$\mathrm{d}A = z\left(x, y\right)\mathrm{d}l,$$

这里 $z = z\left(x, y\right)$ 是曲顶柱面方程 (图 6.22), 即 $\mathrm{d}l$ 上小柱面的高 ($z\left(x, y\right) \geqslant 0$), 所以有

$$A = \int_L z\left(x, y\right)\mathrm{d}l,$$

若 $z\left(x, y\right)$ 为负值或符号有变, 则应有

$$A = \int_L \left|z\left(x, y\right)\right|\mathrm{d}l.$$

解法 1　$\begin{cases} x^2 + y^2 + z^2 = a^2, \\ x^2 + y^2 = ax \end{cases}$ 是一条空间曲线, 写成柱坐标下的参数方程为:

$$\begin{cases} r = a\cos\theta, \\ z = a\sin\theta, \end{cases}$$

所以有 $\mathrm{d}l = \sqrt{r^2 + r'^2}\,\mathrm{d}\theta = a\mathrm{d}\theta$, 或 $\mathrm{d}l \overset{\text{注}}{=\!=} \dfrac{a}{2}\cdot 2\mathrm{d}\theta = a\mathrm{d}\theta$.

由对称性,

$$\begin{matrix} S & & 4a^2 \\ \| & & \| \\ 4\displaystyle\int_L z\mathrm{d}l =\!=\!= 4\displaystyle\int_0^{\frac{\pi}{2}} a\sin\theta\cdot a\mathrm{d}\theta \end{matrix}$$

从此 U 形等式串的两端即知所求面积 $S = 4a^2$.

注 圆周角等于同弧圆心角的一半, 如图 6.23 所示.

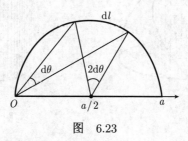

图 6.23

解法 2 列出圆柱面的参数方程:

$$x^2 + y^2 = ax \Longrightarrow \left(x - \frac{a}{2}\right)^2 + y^2 = \left(\frac{a}{2}\right)^2$$

$$\Longrightarrow \begin{cases} x = \dfrac{a}{2} + \dfrac{a}{2}\cos t, \\ y = \dfrac{a}{2}\sin t \end{cases} \quad (0 \leqslant t \leqslant a).$$

代入 $x^2 + y^2 + z^2 = a^2$ 是一条空间曲线, 写成参数方程为:

$$\begin{cases} x = \dfrac{a}{2} + \dfrac{a}{2}\cos t, \\ y = \dfrac{a}{2}\sin t, \\ z = \sqrt{a^2 - x^2 - y^2} = \sqrt{a^2 - ax} = a\sin\dfrac{t}{2} \end{cases} \quad (0 \leqslant t \leqslant \pi).$$

308

所以有 $\mathrm{d}l = \sqrt{x'^2 + y'^2}\mathrm{d}t = \dfrac{a}{2}\mathrm{d}t$, 所求面积为

$$S = 4\int_L z\mathrm{d}l = 4\int_0^\pi a\sin\frac{t}{2}\cdot\frac{a}{2}\mathrm{d}t$$

$$= 2a^2\int_0^\pi \sin\frac{t}{2}\mathrm{d}t = 4a^2.$$

例 3　求曲线积分 $I = \oint_L \left(x\mathrm{e}^{x^2-y^2} - 2y\right)\mathrm{d}x - \left(y\mathrm{e}^{x^2-y^2} - 3x\right)\mathrm{d}y$,
其中 L 是由四条直线围成正方形区域 D 的正向边界 (图 6.24).

　　解　记 $P(x,y) = x\mathrm{e}^{x^2-y^2} - 2y$, $Q(x,y) = -\left(y\mathrm{e}^{x^2-y^2} - 3x\right)$, 则

$$\frac{\partial Q(x,y)}{\partial x} - \frac{\partial P(x,y)}{\partial y} = 5.$$

进一步, 用格林公式, 得到

$$I = \iint\limits_D 5\mathrm{d}x\mathrm{d}y = 5\left(\sqrt{2}\right)^2 = 10.$$

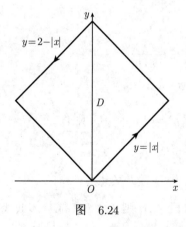

图　6.24

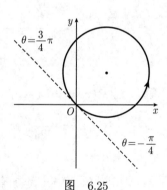

图　6.25

例 4　求曲线积分 $I = \oint_L \left(y^2x - x^2y\right)\mathrm{d}x + \left(y^2x + x^2y\right)\mathrm{d}y$, 其中
L 是区域 $D: x^2 + y^2 \leqslant 2R(x+y)$ (R 为常数) 的正向边界 (图 6.25).

　　解　记 $P(x,y) = y^2x - x^2y$, $Q(x,y) = y^2x + x^2y$, 则有

$$\frac{\partial Q(x,y)}{\partial x} - \frac{\partial P(x,y)}{\partial y} = x^2 + y^2.$$

进一步, 用格林公式, 得到

$$I = \iint\limits_{D} \left(x^2 + y^2\right) \mathrm{d}x\mathrm{d}y = \int_{-\frac{\pi}{4}}^{\frac{3\pi}{4}} \mathrm{d}\theta \int_{0}^{2R(\sin\theta+\cos\theta)} r^3 \mathrm{d}r$$

$$= \int_{-\frac{\pi}{4}}^{\frac{3\pi}{4}} 4R^4 \left(\cos\theta + \sin\theta\right)^4 \mathrm{d}\theta$$

$$= 4R^4 \int_{-\frac{\pi}{4}}^{\frac{3\pi}{4}} \left[\sqrt{2}\sin\left(\theta + \frac{\pi}{4}\right)\right]^4 \mathrm{d}\theta$$

$$\xrightarrow{t=\theta+\frac{\pi}{4}} 16R^4 \int_0^{\pi} \sin^4\theta\mathrm{d}\theta = 6\pi R^4.$$

例 5 求 $I = \displaystyle\int_{L} (x+y)^3\, \mathrm{d}x - (x-y)^3\, \mathrm{d}y$, 其中 L 为如图 6.26 所示的两个上半圆周连成的曲线 AOB(图 6.26).

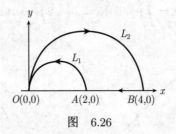

图　6.26

解 记 $P(x,y) = (x+y)^3, Q(x,y) = -(x-y)^3$, 则有

$$\frac{\partial}{\partial x}Q(x,y) - \frac{\partial}{\partial y}P(x,y) = -3(x-y)^2 - 3(x+y)^2$$

$$= -6x^2 - 6y^2 \neq 0.$$

可见积分 I 与路径有关. 添加有向线段 $\overrightarrow{BA}$, 则 $L + \overrightarrow{BA}$ 成一闭曲线, 所围区域记为 D, 由格林公式, 有

$$I + \int_{\overrightarrow{BA}} (x+y)^3\, \mathrm{d}x - (x-y)^3\, \mathrm{d}y = 6\iint\limits_{D} \left(x^2 + y^2\right)\mathrm{d}x\mathrm{d}y,$$

其中

$$\int_{\overrightarrow{BA}} (x+y)^3\, \mathrm{d}x - (x-y)^3\, \mathrm{d}y = \int_4^2 x^3\mathrm{d}x = -60,$$

310

$$\iint\limits_{D} \left(x^2 + y^2\right) \mathrm{d}x\mathrm{d}y = \int_0^{\frac{\pi}{2}} \mathrm{d}\theta \int_{2\cos\theta}^{4\cos\theta} r^3\mathrm{d}r$$

$$= \int_0^{\frac{\pi}{2}} 60\cos^4\theta\mathrm{d}\theta = \frac{45}{4}\pi,$$

即得

$$I = 60 + 6\iint\limits_{D} \left(x^2 + y^2\right)\mathrm{d}x\mathrm{d}y = 60 + \frac{135}{2}\pi.$$

例 6 求曲线积分

$$I = \int_L \left(\frac{xy^2}{\sqrt{4 + x^2y^2}} + \frac{1}{\pi}x\right)\mathrm{d}x + \left(\frac{x^2y}{\sqrt{4 + x^2y^2}} - x + y\right)\mathrm{d}y,$$

其中 L 是旋轮线 $\begin{cases} x = a\left(t - \sin t\right) \\ y = a\left(1 - \cos t\right) \end{cases}$ $(a > 0)$ 上自 $O\left(0,0\right)$ 至 $A\left(2\pi a, 0\right)$

的一段有向曲线弧 (图 6.27).

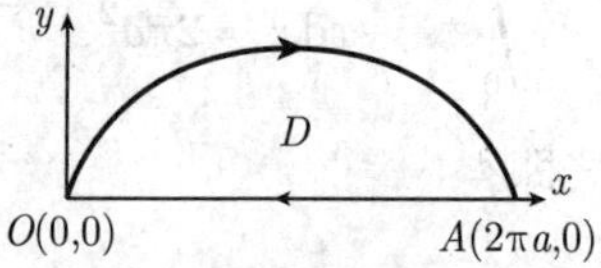

图 6.27

解 记 $P\left(x,y\right) = \dfrac{xy^2}{\sqrt{4 + x^2y^2}} + \dfrac{1}{\pi}x, Q\left(x,y\right) = \dfrac{x^2y}{\sqrt{4 + x^2y^2}} - x + y$,
则有

$$\frac{\partial Q\left(x,y\right)}{\partial x} - \frac{\partial P\left(x,y\right)}{\partial y} = -1 \neq 0.$$

为能使用格林公式, 对 L 补上一条有向曲线 $L^*: y = 0$ $(0 \leqslant x \leqslant 2\pi a)$,
方向为 Ox 轴负向, 则 $L + L^*$ 成为一封闭曲线, 并设该封闭曲线所围
的区域为 D(边界曲线为逆时针方向). 这样

$$I = \int_L P\mathrm{d}x + Q\mathrm{d}y = -\left(\oint_{L+L^*} - \int_{L^*}\right)P\mathrm{d}x + Q\mathrm{d}y$$

$$= \iint\limits_{D} \mathrm{d}x\mathrm{d}y + \int_0^{2\pi a} \frac{1}{\pi}x\mathrm{d}x. \tag{1}$$

311

又

$$\begin{array}{ccc}
\displaystyle\iint\limits_D \mathrm{d}x\mathrm{d}y & & 3\pi a^2 \\
\| & & \| \\
\displaystyle\int_0^{2\pi a}\mathrm{d}x\int_0^{y(x)}\mathrm{d}y & & \displaystyle\int_0^{2\pi} a^2(1-\cos t)^2\,\mathrm{d}t \\
\| & & \| \\
\displaystyle\int_0^{2\pi a} y(x)\,\mathrm{d}x & = & \displaystyle\int_0^{2\pi} a(1-\cos t)\,[a(t-\sin t)]'\,\mathrm{d}t
\end{array}$$

从此 U 形等式串的两端即知

$$\iint\limits_D \mathrm{d}x\mathrm{d}y = 3\pi a. \tag{2}$$

(1) 式中还有一项, 即

$$\int_0^{2\pi a}\frac{1}{\pi}x\,\mathrm{d}x = 2\pi a^2. \tag{3}$$

将 (2),(3) 式代入 (1) 式即得

$$I = 5\pi a^2.$$

例 7 求曲线积分

$$\int_L x\left[\ln\left(y+\sqrt{x^2+y^2}\right)-\pi y\right]\mathrm{d}x+\sqrt{x^2+y^2}\mathrm{d}y,$$

其中 L 是曲线 $x=\sin y$ 上由 $O(0,0)$ 至 $A(0,\pi)$ 的一段有向曲线弧 (图 6.28).

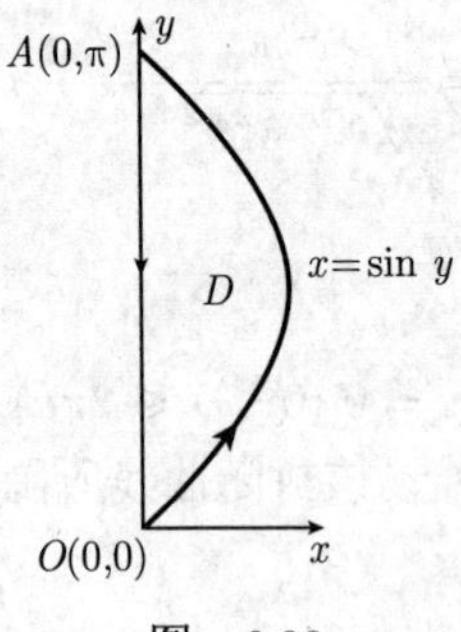

图 6.28

解 记 $P(x,y)=x[\ln(y+\sqrt{x^2+y^2})-\pi y]$, $Q(x,y)=\sqrt{x^2+y^2}$, 则有

$$\frac{\partial Q(x,y)}{\partial x}-\frac{\partial P(x,y)}{\partial y}=\pi x\neq 0.$$

为能使用格林公式, 对 L 补上一条有向曲线 $L^*: x=0\ (0\leqslant y\leqslant\pi)$, 方向为 Oy 轴负向, $L+L^*$ 成为一封闭曲线, 并设该封闭曲线所围的区

域为 D. 这样

$$I \qquad \iint\limits_D \pi x \mathrm{d}x\mathrm{d}y - \int_\pi^0 y\mathrm{d}y$$

$$\Vert \qquad\qquad\qquad\qquad\qquad \Vert$$

$$\int_L P\mathrm{d}x + Q\mathrm{d}y = \left(\oint_{L+L^*} - \int_{L^*}\right) P\mathrm{d}x + Q\mathrm{d}y$$

从此 U 形等式串的两端即知

$$I = \iint\limits_D \pi x \mathrm{d}x\mathrm{d}y - \int_\pi^0 y\mathrm{d}y. \tag{1}$$

又

$$\iint\limits_D \pi x\mathrm{d}x\mathrm{d}y \qquad\qquad \frac{1}{4}\pi^2$$

$$\Vert \qquad\qquad\qquad\qquad \Vert$$

$$\int_0^\pi \mathrm{d}y \int_0^{\sin y} \pi x\mathrm{d}x = \frac{1}{2}\pi \int_0^\pi \sin^2 y\mathrm{d}y$$

及 $-\displaystyle\int_\pi^0 y\mathrm{d}y = \frac{1}{2}\pi^2$, 代入 (1) 式, 即得 $I = \dfrac{3}{4}\pi^2$.

例 8 计算积分 $I = \displaystyle\int_L \left(y^2 - 2xy\sin x^2\right)\mathrm{d}x + \cos x^2\mathrm{d}y$, 其中 L 为椭圆 $\dfrac{x^2}{a^2} + \dfrac{y^2}{b^2} = 1$ 的右半部分 $(x \geqslant 0)$, 正向为逆时针方向 (图 6.29).

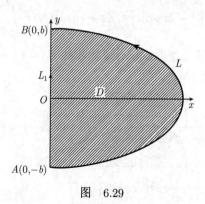

图 6.29

解 记 $P(x,y) = y^2 - 2xy\sin x^2$, $Q(x,y) = \cos x^2$, 则有

$$\frac{\partial Q(x,y)}{\partial x} - \frac{\partial P(x,y)}{\partial y} = -2y.$$

设 L_1 是起、终点分别为 $A(0,-b)$, $B(0,b)$ 的直线段. D 表示右半椭圆 $\dfrac{x^2}{a^2} + \dfrac{y^2}{b^2} \leqslant 1$ $(x \geqslant 0)$ 所围区域, 则由格林公式得到

$$
\left(\int_L - \int_{L_1} \right) P\mathrm{d}x + Q\mathrm{d}y \qquad\qquad -2a \int_{-b}^{b} y\sqrt{1 - \frac{y^2}{b^2}}\,\mathrm{d}y
$$
$$
\| \qquad\qquad\qquad\qquad\qquad \|
$$
$$
\iint\limits_{D} (-2y)\,\mathrm{d}x\mathrm{d}y \qquad\!=\!=\!= -2\int_{-b}^{b} y\,\mathrm{d}y \int_0^{a\sqrt{1-y^2/b^2}} \mathrm{d}x
$$

从此 U 形等式串的两端即知

$$
\left(\int_L - \int_{L_1} \right) P\mathrm{d}x + Q\mathrm{d}y = -2a \int_b^{b} y\sqrt{1 - \frac{y^2}{b^2}}\mathrm{d}y.
$$

上式右端是奇函数在对称区间上的积分, 其值应等于零, 即

$$
\left(\int_L - \int_{L_1} \right) P\mathrm{d}x + Q\mathrm{d}y = 0.
$$

于是

$$
I = \int_{L_1} \left(y^2 - 2xy\sin x^2 \right) \mathrm{d}x + \cos x^2 \mathrm{d}y = \int_{-b}^{b} \mathrm{d}y = 2b.
$$

例 9 利用第二型曲线积分求抛物线 $(x+y)^2 = ax$ $(a > 0)$ 和轴 Ox 所围成的面积 (图 6.30).

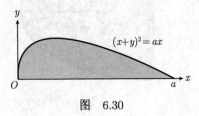

图 6.30

解   作代换 $y = tx$, 则原方程化为 $x^2 (1+t)^2 = ax$, 从而得曲线的参数方程为

$$\begin{cases} x = \dfrac{a}{(1+t)^2}, \\[3mm] y = \dfrac{at}{(1+t)^2} \end{cases} \quad (0 \leqslant t < +\infty).$$

它与 Ox 轴的交点为 $(a,0)$ 与 $(0,0)$.

在 Ox 轴上从点 $(0,0)$ 到点 $(a,0)$ 的一段上, 有 $x\mathrm{d}y - y\mathrm{d}x = 0$;

在抛物线上, 有 $x\mathrm{d}y - y\mathrm{d}x = \dfrac{a^2}{(1+t)^4}\mathrm{d}t$. 于是

$$S = \frac{1}{2} \oint_C x\mathrm{d}y - y\mathrm{d}x = \frac{1}{2} \int_0^{+\infty} \frac{a^2}{(1+t)^4} \mathrm{d}t = \frac{1}{6} a^2.$$

例 10   求曲线 $L : y^2 (a + x) = x^2 (a - x)$ $(a > 0)$ 的圈 (图 6.31) 所围区域的面积.

解   作代换 $y = tx$, 则原方程化为

$$t^2 x^2 (a + x) = x^2 (a - x),$$

从而得曲线的参数方程为

$$\begin{cases} x = \dfrac{a(1 - t^2)}{1 + t^2}, \\[3mm] y = \dfrac{a(1 - t^2)t}{1 + t^2}, \end{cases} \quad -1 \leqslant t \leqslant 1.$$

与此同时, 在代换 $y = tx$ 下, 因为 $\mathrm{d}y = t\mathrm{d}x + x\mathrm{d}t$, 所以

$$\begin{array}{ccc} S & & \dfrac{1}{2} \oint_L x^2 \mathrm{d}t \\[2mm] \| & & \| \\[2mm] \dfrac{1}{2} \oint_L x\mathrm{d}y - y\mathrm{d}x & = \dfrac{1}{2} \oint_L & (xt\mathrm{d}x + x^2 \mathrm{d}t - tx\mathrm{d}x) \end{array}$$

从此 U 形等式串的两端即知

$$S = \frac{1}{2} \oint_L x^2 \mathrm{d}t. \tag{1}$$

公式 (1) 较原公式 $S = \dfrac{1}{2} \oint_L x\mathrm{d}y - y\mathrm{d}x$ 显然便于计算.

下面我们用公式 (1) 继续计算.

$$S = \frac{1}{2} \int_{-1}^{1} \left[\frac{a\left(1 - t^2\right)}{1 + t^2} \right]^2 \mathrm{d}t = a^2 \int_0^1 \left[1 - \frac{4t^2}{\left(1 + t^2\right)^2} \right] \mathrm{d}t. \quad (2)$$

令 $t = \tan\theta,\ \mathrm{d}t = \dfrac{1}{\cos^2\theta}\mathrm{d}\theta$, 则

$$\int_0^1 \frac{t^2}{\left(1 + t^2\right)^2} \mathrm{d}t = \int_0^{\frac{\pi}{4}} \sin^2\theta\,\mathrm{d}\theta = \frac{1}{8}\pi - \frac{1}{4},$$

代入 (2) 式, 即得 $S = \left(2 - \dfrac{\pi}{2}\right)a^2$.

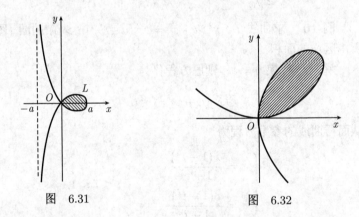

图 6.31　　　　　　　　图 6.32

例 11　利用格林公式求 $x^3 + y^3 = axy(a > 0, x \geqslant 0, y \geqslant 0)$ 围成图形的面积 (图 6.32).

解法 1　将曲线的隐函数方程改写为参数方程, 并令 $y = xt$, 得

$$\begin{cases} x = \dfrac{at}{1 + t^3}, \\[2mm] y = \dfrac{at^2}{1 + t^3} \end{cases} \quad t \in (0, \infty).$$

接着用例 10 推导的公式 (1), 即有

316

$$\underset{\substack{\| \\ \dfrac{a^2}{2}\displaystyle\int_0^{+\infty}\dfrac{t^2}{\left(t^3+1\right)^2}\mathrm{d}t}}{S}=\underset{\substack{\| \\ -\dfrac{a^2}{6\left(t^3+1\right)}\Big|_0^{+\infty}}}{\dfrac{1}{6}a^2}$$

解法 2　将曲线的隐函数方程改写为极坐标方程. 令 $x=r\cos\theta, y= r\sin\theta$, 代入原方程, 解得

$$r=\frac{a\cos\theta\sin\theta}{\cos^3\theta+\sin^3\theta}, \quad 0<\theta<\frac{\pi}{2}.$$

又

$$\mathrm{d}x=(r'\cos\theta-r\sin\theta)\,\mathrm{d}\theta, \quad \mathrm{d}y=(r'\sin\theta+r\cos\theta)\,\mathrm{d}\theta,$$

则

$$x\mathrm{d}y=\left(rr'\cos\theta\sin\theta+r^2\cos^2\theta\right)\mathrm{d}\theta, \tag{1}$$

$$y\mathrm{d}x=\left(rr'\cos\theta\sin\theta-r^2\sin^2\theta\right)\mathrm{d}\theta. \tag{2}$$

$(1)-(2)$ 式, 可得 $x\mathrm{d}y-y\mathrm{d}x=r^2\mathrm{d}\theta$. 故有

$$S=\frac{1}{2}\int_0^{\frac{\pi}{2}}r^2\mathrm{d}\theta=\frac{1}{2}\int_0^{\frac{\pi}{2}}\frac{a^2\cos^2\theta\sin^2\theta}{\left(\cos^3\theta+\sin^3\theta\right)^2}\mathrm{d}\theta.$$

$$=\frac{a^2}{2}\int_0^{\frac{\pi}{2}}\frac{\tan^2\theta}{\left(1+\tan^3\theta\right)^2}\mathrm{d}(\tan\theta)$$

$$=-\frac{1}{6}a^2\cdot\frac{1}{1+\tan^3\theta}\Big|_0^{\frac{\pi}{2}}=\frac{1}{6}a^2.$$

例 12　① 设 D 是平面有界闭区域, 其边界曲线 C 光滑, 函数 $P(x,y), Q(x,y)$ 在 D 上有连续的一阶偏微商. 试证明

$$\oint_C(P\cos\alpha+Q\cos\beta)\,\mathrm{d}s=\iint\limits_D\left(\frac{\partial P}{\partial x}+\frac{\partial Q}{\partial y}\right)\mathrm{d}x\mathrm{d}y,$$

其中 $\vec{n}=\{\cos\alpha,\cos\beta\}$ 是曲线 C 的单位法向量.

② 设 D 是由曲线 $L:r=1+\cos\theta\ (0\leqslant\theta<2\pi)$ 围成的闭区域, L 的方向为逆时针方向, 又设函数 $u=u(x,y)$ 在 Ω 上有连续的二阶偏

导数, 且满足 $\dfrac{\partial^2 u}{\partial x^2} + \dfrac{\partial^2 u}{\partial y^2} = 1$, 求

$$\oint_C \frac{\partial u}{\partial \vec{n}} \mathrm{d}s,$$

其中 $\dfrac{\partial u}{\partial \vec{n}}$ 是 u 沿 D 的边界外法线 $\vec{n}$ 的方向导数.

解 ① 证 因为切向量 $\{\mathrm{d}x, \mathrm{d}y\}$ 与 x 轴正向的夹角为 $\pi/2 + \alpha$(图 6.33), 所以有

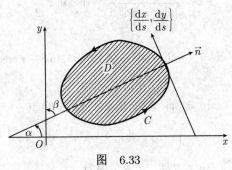

图 6.33

$$\frac{\mathrm{d}x}{\mathrm{d}s} = \cos\left(\frac{\pi}{2} + \alpha\right) = \cos(\pi - \beta) = -\cos\beta,$$

$$\frac{\mathrm{d}y}{\mathrm{d}s} = \sin\left(\frac{\pi}{2} + \alpha\right) = \cos\alpha.$$

进而有

$$\oint_C (P\cos\alpha + Q\cos\beta)\,\mathrm{d}s = \oint_C \left(P\frac{\mathrm{d}y}{\mathrm{d}s} - Q\frac{\mathrm{d}x}{\mathrm{d}s}\right)\mathrm{d}s = \oint_C P\mathrm{d}y - Q\mathrm{d}x$$

$$\underset{\text{格林公式}}{=\!=\!=\!=} \iint\limits_D \left(\frac{\partial P}{\partial x} - \frac{\partial(-Q)}{\partial y}\right)\mathrm{d}x\mathrm{d}y = \iint\limits_D \left(\frac{\partial P}{\partial x} + \frac{\partial Q}{\partial y}\right)\mathrm{d}x\mathrm{d}y.$$

② 解 设 $\dfrac{\partial u}{\partial x} = P$, $\dfrac{\partial u}{\partial y} = Q$, 则由 $\dfrac{\partial u}{\partial n} = \dfrac{\partial u}{\partial x}\cos\alpha + \dfrac{\partial u}{\partial y}\cos\beta$ 得

$$\oint_C \frac{\partial u}{\partial n}\mathrm{d}s = \oint_C \left(\frac{\partial u}{\partial x}\cos\alpha + \frac{\partial u}{\partial y}\cos\beta\right)\mathrm{d}s$$

$$= \oint_C (P\cos\alpha + Q\cos\beta)\,\mathrm{d}s = \iint\limits_{\Omega} \left(\frac{\partial P}{\partial x} + \frac{\partial Q}{\partial y}\right)\mathrm{d}x\mathrm{d}y$$

$$= \iint\limits_{\Omega} \left(\frac{\partial^2 u}{\partial x^2} + \frac{\partial^2 u}{\partial y^2}\right)\mathrm{d}x\mathrm{d}y = \iint\limits_{\Omega}\mathrm{d}x\mathrm{d}y = D\text{的面积}$$

$$= \int_0^{2\pi}\mathrm{d}\theta\int_0^{1+\cos\theta} r\mathrm{d}r = \int_0^{2\pi}\frac{1}{2}(\cos\theta+1)^2\,\mathrm{d}\theta = \frac{3}{2}\pi.$$

例 13   计算第一类曲线积分 $\oint_L \dfrac{\partial u}{\partial \overrightarrow{n}}\mathrm{d}l$, 其中 L 为椭圆曲线 $2x^2 + y^2 = 1$, $\overrightarrow{n}$ 为 L 的外法线向量, $u(x,y) = (x-2)^2 + y^2$.

分析   设曲线 L 的逆时针方向的单位切向量 $\overrightarrow{\tau}^0 = \{\cos\theta, \sin\theta\}$, 则把 $\overrightarrow{\tau}$ 顺时针旋转 $\dfrac{\pi}{2}$ 即得曲线 L 的朝外的单位法向量 $\overrightarrow{n}^0$, 所以有

$$\overrightarrow{n}^0 = \left\{\cos\left(\theta - \frac{\pi}{2}\right), \sin\left(\theta - \frac{\pi}{2}\right)\right\} = \{\sin\theta, -\cos\theta\}.$$

于是

$$\overrightarrow{n}^0\mathrm{d}l = \{\sin\theta, -\cos\theta\}\frac{\mathrm{d}x}{\cos\theta} = \{\tan\theta\mathrm{d}x, -\mathrm{d}x\} = \{\mathrm{d}y, -\mathrm{d}x\}.$$

因此

$$\oint_L \frac{\partial u}{\partial \overrightarrow{n}}\mathrm{d}l \qquad\qquad \oint_L \frac{\partial u}{\partial x}\mathrm{d}y - \frac{\partial u}{\partial y}\mathrm{d}x$$

$$\|\qquad\qquad\qquad\qquad\qquad \|$$

$$\oint_L \left\{\frac{\partial u}{\partial x}, \frac{\partial u}{\partial y}\right\}\cdot \overrightarrow{n}^0\mathrm{d}l \quad = \quad \oint_L \left\{\frac{\partial u}{\partial x}, \frac{\partial u}{\partial y}\right\}\cdot \{\mathrm{d}y, -\mathrm{d}x\}$$

从此 U 形等式串的两端即知

$$\oint_L \frac{\partial u}{\partial \overrightarrow{n}}\mathrm{d}l = \oint_L \frac{\partial u}{\partial x}\mathrm{d}y - \frac{\partial u}{\partial y}\mathrm{d}x.$$

至此我们将方向导数形式的曲线积分化为通常的第二型曲线积分.

解   因为 $u(x,y) = (x-2)^2 + y^2$, 求偏导数得

$$\frac{\partial u(x,y)}{\partial x} = 2x - 4, \qquad \frac{\partial u(x,y)}{\partial y} = 2y,$$

所以有

$$\oint_L \frac{\partial u}{\partial \overrightarrow{n}} \mathrm{d}l = \oint_L 2(x-2)\,\mathrm{d}y - 2y\mathrm{d}x.$$

记 $P(x,y) = -2y, Q(x,y) = 2(x-2)$，则有

$$\frac{\partial Q(x,y)}{\partial x} - \frac{\partial P(x,y)}{\partial y} = 4.$$

利用格林公式即得

$$\oint_L \frac{\partial u}{\partial \overrightarrow{n}} \mathrm{d}l = \iint\limits_D \left(\frac{\partial Q(x,y)}{\partial x} - \frac{\partial P(x,y)}{\partial y} \right) \mathrm{d}x\mathrm{d}y = \iint\limits_D 4\mathrm{d}x\mathrm{d}y$$

$$= 4 \cdot \pi \left(\frac{1}{\sqrt{2}} \right) \cdot 1 = 2\sqrt{2}\pi.$$

例 14　设函数 $\varphi(y)$ 具有连续导数，在围绕原点的任意分段光滑简单闭曲线 L 上，曲线积分 $\oint_L \dfrac{\varphi(y)\,\mathrm{d}x + 2xy\mathrm{d}y}{2x^2 + y^4}$ 的值恒为同一常数.

① 证明: 对右半平面 $x > 0$ 内的任意分段光滑简单闭曲线 C 上，有

$$\oint_C \frac{\varphi(y)\,\mathrm{d}x + 2xy\mathrm{d}y}{2x^2 + y^4} = 0.$$

② 求函数 $\varphi(y)$ 的表达式.

解　① 证　记 $P = \dfrac{\varphi(y)}{2x^2 + y^4}, Q = \dfrac{2xy}{2x^2 + y^4}$. 在右半平面 $\Pi_{右}$ 上任取两点 A, B 及以 A 为起点、B 为终点的任意两条分段光滑曲线 L_1 与 L_2. 再以 A 为起点，作一条分段光滑曲线 L_0 绕过原点与 B 连接，如图 6.34 所示. 依题意，

$$\oint_{L_0 \cup L_1} P\mathrm{d}x + Q\mathrm{d}y = \oint_{L_0 \cup L_2} P\mathrm{d}x + Q\mathrm{d}y$$

$$\Longrightarrow \int_{L_1} P\mathrm{d}x + Q\mathrm{d}y = \int_{L_2} P\mathrm{d}x + Q\mathrm{d}y$$

$$\Longrightarrow \int_L P\mathrm{d}x + Q\mathrm{d}y \text{与路径无关} \Longleftrightarrow \oint_C P\mathrm{d}x + Q\mathrm{d}y = 0,$$

其中 C 为 $\Pi_{右}$ 中任意分段光滑的闭曲线.

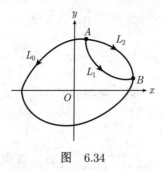

图　6.34

② **解法 1**　因为 $\Pi_{右}$ 是单连通区域, 故

$$\oint_C P\mathrm{d}x + Q\mathrm{d}y = 0(\text{对任意分段光滑的闭曲线}C \subset \Pi_{右})$$

$$\Longleftrightarrow \frac{\partial Q}{\partial x} = \frac{\partial P}{\partial y}(\text{对}\forall (x,y) \in \Pi_{右}).$$

经计算得

$$\frac{\partial}{\partial x}Q(x,y) = \frac{2\left(y^4 - 2x^2\right)y}{\left(2x^2 + y^4\right)^2},$$

$$\frac{\partial}{\partial y}P(x,y) = \frac{\varphi'(y)}{2x^2 + y^4} - \frac{4\varphi(y)y^3}{\left(2x^2 + y^4\right)^2}.$$

根据条件 $\dfrac{\partial Q}{\partial x} = \dfrac{\partial P}{\partial y}$, 得

$$\frac{2\left(y^4 - 2x^2\right)y}{\left(2x^2 + y^4\right)^2} = \frac{\varphi'(y)}{2x^2 + y^4} - \frac{4\varphi(y)y^3}{\left(2x^2 + y^4\right)^2},$$

化简得

$$4y^3\varphi(y) - \varphi'(y)y^4 + 2y^5 = 2x^2\left[\varphi'(y) + 2y\right]. \tag{1}$$

注意到, 左边不含 x, 两边对 x 求偏导数, 得到

$$4x\left(\varphi'(y) + 2y\right) = 0, \text{对}\forall x > 0\text{成立} \Longrightarrow \varphi'(y) = -2y.$$

将它代入方程 (1), 得到

$$4y^3\varphi(y) + 2y^5 + 2y^5 = 0 \Longrightarrow \varphi(y) = -y^2.$$

321

解法 2　根据第①小题, 存在 $u(x,y)$, 使得

$$\mathrm{d}u(x,y) = \frac{\varphi(y)}{2x^2 + y^4}\mathrm{d}x + \frac{2xy}{2x^2 + y^4}\mathrm{d}y.$$

对任意给定的 $s > 0$, 取一条路径沿曲线 $y = \sqrt{x}$ 从 $A(1,1)$ 到 $B(s, \sqrt{s})$ (图 6.35). 在这条路径上

$$\frac{\varphi(y)}{2x^2 + y^4}\mathrm{d}x = \frac{\varphi(\sqrt{x})}{3x^2}\mathrm{d}x, \quad \frac{2xy}{2x^2 + y^4}\mathrm{d}y = \frac{1}{3x}\mathrm{d}x,$$

则

$$\frac{\varphi(y)}{2x^2 + y^4}\mathrm{d}x + \frac{2xy}{2x^2 + y^4}\mathrm{d}y = \frac{\varphi(\sqrt{x})}{3x^2}\mathrm{d}x + \frac{1}{3x}\mathrm{d}x$$

$$= \frac{1}{3}\left(\frac{\varphi(\sqrt{x})}{x^2} + \frac{1}{x}\right)\mathrm{d}x.$$

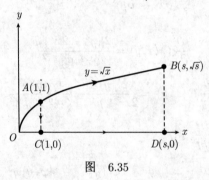

图　6.35

故有

$$u(s, \sqrt{s}) - u(1,1) = \frac{1}{3}\int_1^s \left(\frac{\varphi(\sqrt{x})}{x^2} + \frac{1}{x}\right)\mathrm{d}x. \tag{2}$$

另一条路径沿如图所示 $A \to C \to D \to B$, 则有

在 $A \to C$ 上: $x = 1, \mathrm{d}x = 0$, 则 $P\,\mathrm{d}x + Q\mathrm{d}y = \dfrac{2y}{2 + y^4}\mathrm{d}y$;

在 $C \to D$ 上: $y = 0, \mathrm{d}y = 0$, 则 $P\,\mathrm{d}x + Q\mathrm{d}y = \dfrac{\varphi(0)}{2x^2}\mathrm{d}x$;

在 $D \to B$ 上: $x = s, \mathrm{d}x = 0$, 则 $P\,\mathrm{d}x + Q\mathrm{d}y = \dfrac{2sy}{2s^2 + y^4}\mathrm{d}y.$

所以

$$u\left(s, \sqrt{s}\right) - u\left(1, 1\right)$$

$$= \int_1^0 \frac{2y}{2+y^4} \mathrm{d}y + \int_1^s \frac{\varphi(0)}{2x^2} \mathrm{d}x + \int_0^{\sqrt{s}} \frac{2sy}{2s^2+y^4} \mathrm{d}y. \tag{3}$$

联立 (2) ,(3) 式, 即得

$$\frac{1}{3} \int_1^s \left(\frac{\varphi(\sqrt{x})}{x^2} + \frac{1}{x}\right) \mathrm{d}x$$

$$= \int_1^0 \frac{2y}{2+y^4} \mathrm{d}y + \int_1^s \frac{\varphi(0)}{2x^2} \mathrm{d}x + \int_0^{\sqrt{s}} \frac{2sy}{2s^2+y^4} \mathrm{d}y. \tag{4}$$

注意到 (4) 式右边的最后一项:

$$\int_0^{\sqrt{s}} \frac{2sy}{2s^2+y^4} \mathrm{d}y = \frac{1}{\sqrt{2}} \arctan\left(\frac{1}{\sqrt{2}s}y^2\right)\Big|_0^{\sqrt{s}} = \frac{1}{\sqrt{2}} \arctan\left(\frac{1}{\sqrt{2}}\right).$$

由此可见, 该项是与 s 无关的常数. 因此, 方程 (4) 两边对 s 求导, 得

$$\frac{1}{3} \frac{\varphi(\sqrt{s})}{s^2} + \frac{1}{3s} = \frac{\varphi(0)}{2s^2}, \quad \text{即} \quad \frac{1}{3}\varphi(\sqrt{s}) + \frac{1}{3}s = \frac{\varphi(0)}{2}.$$

以 $s = 0$ 代入, 得到 $\varphi(0) = 0$, 故有 $\varphi(\sqrt{s}) + s = 0$, 令 $y = \sqrt{s}$ 代入, 即得 $\varphi(y) = -y^2$.

解法 3 用求原函数的简捷方法.

记 $P\left(x, y\right) = \dfrac{\varphi(y)}{2x^2+y^4}$, $Q\left(x, y\right) = \dfrac{2xy}{2x^2+y^4}$, 则有

$$\int P\left(x, y\right) \mathrm{d}x = \frac{\varphi(y)}{\sqrt{2}y^2} \arctan \frac{\sqrt{2}x}{y^2}.$$

注意到 $Q\left(x, y\right)$ 和 $\displaystyle\int P\left(x, y\right) \mathrm{d}x$ 内的每一项都含有 x, 删除含有 x 的项后, 剩余的项只有 0. 所以

$$u\left(x, y\right) = \frac{\varphi(y)}{\sqrt{2}y^2} \arctan \frac{\sqrt{2}x}{y^2} + C_1 (C_1 \text{ 为常数});$$

323

又
$$\int Q\left(x,y\right)\mathrm{d}y = \int \frac{2xy}{2x^2+y^4}\mathrm{d}y = \frac{1}{2}\sqrt{2}\arctan\frac{\sqrt{2}y^2}{2x},$$

注意到 $P\left(x,y\right)$ 内含有 y, 删除含有 y 的项后, 剩余的项只有 0. 所以

$$u\left(x,y\right) = \frac{1}{2}\sqrt{2}\arctan\frac{\sqrt{2}y^2}{2x} + C_2(C_2\ \text{为常数}).$$

利用上述两种 $u\left(x,y\right)$ 的表达式相等, 得到

$$\frac{\varphi\left(y\right)}{y^2}\arctan\frac{\sqrt{2}x}{y^2} = \arctan\frac{\sqrt{2}y^2}{2x} + C(C = \sqrt{2}(C_2 - C_1)). \qquad (5)$$

(5) 式是对 $\forall\left(x,y\right)$ 成立的恒等式, 两边令 $x\to 0+0$, 得到 $C = -\dfrac{\pi}{2}$;

(5) 式两边令 $x\to +\infty$, 得到 $\dfrac{\varphi\left(y\right)}{y^2}\cdot\dfrac{\pi}{2} = C.$ 于是

$$\varphi\left(y\right) = \frac{2}{\pi}Cy^2 = -y^2.$$

例 15　求函数 $u\left(x,y\right)$, 使得

① $\mathrm{d}u = \dfrac{y\mathrm{d}x - x\mathrm{d}y}{3x^2 - 2xy + 3y^2}$;

② $\mathrm{d}u = \dfrac{x-y}{x^2+y^2}\mathrm{d}x + \dfrac{x+y}{x^2+y^2}\mathrm{d}y$;

③ $\mathrm{d}u = \dfrac{2x\left(1-\mathrm{e}^y\right)}{\left(1+x^2\right)^2}\mathrm{d}x + \dfrac{\mathrm{e}^y}{1+x^2}\mathrm{d}y.$

解　① 设 $P\left(x,y\right) = \dfrac{y}{3x^2 - 2xy + 3y^2}, Q\left(x,y\right) = \dfrac{-x}{3x^2 - 2xy + 3y^2},$
则有

$$\frac{\partial Q}{\partial x} = \frac{3\left(x^2 - y^2\right)}{\left(3x^2 - 2xy + 3y^2\right)^2} = \frac{\partial P}{\partial y},$$

故原式为某函数 $u\left(x,y\right)$ 的全微分. 用求原函数的简捷算法. 由于

$$\int P\left(x,y\right)\mathrm{d}x = \frac{\sqrt{2}}{4}\arctan\frac{\sqrt{2}\left(3x-y\right)}{4y} + C_1,$$

注意到 $Q\left(x,y\right)$ 内含有 x, 删除含有 x 的项后, 剩余的项只有 0, 所以

$$\int \underline{Q\left(x,y\right)}\,\mathrm{d}y = C_2.$$

于是

$$u\left(x,y\right) = \frac{\sqrt{2}}{4}\arctan\frac{\sqrt{2}\left(3x-y\right)}{4y} + C(C = C_1 + C_2\text{为任意常数}).$$

② 记 $P\left(x,y\right) = \dfrac{x-y}{x^2+y^2}$, $Q\left(x,y\right) = \dfrac{x+y}{x^2+y^2}$, 则有

$$\frac{\partial}{\partial x}Q\left(x,y\right) - \frac{\partial}{\partial y}P\left(x,y\right) = 0,$$

故原式为某函数 $u\left(x,y\right)$ 的全微分. 用求原函数的简捷算法. 由于

$$\int P\left(x,y\right)\mathrm{d}x = \int \frac{x-y}{x^2+y^2}\mathrm{d}x = \frac{1}{2}\ln\left(x^2+y^2\right) - \arctan\frac{x}{y} + C',$$

其中 C' 为常数. 注意到 $Q\left(x,y\right)$ 内含有 x, 删除含有 x 的项后, 剩余的项只有 0, 故有

$$\int \underline{Q\left(x,y\right)}\,\mathrm{d}y = C'',$$

其中 C'' 为常数. 于是

$$u\left(x,y\right) = \frac{1}{2}\ln\left(x^2+y^2\right) - \arctan\frac{x}{y} + C(C\text{为常数}).$$

③ 记 $P\left(x,y\right) = \dfrac{2x\left(1-\mathrm{e}^y\right)}{\left(1+x^2\right)^2}$, $Q\left(x,y\right) = \dfrac{\mathrm{e}^y}{1+x^2}$, 则 有

$$\frac{\partial Q\left(x,y\right)}{\partial x} = \frac{\partial P\left(x,y\right)}{\partial y} = -\frac{2x\mathrm{e}^y}{\left(x^2+1\right)^2}.$$

故原式为某函数 $u\left(x,y\right)$ 的全微分. 用求原函数的简捷算法. 由于

$$\int P\left(x,y\right)\mathrm{d}x = \frac{\mathrm{e}^y-1}{x^2+1} + C' \quad (C' \text{ 为常数}),$$

注意到 $Q\left(x,y\right)$ 内含有 x, 删除含有 x 的项后, 剩余的项只有 0, 所以

$$\int \underline{Q(x,y)}\,\mathrm{d}y = C'' \quad (C''为常数).$$

于是

$$u(x,y) = \frac{\mathrm{e}^y - 1}{1 + x^2} + C \quad (C为常数).$$

例 16 设函数 $Q(x,y)$ 在 Oxy 平面上具有一阶连续偏导数, 曲线积分 $\displaystyle\int_L 2xy\mathrm{d}x + Q(x,y)\mathrm{d}y$ 与路径无关, 且对于任意 t 有

$$\int_{(0,0)}^{(t,1)} 2xy\mathrm{d}x + Q(x,y)\mathrm{d}y = \int_{(0,0)}^{(1,t)} 2xy\mathrm{d}x + Q(x,y)\mathrm{d}y.$$

求 $Q(x,y)$ 的函数表达式.

解 设 $P(x,y) = 2xy$, 则根据题目条件, 有

$$\frac{\partial Q}{\partial x} = \frac{\partial P}{\partial y} = 2x \Longrightarrow Q(x,y) = x^2 + \varphi(y).$$

又 $\displaystyle\int 2xy\mathrm{d}x = x^2 y + C'$, $Q(x;y)$ 去掉含 x 的项为 $\overline{Q(x,y)} = \varphi(y)$, 所以

$$u(x,y) = x^2 y + \int_0^y \varphi(t)\,\mathrm{d}t + C \quad (C为常数).$$

把点 $(t,1), (1,t)$ 代入上述表达式得

$$u(t,1) = t^2 + \int_0^1 \varphi(\xi)\,\mathrm{d}\xi + C,$$

$$u(1,t) = t + \int_0^t \varphi(\xi)\,\mathrm{d}\xi + C.$$

依题意, 有

$$t^2 + \int_0^1 \varphi(\xi)\,\mathrm{d}\xi = t + \int_0^t \varphi(\xi)\,\mathrm{d}\xi,$$

两端对 t 求导, 得

$$\varphi(t) = 2t - 1.$$

从而 $Q(x,y) = x^2 + 2y - 1$.

例 17 计算曲线积分 $I = \oint_L \dfrac{x\mathrm{d}y - y\mathrm{d}x}{4x^2 + y^2}$, 其中 L 是以点 $A(1,0)$ 为中心, R 为半径的圆周 $(R > 1)$, 取逆时针方向 (图 6.36).

解 记 $P(x,y) = \dfrac{-y}{4x^2 + y^2}$, $Q(x,y) = \dfrac{x}{4x^2 + y^2}$, 则有

$$\frac{\partial Q}{\partial x} = \frac{y^2 - 4x^2}{(4x^2 + y^2)^2} = \frac{\partial P}{\partial y}, \quad (x,y) \neq (0,0).$$

由于封闭曲线 L 包围原点 $(0,0)$, 且 $P(x,y)$, $Q(x,y)$ 在 $(0,0)$ 处不连续, 所以原式不能直接应用格林公式. 我们在原点附近作足够小的椭圆

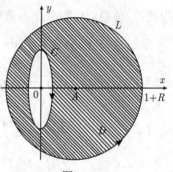

图　6.36

$$C: \begin{cases} x = \dfrac{\delta}{2}\cos\theta, \\ y = \delta\sin\theta, \end{cases} \theta \in [0, 2\pi],$$

使得 C 位于 L 的内部 (图 6.36). C 与 L 所包围的区域记为 D(图中阴影部分), C 取顺时针方向, 则应用格林公式, 有

$$\oint_{L+C} \frac{x\mathrm{d}y - y\mathrm{d}x}{4x^2 + y^2} = \iint\limits_{D} \left(\frac{\partial Q}{\partial x} - \frac{\partial P}{\partial y} \right) \mathrm{d}x\mathrm{d}y = 0,$$

于是

$$\oint_L \frac{x\mathrm{d}y - y\mathrm{d}x}{4x^2 + y^2} = -\oint_C \frac{x\mathrm{d}y - y\mathrm{d}x}{4x^2 + y^2}. \tag{1}$$

因为在曲线 C 上, $4x^2 + y^2 = 4\left(\dfrac{\delta}{2}\cos\theta\right)^2 + (\delta\sin\theta)^2 = \delta^2$, 所以

$$-\oint_C \frac{x\mathrm{d}y - y\mathrm{d}x}{4x^2 + y^2} = -\oint_C \frac{x\mathrm{d}y - y\mathrm{d}x}{\delta^2}. \tag{2}$$

对 (2) 式右端的积分, 设 C 所包围的区域记为 D_0, 再用格林公式, 有

$$-\oint_C \frac{x\mathrm{d}y - y\mathrm{d}x}{\delta^2} = \frac{1}{\delta^2} \iint\limits_{D_0} 2\mathrm{d}x\mathrm{d}y = \frac{2}{\delta^2} \cdot \pi \cdot \frac{\delta}{2} \cdot \delta = \pi.$$

因此联立 (1), (2) 式得 $\oint_L \dfrac{x\mathrm{d}y - y\mathrm{d}x}{4x^2 + y^2} = \pi$.

例 18　在过点 $O(0,0)$ 和 $A(\pi,0)$ 的曲线族 $y = a\sin x(a > 0)$ 中, 求出其中的一条曲线 L, 使沿该曲线从 O 到 A 的积分

$$\int_L (1 + y^3)\mathrm{d}x + (2x + y)\mathrm{d}y$$

的值为最小, 并求该最小值.

解　将 L 看成由参数方程 $\begin{cases} x = x, \\ y = a\sin x \end{cases}$ 给出的曲线, 用参数方程代入, 使得曲线积分化为定积分, 即

$$
\begin{aligned}
I(a) &= \int_L (1 + y^3)\mathrm{d}x + (2x + y)\mathrm{d}y \\
&= \int_0^\pi (1 + a^3\sin^3 x)\mathrm{d}x + (2x + a\sin x)a\cos x\mathrm{d}x \\
&= \pi + a^3 \int_0^\pi \sin^3 x\mathrm{d}x + 2a \int_0^\pi x\cos x\mathrm{d}x \\
&\quad + a^2 \int_0^\pi \sin x\cos x\mathrm{d}x \\
&= \pi + \frac{4}{3}a^3 - 4a.
\end{aligned}
$$

对变量 a 求导得

$$I'(a) = 4a^2 - 4 \begin{cases} < 0, & a < 1, \\ = 0, & a = 1, \\ > 0, & a > 1. \end{cases}$$

由此可见, 点 $a = 1$ 是函数 $I(a)$ 的唯一极值点, 并且是极小点从而达到函数的最小值 $I(1) = \pi - 8/3$.

§3　曲面积分

内容提要

1. 对面积的曲面积分 (第一型曲面积分)

定义　设 $f(x, y, z)$ 是分片光滑曲面 Σ 上的有界函数, 将 Σ 分割成 n 个小

曲面: $\Delta\Sigma_1, \Delta\Sigma_2, \cdots, \Delta\Sigma_n$, 则称极限 (如果存在)

$$\lim_{\lambda\to 0}\sum_{k=1} f(\xi_k, \eta_k, \zeta_k)\Delta S_k$$

为 f 在 Σ 上的**第一型曲面积分**, 记做 $\iint\limits_{\Sigma} f(x, y, z)\mathrm{d}S$, 即

$$\iint\limits_{\Sigma} f(x, y, z)\mathrm{d}S = \lim_{\lambda\to 0}\sum_{k=1}^{n} f(\xi_k, \eta_k, \zeta_k)\Delta S_k$$

其中 ΔS_k 为 $\Delta\Sigma_k$ 的面积, $(\xi_k, \eta_k, \zeta_k) \in \Delta\Sigma_k$, $\lambda = \max\{d_1, d_2, \cdots, d_n\}$, d_k 为 $\Delta\Sigma_k$ 的直径.

物理意义　面密度为 $\rho = f(x, y, z)$ 的曲面 Σ 的质量

$$M = \iint\limits_{\Sigma} f(x, y, z)\mathrm{d}S.$$

当 $f(x, y, z) \equiv 1$ 时, $\iint\limits_{\Sigma} \mathrm{d}S$ 表示 Σ 的面积.

2. 对坐标的曲面积分 (第二型曲面积分)

定义　设 $R(x, y, z)$ 是双侧光滑曲面 Σ 上的有界函数. 选定 Σ 的一侧, 其单位法向量 $\overrightarrow{n}^0 = \{\cos\alpha, \cos\beta, \cos\gamma\}$, 将 Σ 分割成 n 个小曲面: $\Delta\Sigma_1, \Delta\Sigma_2, \cdots, \Delta\Sigma_n$, 则称极限 (如果存在)

$$\lim_{\lambda\to 0}\sum_{k=1}^{n} R(\xi_k, \eta_k, \zeta_k)\cos\gamma_k\Delta S_k$$

为 R 在 Σ 上的**第二型曲面积分**, 记做 $\iint\limits_{\Sigma} R(x, y, z)\mathrm{d}x\mathrm{d}y$, 即

$$\iint\limits_{\Sigma} R(x, y, z)\mathrm{d}x\mathrm{d}y = \lim_{k=1}\sum_{k=1}^{n} R(\xi_k, \eta_k, S_k)\cos\gamma_k\Delta S_k,$$

其中 ΔS_k 为 $\Delta\Sigma_k$ 的面积, $(\xi_k, \eta_k, \zeta_k) \in \Delta\Sigma_k$, $\lambda = \max\{d_1, d_2, \cdots, d_n\}$, d_k 为 $\Delta\Sigma_k$ 的直径.

类似地, 可定义 $\iint\limits_{\Sigma} P(x, y, z)\mathrm{d}y\mathrm{d}z$, $\iint\limits_{\Sigma} Q(x, y, z)\mathrm{d}x\mathrm{d}z$, 应用上常出现三者

之和. 记 $\vec{A} = \{P, Q, R\}$, 则第二型曲面积分

$$\iint\limits_{\Sigma} P\mathrm{d}y\mathrm{d}z + Q\mathrm{d}z\mathrm{d}x + R\mathrm{d}x\mathrm{d}y = \iint\limits_{\Sigma} \vec{A} \cdot \vec{n}^0\mathrm{d}S. \tag{1}$$

上式右端是第一型曲面积分, 因此上式给出了第一型和第二型曲面积分的关系. 若记 $\vec{n}^0\mathrm{d}S = \overrightarrow{\mathrm{d}S}$, 则

$$\overrightarrow{\mathrm{d}S} = \{\cos\alpha\mathrm{d}S, \cos\beta\mathrm{d}S, \cos\gamma\mathrm{d}S\}$$

称为**有向面积元素**, 此时 (1) 式可改写为

$$\iint\limits_{\Sigma} P\mathrm{d}y\mathrm{d}z + Q\mathrm{d}x\mathrm{d}z + R\mathrm{d}x\mathrm{d}y = \iint\limits_{\Sigma} \vec{A} \cdot \overrightarrow{\mathrm{d}S}.$$

物理意义 流速场 $\vec{v} = \{P, Q, R\}$ 流过有向曲面 Σ (从一侧流向另一侧) 的流量

$$\Phi = \iint\limits_{\Sigma} P\mathrm{d}y\mathrm{d}z + Q\mathrm{d}z\mathrm{d}x + R\mathrm{d}x\mathrm{d}y.$$

3. 第二型曲面积分的简便算法

若定义 $\{\mathrm{d}y\mathrm{d}z, \mathrm{d}z\mathrm{d}x, \mathrm{d}x\mathrm{d}y\} = \{\cos\alpha\mathrm{d}S, \cos\beta\mathrm{d}S, \cos\gamma\mathrm{d}S\}$, 则有

$$\frac{\mathrm{d}y\mathrm{d}z}{\cos\alpha} = \frac{\mathrm{d}z\mathrm{d}x}{\cos\beta} = \frac{\mathrm{d}x\mathrm{d}y}{\cos\gamma}\,(=\mathrm{d}S),$$

因此 $\overrightarrow{\mathrm{d}S}$ 的三个分量不是独立的. 例如, 若 Σ 向 Oxy 平面投影方便时, 即 $\Sigma : z = f(x, y), (x, y) \in D_{xy}$, 此时

$$\vec{n} = \left\{-\frac{\partial z}{\partial x}, -\frac{\partial z}{\partial y}, 1\right\} (取上侧),$$

$$\mathrm{d}y\mathrm{d}z = \frac{\cos\alpha}{\cos\gamma}\mathrm{d}x\mathrm{d}y = -\frac{\partial z}{\partial x}\mathrm{d}x\mathrm{d}y,$$

$$\mathrm{d}z\mathrm{d}x = \frac{\cos\beta}{\cos\gamma}\mathrm{d}x\mathrm{d}y = -\frac{\partial z}{\partial y}\mathrm{d}x\mathrm{d}y,$$

于是

$$\iint\limits_{\Sigma} P\mathrm{d}y\mathrm{d}z + Q\mathrm{d}z\mathrm{d}x + R\mathrm{d}x\mathrm{d}y = \iint\limits_{D_{xy}} \left(-P\frac{\partial z}{\partial x} - Q\frac{\partial z}{\partial y} + R\right)\mathrm{d}x\mathrm{d}y.$$

类似地, 若 Σ 向 Oyz 平面投影方便时, 即若 $\Sigma : x = f(y, z), (y, z) \in D_{yz}$ (取前侧) 时, 有

$$\iint\limits_{\Sigma} P\mathrm{d}y\mathrm{d}z + Q\mathrm{d}z\mathrm{d}x + R\mathrm{d}x\mathrm{d}y = \iint\limits_{D_{yz}} \left(P - Q\frac{\partial x}{\partial y} - R\frac{\partial x}{\partial z} \right) \mathrm{d}y\mathrm{d}z.$$

若 $\Sigma : y = f(x, z), (x, z) \in D_{zx}$ (取右侧) 时, 有

$$\iint\limits_{\Sigma} P\mathrm{d}y\mathrm{d}z + Q\mathrm{d}z\mathrm{d}x + R\mathrm{d}x\mathrm{d}y = \iint\limits_{D_{zx}} \left(-P\frac{\partial y}{\partial x} + Q - R\frac{\partial y}{\partial z} \right) \mathrm{d}x\mathrm{d}z.$$

4. 高斯公式

设 $P(x, y, z)$, $Q(x, y, z)$, $R(x, y, z)$ 在空间有界闭区域 Ω 上具有连续偏导数, Ω 的边界是分片光滑的双侧曲面 Σ, 则

$$\iint\limits_{\Sigma_{\text{外}}} P\mathrm{d}y\mathrm{d}z + Q\mathrm{d}z\mathrm{d}x + R\mathrm{d}x\mathrm{d}y = \iiint\limits_{\Omega} \left(\frac{\partial P}{\partial x} + \frac{\partial Q}{\partial y} + \frac{\partial R}{\partial z} \right) \mathrm{d}V.$$

5. 斯托克斯公式

设光滑曲面 Σ 的边界曲线为 L, L 的正向与 Σ 的法向量 $\overrightarrow{n}^0 = \{\cos\alpha, \cos\beta, \cos\gamma\}$ 成右手系, 且 $P(x, y, z)$, $Q(x, y, z)$, $R(x, y, z)$ 有连续偏导数, 则有

$$\oint_L P\mathrm{d}x + Q\mathrm{d}y + R\mathrm{d}z = \iint\limits_{\Sigma} \begin{vmatrix} \cos\alpha & \cos\beta & \cos\gamma \\ \dfrac{\partial}{\partial x} & \dfrac{\partial}{\partial y} & \dfrac{\partial}{\partial z} \\ P & Q & R \end{vmatrix} \mathrm{d}S.$$

若空间曲线 L 的参数方程不易求出, $\oint_L P\mathrm{d}x + Q\mathrm{d}y + R\mathrm{d}z$ 可考虑借助斯托克斯公式转化为曲面积分计算.

6. 通量与散度, 环流量与旋度

(1) 向量场 $\overrightarrow{A} = \{P, Q, R\}$ 在点 $M(x, y, z)$ 处的散度

$$\mathrm{div}\overrightarrow{A} = \nabla \cdot \overrightarrow{A} = \frac{\partial P}{\partial x} + \frac{\partial Q}{\partial y} + \frac{\partial R}{\partial z}$$

是 $\overrightarrow{A}$ 在点 M 处吸收 (发散) 流体的强度. 用散度记号, 高斯公式可以写成

$$\iint\limits_{\Sigma_{\text{外}}} P\mathrm{d}y\mathrm{d}z + Q\mathrm{d}z\mathrm{d}x + R\mathrm{d}x\mathrm{d}y = \iint\limits_{\Sigma_{\text{外}}} \overrightarrow{A} \cdot \overrightarrow{n}^0 \mathrm{d}S = \iiint\limits_{\Omega} \left(\mathrm{div}\overrightarrow{A} \right) \mathrm{d}V.$$

其意为, 流过 Ω 的边界面 Σ 的流量 $=\Omega$ 内的总散度.

(2) 向量场 $\overrightarrow{A} = \{P, Q, R\}$ 在点 $M(x, y, z)$ 处的旋度

$$\operatorname{rot}\overrightarrow{A} = \nabla \times \overrightarrow{A} = \begin{vmatrix} \overrightarrow{i} & \overrightarrow{j} & \overrightarrow{k} \\ \dfrac{\partial}{\partial x} & \dfrac{\partial}{\partial y} & \dfrac{\partial}{\partial z} \\ P & Q & R \end{vmatrix}$$

是 $\overrightarrow{A}$ 在 M 点处的旋转能力 (强度). $\overrightarrow{A}$ 沿有向闭曲线 L 的环流量为

$$\Gamma = \oint_L P\mathrm{d}x + Q\mathrm{d}y + R\mathrm{d}z = \oint_L \overrightarrow{A} \cdot \mathrm{d}\overrightarrow{r},$$

则斯托克斯公式可写为

$$\oint_L \overrightarrow{A} \cdot \mathrm{d}\overrightarrow{r} = \iint_\Sigma \operatorname{rot}\overrightarrow{A} \cdot \mathrm{d}\overrightarrow{S}.$$

其意为, Σ 边界 L 上的环流量 $=\Sigma$ 上旋度在 $\overrightarrow{n}^0$ 方向上的投影总和.

典型例题解析

例 1 求柱面 $z = 1 - x^2$ 夹在平面 $y = 0$, $z = 0$ 及 $y + z = 2$ 之间的面积 (图 6.37).

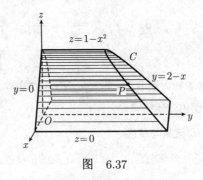

图 6.37

解法 1 用第一型曲线积分计算. 在 Oxz 平面上, 沿曲线 $z = 1 - x^2$, 弧微元

$$\mathrm{d}l = \sqrt{1 + \left(\dfrac{\mathrm{d}z}{\mathrm{d}x}\right)^2}\,\mathrm{d}x = \sqrt{1 + 4x^2}\,\mathrm{d}x.$$

332

设空间曲线 C 为柱面与平面的交线, 则曲线 C 上的点 $P(x,y,z)$ 的坐标为 $(x, 1+x^2, 1-x^2)$, 故所求曲面面积为

$$S = \int_L y\mathrm{d}l = 2\int_0^1 \left(x^2+1\right)\sqrt{1+4x^2}\mathrm{d}x$$
$$= \frac{15}{32}\ln\left(\sqrt{5}+2\right) + \frac{25}{16}\sqrt{5}.$$

解法 2 化二重积分计算. 已知 Oxy 平面上方的曲面方程为 $z = 1-x^2$, 可得

$$\frac{\partial z}{\partial x} = -2x, \quad \frac{\partial z}{\partial y} = 0,$$

$$\mathrm{d}S = \sqrt{1+\left(\frac{\partial z}{\partial x}\right)^2 + \left(\frac{\partial z}{\partial y}\right)^2} = \sqrt{1+4x^2},$$

则曲面面积为

$$S = \iint\limits_{D_{xy}} \sqrt{1+\left(\frac{\partial z}{\partial x}\right)^2 + \left(\frac{\partial z}{\partial y}\right)^2}\mathrm{d}x\mathrm{d}y,$$

$$= 2\int_0^1 \sqrt{1+4x^2}\mathrm{d}x \int_0^{1+x^2}\mathrm{d}y$$

$$= 2\int_0^1 \left(x^2+1\right)\sqrt{1+4x^2}\mathrm{d}x$$

$$= \frac{15}{32}\ln\left(\sqrt{5}+2\right) + \frac{25}{16}\sqrt{5}.$$

例 2 计算曲面积分

$$I = \iint\limits_S (xy+yz+zx)\,\mathrm{d}S,$$

其中 S 为锥面 $z = \sqrt{x^2+y^2}$ 被曲面 $x^2+y^2 = 2ax$ 所割下的部分 (图 6.38).

解 在直角坐标系中计算. 如图 6.38 所示, 在曲面 S 上,

$$z = \sqrt{x^2+y^2}, \quad \frac{\partial z}{\partial x} = \frac{x}{z}, \quad \frac{\partial z}{\partial y} = \frac{y}{z},$$

$$dS = \sqrt{1 + \left(\frac{\partial z}{\partial x}\right)^2 + \left(\frac{\partial z}{\partial y}\right)^2}$$

$$= \sqrt{1 + \left(\frac{x}{z}\right)^2 + \left(\frac{y}{z}\right)^2} = \sqrt{2},$$

则所求曲面积分为

$$I = \iint\limits_{x^2+y^2 \leqslant 2ax} (xy + yz + zx)\sqrt{2}\mathrm{d}x\mathrm{d}y.$$

用极坐标求上述二重积分, 则

$$I = \sqrt{2}\int_{-\frac{\pi}{2}}^{\frac{\pi}{2}} \mathrm{d}\theta \int_0^{2a\cos\theta} \left(r^2\cos\theta\sin\theta + r^2\sin\theta + r^2\cos\theta\right) r\mathrm{d}r$$

$$= \sqrt{2}\int_{-\frac{\pi}{2}}^{\frac{\pi}{2}} (\cos\theta\sin\theta + \sin\theta + \cos\theta)\mathrm{d}\theta \int_0^{2a\cos\theta} r^3\mathrm{d}r$$

$$= 4\sqrt{2}a^4 \int_{-\frac{\pi}{2}}^{\frac{\pi}{2}} (\cos\theta\sin\theta + \sin\theta + \cos\theta)\cos^4\theta\mathrm{d}\theta$$

$$= 8\sqrt{2}a^4 \int_0^{\frac{\pi}{2}} \cos^5\theta\mathrm{d}\theta = \frac{64}{15}\sqrt{2}a^4.$$

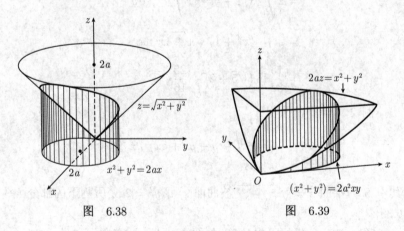

图　6.38　　　　　　　　　　图　6.39

例 3 求抛物面 $x^2 + y^2 = 2az$ 包含在柱面 $(x^2 + y^2)^2 = 2a^2xy$ $(a > 0)$ 内的那部分面积 (图 6.39).

解 由抛物面方程得

$$\frac{\partial z}{\partial x} = \frac{x}{a}, \quad \frac{\partial z}{\partial y} = \frac{y}{a},$$

$$dS = \sqrt{1 + \left(\frac{\partial z}{\partial x}\right)^2 + \left(\frac{\partial z}{\partial y}\right)^2} = \frac{\sqrt{a^2 + x^2 + y^2}}{a}.$$

从曲线表达式

$$\begin{cases} (z^2 + y^2)^2 = 2a^2 xy, \\ z = 0 \end{cases}$$

可见 x, y 同号, 即 (x, y) 在第一, 第四象限. 用极坐标, 令 $x = r\cos\theta, y = r\sin\theta$, 则柱面方程为

$$r^4 = 2a^2 \cdot r\cos\theta \cdot r\sin\theta, \quad 即 \quad r^2 = a^2\sin 2\theta,$$

其中 $0 \leqslant \theta \leqslant \pi/2$ 和 $\pi \leqslant \theta \leqslant 3\pi/2$.

图 6.39 只画出第一卦限部分. 于是

$$
\begin{array}{ccc}
S & & \dfrac{4a^2}{3}\displaystyle\int_0^{\frac{\pi}{4}} (1 + \sin 2\theta)^{\frac{3}{2}}d\theta - \dfrac{\pi a^2}{3} \\[2mm]
\| & & \| \\[2mm]
4\displaystyle\int_0^{\frac{\pi}{4}} d\theta \int_0^A \dfrac{\sqrt{a^2 + r^2}}{a} r\,dr & & \dfrac{4a^2}{3}\displaystyle\int_0^{\frac{\pi}{4}} [(1 + \sin 2\theta)^{\frac{3}{2}} - 1]d\theta \\[2mm]
\| & & \| \\[2mm]
\dfrac{4}{3a}\displaystyle\int_0^{\frac{\pi}{4}} d\theta \int_0^A \dfrac{d}{dr}(a^2 + r^2)^{\frac{3}{2}}dr = & & \dfrac{4}{3a}\displaystyle\int_0^{\frac{\pi}{4}} (a^2 + r^2)^{\frac{3}{2}}\Big|_0^{a\sqrt{\sin 2\theta}} d\theta
\end{array}
$$

其中 $A = a\sqrt{\sin 2\theta}$. 从此 U 形等式串的两端即知

$$S = \frac{4a^2}{3}\int_0^{\frac{\pi}{4}} (1 + \sin 2\theta)^{\frac{3}{2}}d\theta - \frac{\pi a^2}{3}. \tag{1}$$

进一步, 注意到 $1 + \sin 2\theta = (\sin\theta + \cos\theta)^2$, 有

$$
\begin{array}{ccc}
\displaystyle\int_0^{\frac{\pi}{4}} (1 + \sin 2\theta)^{\frac{3}{2}}d\theta & & 2\sqrt{2}\left(-\dfrac{1}{3}\sin^2 u\cos u - \dfrac{2}{3}\cos u\right)\Big|_{\frac{1}{4}\pi}^{\frac{1}{2}\pi} \\[2mm]
\| & & \| \\[2mm]
2\sqrt{2}\displaystyle\int_0^{\frac{\pi}{4}} \sin^3\left(\theta + \dfrac{\pi}{4}\right)d\theta = & & 2\sqrt{2}\displaystyle\int_{\frac{\pi}{4}}^{\frac{\pi}{2}} \sin^3 u\,du
\end{array}
$$

从此 U 形等式串的两端即知

$$\int_0^{\frac{\pi}{4}} (1+\sin 2\theta)^{\frac{3}{2}} \mathrm{d}\theta = 2\sqrt{2}\left(-\frac{1}{3}\sin^2 u \cos u - \frac{2}{3}\cos u\right)\Big|_{\frac{1}{4}\pi}^{\frac{1}{2}\pi}$$
$$= \frac{5}{3}. \tag{2}$$

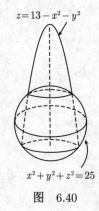

$z=13-x^2-y^2$

$x^2+y^2+z^2=25$

图　6.40

联合 (1), (2) 式即得

$$S = \frac{4a^2}{3}\cdot\frac{5}{3} - \frac{\pi a^2}{3} = \frac{a^2}{9}(20-3\pi).$$

例 4　已知曲面 Σ 的方程是 $z = 13 - x^2 - y^2$, 曲面 Σ 将球面 $x^2+y^2+z^2 = 25$ 分成三部分, 求这三部分曲面的面积之比 (图 6.40).

解　设 $x = r\cos\theta, y = r\sin\theta$, 则由

$$\begin{cases} x^2+y^2+z^2=25, \\ z=13-x^2-y^2, \end{cases}$$

化简得

$$\begin{cases} r^2+z^2=25, \\ z=13-r^2 \end{cases} \Longrightarrow r=3, z=4 \ \text{或} \ r=4, z=-3.$$

则两曲面的交线为

$$\begin{cases} x^2+y^2=9, \\ z=4 \end{cases} \text{和} \begin{cases} x^2+y^2=16, \\ z=-3. \end{cases}$$

由 $x^2+y^2+z^2=25$, 得到

$$\sqrt{1+\left(\frac{\partial z}{\partial x}\right)^2+\left(\frac{\partial z}{\partial y}\right)^2} = \frac{5}{\sqrt{25-x^2-y^2}}.$$

设三部分曲面的面积分别为 A_1, A_2, A_3, 则

336

$$A_1 = \iint\limits_{x^2+y^2\leqslant 9} \frac{5}{\sqrt{25-x^2-y^2}}\mathrm{d}x\mathrm{d}y = \int_0^{2\pi}\mathrm{d}\theta\int_0^3 \frac{5r}{\sqrt{25-r^2}}\mathrm{d}r = 10\pi,$$

$$A_3 = \iint\limits_{x^2+y^2\leqslant 16} \frac{5}{\sqrt{25-x^2-y^2}}\mathrm{d}x\mathrm{d}y = \int_0^{2\pi}\mathrm{d}\theta\int_0^4 \frac{5r}{\sqrt{25-r^2}}\mathrm{d}r = 20\pi,$$

$$A_2 = 4\pi\cdot 5^2 - A_1 - A_3 = 4\pi\cdot 5^2 - 20\pi - 10\pi = 70\pi.$$

故

$$A_1 : A_2 : A_3 = 1 : 7 : 2.$$

例 5　设 S 为椭球 $\dfrac{x^2}{a^2} + \dfrac{y^2}{b^2} + \dfrac{z^2}{c^2} = 1$ 的外表面, 计算下列第二型曲面积分:

① $\displaystyle\iint\limits_{S} z\mathrm{d}x\mathrm{d}y;$　　② $\displaystyle\iint\limits_{S} \frac{\mathrm{d}x\mathrm{d}y}{z}.$

解　记 $S_1 : z = c\sqrt{1-\left(\dfrac{x^2}{a^2} + \dfrac{y^2}{b^2}\right)}$, $S_2 : z = -c\sqrt{1-\left(\dfrac{x^2}{a^2} + \dfrac{y^2}{b^2}\right)}$,

它们在 Oxy 坐标面上的投影都是

$$D = \left\{(x,y)\Big|\frac{x^2}{a^2} + \frac{y^2}{b^2} \leqslant 1\right\}.$$

① $\displaystyle\iint\limits_{S} z\mathrm{d}x\mathrm{d}y = \iint\limits_{S_1} z\mathrm{d}x\mathrm{d}y + \iint\limits_{S_2} z\mathrm{d}x\mathrm{d}y$

$$= \iint\limits_{D} c\sqrt{1-\left(\frac{x^2}{a^2} + \frac{y^2}{b^2}\right)}\mathrm{d}x\mathrm{d}y$$

$$- \iint\limits_{D} -c\sqrt{1-\left(\frac{x^2}{a^2} + \frac{y^2}{b^2}\right)}\mathrm{d}x\mathrm{d}y$$

$$= 2c\iint\limits_{D} \sqrt{1-\left(\frac{x^2}{a^2} + \frac{y^2}{b^2}\right)}\mathrm{d}x\mathrm{d}y$$

$$= 2c\int_{-a}^a \mathrm{d}x\int_{-b\sqrt{1-x^2/a^2}}^{b\sqrt{1-x^2/a^2}} \sqrt{\left(1-\frac{x^2}{a^2}\right) - \frac{y^2}{b^2}}\mathrm{d}y. \tag{1}$$

337

记 $d(x) = b\sqrt{1 - x^2/a^2}$, 接 (1) 式, 得到

$$\iint\limits_S z\mathrm{d}x\mathrm{d}y \qquad\qquad \frac{4}{3}\pi abc$$

$$\| \qquad\qquad\qquad\qquad\qquad\qquad\qquad \|$$

$$\frac{2c}{b}\int_{-a}^{a}\mathrm{d}x\int_{-d(x)}^{d(x)}\sqrt{d^2(x) - y^2}\mathrm{d}y \qquad \frac{2\pi c}{b}\int_0^a b^2\left(1 - \frac{x^2}{a^2}\right)\mathrm{d}x$$

$$\| \qquad\qquad\qquad\qquad\qquad\qquad\qquad \|$$

$$\frac{4c}{b}\int_{-a}^{a}\mathrm{d}x\int_0^{d(x)}\sqrt{d^2(x) - y^2}\mathrm{d}y \;=\!=\; \frac{4c}{b}\int_{-a}^{a}\frac{\pi}{4}d^2(x)\,\mathrm{d}x$$

从此 U 形等式串的两端即知

$$\iint\limits_S z\mathrm{d}x\mathrm{d}y = \frac{4}{3}\pi abc.$$

② 根据椭球的上、下半椭球面方程, 将积分分为两部分:

$$\iint\limits_S \frac{\mathrm{d}x\mathrm{d}y}{z} = \iint\limits_{S_1} \frac{\mathrm{d}x\mathrm{d}y}{z} + \iint\limits_{S_2} \frac{\mathrm{d}x\mathrm{d}y}{z}$$

$$= \iint\limits_D \frac{\mathrm{d}x\mathrm{d}y}{c\sqrt{1 - \left(\dfrac{x^2}{a^2} + \dfrac{y^2}{b^2}\right)}} - \iint\limits_D \frac{\mathrm{d}x\mathrm{d}y}{-c\sqrt{1 - \left(\dfrac{x^2}{a^2} + \dfrac{y^2}{b^2}\right)}}$$

$$= 2\iint\limits_D \frac{\mathrm{d}x\mathrm{d}y}{c\sqrt{1 - \left(\dfrac{x^2}{a^2} + \dfrac{y^2}{b^2}\right)}}$$

$$= \frac{2}{c}\int_{-a}^{a}\mathrm{d}x\int_{-b\sqrt{1-x^2/a^2}}^{b\sqrt{1-x^2/a^2}} \frac{\mathrm{d}y}{\sqrt{(1 - x^2/a^2) - y^2/b^2}}.$$

$$(2)$$

记 $d(x) = b\sqrt{1 - x^2/a^2}$, 接 (2) 式, 得到

$$\iint\limits_S \frac{\mathrm{d}x\mathrm{d}y}{z} = \frac{2b}{c}\int_{-a}^{a}\mathrm{d}x\int_0^{d(x)} \frac{\mathrm{d}y}{\sqrt{d^2(x) - y^2}}$$

$$= \frac{2b}{c}\int_{-a}^{a}\frac{\pi}{2}\mathrm{d}x = \frac{2\pi ab}{c}.$$

例 6 若 S 为由圆柱面 $x^2 + y^2 = 1$, 旋转抛物面 $z = 2 - x^2 - y^2$ 及平面 $z = 0$ 所围立体的外侧曲面 (图 6.41), 求

$$\iint\limits_{S} yz\mathrm{d}x\mathrm{d}y + zx\mathrm{d}y\mathrm{d}z + xy\mathrm{d}z\mathrm{d}x.$$

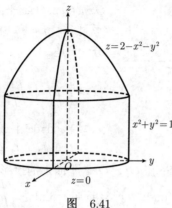

图 6.41

解 用高斯公式, Ω 表示所围立体:

$$\iint\limits_{S} zx\mathrm{d}y\mathrm{d}z + xy\mathrm{d}z\mathrm{d}x + yz\mathrm{d}x\mathrm{d}y = \iiint\limits_{\Omega} (z + x + y)\,\mathrm{d}V$$

$$= \int_0^{2\pi} \mathrm{d}\theta \int_0^1 r\mathrm{d}r \int_0^{2-r^2} (z + r\cos\theta + r\sin\theta)\,\mathrm{d}z$$

$$= \frac{7}{6}\pi + 0 + 0 = \frac{7}{6}\pi.$$

注 分项计算上面的各个积分:

$$\int_0^{2-r^2} z\mathrm{d}z = \frac{1}{2}\left(r^2 - 2\right)^2, \quad \int_0^1 \frac{1}{2}\left(r^2 - 2\right)^2 r\mathrm{d}r = \frac{7}{12}, \quad \int_0^{2\pi} \frac{7}{12}\mathrm{d}\theta = \frac{7}{6}\pi,$$

则

$$\int_0^{2\pi} \mathrm{d}\theta \int_0^1 r\mathrm{d}r \int_0^{2-r^2} z\mathrm{d}z = \frac{7}{6}\pi;$$

$$\int_0^{2\pi} \cos\theta\mathrm{d}\theta \int_0^1 r^2\mathrm{d}r \int_0^{2-r^2} \mathrm{d}z = 0; \quad \int_0^{2\pi} \sin\theta\mathrm{d}\theta \int_0^1 r^2\mathrm{d}r \int_0^{2-r^2} \mathrm{d}z = 0.$$

339

例 7　计算曲面积分 $I = \iint\limits_{S} x^2 \mathrm{d}y\mathrm{d}z + y^2 \mathrm{d}z\mathrm{d}x + z^2 \mathrm{d}x\mathrm{d}y$, 其中 S 为三个坐标面与平面 $x + y + z = 1$ 围成的四面体的外表面 (图 6.42).

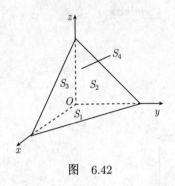

图　6.42

分析　S 由四个光滑曲面 $S_1, S_2,$ S_3, S_4 组成, 其中 S_1, S_2, S_3 分别是 Oxy, Oyz, Ozx 平面上的三角形, S_4 是平面 $x + y + z = 1$ 在第一卦限中的部分. 于是

$$I = \left(\iint\limits_{S_1} + \iint\limits_{S_2} + \iint\limits_{S_3} + \iint\limits_{S_4}\right) x^2 \mathrm{d}y\mathrm{d}z$$

$$+ y^2 \mathrm{d}z\mathrm{d}x + z^2 \mathrm{d}x\mathrm{d}y$$

$$= I_1 + I_2 + I_3 + I_4.$$

解法 1　由于 S_1 在 Oyz, Ozx 平面上的投影为线段, 所以

$$I_1 = \iint\limits_{S_1} x^2 \mathrm{d}y\mathrm{d}z + y^2 \mathrm{d}z\mathrm{d}x + z^2 \mathrm{d}x\mathrm{d}y = \iint\limits_{S_1} z^2 \mathrm{d}x\mathrm{d}y.$$

又因为 S_1 位于 Oxy 平面内, 所以 $z^2 = 0$, 于是 $I_1 = 0$, 同样可以证明

$$I_2 = I_3 = 0.$$

而

$$I_4 = \iint\limits_{S_4} x^2 \mathrm{d}y\mathrm{d}z + \iint\limits_{S_4} y^2 \mathrm{d}z\mathrm{d}x + \iint\limits_{S_4} z^2 \mathrm{d}x\mathrm{d}y$$

$$= I_{41} + I_{42} + I_{43}.$$

下面先计算 I_{43}:

$$
\begin{array}{ccc}
I_{43} & & \dfrac{1}{12} \\[4pt]
\| & & \| \\[4pt]
\iint\limits_{S_4} z^2 \mathrm{d}x\mathrm{d}y & & \displaystyle\int_0^1 \dfrac{1}{3}(1-x)^3 \,\mathrm{d}x \\[8pt]
\| & & \| \\[4pt]
\iint\limits_{D} (1-x-y)^2 \mathrm{d}x\mathrm{d}y & = = & \displaystyle\int_0^1 \mathrm{d}x \int_0^{1-x} (1-x-y)^2 \,\mathrm{d}y
\end{array}
$$

340

其中 $D = \{(x, y) | 0 \leqslant x \leqslant 1, 0 \leqslant y \leqslant 1 - x\}$. 由上述 U 形等式串的两端即知 $I_{43} = \dfrac{1}{12}$. 由对称性可知 $I_{41} = I_{42} = I_{43} = \dfrac{1}{12}$, 因此 $I_4 = \dfrac{1}{4}$. 于是所求积分 $I = \dfrac{1}{4}$.

解法 2 令 $\vec{v} = x^2 \vec{i} + y^2 \vec{j} + z^2 \vec{k}$, 则原积分 I 的向量形式为

$$I = \iint\limits_{S} \vec{v} \cdot \vec{n}\, \mathrm{d}S = \left(\iint\limits_{S_1} + \iint\limits_{S_2} + \iint\limits_{S_3} + \iint\limits_{S_4} \right) \vec{v} \cdot \vec{n}\, \mathrm{d}S.$$

在 S_1 上, 由于下侧的单位法向量是 $-\vec{k}$, 并且 $\mathrm{d}S = \mathrm{d}x\mathrm{d}y$, 所以

$$\iint\limits_{S_1} \vec{v} \cdot \vec{n}\, \mathrm{d}S = - \iint\limits_{S_1} z^2 \mathrm{d}x\mathrm{d}y = - \iint\limits_{S_1} 0 \mathrm{d}x\mathrm{d}y = 0.$$

同样可以得到

$$\iint\limits_{S_2} \vec{v} \cdot \vec{n}\, \mathrm{d}S = \iint\limits_{S_3} \vec{v} \cdot \vec{n}\, \mathrm{d}S = 0.$$

在 S_4 上, $\mathrm{d}S = \sqrt{3}\mathrm{d}x\mathrm{d}y$, $\vec{n} = \dfrac{1}{\sqrt{3}} \left(\vec{i} + \vec{j} + \vec{k} \right)$, 所以

$$\iint\limits_{S_4} \vec{v} \cdot \vec{n}\, \mathrm{d}S = \iint\limits_{D} \left(x^2 + y^2 + z^2 \right) \mathrm{d}x\mathrm{d}y$$

$$= \int_0^1 \mathrm{d}x \int_0^{1-x} \left[x^2 + y^2 + (1 - x - y)^2 \right] \mathrm{d}y$$

$$= \int_0^1 \left(-\frac{5}{3}x^3 + 3x^2 - 2x + \frac{2}{3} \right) \mathrm{d}x = \frac{1}{4}.$$

因而

$$I = \iint\limits_{S} \vec{v} \cdot \vec{n}\, \mathrm{d}S = \frac{1}{4}.$$

解法 3 利用高斯公式. 用 Ω 表示四面体区域, 则有

$$
\begin{array}{ccc}
& I & \dfrac{1}{4} \\
& \| & \| \\
\displaystyle\iint\limits_{S} x^2\mathrm{d}y\mathrm{d}z + y^2\mathrm{d}z\mathrm{d}x + z^2\mathrm{d}x\mathrm{d}y & & 6\displaystyle\int_0^1 x\left(\dfrac{1}{2}-x+\dfrac{1}{2}x^2\right)\mathrm{d}x \\
\| & & \| \\
\displaystyle\iiint\limits_{\Omega}\left(\dfrac{\partial\,(x^2)}{\partial x}+\dfrac{\partial\,(y^2)}{\partial y}+\dfrac{\partial\,(z^2)}{\partial z}\right)\mathrm{d}V & & 6\displaystyle\int_0^1 x\mathrm{d}x\int_0^{1-x}\mathrm{d}y\int_0^{1-x-y}\mathrm{d}z \\
& \| & \| \\
& 2\displaystyle\iiint\limits_{\Omega}(x+y+z)\,\mathrm{d}V \quad = \quad & 6\displaystyle\iiint\limits_{\Omega} x\mathrm{d}V
\end{array}
$$

例 8 计算 $I = \displaystyle\iint\limits_{S} x\,(y-z)\,\mathrm{d}y\mathrm{d}z + (x-y)\,\mathrm{d}x\mathrm{d}y$, 其中 S 为曲面

$x^2+y^2=1\ (0\leqslant z\leqslant 2)$ 的外侧.

解法 1 注意到曲面 S 在 Oxy 平面上的投影为一曲线, 所以

$\displaystyle\iint\limits_{S}(x-y)\,\mathrm{d}x\mathrm{d}y = 0$. 为了计算另一个积分, 将曲面 S 分成两部分:

$$S_1 : x = \sqrt{1-y^2}\ (0\leqslant z\leqslant 2)\,;$$

$$S_2 : x = -\sqrt{1-y^2}\ (0\leqslant z\leqslant 2)\,.$$

S_1 和 S_2 在 Oyz 平面上共同的投影为矩形 $D : -1\leqslant y\leqslant 1,\ 0\leqslant z\leqslant 2$. 在 S_1 和 S_2 上, 曲面的法向量与 Ox 轴的夹角余弦分别有正号和负号, 于是

$$
\begin{aligned}
\iint\limits_{S} x\,(y-z)\,\mathrm{d}y\mathrm{d}z &= \left(\iint\limits_{S_1}+\iint\limits_{S_2}\right) x\,(y-z)\,\mathrm{d}y\mathrm{d}z \\
&= \int_0^2\mathrm{d}z\int_{-1}^1\sqrt{1-y^2}\,(y-z)\,\mathrm{d}y \\
&\quad - \int_0^2\mathrm{d}z\int_{-1}^1\left(-\sqrt{1-y^2}\right)(y-z)\,\mathrm{d}y \\
&= 2\int_0^2\mathrm{d}z\int_{-1}^1\sqrt{1-y^2}\,(y-z)\,\mathrm{d}y
\end{aligned}
$$

342

$$= -2 \int_0^2 z \mathrm{d}z \int_{-1}^1 \sqrt{1-y^2} \mathrm{d}y$$

$$= -2 \cdot 2 \cdot \frac{\pi}{2} = -2\pi.$$

解法 2　原积分 I 可以改写成向量形式 $\iint\limits_S \vec{v} \cdot \vec{n} \mathrm{d}S$, 其中

$$\vec{v} = x(y-z)\,\vec{i} + (x-y)\,\vec{k}.$$

又注意到, 在 S 上, $x^2+y^2=1$, 其单位法向量 (外侧) 为 $\vec{n} = x\vec{i} + y\vec{j}$, 所以 $\vec{v} \cdot \vec{n} = x^2(y-z)$.

另一方面, 曲面取参数方程

$$x = \cos\theta, y = \sin\theta, z = z\,(0 \leqslant \theta \leqslant 2\pi, 0 \leqslant z \leqslant 2),$$

$$D = \{(\theta, r) | 0 \leqslant \theta \leqslant 2\pi, 0 \leqslant z \leqslant 2\},$$

则 $\mathrm{d}S = \mathrm{d}\theta \mathrm{d}z$, 于是

$$\iint\limits_S \vec{v} \cdot \vec{n} \mathrm{d}S = \iint\limits_S x^2(y-z)\,\mathrm{d}S = \iint\limits_D \cos^2\theta\,(\sin\theta - z)\,\mathrm{d}\theta \mathrm{d}z$$

$$= \int_0^{2\pi} \mathrm{d}\theta \int_0^2 \cos^2\theta\,(\sin\theta - z)\,\mathrm{d}z$$

$$= -\int_0^{2\pi} \cos^2\theta \mathrm{d}\theta \int_0^2 z \mathrm{d}z = -2\pi.$$

解法 3　用高斯公式. 设 S_1 为圆盘 $z = 2, x^2 + y^2 \leqslant 1$ (取上侧), S_2 为圆盘 $z = 0, x^2 + y^2 \leqslant 1$ (取下侧), 易知

$$\iint\limits_{S_1} x(y-z)\,\mathrm{d}y\mathrm{d}z + (x-y)\,\mathrm{d}x\mathrm{d}y$$

$$= -\iint\limits_{S_2} x(y-z)\,\mathrm{d}y\mathrm{d}z + (x-y)\,\mathrm{d}x\mathrm{d}y = 0,$$

于是

$$\iint\limits_{S} x\,(y-z)\,\mathrm{d}y\mathrm{d}z + (x-y)\,\mathrm{d}x\mathrm{d}y$$

$$= \iint\limits_{S+S_1+S_2} x\,(y-z)\,\mathrm{d}y\mathrm{d}z + (x-y)\,\mathrm{d}x\mathrm{d}y$$

$$= \iiint\limits_{\Omega} \left[\frac{\partial}{\partial x}\,(x(y-z)) + \frac{\partial}{\partial z}\,(x-y) \right] \mathrm{d}V$$

$$= \iiint\limits_{\Omega} (y-z)\,\mathrm{d}V = \iint\limits_{0 \leqslant x^2+y^2 \leqslant 1} \mathrm{d}x\mathrm{d}y \int_0^2 (y-z)\,\mathrm{d}z$$

$$= \iint\limits_{0 \leqslant x^2+y^2 \leqslant 1} (2y-2)\,\mathrm{d}x\mathrm{d}y = \iint\limits_{0 \leqslant x^2+y^2 \leqslant 1} -2\mathrm{d}x\mathrm{d}y = -2\pi.$$

例 9　设 $\Omega = \{(x,y,z) \in \mathbb{R}^3 \mid -\sqrt{a^2-x^2-y^2} \leqslant z \leqslant 0,\ a > 0\}$, S 为 Ω 的边界曲面外侧, 计算

$$I = \iint\limits_{S} \frac{ax\,\mathrm{d}y\mathrm{d}z + 2(x+a)y\,\mathrm{d}z\mathrm{d}x}{\sqrt{x^2+y^2+z^2+1}}.$$

解　设 $S_1 : z = -\sqrt{a^2-x^2-y^2}$(下侧), $S_2 : \begin{cases} x^2+y^2 \leqslant a^2, \\ z = 0 \end{cases}$ (上侧), 则有

$$\iint\limits_{S_2} \frac{ax\mathrm{d}y\mathrm{d}z + 2(x+a)y\mathrm{d}z\mathrm{d}x}{\sqrt{x^2+y^2+z^2+1}} = 0.$$

由此有

$$\iint\limits_{S} = \iint\limits_{S_1} + \iint\limits_{S_2} = \iint\limits_{S_1} = \frac{1}{\sqrt{a^2+1}} \iint\limits_{S_1} ax\mathrm{d}y\mathrm{d}z + 2(x+a)\mathrm{d}z\mathrm{d}x$$

$$= \frac{1}{\sqrt{a^2+1}} \left(\iint\limits_{S_1+S_2} - \iint\limits_{S_2} \right) ax\mathrm{d}y\mathrm{d}z + 2(x+a)\mathrm{d}z\mathrm{d}x$$

$$= \frac{1}{\sqrt{a^2+1}} \iint\limits_{S_1+S_2} ax\mathrm{d}y\mathrm{d}z + 2(x+a)y\mathrm{d}z\mathrm{d}x$$

$$= \frac{1}{\sqrt{a^2+1}} \iiint_\Omega [a+2(x+a)]\,\mathrm{d}V$$

$$= \frac{1}{\sqrt{a^2+1}} \iiint_\Omega (3a+2x)\mathrm{d}V$$

$$= \frac{1}{\sqrt{a^2+1}} \iiint_\Omega 3a\mathrm{d}V = \frac{3a}{\sqrt{a^2+1}} \cdot \frac{1}{2} \cdot \frac{4}{3}\pi a^3$$

$$= \frac{2\pi a^4}{\sqrt{a^2+1}}.$$

例 10　设曲面 S 为曲线

$$\begin{cases} z = \mathrm{e}^y, \\ x = 0, \end{cases} \quad (1 \leqslant y \leqslant 2)$$

绕 z 轴旋转一周所成曲面的下侧 (图 6.43), 计算第二型曲面积分

$$\iint_S 4zx\mathrm{d}y\mathrm{d}z - 2z\mathrm{d}z\mathrm{d}x + (1-z^2)\mathrm{d}x\mathrm{d}y.$$

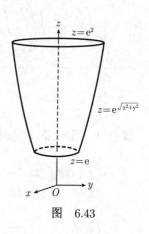

图 6.43

解法 1　用高斯公式. S 的方程为 $z = \mathrm{e}^{\sqrt{x^2+y^2}}$ $(1 \leqslant x^2+y^2 \leqslant 4)$. 补两平面 $S_1 : z = \mathrm{e},\ x^2+y^2 \leqslant 1$(下侧), $S_2 : z = \mathrm{e}^2,\ x^2+y^2 \leqslant 4$(上侧).

对任意 z, 由 $z = \mathrm{e}^{\sqrt{x^2+y^2}}$ 解出 $0 \leqslant x^2+y^2 \leqslant \ln^2 z$. 设 $D(z) = \{(x,y)|0 \leqslant x^2+y^2 \leqslant \ln^2 z\}$, 则有

$$\iint_{S+S_1+S_2} 4zx\mathrm{d}y\mathrm{d}z - 2z\mathrm{d}z\mathrm{d}x + (1-z^2)\mathrm{d}x\mathrm{d}y = 2\iiint_V z\mathrm{d}V$$

$$= 2\int_\mathrm{e}^{\mathrm{e}^2} z\mathrm{d}z \iint_{D(z)} \mathrm{d}\sigma = 2\pi \int_\mathrm{e}^{\mathrm{e}^2} z\ln^2 z\mathrm{d}z = \frac{5\pi}{2}\mathrm{e}^4 - \frac{\pi}{2}\mathrm{e}^2.$$

设 $D_{xy} : 1 \leqslant x^2+y^2 \leqslant 4$, 则

$$\iint_{S_1} 4zx\mathrm{d}y\mathrm{d}z - 2z\mathrm{d}z\mathrm{d}x + (1-z^2)\mathrm{d}x\mathrm{d}y$$

$$= -\iint\limits_{D_{xy}} (1 - e^2) dxdy = -(1 - e^2) \cdot \pi = \pi(e^2 - 1);$$

$$\iint\limits_{S_2} 4zx dydz - 2z dz dx + (1 - z^2) dxdy$$

$$= \iint\limits_{D_{xy}} (1 - e^4) dxdy = 4\pi(1 - e^4).$$

故原积分为

$$I = \left(\iint\limits_{S+S_1+S_2} - \iint\limits_{S_1} - \iint\limits_{S_2}\right) 4zx dydz - 2z dz dx + (1 - z^2) dxdy$$

$$= \frac{5\pi}{2} e^4 - \frac{\pi}{2} e^2 - \pi(e^2 - 1) - 4\pi(1 - e^4).$$

$$= \frac{13}{2} \pi e^4 - \frac{3}{2} \pi e^2 - 3\pi.$$

解法 2　用化第一型曲面积分. 设 $D_{xy} : 1 \leqslant x^2 + y^2 \leqslant 4$, 则

$$I = \iint\limits_{D_{xy}} (4zx, -2z, 1 - z^2) \cdot (z'_x, z'_y, -1) dxdy$$

$$= \iint\limits_{D_{xy}} e^{2\sqrt{x^2+y^2}} \left[\frac{4x^2}{\sqrt{x^2+y^2}} - \frac{2y}{\sqrt{x^2+y^2}} + 1\right] - \iint\limits_{D_{xy}} dxdy$$

$$= \int_0^{2\pi} d\theta \int_1^2 e^{2r} (4r \cos^2\theta - 2\sin\theta + 1) r dr - \pi(4 - 1)$$

$$= \frac{13}{2} \pi e^4 - \frac{3}{2} \pi e^2 - 3\pi.$$

例 11　求 $I = \iint\limits_{S} (x^3 \cos\alpha + y^3 \cos\beta + z^3 \cos\gamma) dS$, 其中 S 是

锥面 $z^2 = x^2 + y^2$ 在 $-1 \leqslant z \leqslant 0$ 的部分, $\cos\alpha, \cos\beta, \cos\gamma$ 是 S 上任一点 (x, y, z) 的法向量的方向余弦, 且 $\cos\gamma < 0$(图 6.44).

解法 1　补一块 $S_1 : \begin{cases} x^2 + y^2 \leqslant 1, \\ z = -1 \end{cases}$　法向量向上, 则

346

$$\iint\limits_{S} (x^3 \cos\alpha + y^3\cos\beta + z^3\cos\gamma)\mathrm{d}S$$

$$= \left(\iint\limits_{S+S_1} - \iint\limits_{S_1}\right)(x^3\cos\alpha$$

$$+ y^3\cos\beta + z^3\cos\gamma)\mathrm{d}S.$$

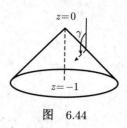

图 6.44

由在 S_1 法向量为 $\{0,0,1\}, z=-1$, 有

$$\iint\limits_{S_1}\left(x^3\cos\alpha + y^3\cos\beta + z^3\cos\gamma\right)\mathrm{d}S \qquad\qquad -\pi$$

$$\|\qquad\qquad\qquad\qquad\qquad\qquad \|$$

$$\iint\limits_{S_1}(-1)\,\mathrm{d}S \qquad\qquad === -\iint\limits_{x^2+y^2\leqslant 1}\mathrm{d}x\mathrm{d}y$$

再由高斯公式

$$\iint\limits_{S+S_1}\left(x^3\cos\alpha + y^3\cos\beta + z^3\cos\gamma\right)\mathrm{d}S \qquad -3\int_0^{2\pi}\mathrm{d}\theta\int_{\frac{3}{4}\pi}^\pi \sin\varphi\mathrm{d}\varphi\int_0^{-\frac{1}{\cos\varphi}}\rho^4\mathrm{d}\rho$$

$$\|\qquad\qquad\qquad\qquad\qquad\qquad\qquad \|$$

$$\iint\limits_{S+S_1}x^3\mathrm{d}y\mathrm{d}z + y^3\mathrm{d}z\mathrm{d}x + z^3\mathrm{d}x\mathrm{d}y \qquad === \qquad -3\iiint\limits_V (x^2+y^2+z^2)\,\mathrm{d}V$$

从此 U 形等式串的两端即知

$$\iint\limits_{S+S_1}\left(x^3\cos\alpha + y^3\cos\beta + z^3\cos\gamma\right)\mathrm{d}S$$

$$= -3\int_0^{2\pi}\mathrm{d}\theta\int_{\frac{3}{4}\pi}^\pi \sin\varphi\mathrm{d}\varphi\int_0^{-\frac{1}{\cos\varphi}}\rho^4\mathrm{d}\rho.$$

又由于

$$\int_0^{-\frac{1}{\cos\varphi}}\rho^4\mathrm{d}\rho = -\frac{1}{5\cos^5\varphi};$$

$$\int_{\frac{3}{4}\pi}^\pi \frac{-\sin\varphi}{5\cos^5\varphi}\mathrm{d}\varphi \overset{u=-\cos\varphi}{=====} \int_{\frac{1}{2}\sqrt{2}}^1 \left(\frac{1}{5u^5}\right)\mathrm{d}u = \frac{3}{20},$$

347

故有

$$\iint\limits_{S+S_1} \left(x^3 \cos\alpha + y^3 \cos\beta + z^3 \cos\gamma\right) \mathrm{d}S = \frac{3}{20} \cdot (-6\pi) = -\frac{9}{10}\pi,$$

于是

$$I = \left(\iint\limits_{S+S_1} - \iint\limits_{S_1}\right) (x^3 \cos\alpha + y^3 \cos\beta + z^3 \cos\gamma)\mathrm{d}S$$

$$= -\frac{9}{10}\pi - (-\pi) = \frac{1}{10}\pi.$$

解法 2　用简便算法计算.

由 $z^2 = x^2 + y^2(-1 \leqslant z \leqslant 0)$, 反解出曲面的方程 $z = -\sqrt{x^2 + y^2}$.
根据 $\cos\gamma < 0$, 则短曲面的法向量 $\overrightarrow{n} = \left\{\dfrac{\partial z}{\partial x}, \dfrac{\partial z}{\partial y}, -1\right\}$. 求偏导数得

$$\frac{\partial z}{\partial x} = -\frac{x}{\sqrt{x^2 + y^2}}, \quad \frac{\partial z}{\partial y} = -\frac{y}{\sqrt{x^2 + y^2}}.$$

由于

$$\{x^3, y^3, z^3\} \cdot \left\{-\frac{x}{\sqrt{x^2 + y^2}}, -\frac{y}{\sqrt{x^2 + y^2}}, -1\right\} \qquad\qquad r^3\left(1 - \cos^4\theta - \sin^4\theta\right)$$

$$\|\qquad\qquad\qquad\qquad\qquad\qquad\qquad\qquad\qquad \|$$

$$-\frac{x^4 + y^4}{\sqrt{x^2 + y^2}} + \left(x^2 + y^2\right)^{\frac{3}{2}} \qquad\qquad = -r^3\left(\cos^4\theta + \sin^4\theta\right) + r^3$$

于是

$$I = \int_0^{2\pi} \left(1 - \cos^4\theta - \sin^4\theta\right) \mathrm{d}\theta \int_0^1 r^4 \mathrm{d}r$$

$$= \frac{1}{5} \int_0^{2\pi} \left(1 - \cos^4\theta - \sin^4\theta\right) \mathrm{d}\theta = \frac{\pi}{10}.$$

例 12　计算曲面积分 $I = \iint\limits_S x^2\mathrm{d}y\mathrm{d}z + y^2\mathrm{d}z\mathrm{d}x + z^2\mathrm{d}x\mathrm{d}y$, 其中

S 为锥面 $z^2 = \dfrac{h^2}{a^2}\left(x^2 + y^2\right)(0 \leqslant z \leqslant h)$ 那部分的外侧 (图 6.45).

解法 1 补上平面 $S_1 : \begin{cases} x^2 + y^2 = a^2, \\ z = h, \end{cases}$ 则

$$I = I_2 - I_1 = \left(\iint\limits_{S+S_1} - \iint\limits_{S_1} \right) x^2 \mathrm{d}y\mathrm{d}z$$

$$+ y^2 \mathrm{d}z\mathrm{d}x + z^2 \mathrm{d}x\mathrm{d}y,$$

其中

$$I_1 = \iint\limits_{S_1} x^2 \mathrm{d}y\mathrm{d}z + y^2 \mathrm{d}z\mathrm{d}x + z^2 \mathrm{d}x\mathrm{d}y$$

$$= \iint\limits_{x^2+y^2 \leqslant a^2} h^2 \mathrm{d}x\mathrm{d}y = \pi a^2 h^2.$$

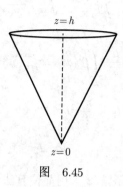

图 6.45

计算 I_2 用高斯公式：

$$I_2 = \iint\limits_{S+S_1} x^2 \mathrm{d}y\mathrm{d}z + y^2 \mathrm{d}z\mathrm{d}x + z^2 \mathrm{d}x\mathrm{d}y$$

$$= 2 \iiint\limits_V (x + y + z) \, \mathrm{d}x\mathrm{d}y\mathrm{d}z.$$

用"先一后二"的积分次序计算这个三重积分. 由题目条件知, V 投影在 Oxy 平面上的区域为 $D : x^2 + y^2 \leqslant a^2$. 故

$$I_2 = 2 \iint\limits_D \mathrm{d}x\mathrm{d}y \int_{\frac{h}{a}\sqrt{x^2+y^2}}^{h} (x + y + z) \, \mathrm{d}z$$

$$= 2 \iint\limits_D (x + y) \, \mathrm{d}x\mathrm{d}y \int_{\frac{h}{a}\sqrt{x^2+y^2}}^{h} \mathrm{d}z + 2 \iint\limits_D \mathrm{d}x\mathrm{d}y \int_{\frac{h}{a}\sqrt{x^2+y^2}}^{h} z\mathrm{d}z.$$

用柱坐标计算上式第一项：设 $x = r\cos\theta, y = r\sin\theta$, 则

$$2 \iint\limits_D (x + y) \, \mathrm{d}x\mathrm{d}y \int_{\frac{h}{a}\sqrt{x^2+y^2}}^{h} \mathrm{d}z \qquad\qquad 0$$

$$\|$$

$$2h \iint\limits_{\substack{0 \leqslant r \leqslant a \\ 0 \leqslant \theta < 2\pi}} A\left(1 - \frac{r}{a}\right) r^2 \mathrm{d}r\mathrm{d}\theta \quad === 2h \int_0^{2\pi} A\mathrm{d}\theta \int_0^a r^2 \left(1 - \frac{r}{a}\right) \mathrm{d}r$$

349

其中 $A = \sin\theta + \cos\theta$. 再用柱坐标计算上式第二项：

$$2\iint\limits_{D}\mathrm{d}x\mathrm{d}y\int_{\frac{h}{a}\sqrt{x^2+y^2}}^{h}z\mathrm{d}z \qquad\qquad \frac{\pi}{2}a^2h^2$$

$$\parallel \qquad\qquad\qquad\qquad\qquad \parallel$$

$$\frac{h^2}{a^2}\iint\limits_{D}\left(a^2-x^2-y^2\right)\mathrm{d}x\mathrm{d}y=\!=\frac{h^2}{a^2}\int_0^{2\pi}\mathrm{d}\theta\int_0^a\left(a^2-r^2\right)r\mathrm{d}r$$

于是 $I_2 = \dfrac{\pi}{2}a^2h^2$, 故

$$I = I_2 - I_1 = \frac{\pi}{2}a^2h^2 - \pi a^2h^2 = -\frac{\pi}{2}a^2h^2.$$

解法 2 用简便算法计算

$$I = \iint\limits_{S} x^2\mathrm{d}y\mathrm{d}z + y^2\mathrm{d}z\mathrm{d}x + z^2\mathrm{d}x\mathrm{d}y.$$

由 $z^2 = \dfrac{h^2}{a^2}\left(x^2+y^2\right)(0\leqslant z\leqslant h)$, 即 $z = \dfrac{h}{a}\sqrt{x^2+y^2}$, 求偏导数得

$$\frac{\partial z}{\partial x} = \frac{h}{a\sqrt{x^2+y^2}}x, \quad \frac{\partial z}{\partial y} = \frac{h}{a\sqrt{x^2+y^2}}y.$$

$$\left\{x^2, y^2, z^2\right\}\cdot\left\{\frac{hx}{a\sqrt{x^2+y^2}}, \frac{hy}{a\sqrt{x^2+y^2}}, -1\right\}$$

$$= \frac{h\left(x^3+y^3\right)}{a\sqrt{x^2+y^2}} - \frac{h^2}{a^2}\left(x^2+y^2\right).$$

空间曲面在 Oxy 平面上的投影区域为 $D: x^2+y^2 \leqslant a^2$, 利用第二型曲面积分的简便算法, 则有

$$I = \iint\limits_{D_{xy}}\left[\frac{h(x^3+y^3)}{a\sqrt{x^2+y^2}} - \frac{h^2}{a^2}(x^2+y^2)\right]\mathrm{d}x\mathrm{d}y \qquad\qquad -\frac{1}{2}\pi h^2 a^2$$

$$\parallel \qquad\qquad\qquad\qquad\qquad\qquad\qquad \parallel$$

$$\frac{h}{a}\iint\limits_{D}\left(\cos^3\theta + \sin^3\theta\right)r^2\mathrm{d}r - \frac{h^2}{a^2}\iint\limits_{D}r^3\mathrm{d}r =\!= 0 - \frac{h^2}{a^2}\int_0^{2\pi}\mathrm{d}\theta\int_0^a r^3\mathrm{d}r$$

350

例 13　计算 $\iint\limits_{S} x^3\mathrm{d}y\mathrm{d}z + y^3\mathrm{d}z\mathrm{d}x + z^3\mathrm{d}x\mathrm{d}y$, 其中 S 为球面 $x^2 + y^2 + z^2 = a^2$ 的外侧.

解法 1　将球面分为 $S_{上}, S_{下}$ 两个半球面, 则有

$$
\begin{aligned}
\iint\limits_{S} z^3\mathrm{d}x\mathrm{d}y &= \iint\limits_{S_{上}} \left(a^2 - x^2 - y^2\right)^{\frac{3}{2}}\mathrm{d}x\mathrm{d}y \\
&\quad - \iint\limits_{S_{下}} -\left(a^2 - x^2 - y^2\right)^{\frac{3}{2}}\mathrm{d}x\mathrm{d}y \\
&= 2\iint\limits_{D_{xy}} \left(a^2 - x^2 - y^2\right)^{\frac{3}{2}}\mathrm{d}x\mathrm{d}y \\
&= 2\int_0^{2\pi}\mathrm{d}\theta \int_0^a \left(a^2 - r^2\right)^{\frac{3}{2}} r\mathrm{d}r \\
&= -4\pi \left(a^2 - r^2\right)^{\frac{3}{2}} \left(\frac{1}{5}a^2 - \frac{1}{5}r^2\right)\bigg|_{r=0}^{r=a} = \frac{4}{5}\pi a^5.
\end{aligned}
$$

根据轮换对称性

$$
\iint\limits_{S} x^3\mathrm{d}y\mathrm{d}z = \iint\limits_{S} y^3\mathrm{d}z\mathrm{d}x = \iint\limits_{S} z^3\mathrm{d}x\mathrm{d}y = \frac{4}{5}\pi a^5,
$$

于是

$$
\iint\limits_{S} x^3\mathrm{d}y\mathrm{d}z + y^3\mathrm{d}z\mathrm{d}x + z^3\mathrm{d}x\mathrm{d}y = 3 \cdot \frac{4}{5}\pi a^5 = \frac{12}{5}\pi a^5.
$$

解法 2　用高斯公式. 设 $\Omega: x^2 + y^2 + z^2 \leqslant a^2$, 则

$$
\iint\limits_{S} x^3\mathrm{d}y\mathrm{d}z + y^3\mathrm{d}z\mathrm{d}x + z^3\mathrm{d}x\mathrm{d}y = 3\iiint\limits_{\Omega} \left(x^2 + y^2 + z^2\right)\mathrm{d}x\mathrm{d}y\mathrm{d}z
$$

$$
= 3\int_0^{2\pi}\mathrm{d}\theta \int_0^{\pi}\sin\varphi\mathrm{d}\varphi \int_0^a r^4\mathrm{d}r = \frac{12}{5}\pi a^5.
$$

例 14　设

$$
\Omega = \left\{(x, y, z) \in \mathbb{R}^3 \,\middle|\, -\sqrt{a^2 - x^2 - y^2} \leqslant z \leqslant 0,\ a > 0\right\},
$$

S 为 Ω 的边界曲面外侧, 计算 $I = \iint\limits_S \dfrac{ax\,\mathrm{d}y\mathrm{d}z + 2(x+a)y\,\mathrm{d}z\mathrm{d}x}{\sqrt{x^2+y^2+z^2+1}}$.

解 设

$$S_1 : z = -\sqrt{a^2-x^2-y^2}(\text{下侧}), \quad S_2 : \begin{cases} x^2+y^2 \leqslant a^2, \\ z = 0 \end{cases} \quad (\text{上侧}),$$

则有

$$\iint\limits_{S_2} \frac{ax\mathrm{d}y\mathrm{d}z + 2(x+a)y\mathrm{d}z\mathrm{d}x}{\sqrt{x^2+y^2+z^2+1}} = 0.$$

$$I = \iint\limits_{S_1} + \iint\limits_{S_2} = \iint\limits_{S_1} = \frac{1}{\sqrt{a^2+1}} \iint\limits_{S_1} ax\mathrm{d}y\mathrm{d}z + 2(x+a)y\mathrm{d}z\mathrm{d}x$$

$$= \frac{1}{\sqrt{a^2+1}} \left(\iint\limits_{S_1+S_2} - \iint\limits_{S_1} \right) ax\mathrm{d}y\mathrm{d}z + 2(x+a)y\mathrm{d}z\mathrm{d}x$$

$$= \frac{1}{\sqrt{a^2+1}} \iint\limits_{S_1+S_2} ax\mathrm{d}y\mathrm{d}z + 2(x+a)y\mathrm{d}z\mathrm{d}x$$

$$= \frac{1}{\sqrt{a^2+1}} \iiint\limits_{\Omega} [a+2(x+a)]\,\mathrm{d}V$$

$$= \frac{1}{\sqrt{a^2+1}} \iiint\limits_{\Omega} (3a+2x)\mathrm{d}V$$

$$= \iiint\limits_{\Omega} 3a\mathrm{d}V = \frac{3a}{\sqrt{a^2+1}} \cdot \frac{1}{2} \cdot \frac{4}{3}\pi a^3 = \frac{2\pi a^4}{\sqrt{a^2+1}}.$$

例 15 求 $\iint\limits_S |xyz|\,\mathrm{d}S$, 其中 S 为曲面 $z = x^2+y^2$ 被平面 $z = 1$ 所割下的部分.

解 已知 $S : z = x^2+y^2, S$ 在 Oxy 平面上的投影区域为 D_{xy}: $x^2+y^2 \leqslant 1$, 则

$$\mathrm{d}S = \sqrt{1+4x^2+4y^2}\mathrm{d}x\mathrm{d}y.$$

由对称性, 记 S_1 为 $z = x^2+y^2(x \geqslant 0, y \geqslant 0)$, 其投影区域 $D_1 = $

352

$\{(x,y)|x^2+y^2 \leqslant 1, x>0, y>0\}$, 则有

$$\iint\limits_{S} |xyz|\,\mathrm{d}S = 4\iint\limits_{S_1} xyz\mathrm{d}S$$

$$= 4\iint\limits_{D_1} xy\left(x^2+y^2\right)\sqrt{1+4x^2+4y^2}\mathrm{d}x\mathrm{d}y$$

$$= 4\int_0^{\frac{\pi}{2}}\mathrm{d}\theta\int_0^1 r^5\sqrt{1+4r^2}\sin\theta\cos\theta\mathrm{d}r$$

$$= 2\int_0^1 r^4\sqrt{1+4r^2}\frac{1}{2}\mathrm{d}r^2$$

$$\xlongequal{u=r^2}\int_0^1 u^2\sqrt{1+4u}\mathrm{d}u.$$

再令 $\sqrt{1+4u}=t$, $u=\dfrac{1}{4}t^2-\dfrac{1}{4}$, $\mathrm{d}u=\dfrac{1}{2}t\mathrm{d}t$, 代入上式则有

$$\int_0^1 u^2\sqrt{1+4u}\mathrm{d}u = \int_1^{\sqrt{5}} t\left(\frac{1}{4}t^2-\frac{1}{4}\right)^2\cdot\frac{1}{2}t\mathrm{d}t = \frac{25}{84}\sqrt{5}-\frac{1}{420}.$$

例 16　求 $I = \iint\limits_{\Sigma} xyz\left(y^2z^2+z^2x^2+x^2y^2\right)\mathrm{d}S$, 其中 Σ 是球面 $x^2+y^2+z^2=a^2$ ($a>0$, 第一卦限).

解　鉴于 Σ 的法向量计算比较简单, 考虑将 I 转化为第二型曲面积分来计算. 事实上, Σ 的外法向量

$$\overrightarrow{n} = \{\cos\alpha,\cos\beta,\cos\gamma\} = \left\{\frac{x}{a},\frac{y}{a},\frac{z}{a}\right\},$$

从而

$$I = \iint\limits_{\Sigma}\left(xy^3z^3+yx^3z^3+zx^3y^3\right)\mathrm{d}S$$

$$= a\iint\limits_{\Sigma}\left(\frac{x}{a}y^3z^3+\frac{y}{a}x^3z^3+\frac{z}{a}x^3y^3\right)\mathrm{d}S$$

$$= a\iint\limits_{\Sigma}\left(y^3z^3\cos\alpha+x^3z^3\cos\beta+x^3y^3\cos\gamma\right)\mathrm{d}S$$

$$= a \iint_{\Sigma} y^3 z^3 \mathrm{d}y\mathrm{d}z + x^3 z^3 \mathrm{d}z\mathrm{d}x + x^3 y^3 \mathrm{d}x\mathrm{d}y$$

$$= 3a \iint_{\Sigma} x^3 y^3 \mathrm{d}x\mathrm{d}y = 3a \iint_{D_{xy}} x^3 y^3 \mathrm{d}x\mathrm{d}y,$$

其中 $D_{xy} = \{(x,y) \mid 0 \leqslant r \leqslant a, 0 \leqslant \theta \leqslant \pi/2\}$. 于是

$$I = 3a \int_0^{\frac{\pi}{2}} \mathrm{d}\theta \int_0^a r^7 \sin^3 \theta \cos^3 \theta \mathrm{d}r$$

$$= 3a \int_0^{\frac{\pi}{2}} \sin^3 \theta \cos^3 \theta \mathrm{d}\theta \int_0^a r^7 \mathrm{d}r$$

$$= \frac{3}{64} a^9 \int_0^{\frac{\pi}{2}} \sin^3 2\theta \mathrm{d}\theta = \frac{1}{32} a^9.$$

例 17 设 $f(x,y,z)$ 表示从原点到椭球面

$$\Sigma : \frac{x^2}{a^2} + \frac{y^2}{b^2} + \frac{z^2}{c^2} = 1$$

上点 $P(x,y,z)$ 的切平面的距离, 求证:

$$\iint_{\Sigma} \frac{\mathrm{d}S}{f(x,y,z)} = \frac{4\pi}{3abc} \left(b^2 c^2 + a^2 c^2 + a^2 b^2 \right).$$

证 对 Σ 的方程两边微分得到

$$\frac{x}{a^2} \mathrm{d}x + \frac{y}{b^2} \mathrm{d}y + \frac{z}{c^2} \mathrm{d}z = 0.$$

由此易知 Σ 上点 $P(x,y,z)$ 处的外法向量为

$$\overrightarrow{n} = \left\{ \frac{x}{a^2}, \frac{y}{b^2}, \frac{z}{c^2} \right\}.$$

点 $P(x,y,z)$ 处的切平面方程为

$$\frac{x}{a^2}(X-x) + \frac{y}{b^2}(Y-y) + \frac{z}{c^2}(Z-z) = 0.$$

原点到此切平面的距离为

$$f(x,y,z) = \frac{1}{\sqrt{\left(\frac{x}{a^2}\right)^2 + \left(\frac{y}{b^2}\right)^2 + \left(\frac{z}{c^2}\right)^2}},$$

因此有

$$\iint\limits_{\Sigma} \frac{\mathrm{d}S}{f(x,y,z)} = \iint\limits_{\Sigma} \sqrt{\left(\frac{x}{a^2}\right)^2 + \left(\frac{y}{b^2}\right)^2 + \left(\frac{z}{c^2}\right)^2}\,\mathrm{d}S$$

$$= \iint\limits_{\Sigma} \left(\frac{x}{a^2}\cos\alpha + \frac{y}{b^2}\cos\beta + \frac{z}{c^2}\cos\gamma\right)\mathrm{d}S$$

$$= \iint\limits_{\Sigma} \frac{x}{a^2}\mathrm{d}y\mathrm{d}z + \frac{y}{b^2}\mathrm{d}z\mathrm{d}x + \frac{z}{c^2}\mathrm{d}x\mathrm{d}y. \tag{1}$$

到此我们将所求的第一型曲面积分转化为第二型曲面积分, 接着对 (1) 式应用高斯公式. 记 $V : \dfrac{x^2}{a^2} + \dfrac{y^2}{b^2} + \dfrac{z^2}{c^2} \leqslant 1$, 则有

$$\iint\limits_{\Sigma} \frac{x}{a^2}\mathrm{d}y\mathrm{d}z + \frac{y}{b^2}\mathrm{d}z\mathrm{d}x + \frac{z}{c^2}\mathrm{d}x\mathrm{d}y$$

$$= \iiint\limits_{V} \left(\frac{1}{a^2} + \frac{1}{b^2} + \frac{1}{c^2}\right)\mathrm{d}x\mathrm{d}y\mathrm{d}z$$

$$= \frac{4\pi abc}{3}\left(\frac{1}{a^2} + \frac{1}{b^2} + \frac{1}{c^2}\right)$$

$$= \frac{4\pi}{3abc}\left(b^2c^2 + a^2c^2 + a^2b^2\right).$$

例 18 求第二型曲面积分 $\iint\limits_{S} \dfrac{\mathrm{e}^z}{\sqrt{x^2+y^2}}\mathrm{d}x\mathrm{d}y$, S 为锥面 $z = \sqrt{x^2+y^2}$ 及平面 $z = 1, z = 2$ 所围立体的表面外侧 (图 6.46).

解 所求的是第二型曲面积分, 即

$$\iint\limits_{S} \frac{\mathrm{e}^z}{\sqrt{x^2+y^2}}\mathrm{d}x\mathrm{d}y = \iint\limits_{S} \frac{\mathrm{e}^z}{\sqrt{x^2+y^2}}\cos\left(\overrightarrow{n}, \overrightarrow{k}\right)\mathrm{d}S.$$

如图 6.46 所示, S 可分成三个曲面 $S = S_1 + S_2 + S_3$, 分别计算在其上的第二型曲面积分.

① 在 S_1 上, $z = 1$, $\cos\left(\overrightarrow{n}, \overrightarrow{k}\right)\mathrm{d}S = -\mathrm{d}x\mathrm{d}y$ 及 S_1 在 Oxy 平面上的投影区域为 $D_1 = \{(x,y) \mid x^2 + y^2 \leqslant 1\}$, 于是有

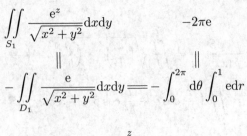

$$\iint\limits_{S_1} \frac{\mathrm{e}^z}{\sqrt{x^2+y^2}}\mathrm{d}x\mathrm{d}y \qquad\qquad -2\pi\mathrm{e}$$

$$\|\qquad\qquad\qquad\qquad\|$$

$$-\iint\limits_{D_1} \frac{\mathrm{e}}{\sqrt{x^2+y^2}}\mathrm{d}x\mathrm{d}y = = -\int_0^{2\pi}\mathrm{d}\theta\int_0^1 \mathrm{e}\mathrm{d}r$$

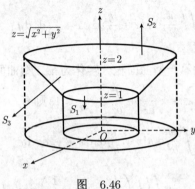

图 6.46

从此 U 形等式串的两端即知

$$\iint\limits_{S_1} \frac{\mathrm{e}^z}{\sqrt{x^2+y^2}}\mathrm{d}x\mathrm{d}y = -2\pi\mathrm{e}.$$

② 在 S_2 上, $z=2$, $\cos\left(\overrightarrow{n},\overrightarrow{k}\right)\mathrm{d}S = \mathrm{d}x\mathrm{d}y$ 及 S_2 在 Oxy 平面上的投影区域为 $D_2 = \left\{(x,y)\,|\,x^2+y^2 \leqslant 4\right\}$, 于是有

$$\iint\limits_{S_2} \frac{\mathrm{e}^z}{\sqrt{x^2+y^2}}\mathrm{d}x\mathrm{d}y \qquad\qquad 4\pi\mathrm{e}^2$$

$$\|\qquad\qquad\qquad\qquad\|$$

$$\iint\limits_{D_2} \frac{\mathrm{e}^2}{\sqrt{x^2+y^2}}\mathrm{d}x\mathrm{d}y = = \int_0^{2\pi}\mathrm{d}\theta\int_0^2 \mathrm{e}^2\mathrm{d}r$$

从此 U 形等式串的两端即知

$$\iint\limits_{S_2} \frac{\mathrm{e}^z}{\sqrt{x^2+y^2}}\mathrm{d}x\mathrm{d}y = 4\pi\mathrm{e}^2.$$

356

③ 在 S_3 上, $z = \sqrt{x^2 + y^2}$, $\cos\left(\vec{n}, \vec{k}\right) \mathrm{d}S = -\mathrm{d}x\mathrm{d}y$ 及 S_3 在 Oxy 平面上的投影区域为 $D_3 = \{(x, y) \mid 1 \leqslant x^2 + y^2 \leqslant 4\}$, 于是有

$$\iint\limits_{S_3} \frac{\mathrm{e}^z}{\sqrt{x^2 + y^2}}\mathrm{d}x\mathrm{d}y \qquad\qquad -2\pi\mathrm{e}\,(\mathrm{e} - 1)$$

$$\| \qquad\qquad\qquad\qquad \|$$

$$-\iint\limits_{D_3} \frac{\mathrm{e}^{\sqrt{x^2+y^2}}}{\sqrt{x^2 + y^2}}\mathrm{d}x\mathrm{d}y = \int_0^{2\pi} \mathrm{d}\theta \int_1^2 \mathrm{e}^r \mathrm{d}r$$

从此 U 形等式串的两端即知

$$\iint\limits_{S_3} \frac{\mathrm{e}^z}{\sqrt{x^2 + y^2}}\mathrm{d}x\mathrm{d}y = -2\pi\mathrm{e}\,(\mathrm{e} - 1)\,.$$

因此, 我们要计算的积分为

$$\iint\limits_{S} \frac{\mathrm{e}^z}{\sqrt{x^2 + y^2}}\mathrm{d}x\mathrm{d}y \qquad\qquad 2\pi\mathrm{e}^2$$

$$\| \qquad\qquad\qquad\qquad \|$$

$$\iint\limits_{S_1+S_2+S_3} \frac{\mathrm{e}^z}{\sqrt{x^2 + y^2}}\mathrm{d}x\mathrm{d}y = -2\pi\mathrm{e} + 4\pi\mathrm{e}^2 - 2\pi\mathrm{e}\,(\mathrm{e} - 1)$$

从此 U 形等式串的两端即知

$$\iint\limits_{S} \frac{\mathrm{e}^z}{\sqrt{x^2 + y^2}}\mathrm{d}x\mathrm{d}y = 2\pi\mathrm{e}^2\,.$$

例 19 求第二型曲线积分 $\int_L xyz\mathrm{d}z$, 其中 L 为 $x^2 + y^2 + z^2 = 1$ 与 $y = z$ 相交而成的圆, 方向依次经过第一、二、七、八卦限 (图 6.47).

解 取 S 为平面 $y = z$ 上的 L 所围的圆域. 依题意, L 依次经过第一、二、七、八卦限, 因而 L 在 Oxy 平面上的投影椭圆依次经过第一、二、三、四卦限, 即对着 Oz 轴正向看去应是逆时针方向, 所以 S 的法向量与 Oz 轴的夹角为锐角, 从而易知其单位法向量为

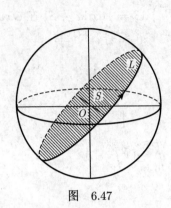

$$\vec{n} = \left\{ 0, -\frac{1}{\sqrt{2}}, \frac{1}{\sqrt{2}} \right\}.$$

记 $\vec{A} = \{0, 0, xyz\}$，则有 $\mathrm{rot}\,\vec{A} = \{xz, -yz, 0\}$. 根据斯托克斯公式，

$$\int_L xyz\mathrm{d}z = \iint\limits_S \mathrm{rot}\,\vec{A} \cdot \vec{n}\,\mathrm{d}S$$

$$= \iint\limits_S xz\mathrm{d}y\mathrm{d}z - yz\mathrm{d}z\mathrm{d}x.$$

图　6.47

用简便算法计算上式右端积分. 设

$$P = xz, \quad Q = -yz, \quad R = 0,$$

由 $y = z$，求偏导数得

$$\frac{\partial y}{\partial x} = 0, \quad \frac{\partial y}{\partial z} = 1.$$

注意 $\vec{n} \cdot \vec{j} < 0$，即 S 是取左侧，于是得

$$\iint\limits_S xz\mathrm{d}y\mathrm{d}z - yz\mathrm{d}z\mathrm{d}x = \iint\limits_{D_{xz}} z^2\mathrm{d}z\mathrm{d}x,$$

其中 $D_{xz} : x^2 + 2z^2 \leqslant 1$.

最后用广义极坐标 $\begin{cases} x = r\cos\theta, \\ y = \dfrac{1}{\sqrt{2}}r\sin\theta, \end{cases}$ 则有

$$\begin{vmatrix} x_r' & x_\theta' \\ z_r' & z_\theta' \end{vmatrix} = \begin{vmatrix} \cos\theta & -r\sin\theta \\ \dfrac{1}{\sqrt{2}}\sin\theta & \dfrac{1}{\sqrt{2}}r\cos\theta \end{vmatrix} = \frac{1}{\sqrt{2}}r.$$

$$\iint\limits_{D_{xz}} z^2\mathrm{d}z\mathrm{d}x = \int_0^{2\pi}\mathrm{d}\theta\int_0^1 \left(\frac{1}{\sqrt{2}}\right)^2 r^2\sin^2\theta \cdot \frac{1}{\sqrt{2}}r\mathrm{d}r$$

$$= \int_0^{2\pi}\sin^2\theta\mathrm{d}\theta\int_0^1 \left(\frac{1}{\sqrt{2}}\right)^3 r^3\mathrm{d}r$$

$$= \pi \cdot \frac{\sqrt{2}}{16} = \frac{\sqrt{2}}{16}\pi.$$

358

例 20 求第二型曲线积分

$$I = \oint_C \left(y^2 - z^2\right) \mathrm{d}x + \left(z^2 - x^2\right) \mathrm{d}y + \left(x^2 - y^2\right) \mathrm{d}z,$$

其中 C 为用平面 $x + y + z = \dfrac{3}{2}a$ 切立方体

$$\Omega = \{(x, y, z) | 0 \leqslant x \leqslant a, 0 \leqslant y \leqslant a, 0 \leqslant z \leqslant a\}$$

的表面所得的切痕, 其方向取从 x 轴正向看去逆时针的方向 (图 6.48).

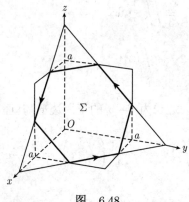

图 6.48

分析　如图 6.48 所示, 可分六段积分, 但计算量很大, 且 C 也不便表示为统一的参数式. 因为 C 为闭曲线, 且 $P = y^2 - z^2, Q = z^2 - x^2, R = x^2 - y^2$ 连续可微, 故考虑用斯托克斯公式.

解　令 Σ 是 C 所围的区域, 为了 Σ 的取向与题意中的 C 的取向相容, 规定 Σ 取上侧, 其法向量为 $\{1, 1, 1\}$, 方向余弦为

$$\cos\alpha = \cos\beta = \cos\gamma = \frac{1}{\sqrt{3}}.$$

于是, 由斯托克斯公式知

$$I = \iint\limits_{\Sigma} \begin{vmatrix} \cos\alpha & \cos\beta & \cos\gamma \\ \dfrac{\partial}{\partial x} & \dfrac{\partial}{\partial y} & \dfrac{\partial}{\partial z} \\ y^2 - z^2 & z^2 - x^2 & x^2 - y^2 \end{vmatrix} \mathrm{d}S$$

359

$$= \iint\limits_{\Sigma} \begin{vmatrix} \dfrac{1}{\sqrt{3}} & \dfrac{1}{\sqrt{3}} & \dfrac{1}{\sqrt{3}} \\ \dfrac{\partial}{\partial x} & \dfrac{\partial}{\partial y} & \dfrac{\partial}{\partial z} \\ y^2 - z^2 & z^2 - x^2 & x^2 - y^2 \end{vmatrix} dS$$

$$= -\frac{4}{\sqrt{3}} \iint\limits_{\Sigma} (x + y + z) \, dS$$

$$= -\frac{4}{\sqrt{3}} \iint\limits_{\Sigma} \frac{3}{2} a \, dS$$

$$= -2\sqrt{3} a \iint\limits_{\Sigma} dS.$$

最后, 因为 Σ 为边长为 $\dfrac{\sqrt{2}}{2} a$ 的正六边形, 其面积为

$$\iint\limits_{\Sigma} dS = 6 \cdot \frac{\sqrt{3}}{4} \left(\frac{\sqrt{2}}{2} a \right)^2 = \frac{3\sqrt{3}}{4} a^2.$$

所以

$$I = -2\sqrt{3} a \cdot \frac{3\sqrt{3}}{4} a^2 = -\frac{9}{2} a^3.$$

例 21　求第二型曲面积分

$$I = \iint\limits_{S} (y - z) \, dy dz + (z - x) \, dz dx + (x - y) \, dx dy,$$

其中 S 是上半球面 $x^2 + y^2 + z^2 = 2Rx \ (z \geqslant 0)$ 被柱面 $x^2 + y^2 = 2rx$ 所截部分的上侧.

解　如图 6.49 所示, 改写球面方程 $x^2 + y^2 + z^2 = 2Rx$ 为

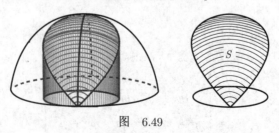

图　6.49

$$(x - R)^2 + y^2 + z^2 = R^2,$$

其外侧的法向量是 $\vec{n} = \left\{\dfrac{x-R}{R}, \dfrac{y}{R}, \dfrac{z}{R}\right\}$, 将所求的第二型曲面积分转化为第一型曲面积分, 即

$$\iint\limits_{S} (y-z)\,\mathrm{d}y\mathrm{d}z + (z-x)\,\mathrm{d}z\mathrm{d}x + (x-y)\,\mathrm{d}x\mathrm{d}y$$

$$= \iint\limits_{S} \{y-z, z-x, x-y\} \cdot \vec{n}\,\mathrm{d}S$$

$$= \iint\limits_{S} \{y-z, z-x, x-y\} \cdot \left\{\dfrac{x-R}{R}, \dfrac{y}{R}, \dfrac{z}{R}\right\}\mathrm{d}S$$

$$= \dfrac{1}{R} \iint\limits_{S} -R\,(y-z)\,\mathrm{d}S = \iint\limits_{S} (z-y)\,\mathrm{d}S.$$

因为 S 关于 Oxz 平面对称, 而函数 y 是奇函数, 所以 $\iint\limits_{S} y\mathrm{d}S = 0$. 又 $D_{xy} : x^2 + y^2 \leqslant 2rx$ 的面积为 πr^2. 于是有

$$I = \iint\limits_{S} z\mathrm{d}S = \iint\limits_{D_{xy}} \sqrt{2Rx - x^2 - y^2} \dfrac{R}{\sqrt{2Rx - x^2 - y^2}}\mathrm{d}x\mathrm{d}y$$

$$= R \iint\limits_{D_{xy}} \mathrm{d}x\mathrm{d}y = \pi r^2 R.$$

例 22　求 $\displaystyle\iint\limits_{S} \dfrac{x\mathrm{d}y\mathrm{d}z + z^2\mathrm{d}x\mathrm{d}y}{x^2 + y^2 + z^2}$, 其中 S 为柱面 $x^2 + y^2 = R^2$ 及 $z = -R,\, z = R$ 所围成的立体表面外侧.

解　设 $P = \dfrac{x}{x^2 + y^2 + z^2}, Q = 0, R = \dfrac{z^2}{x^2 + y^2 + z^2}$. 由于 P, R 在 $(0, 0, 0)$ 处不连续, 不可用高斯公式. 这里转化为二重积分计算. 如图 6.50 所示,

$$S = S_1 + S_2 + S_3.$$

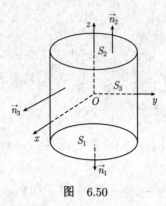

图 6.50

将所求积分拆项为

$$\iint\limits_{S} \frac{x\mathrm{d}y\mathrm{d}z + z^2\mathrm{d}x\mathrm{d}y}{x^2 + y^2 + z^2} = \iint\limits_{S} \frac{x\mathrm{d}y\mathrm{d}z}{x^2 + y^2 + z^2} + \iint\limits_{S} \frac{z^2\mathrm{d}x\mathrm{d}y}{x^2 + y^2 + z^2}.$$

先看第一项:

$$\iint\limits_{S_1} \frac{x\mathrm{d}y\mathrm{d}z}{x^2 + y^2 + z^2} = \iint\limits_{S_2} \frac{x\mathrm{d}y\mathrm{d}z}{x^2 + y^2 + z^2} = 0(\text{因为 } \mathrm{d}y\mathrm{d}z = 0);$$

$$S_3 : x = \pm\sqrt{R^2 - y^2}, \quad D_{yz} : \begin{cases} -R \leqslant y \leqslant R, \\ -R \leqslant z \leqslant R. \end{cases}$$

$$\iint\limits_{S_3} \frac{x\mathrm{d}y\mathrm{d}z}{x^2 + y^2 + z^2} = \iint\limits_{S_{3\text{前}}} \frac{\sqrt{R^2 - y^2}\mathrm{d}y\mathrm{d}z}{R^2 + z^2} + \iint\limits_{S_{3\text{后}}} \frac{-\sqrt{R^2 - y^2}\mathrm{d}y\mathrm{d}z}{R^2 + z^2}$$

$$= \iint\limits_{D_{yz}} \frac{\sqrt{R^2 - y^2}\mathrm{d}y\mathrm{d}z}{R^2 + z^2} - \iint\limits_{D_{yz}} \frac{-\sqrt{R^2 - y^2}\mathrm{d}y\mathrm{d}z}{R^2 + z^2}$$

$$= 2\iint\limits_{D_{yz}} \frac{\sqrt{R^2 - y^2}\mathrm{d}y\mathrm{d}z}{R^2 + z^2} = 2\int_{-R}^{R} \frac{1}{R^2 + z^2}\mathrm{d}z \int_{-R}^{R} \sqrt{R^2 - y^2}\mathrm{d}y$$

$$= 8\int_{0}^{R} \frac{1}{R^2 + z^2}\mathrm{d}z \int_{0}^{R} \sqrt{R^2 - y^2}\mathrm{d}y$$

$$= 8 \cdot \frac{1}{4}\pi R^2 \cdot \frac{\pi}{4R} = \frac{1}{2}\pi^2 R.$$

再看第二项:

$$S_1 : z = -R, \quad D_{xy} : x^2 + y^2 \leqslant R^2,$$

$$S_2 : z = R, \quad D_{xy} : x^2 + y^2 \leqslant R^2.$$

$$\iint\limits_{S_1+S_2} \frac{z^2 \mathrm{d}x\mathrm{d}y}{x^2 + y^2 + z^2} = \iint\limits_{D_{xy}} \frac{R^2}{x^2 + y^2 + R^2} \mathrm{d}x\mathrm{d}y$$
$$- \iint\limits_{D_{xy}} \frac{R^2}{x^2 + y^2 + R^2} \mathrm{d}x\mathrm{d}y = 0;$$

$$\iint\limits_{S_3} \frac{z^2 \mathrm{d}x\mathrm{d}y}{x^2 + y^2 + z^2} = 0 (因为 \ \mathrm{d}x\mathrm{d}y = \cos\gamma \mathrm{d}S = 0).$$

综上所述, 原积分为 $\dfrac{1}{2}\pi^2 R$.

第七章 无穷级数

§1 数 项 级 数

内 容 提 要

给出数列 $a_1, a_2, , \cdots, a_n, \cdots$，则称 $a_1 + a_2 + \cdots + a_n + \cdots$ 或 $\sum\limits_{n=1}^{\infty} a_n$ 为**无穷级数**，简称**级数**；称前 n 项部分和数列

$$S_n = \sum_{k=1}^{n} a_k$$

为**部分和数列**；称 a_n 为**通项**，$a_n = S_n - S_{n-1}$.

1. 收敛与发散定义

若 $\lim\limits_{n \to \infty} S_n = A$ (有限数)，则称 $\sum\limits_{n=1}^{\infty} a_n$ **收敛**，A 称为**级数的和**；若 $\lim\limits_{n \to \infty} S_n = \infty$ 或不存在，则称 $\sum\limits_{n=1}^{\infty} a_n$ **发散**.

按极限的定义，当它的部分和数列的极限收敛时，级数 $\sum\limits_{n=1}^{\infty} a_n$ 这无穷个数的和才有意义

2. 级数收敛的必要条件

定理 $\sum\limits_{n=1}^{\infty} a_n$ 收敛 $\Longrightarrow \lim\limits_{n \to \infty} a_n = 0$.

3. 正项级数

若 $a_n > 0$，则称 $\sum\limits_{n=1}^{\infty} a_n$ 为**正项级数**.

正项级数部分和数列 $\{S_n\}$ 单调递增.

正项级数的审敛法，常用的有以下判别法：

定理 1 (收敛准则) 正项级数 $\displaystyle\sum_{n=1}^{\infty} a_n$ 收敛的充分必要条件是部分和数列 $\{S_n\}$ 有界.

定理 2 (比较判别法) 对任意的正整数 N, 若当 $n \geqslant N$ 时, 有 $0 \leqslant a_n \leqslant b_n$, 那么,

$$\sum_{n=1}^{\infty} b_n \text{ 收敛} \implies \sum_{n=1}^{\infty} a_n \text{ 收敛 ("大头"收敛} \implies \text{"小头"收敛)};$$

$$\sum_{n=1}^{\infty} a_n \text{ 发散} \implies \sum_{n=1}^{\infty} b_n \text{ 发散 ("小头"发散} \implies \text{"大头"发散)}.$$

定理 3 (比较判别法的极限形式) 若 $\displaystyle\lim_{n\to\infty} \frac{a_n}{b_n} = k$, 则

当 $k = 0$ 时, $\displaystyle\sum_{n=1}^{\infty} b_n$ 收敛 $\implies \displaystyle\sum_{n=1}^{\infty} a_n$ 收敛;

当 $k = +\infty$ 时, $\displaystyle\sum_{n=1}^{\infty} b_n$ 发散 $\implies \displaystyle\sum_{n=1}^{\infty} a_n$ 发散;

当 $k \neq 0, +\infty$ 时, $\displaystyle\sum_{n=1}^{\infty} a_n$ 与 $\displaystyle\sum_{n=1}^{\infty} b_n$ 同敛散性.

定理 4 (比值判别法) 给定级数 $\displaystyle\sum_{n=1}^{\infty} a_n (a_n > 0)$, 若 $\displaystyle\lim_{n\to\infty} \frac{a_{n+1}}{a_n} = k$, 则

当 $k < 1$ 时, $\displaystyle\sum_{n=1}^{\infty} a_n$ 收敛;

当 $k > 1$ 时, $\displaystyle\sum_{n=1}^{\infty} a_n$ 发散;

当 $k = 1$ 时, $\displaystyle\sum_{n=1}^{\infty} a_n$ 可能收敛也可能发散 (此法失效).

定理 5 (根值判别法) 给定级数 $\displaystyle\sum_{n=1}^{\infty} a_n (a_n > 0)$, 若 $\displaystyle\lim_{n\to\infty} \sqrt[n]{a_n} = k$, 则

当 $k < 1$ 时, $\displaystyle\sum_{n=1}^{\infty} a_n$ 收敛;

当 $k > 1$ 时, $\displaystyle\sum_{n=1}^{\infty} a_n$ 发散;

当 $k = 1$ 时, $\displaystyle\sum_{n=1}^{\infty} a_n$ 可能收敛也可能发散 (此法失效).

定理 6 (柯西积分判别法) 设 $f(x)$ 是定义在 $x > 1$ 上的非负、单调递减

的连续函数, 记 $a_n = f(n)$, 则 $\sum\limits_{n=1}^{\infty} a_n$ 与 $\int_1^{+\infty} f(x)\,\mathrm{d}x$ 有相同的敛散性.

4. 任意项级数

有无穷多个正项和无穷多个负项的级数, 则称其为**任意项级数**.

特别地, $\sum\limits_{n=1}^{\infty} (-1)^{n-1} a_n (a_n > 0)$ 称为**交错级数**.

绝对收敛与条件收敛

定义 设 $\sum\limits_{n=1}^{\infty} u_n$ 为任意项级数.

若 $\sum\limits_{n=1}^{\infty} |u_n|$ 收敛, 称 $\sum\limits_{n=1}^{\infty} u_n$ 为**绝对收敛**;

若 $\sum\limits_{n=1}^{\infty} |u_n|$ 发散, $\sum\limits_{n=1}^{\infty} u_n$ 收敛, 称 $\sum\limits_{n=1}^{\infty} u_n$ 为**条件收敛**.

定理 7 $\sum\limits_{n=1}^{\infty} |u_n|$ 收敛 $\Longrightarrow \sum\limits_{n=1}^{\infty} u_n$ 收敛.

下图给出了绝对收敛与条件收敛的逻辑关系.

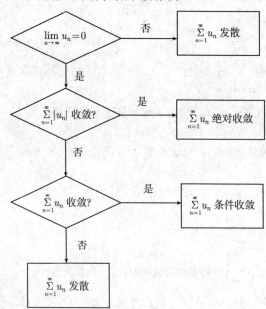

366

5. 任意项级数的审敛法

对任意项级数常用的有如下判别法:

定理 8 (莱布尼茨判别法) 若交错级数 $\sum\limits_{n=1}^{\infty} (-1)^{n-1} a_n (a_n > 0)$, 满足

$$\begin{cases} a_n \geqslant a_{n+1}, \\ \lim\limits_{n\to\infty} a_n = 0, \end{cases}$$

则 $\sum\limits_{n=1}^{\infty} (-1)^{n-1} a_n$ 收敛, 且交错级数的和 $s \leqslant a_1$.

定理 9 $\sum\limits_{n=1}^{\infty} |a_n|$ 收敛 $\Longrightarrow \sum\limits_{n=1}^{\infty} a_n$ 收敛.

定理 10 若 $\lim\limits_{n\to\infty} \left| \dfrac{a_{n+1}}{a_n} \right| = k$, 则

当 $k < 1$ 时, $\sum\limits_{n=1}^{\infty} a_n$ 绝对收敛;

当 $k > 1$ 时, $\sum\limits_{n=1}^{\infty} a_n$ 发散.

定理 11 若 $\lim\limits_{n\to\infty} \sqrt[n]{|a_n|} = k$, 则

当 $k < 1$ 时, $\sum\limits_{n=1}^{\infty} a_n$ 绝对收敛;

当 $k > 1$ 时, $\sum\limits_{n=1}^{\infty} a_n$ 发散.

典型例题解析

例 1 判断下列级数的敛散性:

① $\sum\limits_{n=2}^{n} \dfrac{1}{(\ln n)^{\ln n}}$;

② $\sum\limits_{n=2}^{\infty} \dfrac{1}{(\ln n)^p} \ (p > 0)$;

③ $\sum\limits_{n=1}^{\infty} \dfrac{1}{a^{\ln n}} \ (a > 0)$;

④ $\sum\limits_{n=1}^{\infty} \left(a^{\frac{1}{n}} - a^{\frac{1}{n+1}} \right) \ (a > 1)$;

⑤ $\sum\limits_{n=1}^{\infty} \left(n^{\frac{1}{n^2+1}} - 1 \right)$;

⑥ $\sum\limits_{n=1}^{\infty} \left(1 - \dfrac{1}{\sqrt[n]{n}} \right)$.

解　① 因为

$$(\ln n)^{\ln n} \qquad\qquad n^{\ln(\ln n)}$$
$$\|\qquad\qquad\qquad\qquad \|$$
$$\left[e^{\ln(\ln n)}\right]^{\ln n} = \left(e^{\ln n}\right)^{\ln(\ln n)}$$

从此 U 形等式串的两端即知 $(\ln n)^{\ln n} = n^{\ln(\ln n)}$, 两边取倒数, 即得

$$\frac{1}{(\ln n)^{\ln n}} = \frac{1}{n^{\ln(\ln n)}}.$$

进一步, 因为 $\lim\limits_{n\to\infty} \ln(\ln n) = +\infty$, 所以当 n 充分大时, $\ln(\ln n) > 2$. 这时 $\dfrac{1}{n^{\ln(\ln n)}} < \dfrac{1}{n^2}$, 而 $\sum\limits_{n=2}^{\infty} \dfrac{1}{n^2}$ 收敛, 所以 $\sum\limits_{n=2}^{n} \dfrac{1}{(\ln n)^{\ln n}}$ 收敛.

② 因为对 $\forall \alpha > 0$, 当 n 充分大时,

$$\ln n < n^{\alpha} \Longrightarrow \frac{1}{(\ln n)^p} > \frac{1}{n^{p\alpha}} \overset{\alpha = 1/p}{=\!=\!=} \frac{1}{n}.$$

又因为 $\sum\limits_{n=2}^{\infty} \dfrac{1}{n}$ 发散, 所以 $\sum\limits_{n=2}^{\infty} \dfrac{1}{(\ln n)^p}$ 发散.

③ 因为

$$a^{\ln n} \qquad\qquad n^{\ln a}$$
$$\|\qquad\qquad\qquad \|$$
$$\left(e^{\ln a}\right)^{\ln n} =\!=\!= \left(e^{\ln n}\right)^{\ln a}$$

从此 U 形等式串的两端即知 $a^{\ln n} = n^{\ln a}$, 两边取倒数, 即得

$$\frac{1}{a^{\ln n}} = \frac{1}{n^{\ln a}}.$$

所以, 当 $a > e$ 时, 级数 $\sum\limits_{n=1}^{\infty} \dfrac{1}{a^{\ln n}}$ 收敛; 当 $0 < a \leqslant e$ 时, 级数 $\sum\limits_{n=1}^{\infty} \dfrac{1}{a^{\ln n}}$ 发散.

④ **解法 1**　因为

368

$$a^{\frac{1}{n}} - a^{\frac{1}{n+1}} \qquad\qquad a^{\frac{1}{n+1}}\left(\mathrm{e}^{\frac{\ln a}{n(n+1)}} - 1\right)$$

$$\|\qquad\qquad\qquad\qquad\qquad\|$$

$$a^{\frac{1}{n+1}}\left(a^{\frac{1}{n}-\frac{1}{n+1}} - 1\right) = a^{\frac{1}{n+1}}\left(a^{\frac{1}{n(n+1)}} - 1\right)$$

从此 U 形等式串的两端即知

$$a^{\frac{1}{n}} - a^{\frac{1}{n+1}} = a^{\frac{1}{n+1}}\left(\mathrm{e}^{\frac{\ln a}{n(n+1)}} - 1\right).$$

又因为 $\lim\limits_{n\to\infty} a^{\frac{1}{n+1}} = 1$, 以及

$$\mathrm{e}^{\frac{\ln a}{n(n+1)}} - 1 \sim \frac{\ln a}{n(n+1)} \sim \frac{\ln a}{n^2}\, (n\to\infty),$$

所以

$$a^{\frac{1}{n}} - a^{\frac{1}{n+1}} \sim \frac{\ln a}{n^2}\, (n\to\infty).$$

于是

$$\sum_{n=1}^{\infty} \frac{1}{n^2} \text{ 收敛} \implies \sum_{n=1}^{\infty}\left(a^{\frac{1}{n}} - a^{\frac{1}{n+1}}\right) \text{ 收敛}.$$

解法 2 设 $f(x) = a^x$, 在 $\left[\dfrac{1}{n+1}, \dfrac{1}{n}\right]$ 上满足拉格朗日中值定理的条件, 所以存在 $\xi \in \left(\dfrac{1}{n+1}, \dfrac{1}{n}\right)$, 使得

$$a^{\frac{1}{n}} - a^{\frac{1}{n+1}} \qquad\qquad \frac{a^{\xi}\ln a}{n(n+1)}$$

$$\|\qquad\qquad\qquad\qquad\qquad\|$$

$$f\left(\frac{1}{n}\right) - f\left(\frac{1}{n+1}\right) = f'(\xi)\left(\frac{1}{n} - \frac{1}{n+1}\right)$$

从此 U 形等式串的两端即知

$$a^{\frac{1}{n}} - a^{\frac{1}{n+1}} = \frac{a^{\xi}\ln a}{n(n+1)}.$$

又因为当 $n \to \infty$ 时,

$$\frac{1}{n+1} < \xi < \frac{1}{n} \Longrightarrow \xi \to 0,$$

所以 $\dfrac{a^{\xi}\ln a}{n(n+1)} \sim \dfrac{\ln a}{n(n+1)} \sim \dfrac{\ln a}{n^2}\,(n \to \infty)$, 以下同解法 1.

⑤ **解法 1** 因为从 e^x 的泰勒展开式易知 $\mathrm{e}^x - 1 < \mathrm{e}^x, x > 0$. 所以

$$n^{\frac{1}{n^2+1}} - 1 = \mathrm{e}^{\frac{\ln n}{n^2+1}} - 1 < \frac{\ln n}{n^2+1}.$$

又因为当 n 充分大时,

$$\ln n < \sqrt{n} \Longrightarrow \frac{\ln n}{n^2+1} < \frac{1}{n\sqrt{n}},$$

于是

$$\sum_{n=1}^{\infty} \frac{1}{n\sqrt{n}} \text{ 收敛} \Longrightarrow \sum_{n=1}^{\infty} \left(n^{\frac{1}{n^2+1}} - 1 \right) \text{ 收敛}.$$

解法 2 因为 $\mathrm{e}^x - 1 \sim x, x \to 0$, 所以

$$n^{\frac{1}{n^2+1}} - 1 = \mathrm{e}^{\frac{\ln n}{n^2+1}} - 1 \sim \frac{\ln n}{n^2+1}, \quad n \to \infty.$$

以下同解法 1.

⑥ 因为当 $n \to \infty$ 时,

$$0 \leqslant 1 - \frac{1}{\sqrt[n]{n}} = \frac{\mathrm{e}^{\frac{\ln n}{n}} - 1}{\sqrt[n]{n}} \sim \frac{\ln n}{n}.$$

而当 $n \geqslant 3$ 时, $\dfrac{\ln n}{n} > \dfrac{1}{n}$, 且 $\displaystyle\sum_{n=1}^{\infty} \frac{1}{n}$ 发散, 故 $\displaystyle\sum_{n=1}^{\infty} \frac{\ln n}{n}$ 发散. 再应用比较判别法知原级数发散.

评注 如果一个级数的通项不是无穷小量 (当 $n \to \infty$ 时), 级数肯定发散; 但若级数的通项是无穷小量, 那么级数也未必收敛. 这时级数的通项若能等价于 $\dfrac{A}{n^p}$, 则其敛散性就清楚了, 所以无穷小量之间的等价关系式、中值定理或泰勒公式在这里都能用上的.

例 2 设 $a_n > 0, b_n > 0$, 且 $\dfrac{a_{n+1}}{a_n} \leqslant \dfrac{b_{n+1}}{b_n}$ $(n = 1, 2, \cdots)$. 求证: 若级数 $\displaystyle\sum_{n=1}^{\infty} b_n$ 收敛, 则级数 $\displaystyle\sum_{n=1}^{\infty} a_n$ 也收敛; 若级数 $\displaystyle\sum_{n=1}^{\infty} a_n$ 发散, 则级数 $\displaystyle\sum_{n=1}^{\infty} b_n$ 也发散.

证 因比较判别法中是两个级数的一般项的直接相比, 而所给的不等式, 则是两个级数一般项的后项与前项之比, 将后者化为前者得到

$$\frac{a_{n+1}}{b_{n+1}} \leqslant \frac{a_n}{b_n} \quad (n = 1, 2, \cdots).$$

由此递推式得到

$$\frac{a_n}{b_n} \leqslant \frac{a_{n-1}}{b_{n-1}} \leqslant \cdots \leqslant \frac{a_1}{b_1}, \text{ 即 } a_n \leqslant \frac{a_1}{b_1} b_n \text{ 或 } b_n \geqslant \frac{b_1}{a_1} a_n.$$

再根据定理 2 推出本题结论.

例 3 设 $a_n \neq 0$, 且 $\lim\limits_{n \to \infty} a_n = a \neq 0$. 求证: 无穷级数

$$\sum_{n=1}^{\infty} |a_{n+1} - a_n|$$

收敛的充要条件是级数 $\displaystyle\sum_{n=1}^{\infty} \left| \dfrac{1}{a_{n+1}} - \dfrac{1}{a_n} \right|$ 收敛.

证 记 $u_n = |a_{n+1} - a_n|$, $v_n = \left| \dfrac{1}{a_{n+1}} - \dfrac{1}{a_n} \right|$, 则有

$$\lim_{n \to \infty} \frac{u_n}{v_n} = \lim_{n \to \infty} \frac{|a_{n+1} - a_n|}{\left| \dfrac{1}{a_{n+1}} - \dfrac{1}{a_n} \right|} = \lim_{n \to \infty} |a_{n+1} a_n| = a^2 > 0.$$

由比较判别法的极限形式 (定理 3), 可知 $\displaystyle\sum_{n=1}^{\infty} u_n$ 与 $\displaystyle\sum_{n=1}^{\infty} v_n$ 具有相同的敛散性.

例 4 求证:

① $\dfrac{1}{2\sqrt{n}} < \dfrac{(2n-1)!!}{(2n)!!} < \dfrac{1}{\sqrt{2n+1}}$;

② 级数 $\sum\limits_{n=1}^{\infty} \dfrac{(2n-1)!!}{(2n)!!}$ 发散, 而级数 $\sum\limits_{n=1}^{\infty} \dfrac{(2n-3)!!}{(2n)!!}$ 收敛.

证 ① 记 $x_n = \dfrac{(2n-1)!!}{(2n)!!} = \dfrac{1 \cdot 3 \cdot 5 \cdots (2n-1)}{2 \cdot 4 \cdot 6 \cdots (2n)}$. 因为

$$(n+1)(n-1) = n^2 - 1 < n^2 \Longrightarrow \frac{n+1}{n} < \frac{n}{n-1},$$

所以

$$\begin{aligned}
x_n &= 1 \cdot \frac{3}{2} \cdot \frac{5}{4} \cdots \cdot \frac{2n-1}{2n-2} \cdot \frac{1}{2n} \\
&< 1 \cdot \frac{2}{1} \cdot \frac{4}{3} \cdots \cdot \frac{2n-2}{2n-3} \cdot \frac{1}{2n} \\
&= \underbrace{\frac{2}{1} \cdot \frac{4}{3} \cdots \cdot \frac{2n-2}{2n-3} \cdot \frac{2n}{2n-1}}_{\frac{1}{x_n}} \cdot \frac{2n-1}{2n} \cdot \frac{1}{2n}.
\end{aligned}$$

由此易知

$$x_n^2 < \frac{2n-1}{2n} \cdot \frac{1}{2n} < \frac{1}{2n+1} \Longrightarrow x_n < \frac{1}{\sqrt{2n+1}},$$

这证明了 ① 的第二个不等式. 为了证明 ① 的第一个不等式, 还用 $\dfrac{n+1}{n} < \dfrac{n}{n-1}$, 有

$$\begin{aligned}
x_n &= \frac{3}{2} \cdot \frac{5}{4} \cdots \cdot \frac{2n-1}{2n-2} \cdot \frac{1}{2n} \\
&> \frac{4}{3} \cdot \frac{6}{5} \cdots \cdot \frac{2n}{2n-1} \cdot \frac{1}{2n} \\
&= \underbrace{\frac{2}{1} \cdot \frac{4}{3} \cdot \frac{6}{5} \cdots \cdot \frac{2n}{2n-1}}_{\frac{1}{x_n}} \cdot \frac{1}{2 \cdot 2n}.
\end{aligned}$$

由此易知

$$x_n^2 > \frac{1}{4n} \Longrightarrow x_n > \frac{1}{2\sqrt{n}}.$$

综上所述, 可得 $\dfrac{1}{2\sqrt{n}} < x_n < \dfrac{1}{\sqrt{2n+1}}$.

372

② 利用第 ① 小题中的不等式

$$\frac{(2n-1)!!}{(2n)!!} > \frac{1}{2\sqrt{n}},$$

因为 $\sum\limits_{n=1}^{\infty} \dfrac{1}{2\sqrt{n}}$ 发散, 所以 $\sum\limits_{n=1}^{\infty} \dfrac{(2n-1)!!}{(2n)!!}$ 发散.

令 $y_n = \dfrac{(2n-3)!!}{(2n)!!} = \dfrac{(2n-1)!!}{(2n)!!} \cdot \dfrac{1}{2n-1}$, 则

$$y_n = x_n \cdot \frac{1}{2n-1} < \frac{1}{\sqrt{2n+1}} \cdot \frac{1}{2n-1} < \frac{1}{n^{\frac{3}{2}}}.$$

因为 $\sum\limits_{n=1}^{\infty} \dfrac{1}{n^{\frac{3}{2}}}$ 收敛, 所以 $\sum\limits_{n=1}^{\infty} \dfrac{(2n-3)!!}{(2n)!!}$ 收敛.

评注 1　作为本例的推论易知 $\sum\limits_{n=1}^{\infty} (-1)^n \dfrac{(2n-1)!!}{(2n)!!}$ 条件收敛. 事实上, 由第①小题右边的不等式, 得到 $\lim\limits_{n\to\infty} x_n = \lim\limits_{n\to\infty} \dfrac{(2n-1)!!}{(2n)!!} = 0$, 又

$$\frac{x_{n+1}}{x_n} = \frac{\dfrac{(2n+1)!!}{(2n+2)!!}}{\dfrac{(2n-1)!!}{(2n)!!}} = \frac{2n+1}{2n+2} < 1 \Longrightarrow x_n \text{ 单调减少}.$$

因此根据莱布尼茨判别法, $\sum\limits_{n=1}^{\infty} (-1)^n x_n$ 收敛, 而第②小题断言此级数不绝对收敛, 即原级数条件收敛.

评注 2　判断级数 $\sum\limits_{n=1}^{\infty} \dfrac{(2n-1)!!}{(2n)!!}$ 发散, 还可由 $\int_0^{\frac{\pi}{2}} \sin^{2n} x \, dx = \dfrac{(2n-1)!!}{(2n)!!} \cdot \dfrac{\pi}{2}$, 只要证 $\sum\limits_{n=1}^{\infty} \int_0^{\frac{\pi}{2}} \sin^{2n} x \, dx$ 发散.

因为 $\sin x \geqslant \dfrac{2}{\pi} x \Longrightarrow \sin^{2n} x \geqslant \left(\dfrac{2}{\pi} x\right)^{2n}$, 所以

$$\frac{(2n-1)!!}{(2n)!!} \cdot \frac{\pi}{2} = \int_0^{\frac{\pi}{2}} \sin^{2n} x \, dx \geqslant \int_0^{\frac{\pi}{2}} \left(\frac{2}{\pi} x\right)^{2n} dx = \frac{1}{2} \frac{\pi}{2n+1},$$

即得 $\dfrac{(2n-1)!!}{(2n)!!} \geqslant \dfrac{1}{2n+1}$，于是由

$$\sum_{n=1}^{\infty} \frac{1}{2n+1} \text{ 发散} \implies \sum_{n=1}^{\infty} \frac{(2n-1)!!}{(2n)!!} \text{ 发散}.$$

或应用 $\displaystyle\int_0^{\frac{\pi}{2}} \sin^{2n} x \mathrm{d}x > \int_0^{\frac{\pi}{2}} \sin^{2n-1} x \mathrm{d}x$，即

$$\frac{(2n-1)!!}{(2n)!!} \cdot \frac{\pi}{2} > \frac{(2n)!!}{(2n+1)!!},$$

所以 $\left[\dfrac{(2n-1)!!}{(2n)!!}\right]^2 \cdot \dfrac{\pi}{2} > \dfrac{1}{2n+1}$，由此推出

$$\frac{(2n-1)!!}{(2n)!!} > \sqrt{\frac{2}{\pi}} \frac{1}{\sqrt{2n+1}},$$

再由 $\displaystyle\sum_{n=1}^{\infty} \sqrt{\frac{2}{\pi}} \frac{1}{\sqrt{2n+1}}$ 发散 $\implies \displaystyle\sum_{n=1}^{\infty} \frac{(2n-1)!!}{(2n)!!}$ 发散.

例 5 设 $a_1 = 2$，$a_{n+1} = \dfrac{1}{2}\left(a_n + \dfrac{1}{a_n}\right)$ $(n = 1, 2, \cdots)$，求证：

① $\displaystyle\lim_{n \to \infty} a_n$ 存在；

② 级数 $\displaystyle\sum_{n=1}^{\infty} \left(\frac{a_n}{a_{n+1}} - 1\right)$ 收敛.

证 ① 首先应用单调有界准则，证明数列 $\{a_n\}$ 收敛. 因为

$$a_{n+1} = \frac{1}{2}\left(a_n + \frac{1}{a_n}\right) \geqslant \sqrt{a_n \cdot \frac{1}{a_n}} = 1,$$

$$\frac{a_{n+1}}{a_n} = \frac{1}{2}\left(1 + \frac{1}{a_n^2}\right) \leqslant \frac{1}{2}\left(1 + \frac{1}{1}\right) = 1,$$

故数列 $\{a_n\}$ 为单调减少有下界的数列. 据单调有界准则知数列 $\{a_n\}$ 收敛. 设 $\displaystyle\lim_{n \to \infty} a_n = a$，则 $a \geqslant 1$，在原递推关系式两边取极限得

$$a = \frac{1}{2}\left(a + \frac{1}{a}\right) \implies a = 1, \quad \text{即} \lim_{n \to \infty} a_n = 1.$$

② 由①知 $a_n \searrow 1$ (a_n 单调减少到 1), 所以

$$0 \leqslant \frac{a_n}{a_{n+1}} - 1 = \frac{a_n - a_{n+1}}{a_{n+1}} \leqslant a_n - a_{n+1},$$

记

$$A_n = \frac{a_n}{a_{n+1}} - 1, \quad B_n = a_n - a_{n+1},$$

今有 $0 \leqslant A_n \leqslant B_n$, 要证的是 $\sum\limits_{n=1}^{\infty} A_n$ 收敛. 由比较判别法知, 只要证 $\sum\limits_{n=1}^{\infty} B_n$ 收敛.

事实上, 级数 $\sum\limits_{n=1}^{\infty} B_n$ 的部分和为

$$S_n = \sum_{k=1}^{n} B_k = \sum_{k=1}^{n} (a_k - a_{k+1}) = a_1 - a_{n+1}.$$

因为 $\lim\limits_{n \to \infty} a_{n+1} = 1$, 所以 $\lim\limits_{n \to \infty} S_n = a_1 - 1$, 即部分和极限存在, 从而 $\sum\limits_{n=1}^{\infty} B_n$ 收敛.

例 6 ① 设正项数列 $\{a_n\}$ 单调增加, 求证: $\sum\limits_{n=1}^{\infty} \dfrac{1}{a_n}$ 收敛的充要条件是级数 $\sum\limits_{n=1}^{\infty} \dfrac{n}{a_1 + a_2 + \cdots + a_n}$ 收敛.

② 设 $a_1 = 1, a_2 = 2$, 当 $n \geqslant 3$ 时, $a_n = a_{n-1} + a_{n-2}$, 求证: $\sum\limits_{n=1}^{\infty} \dfrac{1}{a_n}$ 收敛.

证 ① 记 $b_n = \dfrac{n}{a_1 + a_2 + \cdots + a_n}$ 及部分和

$$S_n = \sum_{k=1}^{n} \frac{1}{a_k}, \quad T_n = \sum_{k=1}^{n} b_k.$$

一方面, 由于数列 $\{a_n\}$ 单调增加, 故有

375

$$b_n = \frac{n}{a_1 + a_2 + \cdots + a_n} \geqslant \frac{n}{na_n} = \frac{1}{a_n},$$

因此

$$T_n \geqslant S_n. \tag{1}$$

另一方面,

$$b_{2n} = \frac{2n}{a_1 + a_2 + \cdots + a_{2n}} \leqslant \frac{2n}{a_n + a_{n+1} + a_{n+2} + \cdots + a_{2n}}$$
$$\leqslant \frac{2n}{(n+1)\,a_n} \leqslant \frac{2}{a_n}$$

及

$$b_{2n-1} = \frac{2n-1}{a_1 + a_2 + \cdots + a_{2n-1}} \leqslant \frac{2n-1}{a_n + a_{n+1} + a_{n+2} + \cdots + a_{2n-1}}$$
$$\leqslant \frac{2n}{na_n} = \frac{2}{a_n},$$

因此

$$T_{2n} = \sum_{k=1}^{2n} b_k = \sum_{k=1}^{n} (b_{2k-1} + b_{2k})$$
$$\leqslant \sum_{k=1}^{n} \left(\frac{2}{a_k} + \frac{2}{a_k} \right) = 4S_n. \tag{2}$$

由 (1) 式和 (2) 式得到, 部分和 S_n 与 T_n 必同时有界或同时无界, 即这两个级数同敛散.

②由于 $a_1 = 1, a_2 = 2$, 当 $n \geqslant 3$ 时, $a_n = a_{n-1} + a_{n-2}$, 可见 $\{a_n\}$ 是单调递增的正项数列, 故有

$$a_n = a_{n-1} + a_{n-2} < 2a_{n-1} \Longrightarrow a_{n-2} > \frac{1}{2}a_{n-1}.$$

接着

$$\begin{array}{ccc} \dfrac{3}{2}a_{n-1} & & a_n \\ \| & & \| \\ a_{n-1} + \dfrac{1}{2}a_{n-1} < a_{n-1} + a_{n-2} & & \end{array}$$

从此 U 形等式-不等式串的两端即知

$$a_n > \frac{3}{2} a_{n-1} \quad (n = 1, 2, \cdots).$$

两边同除以 $\left(\frac{3}{2}\right)^n$, 得到

$$\frac{a_n}{\left(\frac{3}{2}\right)^n} > \frac{a_{n-1}}{\left(\frac{3}{2}\right)^{n-1}} > \cdots > \frac{a_1}{\frac{3}{2}} = \frac{2}{3},$$

即得

$$a_n > \left(\frac{3}{2}\right)^{n-1}. \tag{3}$$

因此

$$\sum_{k=1}^{n} a_k > \sum_{k=1}^{n} \left(\frac{3}{2}\right)^{k-1} = 2\left[\left(\frac{3}{2}\right)^{n-1} - 1\right].$$

进一步, 因为 $n - 1 \geqslant \frac{n}{2}, \lambda = \ln\frac{3}{2} > 0$, 所以有

$$2\left[\left(\frac{3}{2}\right)^{n-1} - 1\right] \geqslant 2\left(e^{\frac{n\lambda}{2}} - 1\right) > kn^3,$$

其中 $k = \frac{1}{3}\left(\frac{\lambda}{2}\right)^3$. 于是

$$\frac{n}{a_1 + a_2 + \cdots + a_n} < \frac{k}{n^2}.$$

因为 $\sum_{n=1}^{\infty} \frac{k}{n^2}$ 收敛, 所以 $\sum_{n=1}^{\infty} \frac{n}{a_1 + a_2 + \cdots + a_n}$ 收敛. 根据第 ① 小题的结果, 即知 $\sum_{n=1}^{\infty} \frac{1}{a_n}$ 收敛.

注 由 (3) 式知 $\frac{1}{a_n} \leqslant \left(\frac{2}{3}\right)^{n-1}$, 且 $\sum_{n=1}^{\infty} \left(\frac{2}{3}\right)^{n-1}$ 收敛, 由正项级数的比较判别法知 $\sum_{n=1}^{\infty} \frac{1}{a_n}$ 收敛, 也可证出结论.

例 7 设正项数列 $\{a_n\}$ 单调减少趋于零, 求证: 级数

$$\sum_{n=1}^{\infty} (-1)^{n-1} \sqrt{a_n \cdot a_{n+1}}$$

收敛.

证 因为 $a_n > 0$, 且 $\{a_n\}$ 单调减少, 所以 $\sqrt{a_n \cdot a_{n+1}}$ 也单调减少. 又因为 $0 < \sqrt{a_n \cdot a_{n+1}} \leqslant \dfrac{a_n + a_{n+1}}{2}$, $\lim\limits_{n \to \infty} \dfrac{a_n + a_{n+1}}{2} = 0$, 所以 $\lim\limits_{n \to \infty} \sqrt{a_n \cdot a_{n+1}} = 0$. 由交错级数判别法即知 $\sum\limits_{n=1}^{\infty} (-1)^{n-1} \sqrt{a_n \cdot a_{n+1}}$ 收敛.

例 8 判定级数 $\sum\limits_{n=2}^{\infty} \sin\left(n\pi + \dfrac{1}{\ln n}\right)$ 是绝对收敛, 条件收敛, 还是发散?

解 设 $a_n = \sin\left(n\pi + \dfrac{1}{\ln n}\right) = (-1)^n \sin\left(\dfrac{1}{\ln n}\right)$. 注意到, 当 $n \geqslant 2$ 时,

$$0 < \frac{1}{\ln n} \leqslant \frac{1}{\ln 2} = \log_2 e < \log_2 2\sqrt{2} = \frac{3}{2} < \frac{\pi}{2},$$

故有 $0 < \sin\left(\dfrac{1}{\ln n}\right) < 1$, 原级数为交错级数. 又当 $n \to \infty$ 时,

$$|a_n| = \sin\left(\frac{1}{\ln n}\right) \sim \frac{1}{\ln n},$$

而当 $n \geqslant 3$ 时, $\dfrac{1}{\ln n} > \dfrac{1}{n}$. 又 $\sum\limits_{n=1}^{\infty} \dfrac{1}{n}$ 发散, 故 $\sum\limits_{n=1}^{\infty} \dfrac{1}{\ln n}$ 发散, 同时 $\sum\limits_{n=1}^{\infty} |a_n|$ 发散, 即原级数非绝对收敛.

进一步, 因为 $\sin\left(\dfrac{1}{\ln n}\right) \searrow 0$ (单调减少趋向于 0), 根据莱布尼茨判别法即得原级数收敛. 所以原级数为条件收敛.

例 9 设正项数列 $\{a_n\}$ 单调下降, 且 $\sum\limits_{n=1}^{\infty} (-1)^n a_n$ 发散, 试问级

数 $\displaystyle\sum_{n=1}^{\infty}\left(\dfrac{1}{1+a_n}\right)^n$ 是否收敛? 并说明理由.

解 因为正项数列 $\{a_n\}$ 单调下降有下界, 所以 $\{a_n\}$ 收敛. 记 $\displaystyle\lim_{n\to\infty}a_n=a$, 则 $a\geqslant 0$. 下面进一步肯定 $a>0$. 用反证法, 如果 $a=0$, 那么 $a_n\searrow 0$, 由莱布尼茨判别法知 $\displaystyle\sum_{n=1}^{\infty}(-1)^n a_n$ 收敛, 与题设矛盾, 故 $a>0$. 于是

$$\frac{1}{1+a_n}<\frac{1}{1+a}<1, \quad \text{从而} \quad \left(\frac{1}{1+a_n}\right)^n<\left(\frac{1}{1+a}\right)^n,$$

而 $\left(\dfrac{1}{1+a}\right)^n$ 是公比为 $\dfrac{1}{1+a}<1$ 的几何级数, 故收敛. 因此, 由比较判别法知原级数收敛.

例 10 判别级数 $\displaystyle\sum_{n=2}^{\infty}\dfrac{(-1)^n}{\sqrt{n+(-1)^n}}$ 的敛散性.

解法 1 设 $a_n=\dfrac{(-1)^n}{\sqrt{n+(-1)^n}}$, $b_n=\dfrac{(-1)^n}{\sqrt{n}}$, 则有

$$\sum_{n=2}^{\infty}\frac{(-1)^n}{\sqrt{n+(-1)^n}}=\sum_{n=2}^{\infty}(a_n-b_n)+\sum_{n=2}^{\infty}b_n. \tag{1}$$

$$\begin{array}{c} |a_n-b_n| \\ \| \\ \dfrac{1}{\sqrt{n}\sqrt{n+(-1)^n}\left(\sqrt{n}+\sqrt{n+(-1)^n}\right)} \end{array} \qquad \begin{array}{c} \dfrac{\sqrt{2}}{n^{\frac{3}{2}}} \\ \| \\ \dfrac{1}{n\sqrt{\dfrac{n}{2}}} \end{array}$$

从此 U 形等式–不等式串的两端即知

$$|a_n-b_n|\leqslant\frac{\sqrt{2}}{n^{\frac{3}{2}}},$$

因为 $\displaystyle\sum_{n=2}^{\infty}\dfrac{\sqrt{2}}{n^{\frac{3}{2}}}$ 收敛, 所以 $\displaystyle\sum_{n=2}^{\infty}(a_n-b_n)$ 绝对收敛.

又根据交错级数的莱布尼茨判别法知 $\sum\limits_{n=2}^{\infty} b_n = \sum\limits_{n=2}^{\infty} \dfrac{(-1)^n}{\sqrt{n}}$ 收敛.

故 (1) 式右边第一个级数绝对收敛, 后一个级数条件收敛, 因而它们都收敛. 由级数的基本性质知, 原级数收敛, 且为条件收敛.

解法 2 设 $u_n = \dfrac{1}{\sqrt{n+(-1)^n}}$, 则 $\sum\limits_{n=2}^{\infty} (-1)^n u_n$ 为交错级数, 但不满足 $u_n \geqslant u_{n+1}$, 不能用莱布尼茨收敛准则判别. 下面用收敛定义判别. 设 S_n 为级数 $\sum\limits_{n=2}^{\infty} (-1)^n u_n$ 的部分和. 先证 S_{2n} 单调减少且有下界. 事实上,

$$S_{2n} = \sum_{k=2}^{2n} (-1)^k u_k = u_{2n+1} + \sum_{k=1}^{n} (u_{2k} - u_{2k+1}),$$

$$S_{2n+2} - S_{2n} = u_{2n+2} - u_{2n+1} = \frac{1}{\sqrt{2n+3}} - \frac{1}{3\sqrt{2n}} < 0,$$

因而 S_{2n} 单调减少. 又因为

$$u_{2k} = \frac{1}{\sqrt{2k+1}} > \frac{1}{\sqrt{2k+2}} = \frac{1}{\sqrt{2(k+1)}},$$

记 $b_k = \dfrac{1}{\sqrt{2k}}$, 则有 $u_{2k} > b_{k+1}, u_{2k+1} = b_k$, 并由此有

$$
\begin{array}{ccc}
S_{2n} & & \dfrac{1}{\sqrt{2n}} - \dfrac{1}{\sqrt{2}} \\
\| & & \| \\
u_{2n+1} + \displaystyle\sum_{k=1}^{n} (u_{2k} - u_{2k+1}) > \displaystyle\sum_{k=1}^{n} (b_{k+1} - b_k) = & & b_n - b_1
\end{array}
$$

从此 U 形等式–不等式串的两端即知

$$S_{2n} > \frac{1}{\sqrt{2n}} - \frac{1}{\sqrt{2}} > -\frac{1}{\sqrt{2}},$$

即 S_{2n} 有下界, 故 $\lim\limits_{n\to\infty} S_{2n}$ 存在. 不妨设其极限值为 S, 即有

380

$$\lim_{n\to\infty} S_{2n} = S. \tag{1}$$

又 $\lim\limits_{n\to\infty} u_n = \lim\limits_{n\to\infty} \dfrac{1}{\sqrt{n + (-1)^n}} = 0$, 因此

$$\begin{matrix} \lim\limits_{n\to\infty} S_{2n+1} & & S \\ \| & & \| \\ \lim\limits_{n\to\infty} (S_{2n} - u_{2n+1}) = \lim\limits_{n\to\infty} S_{2n} - \lim\limits_{n\to\infty} u_{2n+1} \end{matrix}$$

从此 U 形等式串的两端即知

$$\lim_{n\to\infty} S_{2n+1} = S. \tag{2}$$

联立 (1), (2) 式得 $\lim\limits_{n\to\infty} S_n = S$, 故原级数收敛.

例 11 判别级数 $\sum\limits_{n=2}^{\infty} \dfrac{(-1)^n}{\sqrt{n} - (-1)^n}$ 的敛散性.

解 因为

$$\frac{(-1)^n}{\sqrt{n} - (-1)^n} = \frac{(-1)^n [\sqrt{n} + (-1)^n]}{n - 1} = \frac{(-1)^n \sqrt{n}}{n - 1} + \frac{1}{n - 1}, \tag{1}$$

令 $f(x) = \dfrac{\sqrt{x}}{x - 1}$, $x \geqslant 2$, 则有

$$f'(x) = -\frac{x + 1}{2\sqrt{x}(x - 1)^2} < 0 \Longrightarrow f(x) \text{ 单调减少}.$$

又 $\lim\limits_{x\to\infty} f(x) = 0$, 所以 $\dfrac{\sqrt{n}}{n - 1} \searrow 0 \ (n \to \infty)$. 故根据交错级数的莱布尼茨判别法, (1) 式右边第一个级数收敛, 后一个级数 $\sum\limits_{n=2}^{\infty} \dfrac{1}{n - 1}$ 是调和级数从而发散, 由级数的基本性质知, 原级数发散.

例 12 设 $f(x)$ 在 $|x| \leqslant 1$ 时有定义, 在 $x = 0$ 的某邻域内具有连续的二阶导数, 且

$$\lim_{x \to 0} \frac{f(x)}{x} = 0.$$

求证: 级数 $\sum\limits_{n=1}^{\infty} f\left(\dfrac{1}{n}\right)$ 绝对收敛.

证 由于 $f(x)$ 具有连续的二阶导数, 且 $\lim\limits_{x \to 0} \dfrac{f(x)}{x} = 0$, 故 $f(0) = f'(0) = 0$. 因此

$$\begin{aligned} f\left(\frac{1}{n}\right) &= f(0) + f'(0)\frac{1}{n} + \frac{1}{2}f''(\xi_n)\frac{1}{n^2} \\ &= \frac{1}{2n^2}f''(\xi_n), \quad 0 < \xi_n < \frac{1}{n}. \end{aligned}$$

进一步, 当 $|x| \leqslant 1$ 时, 设 $|f''(x)| \leqslant M$, 则有

$$\left| f\left(\frac{1}{n}\right) \right| = \frac{1}{2n^2}|f''(\xi_n)| \leqslant \frac{M}{2n^2}.$$

由于级数 $\sum\limits_{n=1}^{\infty} \dfrac{M}{2n^2}$ 收敛, 故级数 $\sum\limits_{n=1}^{\infty} f\left(\dfrac{1}{n}\right)$ 绝对收敛.

例 13 判别级数 $\sum\limits_{n=1}^{\infty} \displaystyle\int_{n\pi}^{(n+1)\pi} \dfrac{\sin x}{\sqrt{x}}\mathrm{d}x$ 的敛散性.

解 记 $a_n = \displaystyle\int_{n\pi}^{(n+1)\pi} \dfrac{\sin x}{\sqrt{x}}\mathrm{d}x$, 并令 $x = n\pi + t$, 则有

$$a_n = \int_0^\pi \frac{\sin(t + n\pi)}{\sqrt{t + n\pi}}\mathrm{d}t = (-1)^n \int_0^\pi \frac{\sin t}{\sqrt{t + n\pi}}\mathrm{d}t.$$

由此易知, $|a_n| \searrow 0$, 根据莱布尼茨判别法原级数收敛.

进一步, 应用积分第一中值定理, $\exists \xi \in [0, \pi]$, 使得

$$|a_n| = \int_0^\pi \frac{\sin t}{\sqrt{t + n\pi}}\mathrm{d}t = \frac{1}{\sqrt{\xi + n\pi}}\int_0^\pi \sin t\, \mathrm{d}t \geqslant \frac{2}{\sqrt{\pi + n\pi}},$$

所以 $\sum\limits_{n=1}^{\infty} |a_n|$ 不收敛, 因此原级数条件收敛.

例 14 设 $a_n = \ln\left(1 + \dfrac{1}{n^2}\right)$, $b_n = \ln\left(e^{a_{n+1}} - a_n\right)$, $n = 1, 2, \cdots$.

求证: $\displaystyle\sum_{n=1}^{\infty} \dfrac{b_n}{a_n}$ 发散.

证 由 $a_n = \ln\left(1 + \dfrac{1}{n^2}\right)$, 则有

$$a_{n+1} = \ln\left[1 + \frac{1}{(n+1)^2}\right], \quad e^{a_{n+1}} = 1 + \frac{1}{(n+1)^2}.$$

又由已知, 有 $e^{a_{n+1}} = a_n + e^{b_n}, n \geqslant 1$, 即

$$e^{b_n} = 1 + \frac{1}{(n+1)^2} - \ln\left(1 + \frac{1}{n^2}\right). \tag{1}$$

因为当 $x > -1, x \neq 0$ 时, 有

$$\frac{x}{1+x} < \ln(1+x) < x.$$

对于 $x = \dfrac{1}{n^2}$, 即有

$$\frac{1}{1+n^2} < \ln\left(1 + \frac{1}{n^2}\right) < \frac{1}{n^2}. \tag{2}$$

联合 (1), (2) 式得到

$$1 + \frac{1}{(n+1)^2} - \frac{1}{n^2} < e^{b_n} < 1 + \frac{1}{(n+1)^2} - \frac{1}{1+n^2}.$$

上述各式取对数即得

$$\ln\left[1 + \frac{1}{(n+1)^2} - \frac{1}{n^2}\right] < b_n < \ln\left[1 + \frac{1}{(n+1)^2} - \frac{1}{1+n^2}\right]. \tag{3}$$

又因为

$$\frac{1}{(n+1)^2} - \frac{1}{n^2} = -\frac{1}{n^2}\frac{2n+1}{(n+1)^2},$$

$$\frac{1}{(n+1)^2} - \frac{1}{1+n^2} = -2\frac{n}{(n^2+1)(n+1)^2},$$

所以 (3) 式又可改写成

$$\ln\left[1 - \frac{1}{n^2}\frac{2n+1}{(n+1)^2}\right] < b_n < \ln\left[1 - \frac{2n}{(n^2+1)(n+1)^2}\right].$$

由此可见 $b_n < 0, \forall n > 1$, 以及

$$-b_n > -\ln\left[1 - \frac{2n}{(n^2+1)(n+1)^2}\right] > 0. \tag{4}$$

进一步, 再用当 $x > -1, x \neq 0$ 时,

$$-\ln(1+x) > -x.$$

取 $x = -\dfrac{2n}{(n^2+1)(n+1)^2}$, 即有

$$-\ln\left[1 - \frac{2n}{(n^2+1)(n+1)^2}\right] > \frac{2n}{(n^2+1)(n+1)^2}. \tag{5}$$

联合 (4), (5) 式即得 $-b_n > \dfrac{2n}{(n^2+1)(n+1)^2}$. 由此可见

$$
\begin{array}{cc}
\dfrac{-b_n}{a_n} & \dfrac{1}{4n} \\[2mm]
\vee & \| \\[2mm]
\dfrac{\dfrac{2n}{(n^2+1)(n+1)^2}}{\ln\left(1+\dfrac{1}{n^2}\right)} & \dfrac{2n^3}{2n^2\cdot 4n^2} \\[4mm]
\vee & \wedge \\[2mm]
\dfrac{\dfrac{2n}{(n^2+1)(n+1)^2}}{\dfrac{1}{n^2}} = & \dfrac{2n^3}{(n^2+1)(n+1)^2}
\end{array}
$$

从此 U 形等式–不等式串的两端即知

$$\frac{-b_n}{a_n} > \frac{1}{4n}.$$

故 $-\displaystyle\sum_{n=1}^{\infty}\frac{b_n}{a_n}$ 发散, 即 $\displaystyle\sum_{n=1}^{\infty}\frac{b_n}{a_n}$ 发散.

§2 幂级数与傅里叶级数

内 容 提 要

1. 幂级数

形如

$$\sum_{n=0}^{\infty} a_n(x-x_0)^n = a_0 + a_1(x-x_0) + a_2(x-x_0)^2$$
$$+ \cdots + a_n(x-x_0)^n + \cdots$$

的级数, 称为**幂级数**

特别地, 当 $x_0 = 0$ 时, 上式为

$$\sum_{n=0}^{\infty} a_n x^n = a_0 + a_1 x + a_2 x^2 + \cdots + a_n x^n + \cdots.$$

1.1 幂级数的收敛域

幂级数 $\sum_{n=0}^{\infty} a_n(x-x_0)^n$ 的收敛域是一个关于 x_0 对称的区间. 即存在正数 R, 使得

当 $|x-x_0| < R$ 时, 幂级数绝对收敛;

当 $|x-x_0| > R$ 时, 幂级数发散.

当 $|x-x_0| = R$ 时, 级数的收敛性随题而异.

称 R 为幂级数的**收敛半径**, $(x_0 - R, x_0 + R)$ 为幂级数的**收敛区间**.

确定了收敛区间后, 再分别讨论端点 $x = x_0 - R$ 及 $x = x_0 + R$ 的敛散性, 就可得到幂级数的收敛域.

收敛半径 R 的求法

① 当幂级数不缺项时, 收敛半径

$$R = \lim_{n \to \infty} \left| \frac{a_n}{a_n + 1} \right| \ \text{或} \ R = \lim_{n \to \infty} \frac{1}{\sqrt[n]{|a_n|}}.$$

特别地, $R = 0$ 时, 级数仅在 x_0 收敛; $R = +\infty$ 时, 级数在 $(-\infty, +\infty)$ 内收敛.

② 若幂级数是缺项幂级数, 则视 x 为参数. 用数项级数判别法直接求出其收敛域 (不可套用上述公式求 R).

1.2 幂级数的性质

定理 1 设幂级数 $\sum_{n=0}^{\infty} a_n(x-x_0)^n$ 的收敛半径为 R, 和函数为 $s(x)$, 则和

函数在收敛域 $(x_0 - R, x_0 + R)$ 上连续, 并且在 $(x_0 - R, x_0 + R)$ 上可以逐项积分和逐项微分, 即对 $(x_0 - R, x_0 + R)$ 上任一点 x, 有

$$\sum_{n=0}^{\infty} \int_{x_0}^{x} a_n(t - t_0)^n \mathrm{d}t = \sum_{n=0}^{\infty} \frac{a_n}{n+1}(x - x_0)^n = \int_{x_0}^{x} s(t)\mathrm{d}t,$$

$$\sum_{n=0}^{\infty} \frac{\mathrm{d}}{\mathrm{d}x}[a_n(x - x_0)^n] = \sum_{n=0}^{\infty} na_n(x - x_0)^{n-1} = \frac{\mathrm{d}}{\mathrm{d}x}s(x),$$

并且逐项求导和逐项积分后的级数 (仍为幂级数), 其收敛半径仍为 R.

根据这个定理, 幂级数

$$s(x) = \sum_{n=0}^{\infty} a_n(x - x_0)^n, \quad x \in (x_0 - R, x_0 + R)$$

在收敛域内表示一个函数. 从形式上讲, 这个函数是多项式的推广; 从性质上讲, 它保留了多项式的性质.

定理 2 (阿贝尔引理)   设幂级数 $\sum\limits_{n=1}^{\infty} a_n x^n$ 的收敛半径为 R $(0 < R < +\infty)$.

若 $\sum\limits_{n=1}^{\infty} a_n R^n$ 收敛, 则 $\lim\limits_{x \to R-0} \sum\limits_{n=1}^{\infty} a_n x^n = \sum\limits_{n=1}^{\infty} a_n R^n$.

1.3   将函数展开为幂级数

形如 $\sum\limits_{n=0}^{\infty} \dfrac{f^{(n)}(x_0)}{n!}(x - x_0)^n$ 的幂级数称为 $f(x)$ 在点 x_0 处的**泰勒级数**. 称 $\sum\limits_{n=0}^{\infty} \dfrac{f^{(n)}(0)}{n!}x^n$ 为 $f(x)$ 的**麦克劳林级数**.

定理 (唯一性定理)   若 $f(x)$ 可展成幂级数, 即

$$f(x) = \sum_{n=0}^{\infty} a_n(x - x_0)^n, \quad x \in (x_0 - R, x_0 + R),$$

则 $f(x)$ 在 $(x_0 - R, x_0 + R)$ 内具有任意阶导数, 且

$$a_n = \frac{f^{(n)}(x_0)}{n!}, \quad n = 0, 1, 2, \cdots.$$

根据这个定理, 若 $f(x)$ 能展开为幂级数, 则其展开式是唯一的, 就是 $f(x)$ 的泰勒级数

$$\sum_{n=0}^{\infty} \frac{f^{(n)}(x_0)}{n!}(x - x_0)^n, \quad x \in (x_0 - R, x_0 + R).$$

这就保证了可以用不同的方法 (间接法) 去求 $f(x)$ 的幂级数展式. 常用间接法将 $f(x)$ 展开成幂级数.

常用的幂级数展式

$$\frac{1}{1-x} = \sum_{n=0}^{\infty} x^n, \quad |x| < 1;$$

$$\sin x = x - \frac{x^3}{3!} + \frac{x^5}{5!} - \cdots + (-1)^n \frac{x^{2n+1}}{(2n+1)!} + \cdots, |x| < +\infty;$$

$$\cos x = 1 - \frac{x^2}{2!} + \frac{x^4}{4!} - \cdots + (-1)^n \frac{x^{2n}}{(2n)!} + \cdots, |x| < +\infty;$$

$$e^x = 1 + x + \frac{x^2}{2!} + \cdots + \frac{x^n}{n!} + \cdots, |x| < +\infty;$$

$$\ln(1+x) = x - \frac{x^2}{2} + \frac{x^3}{3} - \cdots + (-1)^{n+1} \frac{x^n}{n} + \cdots, -1 < x \leqslant 1;$$

$$(1+x)^m = 1 + mx + \frac{m(m-1)}{2!} x^2 + \cdots$$
$$+ \frac{m(m-1)\cdots(m-n+1)}{n!} x^n + \cdots, \ |x| < 1.$$

2. 傅里叶级数

2.1 傅里叶级数的概念

设 $f(x)$ 在 $[-\pi, \pi]$ 上可积, 形如

$$\frac{a_0}{2} + \sum_{n=1}^{\infty} (a_n \cos nx + b_n \sin nx)$$

的三角级数称为 $f(x)$ 的**傅里叶级数**, 记做

$$f(x) \sim \frac{a_0}{2} + \sum_{n=1}^{\infty} (a_n \cos nx + b_n \sin nx),$$

其中

$$a_n = \frac{1}{\pi} \int_{-\pi}^{\pi} f(x) \cos nx \mathrm{d}x \quad (n = 0, 1, 2 \cdots),$$

$$b_n = \frac{1}{\pi} \int_{-\pi}^{\pi} f(x) \sin nx \mathrm{d}x \quad (n = 1, 2, 3 \cdots).$$

若 $f(x)$ 在 $[-l, l]$ 上可积, 则 $f(x)$ 在 $[-l, l]$ 上的傅里叶级数为

$$f(x) \sim \frac{a_0}{2} + \sum_{n=1}^{\infty} \left(a_n \cos \frac{n\pi x}{l} + b_n \sin \frac{n\pi x}{l} \right),$$

其中

$$a_n = \frac{1}{l} \int_{-l}^{l} f(x) \cos \frac{n\pi x}{l} \mathrm{d}x \quad (n = 0, 1, 2 \cdots),$$

$$b_n = \frac{1}{l} \int_{-l}^{l} f(x) \sin \frac{n\pi x}{l} \mathrm{d}x \quad (n = 1, 2, 3 \cdots).$$

2.2 傅里叶级数的收敛性

定理 (狄利克雷)　设 $f(x)$ 是以 2π 为周期的周期函数, 如果它满足条件:

① 连续或只有有限个第一类间断点;

② 只有有限个极值点.

则 $f(x)$ 的傅里叶级数在 $(-\infty, +\infty)$ 上收敛, 且

当 x 是 $f(x)$ 的连续点时, 级数收敛于 $f(x)$;

当 x 是 $f(x)$ 的间断点时, 级数收敛于 $\dfrac{f(x-0) + f(x+0)}{2}$;

当 x 为端点 $x = \pm\pi$ 时, 级数收敛于 $\dfrac{f(-\pi+0) + f(\pi-0)}{2}$.

2.3 奇、偶函数的傅里叶级数

设 $f(-x) = f(x)$, 则

$$b_n = 0, \quad n = 1, 2, 3, \cdots,$$

$$a_n = \frac{2}{\pi} \int_0^{\pi} f(x) \cos nx \mathrm{d}x, \quad n = 0, 1, 2, \cdots,$$

$$f(x) \sim \frac{a_0}{2} + \sum_{n=1}^{\infty} a_n \cos nx.$$

由此可见, 偶函数的傅里叶级数是余弦级数.

设 $f(-x) = -f(x)$, 则

$$a_n = 0, \quad n = 0, 1, 2, \cdots,$$

$$b_n = \frac{2}{\pi} \int_0^{\pi} f(x) \sin nx \mathrm{d}x, \quad n = 1, 2, 3, \cdots,$$

$$f(x) \sim \sum_{n=1}^{\infty} b_n \sin nx.$$

由此可见, 奇函数的傅里叶级数是正弦级数.

2.4 函数在半区间 $[0, l]$ 上的傅里叶展开式

设 $f(x)$ 在 $[0, l]$ 上有定义.

388

首先, 将 $f(x)$ 延拓到 $[-l, 0)$ 上, 得 $f_1(x)$, $x \in [-l, l]$.

其次, 将 $f(x)$ 以周期为 $2l$, 延拓到 $(-\infty, +\infty)$ 上, 得到周期函数 $F(x)$, $x \in (-\infty, +\infty)$.

最后, 将 $F(x)$ 展开为傅里叶级数. 然后限制 $x \in [0, l)$, 便得到 $f(x)$ 的傅里叶展式.

显然, 将 $f(x)$ 延拓到 $[-l, 0)$ 上的方式是任意的, 因此 $f(x)$ 在 $[0, l)$ 上的展式有无穷多种, 随 $f_1(x)$ 的选取而异. 最常用的是把 $f(x)$ 偶 (奇) 延拓至 $[-l, 0)$, 从而可得 $f(x)$ 在 $[0, l)$ 上的余弦 (正弦) 展开式.

典型例题解析

例 1 设 $a_i \geqslant 0 \ (i = 1, 2, \cdots), S_n = a_1 + a_2 + \cdots + a_n$. 已知 $n \to \infty$ 时, 有 $S_n \to +\infty$, 且 $\dfrac{a_n}{S_n} \to 0$. 求证: 级数 $\sum\limits_{n=1}^{\infty} a_n x^n$ 的收敛半径为 1.

证 设 r, R 分别为级数 $\sum\limits_{n=1}^{\infty} a_n x^n, \sum\limits_{n=1}^{\infty} S_n x^n$ 的收敛半径. 因为当 $n \to \infty$ 时, $S_n \to +\infty$, 所以当 $x = 1$ 时, 级数 $\sum\limits_{n=1}^{\infty} a_n x^n$ 发散, 故

$$r \leqslant 1. \tag{1}$$

又 $\lim\limits_{n \to \infty} \dfrac{a_n}{S_n} = 0$, 所以 $\exists N$, 当 $n \geqslant N$ 时, $\dfrac{a_n}{S_n} \leqslant 1$. 因此,

$$a_n |x|^n = \frac{a_n}{S_n} S_n |x|^n \leqslant S_n |x|^n, \quad n \geqslant N.$$

于是级数 $\sum\limits_{n=1}^{\infty} S_n x^n$ 的收敛域包含在级数 $\sum\limits_{n=1}^{\infty} a_n x^n$ 的收敛域内, 故

$$r \geqslant R. \tag{2}$$

下面我们证明 $R = 1$. 事实上, 因为 $\lim\limits_{n \to \infty} \dfrac{a_n}{S_n} = 0$, 所以

$$
\begin{array}{ccc}
\lim\limits_{n \to \infty} \dfrac{S_{n-1}}{S_n} & & 1 \\
\| & & \| \\
\lim\limits_{n \to \infty} \dfrac{S_n - a_n}{S_n} & = & \lim\limits_{n \to \infty} \left(1 - \dfrac{a_n}{S_n} \right)
\end{array}
$$

从此 U 形等式串的两端即知 $\lim\limits_{n\to\infty} \dfrac{S_{n-1}}{S_n} = 1$, 由此说明

$$R = 1. \tag{3}$$

联立 (1), (2), (3) 式, 即得 $r = 1$.

例 2 求下列级数的和:

① $\displaystyle\sum_{n=1}^{\infty} \frac{1}{(3n-2)(3n+1)}$; ② $\displaystyle\sum_{n=1}^{\infty} \frac{(-1)^n}{(3n-2)(3n+1)}$.

解 ① 级数 $\displaystyle\sum_{n=1}^{\infty} \frac{1}{(3n-2)(3n+1)}$ 的部分和数列为

$$S_n \qquad\qquad \frac{1}{3}\sum_{k=1}^{n}\left[\frac{1}{3(k-1)+1} - \frac{1}{3k+1}\right]$$

$$\|\qquad\qquad\qquad\qquad\qquad\|$$

$$\sum_{k=1}^{n}\frac{1}{(3k-2)(3k+1)} = \frac{1}{3}\sum_{k=1}^{n}\left(\frac{1}{3k-2} - \frac{1}{3k+1}\right)$$

从此 U 形等式串的两端即知

$$S_n = \frac{1}{3}\sum_{k=1}^{n}\left[\frac{1}{3(k-1)+1} - \frac{1}{3k+1}\right].$$

注意到上式右端是一串裂项相消型的求和, 因而

$$S_n = \frac{1}{3}\left(1 - \frac{1}{3n+1}\right).$$

所以

$$\sum_{n=1}^{\infty}\frac{1}{(3n-2)(3n+1)} = \lim_{n\to\infty} S_n = \frac{1}{3}.$$

② 仿照第 ① 小题的方法, 用 "裂项求和" 得

$$\sum_{n=1}^{\infty}\frac{(-1)^n}{(3n-2)(3n+1)} \qquad\qquad \frac{1}{3}A - \frac{1}{3}B$$

$$\|\qquad\qquad\qquad\qquad\qquad\qquad\|$$

$$\frac{1}{3}\sum_{n=1}^{\infty}\left[\frac{(-1)^n}{3n-2} - \frac{(-1)^n}{3n+1}\right] = \frac{1}{3}\sum_{n=1}^{\infty}\frac{(-1)^n}{3n-2} - \frac{1}{3}\sum_{n=1}^{\infty}\frac{(-1)^n}{3n+1}$$

从此 U 形等式串的两端即知

$$\sum_{n=1}^{\infty} \frac{(-1)^n}{(3n-2)(3n+1)} = \frac{1}{3}A - \frac{1}{3}B, \tag{1}$$

其中 $A = \sum_{n=1}^{\infty} \frac{(-1)^n}{3n-2}$, $B = \sum_{n=1}^{\infty} \frac{(-1)^n}{3n+1}$. 令 $n = k-1$, 则有

$$
\begin{array}{cc}
B & -A-1 \\
\| & \| \\
\displaystyle\sum_{k=2}^{\infty} \frac{(-1)^{k-1}}{3k-2} = \displaystyle\sum_{k=1}^{\infty} \frac{(-1)^{k-1}}{3k-2} - \left.\frac{(-1)^{k-1}}{3k-2}\right|_{k=1}
\end{array}
$$

从此 U 形等式串的两端即知

$$B = -A - 1. \tag{2}$$

将 (2) 式代入 (1) 式即得

$$\sum_{n=1}^{\infty} \frac{(-1)^n}{(3n-2)(3n+1)} = \frac{2}{3}A + \frac{1}{3}. \tag{3}$$

最后, 为了求 $A = \sum_{n=1}^{\infty} \frac{(-1)^n}{3n-2}$, 考虑幂级数

$$f(x) = \sum_{n=1}^{\infty} \frac{(-1)^n}{3n-2} x^{3n-2}, \quad |x| \leqslant 1,$$

则逐项求导, 得

$$f'(x) = \sum_{n=1}^{\infty} (-1)^n x^{3n-3} = \frac{-1}{1+x^3}, \quad |x| < 1.$$

于是

$$f(x) = f(0) + \int_0^x f'(t)\, \mathrm{d}t = \int_0^x \frac{-1}{1+t^3}\, \mathrm{d}t, \quad |x| \leqslant 1.$$

当 $x = 1$ 时, 有

$$f(1) = A = \int_0^1 \frac{-1}{1+x^3}\,\mathrm{d}x = -\frac{1}{3}\ln 2 - \frac{1}{9}\sqrt{3}\pi.$$

代入 (3) 式, 即得

$$\sum_{n=1}^{\infty} \frac{(-1)^n}{(3n-2)(3n+1)} = -\frac{1}{27}\left(6\ln 2 + 2\sqrt{3}\pi - 9\right).$$

例 3 求级数 $\displaystyle\sum_{n=1}^{\infty} x\mathrm{e}^{-nx}$ 的收敛域与和函数.

解 由 $\displaystyle\sum_{n=1}^{\infty} x\mathrm{e}^{-nx} = x\sum_{n=1}^{\infty}\mathrm{e}^{-nx} = x\sum_{n=1}^{\infty}\left(\mathrm{e}^{-x}\right)^n$, 鉴于

$$\sum_{n=1}^{\infty} t^n = \frac{1}{1-t}, \quad t \in (-1,1),$$

又因为当 $x>0$ 时, $\mathrm{e}^{-x} \in (0,1) \subset (-1,1)$, 所以当 $x>0$ 时, 原级数收敛, 并且

$$\sum_{n=1}^{\infty} x\mathrm{e}^{-nx} = \frac{x}{1-\mathrm{e}^{-x}} = \frac{x\mathrm{e}^x}{\mathrm{e}^x - 1}, \quad x \in (0,+\infty).$$

又当 $x=0$ 时, 级数和为 0. 当 $x<0$ 时, 因为一般项不趋于零而发散. 故收敛域为 $[0,+\infty)$, 和函数为

$$\sum_{n=1}^{\infty} x\mathrm{e}^{-nx} = \begin{cases} 0, & x=0, \\ \dfrac{x\mathrm{e}^x}{\mathrm{e}^x - 1}, & x>0. \end{cases}$$

例 4 将 $f(x) = \dfrac{x^2}{(1+x^2)^2}$ 展开为 x 的幂级数.

分析 令 $t = x^2$, $g(t) = \dfrac{t}{(1+t)^2}$, 则有 $f(x) = g\left(x^2\right)$. 先将 $g(t)$ 展开为 t 的幂级数, 然后置换 $t = x^2$ 即得 $f(x)$ 的幂级数.

解法 1 由 $(1+t)^m$ 展开式知 $\dfrac{1}{(1+t)^2} = (1+t)^{-2}$ 的展开式为

$$\frac{1}{(1+t)^2} = 1 + \sum_{n=1}^{\infty} \frac{(-2)(-2-1)\cdots(-2-n+1)}{n!}t^n$$

$$= 1 + \sum_{n=1}^{\infty} (-1)^n (n+1) t^n, \quad |t| < 1.$$

故

$$\frac{t}{(1+t)^2} \qquad\qquad \sum_{n=1}^{\infty} (-1)^{n-1} nt^n$$
$$\| \qquad\qquad\qquad\qquad \|$$
$$t + \sum_{n=1}^{\infty} (-1)^n (n+1) t^{n+1} \xlongequal{k=n+1} t + \sum_{k=2}^{\infty} (-1)^{k-1} kt^k$$

从此 U 形等式串的两端即知

$$g(t) = \frac{t}{(1+t)^2} = \sum_{n=1}^{\infty} (-1)^{n-1} nt^n, \quad |t| < 1,$$

即得

$$f(x) = g(x^2) = \sum_{n=1}^{\infty} (-1)^{n-1} nx^{2n}, \quad |x| < 1.$$

解法 2 (逐项微分)   因为

$$\frac{1}{1+t} = \sum_{n=0}^{\infty} (-1)^n t^n, \quad |t| < 1,$$

两边求导, 得到

$$-\frac{1}{(1+t)^2} = \sum_{n=1}^{\infty} (-1)^n nt^{n-1}, \quad |t| < 1.$$

故有

$$\frac{1}{(1+t)^2} = \sum_{n=1}^{\infty} (-1)^{n-1} nt^{n-1}, \quad |t| < 1,$$

$$g(t) = \frac{t}{(1+t)^2} = \sum_{n=1}^{\infty} (-1)^{n-1} nt^n, \quad |t| < 1,$$

$$f(x) = g(x^2) = \sum_{n=1}^{\infty} (-1)^{n-1} nx^{2n}, \quad |x| < 1.$$

例 5 将函数 $f(x) = \dfrac{x-1}{4-x}$ 在点 $x_0 = 1$ 处展开为幂级数, 并求 $f^{(n)}(1)$.

解 一方面

$$f(x) \qquad\qquad \sum_{n=1}^{\infty} \left(\frac{x-1}{3} \right)^n$$

$$\|\qquad\qquad\qquad\qquad \|$$

$$\frac{x-1}{4-x} \qquad\qquad \frac{x-1}{3} \sum_{n=0}^{\infty} \left(\frac{x-1}{3} \right)^n$$

$$\|\qquad\qquad\qquad\qquad \|$$

$$\frac{x-1}{3-(x-1)} = \frac{x-1}{3} \cdot \frac{1}{1 - \dfrac{x-1}{3}} \quad (|x-1| < 3)$$

从此 U 形等式串的两端即知

$$f(x) = \sum_{n=1}^{\infty} \left(\frac{x-1}{3} \right)^n, \quad |x-1| < 3. \tag{1}$$

另一方面, 因为 $f(1) = 0$, 所以

$$f(x) = f(1) + \sum_{n=1}^{\infty} \frac{f^{(n)}(1)}{n!} (x-1)^n$$

$$= \sum_{n=1}^{\infty} \frac{f^{(n)}(1)}{n!} (x-1)^n. \tag{2}$$

比较 (1), (2) 式得 $\dfrac{f^{(n)}(1)}{n!} = \dfrac{1}{3^n}$, 即得

$$f^{(n)}(1) = \frac{n!}{3^n} \quad (n = 1, 2, \cdots).$$

例 6 将

$$f(x) = \begin{cases} -2, & -\pi \leqslant x < 0, \\ 1, & 0 \leqslant x < \pi \end{cases}$$

在 $[-\pi, \pi)$ 内展开为傅里叶级数并写出其和函数.

解　$f(x)$ 没有奇偶性, 计算傅里叶级数比较麻烦. 根据 $f(x)$ 的特点, 构造一个新的函数 $g(x) = f(x) + \dfrac{1}{2}$, 则 $g(x)$ 为奇函数可展开为正弦级数. 因为 $g(x)$ 为奇函数, 所以

$$a_0 = a_n = 0, \quad n = 1, 2, 3, \cdots.$$

$$b_n = \frac{2}{\pi} \int_0^\pi g(x) \sin nx \, dx = \frac{3}{\pi} \int_0^\pi \sin nx \, dx$$

$$= \frac{3}{n\pi} [1 - (-1)^n], \quad n = 1, 2, 3, \cdots.$$

当 $x \neq 0, \pm\pi$ 时, $g(x)$ 连续, $g(x) = \dfrac{6}{\pi} \sum\limits_{k=1}^{\infty} \dfrac{\sin(2k-1)x}{2k-1}$, 从而

$$f(x) = g(x) - \frac{1}{2} = -\frac{1}{2} + \frac{6}{\pi} \sum_{k=1}^{\infty} \frac{\sin(2k-1)x}{2k-1};$$

当 $x = 0, \pm\pi$ 时, 直接从表达式 $-\dfrac{1}{2} + \dfrac{6}{\pi} \sum\limits_{k=1}^{\infty} \dfrac{\sin(2k-1)x}{2k-1}$ 看出, 此级数收敛到 $-\dfrac{1}{2}$.

例 7　设 $f(x) = 3 - x \ (-\pi \leqslant x \leqslant \pi)$. 求 $f(x)$ 在 $[-\pi, \pi]$ 内的傅里叶级数并写出其和函数在 $[-\pi, \pi]$ 上的表达式.

解　令 $g(x) = x$, 则 $f(x) = 3 - g(x)$ 在 $[-\pi, \pi]$ 上满足收敛定理条件. 先求 $g(x)$ 的傅里叶级数. 因为 $g(x)$ 为奇函数, 故 $a_n = 0, n = 0, 1, 2, \cdots$

$$\begin{array}{ccc} b_n & & (-1)^{n+1} \dfrac{2}{n} \\ \| & & \| \\ \dfrac{2}{\pi} \int_0^\pi x \sin nx \, dx & = & \dfrac{2}{\pi n^2} (\sin nx - nx \cos nx) \Big|_0^\pi \end{array}$$

从此 U 形等式串的两端即知 $b_n = \dfrac{2(-1)^{n+1}}{n}$. 于是

$$x = 2 \sum_{n=1}^{\infty} \frac{(-1)^{n+1}}{n} \sin nx, \quad -\pi < x < \pi.$$

这样 $f(x)$ 的傅里叶级数为

$$3 - 2 \sum_{n=1}^{\infty} \frac{(-1)^{n+1}}{n} \sin nx, \quad -\pi < x < \pi.$$

由收敛定理, 知 $f(x)$ 的傅里叶级数的和函数

$$S(x) = \begin{cases} 3 - x, & -\pi < x < \pi, \\ 3, & x = \pm\pi. \end{cases}$$

评注 本题没有直接计算 $3-x$ 的傅里叶系数, 而是先求 $g(x) = x$ 的傅里叶展开式, 这一技巧使计算量减少.

例 8 把 $f(x) = x^2$ 在 $(-\pi, \pi]$ 上展开为傅里叶级数, 并由此证明下列各等式:

① $\sum_{n=1}^{\infty} (-1)^{n-1} \frac{1}{n^2} = \frac{\pi^2}{12}$; ② $\sum_{n=1}^{\infty} \frac{1}{n^2} = \frac{\pi^2}{6}$;

③ $\sum_{n=1}^{\infty} \frac{1}{(2n-1)^2} = \frac{\pi^2}{8}$.

证 因为 $f(x) = x^2$ 为偶函数. 故 $b_n = 0, n = 0, 1, 2, \cdots$;

$$a_0 = \frac{2}{\pi} \int_0^{\pi} x^2 \mathrm{d}x = \frac{2}{3}\pi^2,$$

$$a_n \qquad\qquad\qquad\qquad (-1)^n \frac{4}{n^2}$$

$$\| \qquad\qquad\qquad\qquad\qquad \|$$

$$\frac{2}{\pi} \int_0^{\pi} x^2 \cos nx \mathrm{d}x \qquad\qquad \frac{4}{n^2\pi}\left[x\cos nx \big|_0^{\pi} - \int_0^{\pi} 2\cos nx \mathrm{d}x \right]$$

$$\| \qquad\qquad\qquad\qquad\qquad \|$$

$$\frac{2}{n\pi} \int_0^{\pi} x^2 \mathrm{d}\sin nx \qquad\qquad \frac{4}{n^2\pi} \int_0^{\pi} x \mathrm{d}\cos nx$$

$$\| \qquad\qquad\qquad\qquad\qquad \|$$

$$\frac{2}{n\pi}\left[x^2 \sin nx \big|_0^{\pi} - \int_0^{\pi} 2x\sin nx \mathrm{d}x \right] = -\frac{2}{n\pi} \int_0^{\pi} 2x\sin nx \mathrm{d}x$$

从此 U 形等式串的两端即知 $a_n = (-1)^n \dfrac{4}{n^2}$. 所以

$$\frac{1}{3}\pi^2 + 4\sum_{n=1}^{\infty} \frac{(-1)^n}{n^2}\cos nx = x^2, \quad -\pi \leqslant x \leqslant \pi.$$

① 令 $x = 0$, 得 $\displaystyle\sum_{n=1}^{\infty}(-1)^{n-1}\frac{1}{n^2} = \frac{\pi^2}{12}$;

② 令 $x = \pi$, 得 $\displaystyle\sum_{n=1}^{\infty}\frac{1}{n^2} = \frac{\pi^2}{6}$;

③ 用第①, ②小题的结果有

$$\begin{array}{cc}
\displaystyle\sum_{n=1}^{\infty}\frac{2}{(2n-1)^2} & \dfrac{\pi^2}{12} + \dfrac{\pi^2}{6} \\[2mm]
\| & \| \\[2mm]
\displaystyle\sum_{n=1}^{\infty}\frac{1}{n^2}\left[(-1)^{n-1}+1\right] = \displaystyle\sum_{n=1}^{\infty}(-1)^{n-1}\frac{1}{n^2} + \displaystyle\sum_{n=1}^{\infty}\frac{1}{n^2}
\end{array}$$

从此 U 形等式串的两端即知

$$\sum_{n=1}^{\infty}\frac{1}{(2n-1)^2} = \frac{1}{2}\left(\frac{\pi^2}{12} + \frac{\pi^2}{6}\right) = \frac{\pi^2}{8}.$$

第八章 常微分方程

§1 一阶微分方程

内 容 提 要

1. 一阶微分方程

1.1 可分离变量的微分方程

形如

$$g(y)\,\mathrm{d}y = f(x)\,\mathrm{d}x$$

的微分方程称为**可分离变量的微分方程**, 其中 $g(y)$ 和 $f(x)$ 分别是变量 y, x 的已知连续函数, 且 $g(y) \neq 0$. 将上式两端积分就得到

$$\int g(y)\,\mathrm{d}y = \int f(x)\,\mathrm{d}x.$$

1.2 齐次方程

形如

$$\frac{\mathrm{d}y}{\mathrm{d}x} = \varphi\left(\frac{y}{x}\right) \quad \text{或} \quad \frac{\mathrm{d}x}{\mathrm{d}y} = \psi\left(\frac{y}{x}\right)$$

的微分方程称为**齐次方程**.

对于方程 $\dfrac{\mathrm{d}y}{\mathrm{d}x} = \varphi\left(\dfrac{y}{x}\right)$, 可设 $u = \dfrac{y}{x}, y = ux$, 则

$$\frac{\mathrm{d}y}{\mathrm{d}x} = u + x\frac{\mathrm{d}u}{\mathrm{d}x}.$$

将上式代入齐次方程, 得可分离变量方程

$$\frac{\mathrm{d}u}{\varphi(u) - u} = \frac{\mathrm{d}x}{x},$$

两边积分, 得

$$\int \frac{\mathrm{d}u}{\varphi(u) - u} = \int \frac{\mathrm{d}x}{x}.$$

1.3 线性方程

形如

$$\frac{\mathrm{d}y}{\mathrm{d}x} + p(x)y = q(x) \quad \text{或} \quad \frac{\mathrm{d}x}{\mathrm{d}y} + p(y)x = q(y)$$

的微分方程称为**线性方程**.

用常数变易法可得其通解为

$$
\begin{aligned}
y &= \frac{\displaystyle\int q(x) \cdot \mathrm{e}^{\int p(x)\mathrm{d}x}\mathrm{d}x + C}{\mathrm{e}^{\int p(x)\mathrm{d}x}} \\
&= \mathrm{e}^{-\int p(x)\mathrm{d}x}\left(\int q(x)\mathrm{e}^{\int p(x)\mathrm{d}x}\mathrm{d}x + C\right),
\end{aligned}
$$

或

$$
\begin{aligned}
x &= \frac{\displaystyle\int q(y) \cdot \mathrm{e}^{\int p(y)\mathrm{d}y}\mathrm{d}y + C}{\mathrm{e}^{\int p(y)\mathrm{d}y}} \\
&= \mathrm{e}^{-\int p(y)\mathrm{d}y}\left(\int q(y)\mathrm{e}^{\int p(y)\mathrm{d}y}\mathrm{d}y + C\right).
\end{aligned}
$$

1.4 伯努利方程

形如

$$\frac{\mathrm{d}y}{\mathrm{d}x} + p(x)y = q(x)y^n \quad (n \neq 0,1)$$

的微分方程称为**伯努利方程**.

当 $n = 0$ 或 $n = 1$ 时, 这是线性微分方程. 当 $n \neq 0,1$ 时, 这方程不是线性的, 这时可用 y^n 除方程的两端, 并设 $z = y^{1-n}$ 便得线性方程

$$\frac{\mathrm{d}z}{\mathrm{d}x} + (1-n)p(x)z = (1-n)q(x).$$

求出这方程的通解后, 以 y^{1-n} 代 z, 便得伯努利方程的通解.

1.5 全微分方程

如果方程

$$P(x,y)\mathrm{d}x + Q(x,y)\mathrm{d}y = 0$$

的左端恰好是某个函数 $u(x,y)$ 的全微分

$$\mathrm{d}u = P(x,y)\mathrm{d}x + Q(x,y)\mathrm{d}y,$$

则称此方程为**全微分分程**, 其通解为

$$u\left(x,y\right)=\int_{x_0}^{x}P\left(x,y_0\right)\mathrm{d}x+\int_{y_0}^{y}Q\left(x,y\right)\mathrm{d}y+C.$$

2. 可降阶的高阶微分方程的解法

2.1 $y^{(n)}=f\left(x\right)$ 型的方程

方程两边对 x 接连积分 n 次, 便得方程的含有 n 个任意常数的通解.

2.2 $y''=f\left(x,y'\right)$ 型的方程

方程右端不显含未知函数 y, 可设 $y'=p$, 则 $y''=\dfrac{\mathrm{d}p}{\mathrm{d}x}$, 原方程变为

$$\frac{\mathrm{d}p}{\mathrm{d}x}=f\left(x,p\right),$$

这是一个关于变量 x,p 的一阶微分方程.

2.3 $y''=f\left(y,y'\right)$ 型的方程

方程右端不显含自变量 x, 可设 $y'=p$, 则

$$y''=\frac{\mathrm{d}p}{\mathrm{d}y}\cdot\frac{\mathrm{d}y}{\mathrm{d}x}=p\frac{\mathrm{d}p}{\mathrm{d}y}$$

代入原方程, 可得

$$p\frac{\mathrm{d}p}{\mathrm{d}y}=f\left(y,p\right),$$

这是一个关于变量 y,p 的一阶微分方程.

3. 二阶常系数齐次线性微分方程的解法

形如

$$y''+py'+qy=f(x)\quad(p,q\text{ 为常数})\tag{1}$$

的微分方程称为**二阶常系数非齐次线性微分方程**. 当 $f(x)\equiv0$ 时, 称方程 $y''+py'+qy=0$ 为方程 (1) 相应的**二阶常系数齐次线性微分方程**.

设 $y''+py'+qy=0$, 其中 p,q 为常数, 相应的**特征方程**为

$$\lambda^2+p\lambda+q=0.$$

(1) 若特征方程有两个不相等的实根 λ_1,λ_2, 则方程通解为

$$y=C_1\mathrm{e}^{\lambda_1x}+C_2\mathrm{e}^{\lambda_2x}\ (C_1,C_2\text{ 为常数});$$

(2) 若特征方程有两个相等的实根 $\lambda_1 = \lambda_2$, 则方程的通解为

$$y = (C_1 + C_2 x)\, e^{\lambda_1 x} \quad (C_1, C_2 \text{ 为常数});$$

(3) 若特征方程有一对共轭复根 $\alpha \pm \mathrm{i}\beta$, 则方程的通解为

$$y = \mathrm{e}^{\alpha x}(C_1 \cos \beta x + C_2 \sin \beta x) \quad (C_1, C_2 \text{ 为常数}).$$

4. 二阶常系数非齐次线性微分方程的解法

设 $y'' + py' + qy = f(x)$, 其相应的齐次方程为

$$y'' + py' + qy = 0.$$

若相应的齐次方程的通解为 $Y(x)$, 非齐次线性微分方程的一个特解为 $y^*(x)$, 则非齐次方程的通解为

$$y = Y(x) + y^*(x).$$

(1) 若 $f(x) = \mathrm{e}^{\lambda x} P_m(x)$, 其中 $P_m(x)$ 为 m 次多项式, λ 为实数, 则非齐次方程的特解可设为

$$y^*(x) = x^k \mathrm{e}^{\lambda x} Q_m(x),$$

其中 $Q_m(x)$ 为 m 次多项式, 系数待定, 而 $k = 0, 1$ 或 2, 其确定规则是:

当 λ 不是相应齐次方程的特征根时, $k = 0$;

当 λ 是相应齐次方程的单特征根时, $k = 1$;

当 λ 是相应齐次方程的重根时, $k = 2$.

最后将 $y^*(x)$ 代入非齐次方程, 用比较系数法即可定出 $Q_m(x)$ 的系数.

(2) 若 $f(x) = \mathrm{e}^{\lambda x}[P_m(x) \cos \omega x + P_n(x) \sin \omega x]$, 其中 $P_m(x)$, $P_n(x)$ 分别为 m 次、n 次多项式, λ 为实数, 则非齐次方程的特解可设为

$$y^*(x) = x^k \mathrm{e}^{\lambda x}\left[R_l^{(1)}(x) \cos \omega x + R_l^{(2)}(x) \sin \omega x \right],$$

其中 $R_l^{(1)}(x)$, $R_l^{(2)}(x)$ 为 l 次多项式, 系数待定, $l = \max\{m, n\}$, 而 $k = 0$ 或 1, 其确定规则是:

当 $\lambda + \mathrm{i}\omega$ 不是相应齐次方程的特征根时, $k = 0$;

当 $\lambda + \mathrm{i}\omega$ 是相应齐次方程的特征根时, $k = 1$.

最后将 $y^*(x)$ 代入非齐次方程, 用比较系数法即可定出 $R_l^{(1)}(x)$, $R_l^{(2)}(x)$ 的系数.

例 1 求下列方程的通解:

① $\left(y^2 - 6x\right) y' + 2y = 0$;

② $y\mathrm{d}x + \left(xy + x - \mathrm{e}^y\right)\mathrm{d}y = 0$.

解 ① 这不是一阶线性微分方程, 若把 y 看做自变量, 将 x 看做未知函数 $x(y)$, 则可化作一阶线性微分方程.

将原方程变形为 $x = x(y)$ 的一阶线性方程

$$\frac{\mathrm{d}x}{\mathrm{d}y} - \frac{3}{y}x = -\frac{1}{2}y.$$

直接用求解公式, 得到

$$x = \frac{1}{2}y^2 + Cy^3 \ (C \text{ 为常数}).$$

② 将原方程变形为 $x = x(y)$ 的一阶线性方程

$$\frac{\mathrm{d}x}{\mathrm{d}y} + \left(1 + \frac{1}{y}\right) x = \frac{\mathrm{e}^y}{y}.$$

记 $p(y) = 1 + \dfrac{1}{y}, q(y) = \dfrac{\mathrm{e}^y}{y}$, 则有

$$\int p(y)\,\mathrm{d}y = y + \ln y \Longrightarrow \mathrm{e}^{\int p(y)\mathrm{d}y} = y\mathrm{e}^y;$$

$$\int q(y) \cdot \mathrm{e}^{\int p(y)\mathrm{d}y}\mathrm{d}y = \frac{1}{2}\mathrm{e}^{2y}.$$

直接用求解公式, 得到

$$x = \frac{\frac{1}{2}\mathrm{e}^{2y} + C}{y\mathrm{e}^y} = \frac{1}{2y}\mathrm{e}^y + \frac{C}{y}\mathrm{e}^{-y} \quad (C \text{ 为常数}).$$

例 2 设有方程 $y'' + \left(x + \mathrm{e}^{2y}\right) y'^3 = 0$. 若把 x 看成因变量, y 看成自变量, 则此方程化为何种形式? 并求此方程的通解.

解 由 $\dfrac{\mathrm{d}x}{\mathrm{d}y} = \dfrac{1}{\frac{\mathrm{d}y}{\mathrm{d}x}} = \dfrac{1}{y'}$, 得到

$$
\begin{array}{ccc}
\dfrac{\mathrm{d}^2 x}{\mathrm{d}y^2} & & -\dfrac{y''}{(y')^3} \\[2mm]
\| & & \| \\[2mm]
\dfrac{\mathrm{d}}{\mathrm{d}y}\left(\dfrac{\mathrm{d}x}{\mathrm{d}y}\right) & & -\dfrac{1}{y'}\cdot\dfrac{1}{(y')^2}\dfrac{\mathrm{d}y'}{\mathrm{d}x} \\[2mm]
\| & & \| \\[2mm]
\end{array}
$$

$$
\dfrac{\mathrm{d}}{\mathrm{d}x}\left(\dfrac{\mathrm{d}x}{\mathrm{d}y}\right)\dfrac{\mathrm{d}x}{\mathrm{d}y} = \left[\dfrac{\mathrm{d}}{\mathrm{d}x}\left(\dfrac{1}{y'}\right)\right]\cdot\dfrac{1}{y'}
$$

从此 U 形等式串的两端即知 $\dfrac{\mathrm{d}^2 x}{\mathrm{d}y^2} = -\dfrac{y''}{(y')^3}$, 即有

$$
y' = \dfrac{1}{\frac{\mathrm{d}x}{\mathrm{d}y}}, \quad y'' = -\dfrac{\frac{\mathrm{d}^2 x}{\mathrm{d}y^2}}{\left(\frac{\mathrm{d}x}{\mathrm{d}y}\right)^3}.
$$

将其代入原方程得到

$$
-\dfrac{\frac{\mathrm{d}^2 x}{\mathrm{d}y^2}}{\left(\frac{\mathrm{d}x}{\mathrm{d}y}\right)^3} + \dfrac{x + \mathrm{e}^{2y}}{\left(\frac{\mathrm{d}x}{\mathrm{d}y}\right)^3} = 0,
$$

即

$$
\dfrac{\mathrm{d}^2 x}{\mathrm{d}y^2} - x = \mathrm{e}^{2y}. \tag{1}
$$

方程 (1) 对应的齐次线性方程的通解为

$$
x = C_1 \mathrm{e}^y + C_2 \mathrm{e}^{-y} \quad (C_1, C_2 \text{ 为常数}).
$$

设方程 (1) 的特解为 $x^* = A\mathrm{e}^{2y}$, 代入方程 (1), 易求得 $A = \dfrac{1}{3}$.

故方程 (1) 的通解为

$$x = C_1 \mathrm{e}^y + C_2 \mathrm{e}^{-y} + \frac{1}{3}\mathrm{e}^{2y} \quad (C_1, C_2 \ 为常数).$$

例 3 求微分方程

$$(x\cos y + \cos x)\frac{\mathrm{d}y}{\mathrm{d}x} - y\sin x + \sin y = 0.$$

解 所给一阶微分方程不是可分离变量型, 不是齐次方程, 也不是线性微分方程和伯努利方程. 但若改写成对称式

$$(\sin y - y\sin x)\,\mathrm{d}x + (x\cos y + \cos x)\,\mathrm{d}y = 0,$$

令 $P(x,y) = \sin y - y\sin x, Q(x,y) = x\cos y + \cos x$, 则有

$$\frac{\partial}{\partial x}Q(x,y) - \frac{\partial}{\partial y}P(x,y) = 0.$$

可知原方程是全微分方程, 故可设

$$\mathrm{d}u(x,y) = P(x,y)\,\mathrm{d}x + Q(x,y)\,\mathrm{d}y.$$

因为

$$\int P(x,y)\,\mathrm{d}x = y\cos x + x\sin y,$$

所以

$$\underline{Q}(x,y) = 0,$$

其中 $\underline{Q}$ 是 $Q(x,y)$ 内将含有 x 的项删除的结果. 根据原函数的简便算法, 即有

$$
\begin{array}{ccc}
u(x,y) & & y\cos x + x\sin y \\
\| & & \| \\
\int P\mathrm{d}x + \int \underline{Q}\,\mathrm{d}y = & & \int P\mathrm{d}x
\end{array}
$$

404

从此 U 形等式串的两端即知

$$u(x,y) = \int P(x,y)\,\mathrm{d}x = y\cos x + x\sin y.$$

例 4　求解初值问题 $xy'' - y' = x^2$, $y|_{x=1} = 0$, $y'|_{x=1} = 0$.

解法 1　这是不显含 y 的可降阶方程, 令 $y' = p$, 则 $y'' = p'$, 原方程可化为

$$xp' - p = x^2, \ \text{即}\ p' - \frac{1}{x}p = x.$$

代入求解公式, 得到

$$p = x^2 + C_1 x.$$

代入初始值 $y'|_{x=1} = 0$, 得 $C_1 = -1$, 故 $y' = x^2 - x$, 两边积分得到

$$y = \frac{1}{3}x^3 - \frac{1}{2}x^2 + C_2,$$

代入初始值 $y|_{x=1} = 0$, 得 $C_2 = \frac{1}{6}$, 故所求解的

$$y = \frac{1}{3}x^3 - \frac{1}{2}x^2 + \frac{1}{6}.$$

解法 2　将原方程改写为 $(xy' - 2y)' = x^2$, 两边积分, 得

$$xy' - 2y = \frac{1}{3}x^3 + C_1.$$

代入初始值 $y|_{x=1} = 0, y'|_{x=1} = 0$, 得 $C_1 = -\frac{1}{3}$, 故

$$xy' - 2y = \frac{1}{3}x^3 - \frac{1}{3},$$

即

$$y' - \frac{2}{x}y = \frac{1}{3}x^2 - \frac{1}{3x}.$$

解这个一阶线性微分方程, 得

$$y = \frac{1}{3}x^3 + C_2 x^2 + \frac{1}{6},$$

代入初始值 $y|_{x=1} = 0$, 得 $C_2 = -\frac{1}{2}$, 故所求解为

$$y = \frac{1}{3}x^3 - \frac{1}{2}x^2 + \frac{1}{6}.$$

解法 3 将原方程改写成

$$\frac{xy'' - y'}{x^2} = 1, \quad 即 \quad \left(\frac{y'}{x}\right)' = 1,$$

故 $\frac{y'}{x} = x + C_1$. 代入初始值 $y'|_{x=1} = 0$, 得 $C_1 = -1$, 故

$$y' = x^2 - x.$$

两边积分得到

$$y = \frac{1}{3}x^3 - \frac{1}{2}x^2 + C_2,$$

代入初始值 $y|_{x=1} = 0$, 得 $C_2 = \frac{1}{6}$, 故所求解为

$$y = \frac{1}{3}x^3 - \frac{1}{2}x^2 + \frac{1}{6}.$$

例 5 ① 已知一条曲线过点 $(1, 2)$, 其上任一点 $P(x, y)$ 处的法线与轴 Ox 的交点为 Q, 且线段 PQ 被 Oy 轴平分. 求这条曲线的方程.

② 已知一条曲线过点 $(-1, 3)$, 其上任一点 $P(x, y)$ 处的切线与 Ox 轴的交点为 Q, 且线段 PQ 被 Oy 轴平分. 求这条曲线的方程.

解 设曲线方程为 $y = y(x)$.

① 曲线上任一点 $P(x, y)$ 处的法线方程为

$$Y - y = -\frac{1}{y'}(X - x).$$

令 $Y = 0$, 求得 Q 点坐标为 $(x + yy', 0)$.

由于 PQ 被 Oy 轴平分, 故 P 点和 Q 点的横坐标之和为 0, 即

$$2x + yy' = 0, \quad 化为 \quad 2x\mathrm{d}x + y\mathrm{d}y = 0.$$

化为微分式有

$$\mathrm{d}\left(x^2 + \frac{1}{2}y^2\right) = 0, \quad 即所有 \ x^2 + \frac{1}{2}y^2 = C.$$

代入 $x = 1, y = 2$, 推得 $C = 3$. 故曲线方程为 $x^2 + \frac{1}{2}y^2 = 3$.

② $P(x, y)$ 处的切线方程为 $Y - y = y'(X - x)$, 令 $Y = 0$, 求得 Q 点坐标为 $\left(x - \dfrac{y}{y'}, 0\right)$. 又因为线段 PQ 被 Oy 轴平分, 所以 Q 点坐标为 $(-x, 0)$, 故有

$$x - \frac{y}{y'} = -x, \quad 即 \ 2x\frac{\mathrm{d}y}{\mathrm{d}x} - y = 0.$$

分离变量

$$\frac{\mathrm{d}y}{\mathrm{d}x} = \frac{y}{2x}, \quad \frac{\mathrm{d}y}{y} = \frac{\mathrm{d}x}{2x}(x \neq 0).$$

两边积分并化简

$$\ln|y| = \ln C\sqrt{|x|}, \quad |y| = C\sqrt{|x|}, \quad y = \pm C\sqrt{|x|}.$$

由于 C 的任意性, 即 $y = C\sqrt{|x|}, x \neq 0$. C 可正可负. 代入 $x = -1, y = 3$ 推得 $C = 3$. 由此得

$$y = \begin{cases} 3\sqrt{x}, & x > 0, \\ 3\sqrt{-x}, & x < 0. \end{cases}$$

例 6 设在第一象限, 曲线 $\Gamma: y = y(x)$ 过点 $(1, 2)$, Γ 上任一点 $P(x, y)$ 处的切线在 Oy 轴上的截距都是正的, 并且切线与切点到坐标原点 O 的连线 OP 及 Oy 轴围成的面积是个定值 1(图 8.1), 求这条曲线方程.

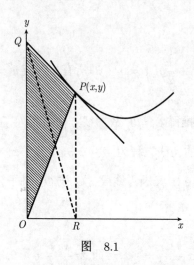

图 8.1

解 设曲线方程为 $y = f(x)$, 则 $P(x, y)$ 处的切线方程为

$$Y - y = y'(X - x), \text{ 即 } Y = y + y'(X - x).$$

令 $X = 0$, 有 $Y(0) = y - xy'$. 记此切线与 Oy 轴的交点为 Q, 则 Q 点坐标为 $(0, y - xy')$. 依题意, $\triangle OPQ$ 的面积为 1. 过点 P 作 Oy 轴的平行线, 交 Ox 轴于 R, 连接 QR, 则 $\triangle OPQ$ 与 $\triangle OQR$ 同底等高, 从而面积相等. 而 $\triangle OQR$ 是直角三角形, 其面积等于 $\frac{1}{2}x(y - xy')$, 故有

$$\frac{1}{2}x(y - xy') = 1, \text{ 即 } y' - \frac{y}{x} = -\frac{2}{x^2}.$$

令 $p(x) = -\frac{1}{x}$, $q(x) = -\frac{2}{x^2}$, 则有

$$\int p(x)\,\mathrm{d}x = -\ln x, \quad \mathrm{e}^{\int p(x)\mathrm{d}x} = \frac{1}{x}.$$

用求解公式, 即得

$$y = x\left(\int -\frac{2}{x^3}\mathrm{d}x + C\right) = \frac{1}{x} + Cx.$$

因为曲线过点 $(1, 2)$, 所以 $C = 1$, 故曲线方程为 $y = x + \frac{1}{x}$.

例 7　求一曲线, 使得它的切线包含在 Ox 轴与 Oy 轴之间的一段线段长度等于常数 $a(a > 0)$.

解　如图 8.2 所示, 易知

$$\begin{cases} x \sec\theta + y \csc\theta = a, & (1) \\ \dfrac{\mathrm{d}y}{\mathrm{d}x} = -\tan\theta. & (2) \end{cases}$$

视 (1) 式中的 x, y 为 θ 的函数, 两边可对 θ 求导数, 得到

$$\sec\theta \frac{\mathrm{d}x}{\mathrm{d}\theta} + x \sec\theta \tan\theta + \csc\theta \frac{\mathrm{d}y}{\mathrm{d}\theta} - y \csc\theta \cot\theta = 0. \qquad (3)$$

进一步, 由 (2) 式知 $\mathrm{d}y = -\tan\theta \mathrm{d}x$. 代入 (3) 式, 合并同类项得到

$$\left(\frac{1}{\cos\theta} - \frac{\tan\theta}{\sin\theta} \right) \frac{\mathrm{d}x}{\mathrm{d}\theta} + \left(x \frac{\sin\theta}{\cos^2\theta} - y \frac{\cos\theta}{\sin^2\theta} \right) = 0. \qquad (4)$$

注意到 $\dfrac{1}{\cos\theta} - \dfrac{\tan\theta}{\sin\theta} = 0$, 即由 (4) 式给出

$$x \frac{\sin\theta}{\cos^2\theta} - y \frac{\cos\theta}{\sin^2\theta} = 0 \Longrightarrow y = x \tan^3\theta.$$

将它与 (1) 式联立, 解得曲线方程为

$$\begin{cases} x = a \cos^3\theta, \\ y = a \sin^3\theta. \end{cases}$$

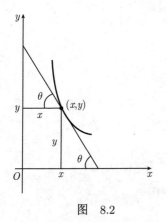

图　8.2

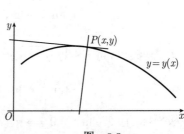

图　8.3

例 8 ① 设在第一象限, 曲线 $y = y(x)$ 上任一点 P 处的切线在 y 轴上的截距等于在同点处的法线在 x 轴上的截距 (图 8.3), 求此曲线方程;

② 设第 (1) 小题中的曲线为 Γ, 且过点 $(1,0)$, 并设 Γ 与两坐标轴所围成图形为 Σ, 求 Σ 的面积及 Σ 绕极轴旋转一周所成旋转体的体积.

解 ① 如图 8.3 所示, 曲线在点 $P(x,y)$ 处的切线方程和法线方程分别为

$$Y - y = y'(X - x), \quad Y - y = -\frac{1}{y'}(X - x).$$

切线在 y 轴上的截距为 $y - xy'$, 法线在 x 轴上的截距为 $x + yy'$, 则有

$$y - xy' = x + yy',$$

由此解得 $y' = -\dfrac{x - y}{x + y}$. 下面解此齐次方程. 令 $y = ux$, 代入得

$$u + x\frac{\mathrm{d}u}{\mathrm{d}x} = -\frac{1 - u}{1 + u}, \quad \text{即} \quad -x\frac{\mathrm{d}u}{\mathrm{d}x} = \frac{u^2 + 1}{u + 1}.$$

分离变量得

$$\frac{u + 1}{u^2 + 1}\mathrm{d}u = -\frac{\mathrm{d}x}{x},$$

积分得

$$\arctan u + \ln\sqrt{1 + u^2} = -\ln|x| + C,$$

即所求曲线方程为

$$\arctan\frac{y}{x} + \ln\sqrt{x^2 + y^2} = C.$$

② 曲线 $\arctan\dfrac{y}{x} + \ln\sqrt{x^2 + y^2} = C$ 过 $(1,0)$, 则有 $C = 0$, 即

$$\arctan\frac{y}{x} + \ln\sqrt{x^2 + y^2} = 0.$$

换成极坐标, 有 $\theta + \ln r = 0 \Longrightarrow r = \mathrm{e}^{-\theta}$ (图 8.4).

410

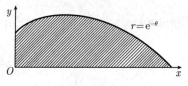

图 8.4

下面用极坐标解方程 $y' = -\dfrac{x-y}{x+y}$. 令 $x = r\cos\theta$, $y = r\sin\theta$, 则

$$y' = -\frac{x-y}{x+y} = -\frac{1-\tan\theta}{1+\tan\theta}.$$

设 $r = f(\theta)$, $0 < \theta < \pi/2$, 则

$$\begin{cases} x = r\cos\theta = f(\theta)\cos\theta, \\ y = r\sin\theta = f(\theta)\sin\theta. \end{cases}$$

上面两式都对 θ 求导, 得

$$\begin{cases} \dfrac{\mathrm{d}x}{\mathrm{d}\theta} = f'(\theta)\cos\theta - f(\theta)\sin\theta, \\ \dfrac{\mathrm{d}y}{\mathrm{d}\theta} = f'(\theta)\sin\theta + f(\theta)\cos\theta, \end{cases}$$

$$\begin{aligned} \frac{\mathrm{d}y}{\mathrm{d}x}\bigg|_{(r,\theta)} &= \frac{f'(\theta)\sin\theta + f(\theta)\cos\theta}{f'(\theta)\cos\theta - f(\theta)\sin\theta} = \frac{f'(\theta)\tan\theta + f(\theta)}{f'(\theta) - f(\theta)\tan\theta} \\ &= \frac{\dfrac{f'(\theta)}{f(\theta)}\tan\theta + 1}{\dfrac{f'(\theta)}{f(\theta)} - \tan\theta} = -\frac{1-\tan\theta}{1+\tan\theta} \\ &\Longrightarrow \frac{f'(\theta)}{f(\theta)} = -1 \Longrightarrow f(\theta) = \mathrm{e}^{-\theta} + C. \end{aligned}$$

依题意, $f(0) = 1 \Longrightarrow C = 0$. 故有 $f(\theta) = \mathrm{e}^{-\theta}$, 则曲线 $y = y(x)$ 在极坐标下的方程为 $r = \mathrm{e}^{-\theta}$. 设曲线与两坐标轴所围面积为 A, 旋转体的体积为 V, 则

$$A = \int_0^{\frac{\pi}{2}} \mathrm{d}\theta \int_0^{\mathrm{e}^{-\theta}} r\mathrm{d}r = \int_0^{\frac{\pi}{2}} \frac{1}{2}\mathrm{e}^{-2\theta}\mathrm{d}\theta = \frac{1}{4}\left(1 - \mathrm{e}^{-\pi}\right);$$

$$V = -\pi \int_0^{\frac{\pi}{2}} y^2(\theta) \mathrm{d}x(\theta) = -\pi \int_0^{\frac{\pi}{2}} (\mathrm{e}^{-\theta} \sin\theta)^2 \mathrm{d}(\mathrm{e}^{-\theta} \cos\theta)$$

$$= \pi \int_0^{\frac{\pi}{2}} \mathrm{e}^{-2\theta} \sin^2\theta (\mathrm{e}^{-\theta} \sin\theta + \mathrm{e}^{-\theta} \cos\theta) \mathrm{d}\theta \ (\text{经分部积分后})$$

$$= \frac{2\pi}{3} \int_0^{\frac{\pi}{2}} \mathrm{e}^{-3\theta} \sin\theta \mathrm{d}\theta = \frac{1}{15} \pi \left(1 - 3\mathrm{e}^{-\frac{3}{2}\pi}\right).$$

例 9 ① 一条过点 $(0, \sqrt{2})$ 的曲线 $L: y = f(x)$, 其上任意一点的切线介于 Ox 轴与直线 $y = x$ 之间的线段都被切点所平分 (图 8.5). 求此曲线的方程.

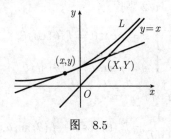

图 8.5

② 已知三点 $A\,(-2, 4)$, $B\,(1, 0)$, $C\,(-2, -1)$, 试在曲线 $y = f(x)$ 上找到点 P 与 Q 分别使得 $|PA|^2$ 和 $|QB|^2 + |QC|^2$ 为最小值.

解 ① 设过点 (x, y) 的切线为 $Y - y = y'(X - x)$, 切线与直线 $y = x$ 的交点为 (X, Y), 则

$$\begin{cases} Y - y = y'(X - x), \\ Y = X, \end{cases} \implies Y = X = \frac{y - xy'}{1 - y'}.$$

由题意

$$y = \frac{1}{2}Y = \frac{1}{2}\frac{y - xy'}{1 - y'} \implies y' = \frac{y}{2y - x}.$$

或依题意 $(X, Y) = (2y, 2y)$, 则切线与 Ox 轴的交点为 $(2x - 2y, 0)$, 切线斜率

$$\frac{\mathrm{d}y}{\mathrm{d}x} = \frac{2y}{4y - 2x} = \frac{y}{2y - x}. \tag{1}$$

由曲线 $y = f(x)$ 满足的微分方程为

$$\frac{\mathrm{d}y}{\mathrm{d}x} = \frac{y}{2y-x} \implies 2y\mathrm{d}y - x\mathrm{d}y - y\mathrm{d}x = 0. \tag{2}$$

由 (1) 式有 $\dfrac{\mathrm{d}x}{\mathrm{d}y} = \dfrac{2y-x}{y}$, 解得 $x(y) = y + \dfrac{1}{y}C$. 又曲线过点 $(0, \sqrt{2})$,

解出 $C = -2$, 于是

$$x(y) = y - \frac{2}{y}.$$

也可以将方程 (2) 改写为

$$\mathrm{d}y^2 - \mathrm{d}(xy) = 0 \implies y^2 - xy = C.$$

由曲线过点 $(0, \sqrt{2}) \implies C = 2$, 故此曲线的方程为

$$y^2 - xy = 2, \ \ \text{即} \ \ y = \frac{x + \sqrt{x^2 + 8}}{2}.$$

② 解法 1 设曲线 L 上点 $P(x, y)$ 到点 $A(-2, 4)$ 的距离平方函数
为 $f(x, y) = (x+2)^2 + (y-4)^2$, L 的约束条件为

$$g(x, y) = y^2 - xy - 2,$$

构造目标函数

$$h(x, y, \lambda) = f(x, y) + \lambda g(x, y).$$

根据拉格朗日乘子法, 有

$$\frac{\partial}{\partial x} h(x, y, \lambda) = 2x + 4 - \lambda y = 0 \implies \lambda = 2 \cdot \frac{x+2}{y},$$

$$\frac{\partial}{\partial y} h(x, y, \lambda) = 2y - 8 + 2\lambda y - \lambda x = 0 \implies \lambda = 2 \cdot \frac{y-4}{-2y+x},$$

由此得到

$$\frac{x+2}{y} = \frac{y-4}{-2y+x} \implies y(y-4) - (x+2)(x-2y) = 0.$$

由约束条件 $y^2 - xy - 2 = 0 \implies x = \dfrac{y^2-2}{y}$ 代入上式, 注意到 $y > 0$,

$$2(y-1)\frac{y^3+2}{y^2}=0 \Longrightarrow y=1, x=\frac{y^2-2}{y}=-1.$$

故点 P 的坐标为 $(-1,1)$, 代入 $f(x,y)$ 表达式有

$$\min\{|PA|^2\} = (-1+2)^2 + (1-4)^2 = 10.$$

解法 2 用配方法. 对距离平方函数 $f(x,y)$ 的表达式化简:

$$\begin{aligned}
f(x,y) &= (x+2)^2 + (y-4)^2 \\
&= \left(y-\frac{2}{y}+2\right)^2 + (y-4)^2 \\
&= 2y^2 - 4y + \frac{4}{y^2} - \frac{8}{y} + 16.
\end{aligned}$$

设 $g(y) = 2y^2 - 4y + \dfrac{4}{y^2} - \dfrac{8}{y} + 16$, 下面求 $g(y)$ 的极值点. 由

$$g'(y) = 4 \cdot \frac{y^4 - y^3 - 2 + 2y}{y^3},$$

利用 $y^4 - y^3 - 2 + 2y = 0 \Longrightarrow y=1, y=-\sqrt[3]{2}$(舍去).

根据 $y=1$ 是 $g(y)$ 的极值, 对其配方:

$$\begin{aligned}
d^2 &= 2y^2 - 4y + \frac{4}{y^2} - \frac{8}{y} + 16 \\
&= 2(y^2 - 2y) + 4\left(\frac{1}{y^2} - \frac{2}{y}\right) + 16 \\
&= 2(y^2 - 2y + 1) + 4\left(\frac{1}{y^2} - \frac{2}{y} + 1\right) + 16 - 2 - 4 \\
&= 2(y-1)^2 + 4\left(\frac{1}{y} - 1\right)^2 + 10,
\end{aligned}$$

推出当 $y=1$ 时, $d_{\min}=10$, 此时 $x=\dfrac{y^2-2}{y}=-1$, 则点 P 的坐标为 $(-1,1)$.

下面求点 Q, 使 $|QB|^2 + |QC|^2$ 为最小值. 设 $Q(x,y)$ 是曲线 L 上动点, 则距离函数、约束条件及目标函数分别为

$$f(x,y) = (x-1)^2 + y^2 + (x+2)^2 + (y+1)^2,$$

$$g(x, y) = y^2 - xy - 2,$$

$$h(x, y, \lambda) = f(x, y) + \lambda g(x, y).$$

根据拉格朗日乘子法, 有

$$\frac{\partial}{\partial x} h(x, y, \lambda) = 4x - y\lambda + 2,$$

$$\frac{\partial}{\partial y} h(x, y, \lambda) = 4y - x\lambda + 2y\lambda + 2;$$

$$\begin{cases} 4x - y\lambda + 2 = 0, \\ 4y - x\lambda + 2y\lambda + 2 = 0, \\ g(x, y) = 0. \end{cases} \tag{3}$$

下面求解方程组 (3). 由

$$\begin{cases} 4x - y\lambda + 2 = 0 \Longrightarrow \lambda = \dfrac{1}{y}(4x + 2), \\ 4y - x\lambda + 2y\lambda + 2 = 0 \Longrightarrow \lambda = \dfrac{4y + 2}{x - 2y}, \end{cases}$$

得出

$$\frac{1}{y}(4x + 2) = \frac{4y + 2}{x - 2y}.$$

又解联立方程组

$$\begin{cases} y^2 - xy - 2 = 0, \\ \dfrac{1}{y}(4x + 2) = \dfrac{4y + 2}{x - 2y}, \end{cases} \text{解出 } x = -1, y = 1.$$

结果 $P = Q = (-1, 1)$. 代入 $f(x, y)$ 表达式有

$$\min\{|QB|^2 + |QC|^2\} = (-1 - 1)^2 + 1^2 + (-1 + 2)^2 + (1 + 1)^2 = 10.$$

例 10 求 $x''(t) + 2x'(t) + 2x(t) = \mathrm{e}^{-t} \sin t$ 满足初始条件 $x(0) = 0, x'(0) = 1$ 的解, 并证明函数 $f(t) = \dfrac{x^2(t)}{1 + x^4(t)}$ 有最大值, 且求它的最大值.

415

解 对应齐次方程的特征方程为

$$\lambda^2 + 2\lambda + 2 = 0,$$

对应齐次方程的特征根为

$$\lambda_1 = -1 + i, \quad \lambda_2 = -1 - i,$$

所以对应的齐次微分方程的通解为

$$x(t) = e^{-t}(C_1 \cos t + C_2 \sin t).$$

自由项 $e^{-t} \sin t$ 表示 $\lambda + iw = -1 + i$ 是特征方程的根, 所以设非齐次方程有特解

$$x^*(t) = t(A \cos t + B \sin t) e^{-t}.$$

将 $x^*(t)$ 求一阶、二阶导数, 并代入原微分方程的左端, 得

$$\frac{\mathrm{d}^2 x^*(t)}{\mathrm{d}t^2} + 2\frac{\mathrm{d}x^*(t)}{\mathrm{d}t} + 2x^*(t) = 2e^{-t}(B \cos t - A \sin t).$$

结合原微分方程的右端, 有

$$2e^{-t}(B \cos t - A \sin t) = e^{-t} \sin t.$$

比较上式两边, 得到 $B = 0, A = -\dfrac{1}{2}$, 代入 $x^*(t)$ 的表达式中, 有

$$x^*(t) = -\frac{1}{2} t e^{-t} \cos t.$$

从而原微分方程的通解为

$$x(t) = e^{-t}(C_1 \cos t + C_2 \sin t) - \frac{1}{2} t e^{-t} \cos t.$$

根据初值条件确定 C_1, C_2:

$$x(0) = C_1 = 0,$$

$$\left. \frac{\mathrm{d}x(t)}{\mathrm{d}t} \right|_{t=0} = C_2 - C_1 - \frac{1}{2} = 1 \Longrightarrow C_2 = \frac{3}{2}.$$

于是满足初始条件 $x(0) = 0, x'(0) = 1$ 的解为

416

$$x(t) = \frac{3}{2}\mathrm{e}^{-t}\sin t - \frac{1}{2}te^{-t}\cos t.$$

下证 $f(t) = \dfrac{x^2(t)}{1 + x^4(t)}$ 有最大值 $\dfrac{1}{2}$. 由 (1) 式知

$$\lim_{t \to +\infty} x(t) = 0, \qquad \frac{\mathrm{d}^2 x(t)}{\mathrm{d}t^2}\bigg|_{t=0} = 1.$$

因为 $1 + x^4(t) \geqslant 2x^2(t)$, 所以 $f(t) = \dfrac{x^2(t)}{1 + x^4(t)} \leqslant \dfrac{1}{2}$ $(\forall t \in \mathbb{R})$.

又 $\tan t \equiv \dfrac{1}{3}t$ 不可能, 所以 $x(t)$ 不可能恒等于 0, 故 $\max\limits_{t \in \mathbb{R}} f(t) \leqslant \dfrac{1}{2}$. 下面证明存在 t_0, 使 $f(t_0) = \dfrac{1}{2}$, 为此往证必存在 t_0, 使 $x(t_0) = 1$.

事实上, 因为 $\lim\limits_{t \to +\infty} x(t) = 0 < 1$, 取 $t_k = -2k\pi$ $(k \in \mathbb{N})$, 则

$$x(t_k) = k\pi \mathrm{e}^{2k\pi} \to +\infty \quad (k \to +\infty).$$

此时, $t_k \to -\infty$. 因此, 由介值定理知, 必存在 t_0, 使 $x(t_0) = 1$. 这样, $f(t_0) = \dfrac{1}{2}$, 故有 $\max\limits_{t \in \mathbb{R}} f(t) = \dfrac{1}{2}$.

例 11 一曲线通过点 $(1,0)$, 此曲线上的任一点 (x,y) 处的切线自切点至该切线与 y 轴交点之间的切线段长恒为 1. 求这曲线的方程.

解 设曲线方程为 $y = y(x)$, $MP = 1$, 如图 8.6 所示, 则有

$$y' = -\tan\theta = -\frac{\sin\theta}{\cos\theta} = -\frac{\sqrt{1-x^2}}{x},$$

$$x\frac{\mathrm{d}y}{\mathrm{d}x} = -\sqrt{1-x^2}.$$

令 $x = \cos\theta \left(0 \leqslant \theta < \dfrac{\pi}{2}\right)$, 则有

$$\begin{array}{ccc} y & & -\sin\theta + \ln(\sec\theta + \tan\theta) + C \\ \| & & \| \\ \displaystyle\int -\frac{\sqrt{1-x^2}}{x}\mathrm{d}x & = & \displaystyle\int \frac{\sin^2\theta}{\cos\theta}\,\mathrm{d}\theta \end{array}$$

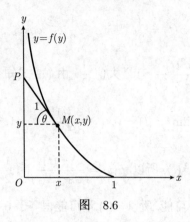

图 8.6

从此 U 形等式串的两端即知

$$y = -\sin\theta + \ln(\sec\theta + \tan\theta) + C.$$

代入初始条件 $x = 1, y = 0$, 即 $\theta = 0, y = 0$, 推得 $C = 0$. 故有

$$\begin{cases} x = \cos\theta, \\ y = -\sin\theta + \ln(\sec\theta + \tan\theta) \end{cases} \left(0 \leqslant \theta < \frac{\pi}{2}\right).$$

这就是曳物线的参数方程.

评注 这是一个从实际应用抽象出来的问题. 当拖拉机拖斗转进十字马路口时, 其后部轮子的运动轨迹是一条什么样的曲线呢? 如果我们把后部轮子看做位于 x 轴上坐标为 $(1,0)$ 处的一个点 M, 它通过一根具有单位长度的杆与点 P 连接, 这时点 P 表示位于原点的司机室. 当点 P 沿 y 轴向上移动时, 点 M 移动的轨迹就是本例的曲线. 它称为曳物线 (tractrix).

例 12 设曲线 L 的极坐标方程为 $r = r(\theta), M(r, \theta)$ 为 L 上任一点, $A(2,0)$ 为 L 上一定点, 若极径 OA, OM 与曲线 L 所围的曲边扇形面积值等于 L 上 A, M 两点间弧长的一半, 求曲线 L 的方程.

解 OA, OM 与曲线 L 所围的曲边扇形面积值为

$$\frac{1}{2}\int_0^\theta r^2(t)\,\mathrm{d}t,$$

A, M 两点间的弧长为

$$\int_0^\theta \sqrt{r^2(t) + r'^2(t)} \mathrm{d}t.$$

依题意,

$$\frac{1}{2}\int_0^\theta r^2(t)\,\mathrm{d}t = \frac{1}{2}\int_0^\theta \sqrt{r^2(t) + r'^2(t)} \mathrm{d}t,$$

两边求导, 得到

$$r^2(\theta) = \sqrt{r^2(\theta) + r'^2(\theta)},$$

解得

$$r'(\theta) = \pm r(\theta)\sqrt{r^2(\theta) - 1},$$

这是可分离变量方程. 分离变量得

$$\frac{\mathrm{d}r}{r\sqrt{r^2 - 1}} = \pm\mathrm{d}\theta.$$

等式左边积分得

$$\int \frac{\mathrm{d}r}{r\sqrt{r^2 - 1}} = \arctan\sqrt{r^2 - 1},$$

从而有

$$\arctan\sqrt{r^2 - 1} = \pm\theta + C.$$

将上式化简, 得到

$$r^2 - 1 = \tan^2\left(\pm\theta + C\right),$$

$$r = \sec\left(\pm\theta + C\right).$$

因为曲线过 $A(2, 0)$, 即 $r(0) = 2$, 有

$$2 = \sec(C) \Longrightarrow C = \frac{\pi}{3}.$$

所求曲线 L 的方程为

$$r = \sec\left(\pm\theta + \frac{\pi}{3}\right).$$

例 13　如图 8.7 所示, 有一圆锥形的塔, 底半径为 R, 高为 h $(h > R)$, 现沿塔身建一条登上塔顶的楼梯, 要求楼梯曲线在每一点的切线与 Oz 轴的夹角为 $\dfrac{\pi}{4}$, 楼梯入口在点 $(R, 0, 0)$, 试求楼梯曲线的方程.

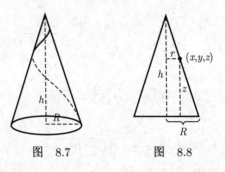

图　8.7　　　　　　图　8.8

解　楼梯曲线为一空间曲线, 设它在 Oxy 平面上的投影曲线在极坐标下的方程为 $r = r(\theta)$. 设曲线上任一点为 (x, y, z), 从截面图 8.8 中易知

$$\frac{h - z}{h} = \frac{r}{R} \Longrightarrow z = h\left(1 - \frac{r(\theta)}{R}\right).$$

因此楼梯曲线的参数方程为

$$\begin{cases} x = r(\theta)\cos\theta, \\ y = r(\theta)\sin\theta, \\ z = h\left(1 - \dfrac{r(\theta)}{R}\right). \end{cases} \tag{1}$$

在点 (x, y, z) 处楼梯曲线的切向量为 $\vec{v} = \{x'(\theta), y'(\theta), z'(\theta)\}$, 其中

$$\begin{cases} x'(\theta) = r'(\theta)\cos\theta - r(\theta)\sin\theta, \\ y'(\theta) = r'(\theta)\sin\theta + r(\theta)\cos\theta, \\ z'(\theta) = -\dfrac{h}{R}r'(\theta). \end{cases}$$

Oz 轴的方向向量为 $\vec{k} = (0, 0, 1)$. 依题意,

$$\cos\frac{\pi}{4} = \frac{\vec{v} \cdot \vec{k}}{|\vec{v}| \cdot |\vec{k}|} = \frac{z'(\theta)}{\sqrt{x'^2(\theta) + y'^2(\theta) + z'^2(\theta)}},$$

420

即
$$\frac{1}{\sqrt{2}} = \frac{-\frac{h}{R}r'(\theta)}{\sqrt{r'^2(\theta) + r^2(\theta) + \frac{h^2}{R^2}r'^2(\theta)}},$$

化简得
$$\frac{\mathrm{d}r}{\mathrm{d}\theta} = \pm\frac{r}{\sqrt{\frac{h^2}{R^2} - 1}} = \pm\frac{Rr}{\sqrt{h^2 - R^2}}.$$

由实际问题应有 $\dfrac{\mathrm{d}r}{\mathrm{d}\theta} < 0$, 故
$$\frac{\mathrm{d}r}{\mathrm{d}\theta} = -\frac{Rr}{\sqrt{h^2 - R^2}}.$$

这是可分离变量方程, 解得
$$r = Ce^{-\frac{R}{\sqrt{h^2 - R^2}}\theta}.$$

由 $\theta = 0, r = R$ 得 $C = R$, 故 $r = Re^{-\frac{R\theta}{\sqrt{h^2 - R^2}}}$, 将此式代入参数方程 (1), 即得楼梯曲线.

例 14 如图 8.9 所示, 设河宽为 a, 一条船从岸边一点 O 出发驶向对岸, 船头总是指向对岸与点 O 相对的一点 B. 假设在静水中船速为常数 v_1, 河流中水的流速为常数 v_2, 试求船过河所走的路线 (曲线方程); 并讨论在什么条件下,

① 船能到达点 B; ② 船能到达对岸; ③ 船无法到达对岸.

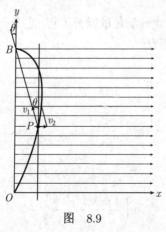

图 8.9

解 如图 8.9 所示, 水流方向与 Ox 轴平行, 船头总是指向与 Oy 轴正向夹 θ 角.

设 $P(x, y)$ 为船在 t 时刻的位置, 此时船的两个分速度为

$$\begin{cases} \dfrac{\mathrm{d}x}{\mathrm{d}t} = v_2 - v_1 \sin\theta, \\[2mm] \dfrac{\mathrm{d}y}{\mathrm{d}t} = v_1 \cos\theta \end{cases} \quad \left(0 < \theta < \frac{\pi}{2}\right).$$

消去 t 得

$$\begin{array}{ccc} \dfrac{\mathrm{d}y}{\mathrm{d}x} & & \dfrac{1}{k\sec\theta - \tan\theta} \\[2mm] \| & & \| \\[2mm] \dfrac{v_1\cos\theta}{v_2 - v_1\sin\theta} = \dfrac{\cos\theta}{k - \sin\theta} & & \left(k = \dfrac{v_2}{v_1}\right) \end{array}$$

从此 U 形等式串的两端即知

$$\frac{\mathrm{d}y}{\mathrm{d}x} = \frac{1}{k\sec\theta - \tan\theta}. \tag{1}$$

又 $\tan\theta = \dfrac{x}{a - y}$, 则 $\sec\theta = \dfrac{\sqrt{x^2 + (a - y)^2}}{a - y}$, 代入 (1) 式得

$$\frac{\mathrm{d}y}{\mathrm{d}x} = \frac{a - y}{k\sqrt{x^2 + (a - y)^2} - x}.$$

这就是船过河所走路线应满足的微分方程, 它是一个齐次方程.

令 $a - y = ux$, 则有

$$-u - x\frac{\mathrm{d}u}{\mathrm{d}x} = \frac{u}{k\sqrt{1 + u^2} - 1},$$

$$\frac{\mathrm{d}x}{x} = \left(\frac{1}{ku\sqrt{1 + u^2}} - \frac{1}{u}\right)\mathrm{d}u.$$

两边积分, 得到

$$\ln x = -\frac{1}{k}\ln\left(\frac{1 + \sqrt{1 + u^2}}{u}\right) - \ln u + \ln C,$$

将 $u = \dfrac{a-y}{x}$ 代入上式得

$$(a-y)^k = C\frac{a-y}{x + \sqrt{x^2 + (y-a)^2}}.$$

由 $y(0) = 0$ 得 $C = a^k$, 代入上式并化简得

$$x = \frac{1}{2}a\left[\left(1 - \frac{y}{a}\right)^{1-k} - \left(1 - \frac{y}{a}\right)^{1+k}\right].$$

讨论: ① 当 $1 - k > 0$, 即 $v_2 < v_1$ 时, 则

$$\lim_{y \to a-0} x = 0,$$

船可到点 $B(0, a)$.

② 当 $1 - k = 0$, 即 $v_2 = v_1, 1 + k = 2$ 时,

$$\lim_{y \to a-0} x = \frac{a}{2},$$

船可到达对岸 $\left(\dfrac{a}{2}, a\right)$. 这种情况下, 船过所走的路线如图 8.10 所示.

③ 当 $1 - k < 0$, 即 $v_2 > v_1, 1 + k > 2$ 时, $\lim\limits_{y \to a-0} x$ 不存在, 这时船不能到达对岸, 也就是当船的速率比水的速率小时, 船永远不能到达对岸. 这种情况下, 船所走过的路线如图 8.11 所示.

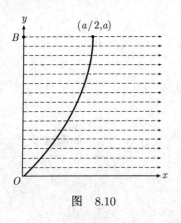

图 8.10

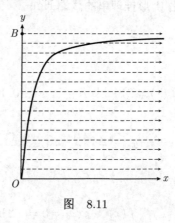

图 8.11

第九章 典型综合题

例 1 求证:

① $x\mathrm{e}^{\frac{1}{x}} > \dfrac{1}{x}\mathrm{e}^x$, $x \in (0,1)$;

② 若 $f(x)$ 在 $(0, +\infty)$ 内单调减少, 且 $0 < f(x) < |f'(x)|$, 则

$$xf(x) > \frac{1}{x}f\left(\frac{1}{x}\right), \quad x \in (0,1).$$

证 ① 原不等式等价于两边取对数得到的不等式, 即有

$$x\mathrm{e}^{\frac{1}{x}} > \frac{1}{x}\mathrm{e}^x \qquad\qquad 2\ln x - x + \frac{1}{x} > 0$$

$$\Updownarrow \qquad\qquad\qquad\qquad \Updownarrow$$

$$\ln x + \frac{1}{x} > -\ln x + x \Longleftrightarrow \quad 2\ln x > x - \frac{1}{x}$$

从此 U 形推理串的两端即知

$$x\mathrm{e}^{\frac{1}{x}} > \frac{1}{x}\mathrm{e}^x \Longleftrightarrow 2\ln x - x + \frac{1}{x} > 0.$$

令 $f(x) = 2\ln x - x + \dfrac{1}{x}$, $x \in (0,1)$, 则有

$$f'(x) = \frac{2}{x} - \frac{1}{x^2} - 1 = -\frac{(x-1)^2}{x^2} < 0 \Longrightarrow f(x) \text{ 单调减少},$$

故有

$$f(x) > f(1) = 0 \Longrightarrow 2\ln x - x + \frac{1}{x} > 0, x \in (0,1).$$

② 一方面, 原不等式等价于两边取对数得到的不等式, 即有

$$xf(x) > \frac{1}{x}f\left(\frac{1}{x}\right) \qquad\qquad \frac{f(x)}{f\left(\frac{1}{x}\right)} > \frac{1}{x^2}$$

$$\Updownarrow \qquad\qquad\qquad\qquad \Updownarrow$$

$$\ln x + \ln f(x) > -\ln x + \ln f\left(\frac{1}{x}\right) \Longleftrightarrow \ln \frac{f(x)}{f\left(\frac{1}{x}\right)} > \ln \frac{1}{x^2}$$

从此 U 形推理串的两端即知

$$xf(x) > \frac{1}{x}f\left(\frac{1}{x}\right) \Longleftrightarrow \frac{f(x)}{f\left(\frac{1}{x}\right)} > \frac{1}{x^2}, \quad x \in (0,1). \tag{1}$$

另一方面, $f(x)$ 在 $(0, +\infty)$ 内单调减少蕴涵 $f'(x) < 0$, 故有

$$f'(x) < 0, 0 < f(x) < |f'(x)| \qquad\qquad \frac{f(x)}{f\left(\frac{1}{x}\right)} > \frac{\mathrm{e}^{\frac{1}{x}}}{\mathrm{e}^x}$$

$$\Downarrow \qquad\qquad\qquad\qquad \Uparrow$$

$$0 < f(x) < -f'(x) \qquad\qquad \ln \frac{f(x)}{f\left(\frac{1}{x}\right)} > \frac{1}{x} - x$$

$$\Downarrow \qquad\qquad\qquad\qquad \Uparrow \text{ 注 1}$$

$$\frac{-f'(x)}{f(x)} > 1 \qquad\qquad \Longrightarrow \int_x^{\frac{1}{x}} \frac{-f'(t)}{f(t)}\mathrm{d}t > \frac{1}{x} - x$$

从此 U 形推理串的两端即知

$$f'(x) < 0, \quad 0 < f(x) < |f'(x)|$$
$$\Longrightarrow \frac{f(x)}{f\left(\frac{1}{x}\right)} > \frac{\mathrm{e}^{\frac{1}{x}}}{\mathrm{e}^x}, \quad x \in (0,1). \tag{2}$$

比较 (1), (2) 式即知为了证 $xf(x) > \dfrac{1}{x}f\left(\dfrac{1}{x}\right), x \in (0,1)$, 只需证 $\dfrac{\mathrm{e}^{\frac{1}{x}}}{\mathrm{e}^x} > \dfrac{1}{x^2}, x \in (0,1)$, 而这正是第 ① 小题的结果.

注 1 因为 $\dfrac{-f'(t)}{f(t)}\mathrm{d}t = -\mathrm{d}\ln f(t)$，所以

$$
\begin{matrix}
\displaystyle\int_x^{\frac{1}{x}} \dfrac{-f'(t)}{f(t)}\mathrm{d}t & & \ln\dfrac{f(x)}{f\left(\frac{1}{x}\right)} \\
\| & & \| \\
\displaystyle -\int_x^{\frac{1}{x}} \mathrm{d}\ln f(t) = \ln f(x) & & - \ln f\left(\dfrac{1}{x}\right)
\end{matrix}
$$

从此 U 形等式串的两端即知

$$
\int_x^{\frac{1}{x}} \dfrac{-f'(t)}{f(t)}\mathrm{d}t = \ln\dfrac{f(x)}{f\left(\frac{1}{x}\right)}.
$$

注 2 第 ① 小题是第 ② 小题的特例. 事实上, 令 $f(x) = \mathrm{e}^{\frac{1}{x}}$, 则有 $f(x)$ 在 $(0, +\infty)$ 内单调减少, 且 $0 < f(x) < |f'(x)|$. 这是因为有

$$
f'(x) = -\dfrac{1}{x^2}\mathrm{e}^{\frac{1}{x}}.
$$

$$
|f'(x)| = \dfrac{1}{x^2}\mathrm{e}^{\frac{1}{x}} > \mathrm{e}^{\frac{1}{x}} = f(x), \quad x \in (0, 1).
$$

例 2 求由曲面 $z = xy$ 与平面 $x + y + z = 1$ 和 $z = 0$ 所围立体的体积 (图 9.1).

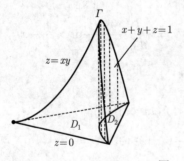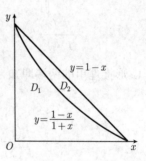

图　9.1

解 先找出曲面 $z = xy$ 与平面 $x + y + z = 1$ 的交线. 由等式

$$
xy = 1 - x - y \Longrightarrow y = \dfrac{1 - x}{1 + x}.
$$

426

$$v_1 = \iint\limits_{D_1} xy\mathrm{d}x\mathrm{d}y = \int_0^1 x\mathrm{d}x \int_0^{\frac{1-x}{1+x}} y\mathrm{d}y = \frac{1}{2}\int_0^1 \frac{x(x-1)^2}{(x+1)^2}\mathrm{d}x$$

$$\xlongequal{u=x+1} \frac{1}{2}\int_1^2 \frac{(u-1)(u-2)^2}{u^2}\mathrm{d}u$$

$$= \frac{1}{2}\int_1^2 \left(u - 5 + \frac{8}{u} - \frac{4}{u^2}\right)\mathrm{d}u$$

$$= 4\ln 2 - \frac{11}{4}.$$

$$v_2 = \iint\limits_{D_2} (1-x-y)\,\mathrm{d}x\mathrm{d}y$$

$$= \int_0^1 \mathrm{d}x \int_{\frac{1-x}{1+x}}^{1-x} (1-x-y)\,\mathrm{d}y = \frac{1}{2}\int_0^1 \frac{x^2(x-1)^2}{(x+1)^2}\mathrm{d}x$$

$$\xlongequal{u=x+1} \frac{1}{2}\int_1^2 \frac{(u-1)^2(u-2)^2}{u^2}\mathrm{d}u$$

$$= \frac{1}{2}\int_1^2 \left(\frac{4}{u^2} - \frac{12}{u} + 13 - 6u + u^2\right)\mathrm{d}u$$

$$= \frac{25}{6} - 6\ln 2.$$

$$v = v_1 + v_2 = 4\ln 2 - \frac{11}{4} + \frac{25}{6} - 6\ln 2$$

$$= \frac{17}{12} - 2\ln 2.$$

例 3　椭球面 S_1 是椭圆 $\dfrac{x^2}{4} + \dfrac{y^2}{3} = 1$ 绕 x 轴旋转而成, 圆锥面 S_2 是过点 $(4,0)$, 且与椭圆 $\dfrac{x^2}{4} + \dfrac{y^2}{3} = 1$ 相切的直线绕 x 轴旋转而成.

① 求 S_1, S_2 的方程;

② 求 S_1 与 S_2 所围成立体的体积.

解　① 因为 S_1 是椭圆 $\dfrac{x^2}{4} + \dfrac{y^2}{3} = 1$ 绕 x 轴旋转而成, S_1 的方程为

$$\frac{x^2}{4} + \frac{y^2+z^2}{3} = 1.$$

特别是, 与 S_2 合围体积部分的方程是:

$$S_1 : x = 2\sqrt{1 - \frac{y^2 + z^2}{3}}.$$

为了求 S_2 的方程, 先写出过点 $(4, 0)$, 且与椭圆 $\frac{x^2}{4} + \frac{y^2}{3} = 1$ 相切的直线方程.

椭圆上过点 (a, b) 的切线方程为

$$\frac{ax}{4} + \frac{by}{3} = 1,$$

其中过点 $(4, 0)$ 者满足 $a = 1$. 因为 (a, b) 在椭圆上, 所以 $\frac{a^2}{4} + \frac{b^2}{3} = 1$, 即

$$\frac{1}{4} + \frac{b^2}{3} = 1 \Longrightarrow b = \pm \frac{3}{2}.$$

所以切线方程为

$$\frac{x}{4} \pm \frac{y}{2} = 1 \quad \text{(两条直线绕 } x \text{ 轴旋转产生的锥面相同)}.$$

锥面方程是

$$\frac{x}{4} \pm \frac{\sqrt{y^2 + z^2}}{2} = 1.$$

特别是, 与 S_1 合围体积部分的方程是:

$$S_2 : x = 4 - 2\sqrt{y^2 + z^2}.$$

② 解法 1 S_1 与 S_2 所围立体在 Oyz 平面上的投影为 $y^2 + z^2 \leqslant \frac{9}{4}$, 所求 S_1 与 S_2 所围成立体的体积, 从图 9.2 易知

$$V = \int_0^{2\pi} \mathrm{d}\theta \int_0^{\frac{3}{2}} \left(4 - 2r - 2\sqrt{1 - \frac{r^2}{3}} \right) r \mathrm{d}r.$$

分别计算:

$$\int_0^{\frac{3}{2}} (4 - 2r) r \mathrm{d}r = \frac{9}{4}, \quad \int_0^{\frac{3}{2}} 2\sqrt{1 - \frac{r^2}{3}} r \mathrm{d}r = \frac{7}{4}.$$

428

$$V = 2\pi \left(\frac{9}{4} - \frac{7}{4} \right) = \pi.$$

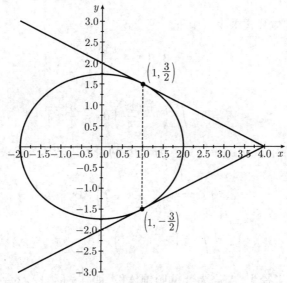

图 9.2

解法 2 设 V_2 是底半径为 $\frac{3}{2}$, 高为 3 的圆锥体积, 即

$$V_2 = \frac{1}{3}\pi \left(\frac{3}{2} \right)^2 \cdot 3 = \frac{9}{4}\pi.$$

又知 S_1 的曲面方程为 $S_1 : x = 2\sqrt{1 - \dfrac{y^2 + z^2}{3}}$, S_1 在 Oyz 平面上的投影为 $y^2 + z^2 \leqslant \dfrac{9}{4}$, 椭球冠的体积为

$$V_1 = \underbrace{\int_0^{2\pi} \mathrm{d}\theta \int_0^{\frac{3}{2}} 2\sqrt{1 - \frac{r^2}{3}} r\mathrm{d}r}_{\text{其中包含一个圆柱体积}} - \pi \left(\frac{3}{2} \right)^2 \cdot 1 = \frac{5}{4}\pi.$$

$$V = V_2 - V_1 = \frac{9}{4}\pi - \frac{5}{4}\pi = \pi.$$

解法 3 用切片法求体积. 由 Oxy 平面上椭圆方程

$$\frac{x^2}{4} + \frac{y^2}{3} = 1 \Longrightarrow y^2 = 3\left(1 - \frac{x^2}{4}\right), \quad \forall x \in (1, 2).$$

利用求旋转体公式求 V_1. 由于

$$\pi y^2 \mathrm{d}x = 3\pi \left(1 - \frac{x^2}{4}\right) \mathrm{d}x,$$

所以

$$V_1 = 3\pi \int_1^2 \left(1 - \frac{x^2}{4}\right) \mathrm{d}x = \frac{5}{4}\pi.$$

又由 $\dfrac{x}{4} + \dfrac{y}{2} = 1 \Longrightarrow y = -\dfrac{1}{2}x + 2$, 利用求旋转体公式求 V_2. 由于

$$\pi y^2 \mathrm{d}x = \pi \left(-\frac{1}{2}x + 2\right)^2 \mathrm{d}x,$$

$$V_2 = \int_1^4 \pi \left(-\frac{1}{2}x + 2\right)^2 \mathrm{d}x = \frac{9}{4}\pi.$$

或 V_2 是底半径为 $\dfrac{3}{2}$, 高为 3 的圆锥体积, 即 $\dfrac{1}{3}\pi\left(\dfrac{3}{2}\right)^2 \cdot 3 = \dfrac{9}{4}\pi$, 所以

$$V = V_2 - V_1 = \frac{9}{4}\pi - \frac{5}{4}\pi = \pi.$$

例 4 已知直线 $L : x = y = 2z$ 与椭球面

$$\tau : \frac{x^2}{2} + \frac{y^2}{2} + z^2 = 1.$$

过直线 L 的哪一个平面被椭球面 τ 截出的面积最大? (图 9.3)

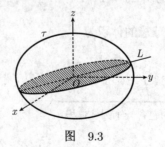

图 9.3

分析 过直线 $L: x = y = 2z$ 的平面束方程是

$$(y - 2z) + \lambda (x - y) = 0, \quad \text{即} \quad \lambda x + (1 - \lambda) y - 2z = 0.$$

问题转化为, 求椭球面 $\dfrac{x^2}{2} + \dfrac{y^2}{2} + z^2 = 1$ 与平面

$$\lambda x + (1 - \lambda) y - 2z = 0$$

相交的椭圆面积, 这个面积依赖于参数 λ, 当 λ 为何值时这个面积达到最大?

解法 1 为了求椭球面 $\dfrac{x^2}{2} + \dfrac{y^2}{2} + z^2 = 1$ 与平面束 $\lambda x + (1 - \lambda) y - 2z = 0$ 相交的椭圆面积. 只需求出此椭圆的长、短半轴. 此椭圆中心在原点而长、短半轴之长即为椭圆上的点到原点的距离的最大值与最小值. 因此如设椭圆上任一点坐标为 (x, y, z). 问题转化为求函数

$$f(x, y, z) = x^2 + y^2 + z^2$$

在条件

$$\frac{x^2}{2} + \frac{y^2}{2} + z^2 = 1, \tag{1}$$

$$\lambda x + (1 - \lambda) y - 2z = 0 \tag{2}$$

下的最大值 (长半轴的平方)、最小值 (短半轴的平方).

首先根据椭球面 τ 的方程, 即约束条件 (1) , 易知

$$r^2 = x^2 + y^2 + z^2 = 2 - z^2 \leqslant 2.$$

由此可见, r^2 当 $z = 0$ 时达到最大值 2, 即椭圆的长半轴为 $\sqrt{2}$.

下面用拉格朗日乘子法, 求椭圆的短半轴 $(r^2 \neq 2)$. 令

$$g_1(x, y, z) = \frac{x^2}{2} + \frac{y^2}{2} + z^2 - 1,$$
$$g_2(x, y, z) = \lambda x + (1 - \lambda) y - 2z,$$
$$h(x, y, z, \lambda, \xi, \eta) = f(x, y, z) - \xi g_1(x, y, z) - \eta g_2(x, y, z),$$

则有

$$\frac{\partial h}{\partial x} = 2x - x\xi - \lambda \eta = 0, \tag{3}$$

$$\frac{\partial h}{\partial y} = 2y - y\xi - (1 - \lambda)\eta = 0, \tag{4}$$

$$\frac{\partial h}{\partial z} = 2z - 2z\xi + 2\eta = 0. \tag{5}$$

$(3) \times x + (4) \times y + (5) \times z$ 得

$$x(2x - x\xi - \lambda\eta) + y\left(2y - y\xi + \eta\left(\lambda - 1\right)\right) + z\left(2z - 2z\xi + 2\eta\right)$$
$$= 2z\eta - y\eta - x^2\xi - y^2\xi - 2z^2\xi + 2x^2 + 2y^2 + 2z^2 - x\lambda\eta + y\lambda\eta$$
$$= 2\left(x^2 + y^2 + z^2\right) - \xi\left(2z^2 + x^2 + y^2\right)$$
$$- \eta\left(-2z + \lambda x + y\left(1 - \lambda\right)\right) = 0.$$

将 (1), (2) 式代入上式得到

$$2\left(x^2 + y^2 + z^2\right) - 2\xi = 0, \quad \text{即} \quad \xi = x^2 + y^2 + z^2 = r^2. \tag{6}$$

若 $r^2 \neq 2$, 由 (3) 式解出 $x = -\dfrac{\lambda\eta}{r^2 - 2}$, 接着依据 (4) 式解出

$$y = -\frac{(1 - \lambda)\eta}{r^2 - 2},$$

再依据 (5) 式, 解出 $z = \dfrac{\eta}{1 - r^2}$. 代入平面方程得到

$$-\lambda\frac{\lambda\eta}{r^2 - 2} - (1 - \lambda)\frac{(1 - \lambda)\eta}{r^2 - 2} - 2\frac{\eta}{1 - r^2} = 0.$$

消去 η, 得到

$$-\frac{\lambda^2 + (1 - \lambda)^2}{r^2 - 2} - \frac{2}{1 - r^2} = 0 \Longrightarrow r^2 = \frac{-2\lambda + 2\lambda^2 + 5}{-2\lambda + 2\lambda^2 + 3}.$$

令 $g\left(\lambda\right) = \dfrac{-2\lambda + 2\lambda^2 + 5}{-2\lambda + 2\lambda^2 + 3}$, 则有

$$g'\left(\lambda\right) = \frac{4\left(1 - 2\lambda\right)}{\left(2\lambda^2 - 2\lambda + 3\right)^2} \begin{cases} > 0, & \lambda < 1/2, \\ = 0, & \lambda = 1/2, \\ < 0, & \lambda > 1/2. \end{cases}$$

由此可见, $\lambda = 1/2$ 是函数 $g\left(\lambda\right)$ 的唯一极值点, 并且是极大点, 从而达

到函数 $g(\lambda)$ 的最大值 $g\left(\dfrac{1}{2}\right) = \dfrac{9}{5}$, 即椭圆短半轴长为 $\sqrt{\dfrac{9}{5}}$, 最大面积

是 $\pi \cdot \sqrt{2} \cdot \sqrt{\dfrac{9}{5}} = \dfrac{3\sqrt{10}}{5}\pi$.

最后, 把 $\lambda = \dfrac{1}{2}$ 代入平面束方程 $(y - 2z) + \lambda(x - y) = 0$, 即知平面 $z = \dfrac{1}{4}(x + y)$ 被椭球面 τ 截出的面积最大.

解法 2 过直线 $\begin{cases} x = y, \\ y = 2z \end{cases}$ 的平面束方程是

$$(y - 2z) + \lambda(x - y) = 0 \Longrightarrow z = \dfrac{1}{2}(\lambda x + (1 - \lambda)y).$$

那么

$$\begin{cases} z = \dfrac{1}{2}(\lambda x + (1 - \lambda)y), \\ \dfrac{x^2}{2} + \dfrac{y^2}{2} + z^2 - 1 = 0 \end{cases}$$

是一个在平面 $z = \dfrac{1}{2}(\lambda x + (1 - \lambda)y)$ 上的椭圆, 它的面积 $\widetilde{S}$ 与它在 Oxy 平面上投影的面积 S 的比为 $\dfrac{1}{\cos\gamma}$, 其中 γ 是该平面与 Oxy 平面的交角. 对于 $z(x, y) = \dfrac{1}{2}\lambda x + \dfrac{1}{2}(1 - \lambda)y$, 有

$$\dfrac{\partial z(x, y)}{\partial x} = \dfrac{1}{2}\lambda, \quad \dfrac{\partial z(x, y)}{\partial y} = \dfrac{1}{2} - \dfrac{1}{2}\lambda,$$

$$\sqrt{1 + \left(\dfrac{1}{2}\lambda\right)^2 + \left(\dfrac{1}{2} - \dfrac{1}{2}\lambda\right)^2} = \dfrac{1}{2}\sqrt{2\lambda^2 - 2\lambda + 5},$$

$$\cos\gamma = \dfrac{1}{\dfrac{1}{2}\sqrt{2\lambda^2 - 2\lambda + 5}}, \quad \text{即 } \widetilde{S} = \dfrac{1}{2}\sqrt{2\lambda^2 - 2\lambda + 5}S.$$

上述空间椭圆在 Oxy 平面上的投影曲线为

$$\dfrac{1}{2}x^2 + \dfrac{1}{2}y^2 + \left(\dfrac{1}{2}\lambda x + \dfrac{1}{2}(1 - \lambda)y\right)^2 - 1 = 0,$$

即

$$\left(\frac{1}{2}+\frac{1}{4}\lambda^2\right)x^2+\frac{1}{2}\lambda\left(1-\lambda\right)xy+\left(\frac{1}{2}+\frac{1}{4}\left(1-\lambda\right)^2\right)y^2-1=0.$$

设它所围的平面区域记为 S, 并记

$$A=\frac{1}{2}+\frac{1}{4}\lambda^2,\quad B=\frac{1}{4}\lambda\left(1-\lambda\right),\quad C=\frac{1}{2}+\frac{1}{4}\left(1-\lambda\right)^2,$$

$$AC-B^2=\left(\frac{1}{2}+\frac{1}{4}\lambda^2\right)\left(\frac{1}{2}+\frac{1}{4}\left(1-\lambda\right)^2\right)-\frac{1}{16}\left(1-\lambda\right)^2\lambda^2$$

$$=\frac{3}{8}-\frac{1}{4}\lambda+\frac{1}{4}\lambda^2=\frac{1}{4}\left(\lambda^2-\lambda+\frac{3}{2}\right)>0.$$

$$\widetilde{S}\xlongequal{\text{注}}\frac{1}{2}\sqrt{2\lambda^2-2\lambda+5}\cdot\frac{2\pi}{\sqrt{\lambda^2-\lambda+\frac{3}{2}}}$$

$$=2\sqrt{2\lambda^2-2\lambda+5}\cdot\frac{\pi}{\sqrt{6-4\lambda+4\lambda^2}}$$

$$=2\pi\cdot\sqrt{\frac{2\lambda^2-2\lambda+5}{6-4\lambda+4\lambda^2}}.$$

设 $f\left(\lambda\right)=\dfrac{2\lambda^2-2\lambda+5}{6-4\lambda x+4\lambda^2}$, 则有

$$f'\left(\lambda\right)=-2\frac{2\lambda-1}{\left(3-2\lambda+2\lambda^2\right)^2}\begin{cases}>0,&\lambda<1/2,\\=0,&\lambda=1/2,\\<0,&\lambda>1/2\end{cases}$$

$$\Longrightarrow\lambda=\frac{1}{2},\quad f\left(\frac{1}{2}\right)=\frac{9}{10}.$$

点 $\lambda=\dfrac{1}{2}$ 是函数 $f\left(\lambda\right)$ 的唯一极值点, 并且是极大点. 从而达到函数 $f\left(\lambda\right)$ 的最大值 $\dfrac{9}{10}$. 故有

$$S=2\pi\sqrt{\frac{9}{10}}=\frac{3\sqrt{10}}{5}\pi.$$

注　见第三章 §3 例 4 的结果.

解法 3　鉴于所求椭圆的长短轴端点要么到 L 距离最远要么与 L 端点 (L 与 τ 交点) 重合. 考虑椭球面 τ 上哪一个点到直线 L 的距离最大？因为从原点到任一点 (x, y, z) 的向径为 $\vec{r} = \{x, y, z\}$，直线 L 的方向向量为 $\vec{l} = \left\{1, 1, \dfrac{1}{2}\right\}$，则有

$$\vec{r} \times \vec{l} = \left\{\frac{1}{2}y - z, z - \frac{1}{2}x, x - y\right\},$$

所以点 (x, y, z) 到直线 L 的距离为

$$d = \frac{\left|\vec{r} \times \vec{l}\right|}{\left|\vec{l}\right|} = \frac{\sqrt{\left(\dfrac{1}{2}y - z\right)^2 + \left(z - \dfrac{1}{2}x\right)^2 + (x - y)^2}}{\sqrt{1 + 1 + \dfrac{1}{4}}}.$$

设 $f(x, y, z) = \left(\dfrac{1}{2}y - z\right)^2 + \left(z - \dfrac{1}{2}x\right)^2 + (x - y)^2$，约束条件为

$$g(x, y, z) = \frac{x^2}{2} + \frac{y^2}{2} + z^2 - 1,$$

构造目标函数

$$h(x, y, z, \lambda) = f(x, y, z) + \lambda g(x, y, z),$$

令 $\dfrac{\partial h}{\partial x} = 0, \dfrac{\partial h}{\partial y} = 0, \dfrac{\partial h}{\partial z} = 0$，得到

$$\begin{cases} \dfrac{5}{2}x - 2y - z + x\lambda = 0, & (1) \\[2mm] \dfrac{5}{2}y - 2x - z + y\lambda = 0, & (2) \\[2mm] 4z - y - x + 2z\lambda = 0, & (3) \\[2mm] \dfrac{x^2}{2} + \dfrac{y^2}{2} + z^2 - 1 = 0. & (4) \end{cases}$$

联立 (1), (2) 式即知 $\vec{r} // \left\{\dfrac{5}{2} + \lambda, -2, -1\right\} \times \left\{-2, \dfrac{5}{2} + \lambda, -1\right\}$，再由

(3) 式, 便知

$$\{-1,-1,2\lambda+4\} \cdot \left\{\frac{5}{2}+\lambda, -2, -1\right\} \times \left\{-2, \frac{5}{2}+\lambda, -1\right\} = 0.$$

故有

$$\begin{vmatrix} \dfrac{5}{2}+\lambda & -2 & -1 \\ -2 & \dfrac{5}{2}+\lambda & -1 \\ -1 & -1 & 2\lambda+4 \end{vmatrix} = \frac{1}{2}\lambda(2\lambda+9)(2\lambda+5) = 0.$$

当 $\lambda = 0$ 时, 由 (1)~(4) 式解得一对点

$$A\left(-\frac{2}{\sqrt{5}}, -\frac{2}{\sqrt{5}}, -\frac{1}{\sqrt{5}}\right), \quad B\left(\frac{2}{\sqrt{5}}, \frac{2}{\sqrt{5}}, \frac{1}{\sqrt{5}}\right),$$

这正是 L 在 τ 内部的端点. A, B 之间的距离

$$d_1 = \sqrt{2\left(\frac{4}{\sqrt{5}}\right)^2 + \left(\frac{2}{\sqrt{5}}\right)^2} = \frac{6}{\sqrt{5}}.$$

当 $\lambda = -\dfrac{9}{2}$ 时, 由 (1)~(4) 式解得一对点 $C(1,-1,0), D(-1,1,0)$, C, D 之间的距离

$$d_2 = \sqrt{2^2 + 2^2} = 2\sqrt{2}.$$

当 $\lambda = -\dfrac{5}{2}$ 时, 由 (1)~(4) 式解得一对点

$$E\left(\frac{1}{\sqrt{5}}, \frac{1}{\sqrt{5}}, -\frac{2}{\sqrt{5}}\right), \quad F\left(-\frac{1}{\sqrt{5}}, -\frac{1}{\sqrt{5}}, \frac{2}{\sqrt{5}}\right),$$

E, F 之间的距离

$$d_3 = \sqrt{2\left(\frac{1}{\sqrt{5}}\right)^2 + \left(\frac{4}{\sqrt{5}}\right)^2} = \frac{3\sqrt{10}}{5}.$$

依据上述分析易知: 以 $\overline{AB}, \overline{CD}$ 为轴的椭圆面积

$$S_{ABCD} = \pi \cdot \frac{1}{2}d_1 \cdot \frac{1}{2}d_2 = \pi \cdot \frac{1}{2}\frac{6}{\sqrt{5}} \cdot \sqrt{2} = \frac{3\sqrt{10}}{5}\pi;$$

以 $\overline{AB}$, $\overline{EF}$ 为轴的椭圆面积

$$S_{ABEF} = \pi \cdot \frac{1}{2}d_1 \cdot \frac{1}{2}d_3 = \pi \cdot \frac{1}{2}\frac{6}{\sqrt{5}} \cdot \frac{1}{2}\frac{3\sqrt{10}}{5} = \frac{9}{\sqrt{50}}\pi.$$

因为

$$\left(\frac{3\sqrt{10}}{5}\right)^2 - \left(\frac{9}{\sqrt{50}}\right)^2 = \frac{99}{50} > 0,$$

所以 $S_{ABCD} > S_{ABEF}$ (如图 9.4 所示). 因而以 $\overline{AB}$, $\overline{CD}$ 为轴的椭圆是过直线 L 被椭球面 τ 截出面积最大的椭圆. 这个椭圆所在的平面过原点, 其法向量为

$$\vec{n} = \overrightarrow{AB} \times \overrightarrow{CD} = \left\{1, 1, \frac{1}{2}\right\} \times \{2, -2, 0\} = \{1, 1, -4\},$$

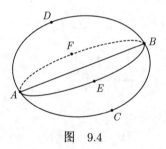

图 9.4

故所求平面方程为

$$x + y - 4z = 0.$$

例 5 设第一型曲面积分 $I(t) = \iint\limits_{S}(1 - x^2 - y^2)\,\mathrm{d}S$, 其中 S 为

旋转抛物面 $z = \dfrac{x^2 + y^2}{2}$, 夹在平面 $z = 0$ 和 $z = \dfrac{t}{2}\,(t > 0)$ 之间的部分 (图 9.5).

① 求 $\displaystyle\lim_{\substack{x \to \infty \\ y \to \infty}} \frac{I(x^2 + y^2)}{\left(\sqrt{x^2 + y^2}\right)^5}$, 及函数 $z = I(x^2 + y^2)$ 在全平面上的最大值.

② 设函数 $z = I\left(x^2 + y^2\right)$ 在全平面上的最大值为 C，求由平面 $z = C$ 与曲面 $z = I\left(x^2 + y^2\right)$ 所围成立体的体积.

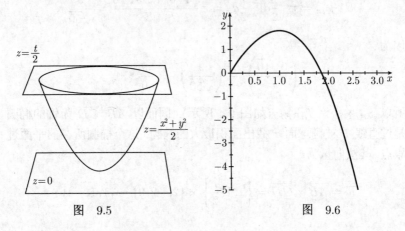

图　9.5　　　　　　　　　　　　　　　图　9.6

解　① 由曲面方程 $z = \dfrac{x^2 + y^2}{2}$ 知 $\dfrac{\partial z}{\partial x} = x, \dfrac{\partial z}{\partial y} = y$，曲面微元

$$\mathrm{d}S = \sqrt{1 + \left(\frac{\partial z}{\partial x}\right)^2 + \left(\frac{\partial z}{\partial y}\right)^2} = \sqrt{1 + x^2 + y^2},$$

$$I\left(t\right) = \iint\limits_{x^2 + y^2 \leqslant t} \left(1 - x^2 - y^2\right)\sqrt{1 + x^2 + y^2}\mathrm{d}x\mathrm{d}y$$

$$= \int_0^{2\pi} \mathrm{d}\theta \int_0^{\sqrt{t}} \left(1 - r^2\right)\sqrt{1 + r^2}r\mathrm{d}r.$$

计算内层积分

$$\int_0^{\sqrt{t}} \left(1 - r^2\right)\sqrt{1 + r^2}r\mathrm{d}r$$

$$= \frac{4}{15}t\sqrt{1 + t} - \frac{1}{5}t^2\sqrt{1 + t} + \frac{7}{15}\sqrt{1 + t} - \frac{7}{15},$$

而

$$\frac{4}{15}t\sqrt{1 + t} - \frac{1}{5}t^2\sqrt{1 + t} + \frac{7}{15}\sqrt{1 + t}$$

$$= -\frac{1}{15}(1+t)^{\frac{3}{2}}(3t-7),$$

故有

$$I(t) = \frac{2\pi}{15}\left((1+t)^{\frac{3}{2}}(7-3t)-7\right) \ (\text{图 9.6}).$$

$$I'(t) = \pi(1-t)\sqrt{1+t}\begin{cases} >0, & t<1, \\ =0, & t=1, \\ <0, & t>1. \end{cases}$$

用洛必达法则

$$\lim_{\substack{x\to\infty \\ y\to\infty}} \frac{I\left(x^2+y^2\right)}{\left(\sqrt{x^2+y^2}\right)^5} \xlongequal{t=x^2+y^2} \lim_{t\to\infty} \frac{I(t)}{t^{\frac{5}{2}}}$$

$$= \lim_{t\to\infty} \frac{\pi(1-t)\sqrt{1+t}}{\frac{5}{2}t^{\frac{3}{2}}} = -\frac{2}{5}\pi.$$

故有

$$\lim_{\substack{x\to\infty \\ y\to\infty}} \frac{I\left(x^2+y^2\right)}{\left(\sqrt{x^2+y^2}\right)^5} = -\frac{2}{5}\pi, \quad I_{\max} = I(1) = \frac{2}{15}\pi\left(8\sqrt{2}-7\right).$$

② 由①题知 $I(t) = \frac{2\pi}{15}\left((1+t)^{\frac{3}{2}}(7-3t)-7\right)$, $C = I_{\max} = I(1)$,
则有

$$V = \iint\limits_{x^2+y^2\leqslant 1} \left(C - I\left(x^2+y^2\right)\right)\mathrm{d}x\mathrm{d}y$$

$$= \int_0^{2\pi}\mathrm{d}\theta\int_0^1\left(C-I\left(r^2\right)\right)r\mathrm{d}r$$

$$= \pi C - 2\pi\int_0^1 rI\left(r^2\right)\mathrm{d}r$$

$$= \pi(C-J),$$

其中

$$J = \int_0^1 2rI\left(r^2\right)\mathrm{d}r \xlongequal{u=r^2} \int_0^1 I(u)\mathrm{d}u.$$

439

到此, 因为 $I'(u)$ 前面已算出, 表达式比 $I(u)$ 简单, 所以用分部积分法, 得到

$$J = \int_0^1 I(u)\,\mathrm{d}u = uI(u)\Big|_0^1 - \int_0^1 uI'(u)\,\mathrm{d}u = I(1) - \int_0^1 uI'(u)\,\mathrm{d}u$$

$$= C - \pi \int_0^1 u(1-u)\sqrt{1+u}\,\mathrm{d}u.$$

再考虑

$$\begin{cases} V = \pi(C-J), & (1) \\ C - J = \pi \displaystyle\int_0^1 u(1-u)\sqrt{1+u}\,\mathrm{d}u, & (2) \end{cases}$$

联合 $(1),(2)$ 式即得

$$V = \pi^2 \int_0^1 u(1-u)\sqrt{1+u}\,\mathrm{d}u$$

$$\xlongequal{v=\sqrt{1+u}} \pi^2 \int_1^{\sqrt{2}} 2(v^2-1)(2-v^2)v^2\,\mathrm{d}v$$

$$= 2\pi^2 \int_1^{\sqrt{2}} (-2v^2 + 3v^4 - v^6)\,\mathrm{d}v = \frac{4\pi^2}{105}\left(11 - 4\sqrt{2}\right).$$

例 6 ① 已知平面曲线 Γ 过点 $(1,1)$, 如果把 Γ 上任一点 P 处的切线与 y 轴的交点记做 Q, 则以 PQ 为直径所作的圆都经过点 $M(1,0)$ (图 9.7), 求曲线 Γ 的方程.

② 试在曲线 Γ 上找到点 N, 使得 N 到原点 $O(0,0)$ 和已知点 $A(-3,-7)$ 的距离平方和 $|AN|^2 + |ON|^2$ 为最小值 (图 9.8).

解 ① 设所求曲线为 $y = f(x)$, 则该曲线在点 $P(x,y)$ 处的切线方程为

$$Y - y = y'(X - x),$$

令 $X = 0$, 则 $Y = y - xy'$, 即该切线与 y 轴的交点 Q 的坐标为 $(0, y - xy')$. 因为直径上的圆周角是直角, 所以 $\overrightarrow{MQ} \perp \overrightarrow{MP}$. P 的坐标为 (x,y),

$$\overrightarrow{MP} = \{1-x, -y\},$$

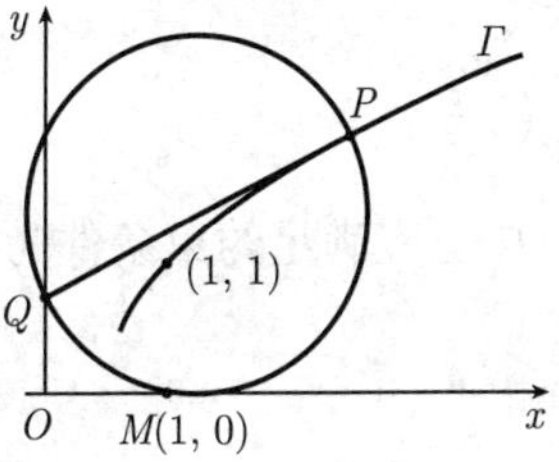

图 9.7

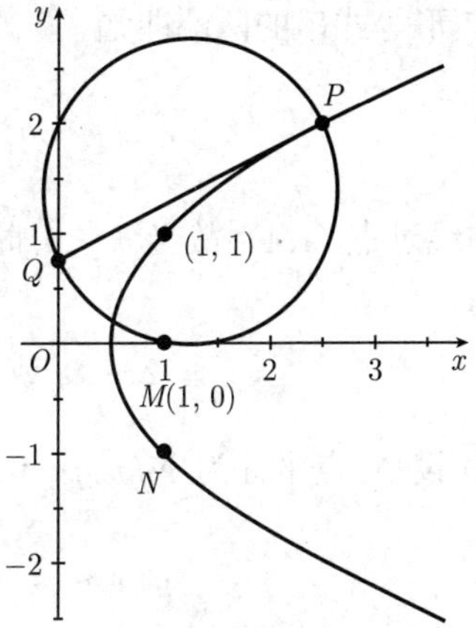

图 9.8

Q 的坐标为 $(0, y-xy')$, $\overrightarrow{MQ}=\{1, xy'-y\} // \{\mathrm{d}x, x\mathrm{d}y-y\mathrm{d}x\}$,

$$\begin{aligned}&\{1-x,-y\}\cdot\{\mathrm{d}x, x\mathrm{d}y-y\mathrm{d}x\}=0,\\&(1-x)\,\mathrm{d}x-y\,(x\mathrm{d}y-y\mathrm{d}x)=0,\\&\left(1-x+y^2\right)\mathrm{d}x-xy\mathrm{d}y=0.\end{aligned}$$

令 $y^2=u$, 则有

$$(1-x+u)\,\mathrm{d}x-\frac{1}{2}x\mathrm{d}u=0,$$

$$\frac{\mathrm{d}u}{\mathrm{d}x}=\frac{1-x+u}{\frac{1}{2}x}=\frac{2}{x}\,(u-x+1)\,,$$

$$\frac{\mathrm{d}u}{\mathrm{d}x}-\frac{2}{x}u=\frac{2}{x}-2. \tag{1}$$

记 $p\,(x)=-\dfrac{2}{x}, q\,(x)=\dfrac{2}{x}-2$, 则有

$$\int p\,(x)\,\mathrm{d}x=-2\ln x\Longrightarrow \mathrm{e}^{\int p(x)\mathrm{d}x}=\frac{1}{x^2},$$

$$\begin{array}{ccc} u & & Cx^2+2x-1\\ \| & & \| \\ \dfrac{\displaystyle\int q\,(x)\cdot\mathrm{e}^{\int p(x)\mathrm{d}x}\mathrm{d}x+C}{\mathrm{e}^{\int p(x)\mathrm{d}x}} & = & x^2\left(C+\dfrac{1}{x^2}\,(2x-1)\right)\end{array}$$

从此 U 形等式串的两端即知

$$y^2 = u = Cx^2 + 2x - 1.$$

因为曲线过点 $(1,1)$, 故当 $x = 1$ 时, $y = 1 \Longrightarrow C = 0$. 于是, 所求曲线方程为

$$y^2 = 2x - 1 \text{ 或 } x = \frac{1}{2}\left(1 + y^2\right).$$

② 设 N 点坐标为 $N(x, y)$, 点 N 在 Γ 上应满足约束条件为

$$g(x, y) = y^2 - 2x + 1,$$

而 $|AN|^2 + |ON|^2$ 距离平方和函数为

$$f(x, y) = x^2 + y^2 + (x + 3)^2 + (y + 7)^2 + \lambda\left(y^2 - 2x + 1\right).$$

令 $h(x, y, \lambda) = f(x, y) + \lambda g(x, y)$, 则有

$$\frac{\partial}{\partial x} h(x, y, \lambda) = 4x - 4\lambda + 6,$$
$$\frac{\partial}{\partial y} h(x, y, \lambda) = 4y + 4y\lambda + 14,$$

以及

$$\begin{cases} 4x - 4\lambda + 6 = 0, \\ 4y + 4y\lambda + 14 = 0, \implies x = 1, \quad y = -1. \\ y^2 - 2x + 1 = 0 \end{cases}$$

故所求的点 N 坐标为 $(1, -1)$.

例 7 设 $a_n = \dfrac{1}{\pi^2} \iint\limits_{D_n} xy \left|\sin x \cos y\right| \mathrm{d}x\mathrm{d}y$, 其中 $D_n = \{(x, y) \,|\, 0 \leqslant x \leqslant n\pi, 0 \leqslant y \leqslant \pi\}$, n 为自然数. 试分别求级数

$$\sum_{n=1}^{\infty} \frac{1}{4a_n - 1} \text{ 与 } \sum_{n=1}^{\infty} \frac{(-1)^n}{4a_n - 1} \text{ 之和.}$$

解 由题设条件有

$$a_n \qquad\qquad\qquad \frac{1}{\pi}\int_0^{n\pi} x\,|\sin x|\,\mathrm{d}x$$

$$\|\qquad\qquad\qquad\qquad\|$$

$$\frac{1}{\pi^2}\iint\limits_{D_n} xy\,|\sin x\cos y|\,\mathrm{d}x\mathrm{d}y = \frac{1}{\pi^2}\int_0^{n\pi} x\,|\sin x|\,\mathrm{d}x \int_0^{\pi} y\,|\cos y|\,\mathrm{d}y$$

从此 U 形等式串的两端即知

$$a_n = \frac{1}{\pi}\int_0^{n\pi} x\,|\sin x|\,\mathrm{d}x.$$

进一步, 令 $x = n\pi - t$, 则

$$a_n \qquad\qquad\qquad n\int_0^{n\pi}|\sin t|\,\mathrm{d}t - a_n$$

$$\|\qquad\qquad\qquad\qquad\|$$

$$\frac{1}{\pi}\int_0^{n\pi}(n\pi - t)\,|\sin t|\,\mathrm{d}t = n\int_0^{n\pi}|\sin t|\,\mathrm{d}t - \frac{1}{\pi}\int_0^{n\pi} t\,|\sin t|\,\mathrm{d}t$$

从此 U 形等式串的两端即知 $2a_n = n\int_0^{n\pi}|\sin t|\,\mathrm{d}t$, 所以

$$a_n = \frac{n}{2}\int_0^{n\pi}|\sin t|\,\mathrm{d}t = \frac{n^2}{2}\int_0^{\pi}|\sin t|\,\mathrm{d}t = n^2.$$

① 级数 $\displaystyle\sum_{n=1}^{\infty}\frac{1}{4a_n - 1} = \sum_{n=1}^{\infty}\frac{1}{4n^2 - 1}$ 的部分和数列为

$$S_n \qquad\qquad \frac{1}{2}\sum_{k=1}^{n}\left(\frac{1}{2(k-1)+1} - \frac{1}{2k+1}\right)$$

$$\|\qquad\qquad\qquad\qquad\|$$

$$\sum_{k=1}^{n}\frac{1}{4k^2 - 1} = \quad \frac{1}{2}\sum_{k=1}^{n}\left(\frac{1}{2k-1} - \frac{1}{2k+1}\right)$$

从此 U 形等式串的两端即知

$$S_n = \frac{1}{2}\sum_{k=1}^{n}\left(\frac{1}{2(k-1)+1} - \frac{1}{2k+1}\right).$$

注意到上式右端是一串裂项相消型的求和, 因而

$$S_n = \frac{1}{2}\left(1 - \frac{1}{2n+1}\right),$$

所以

$$\sum_{n=1}^{\infty} \frac{1}{4a_n - 1} = \lim_{n\to\infty} S_n = \frac{1}{2}.$$

② 我们有

$$\sum_{n=1}^{\infty} \frac{(-1)^n}{4a_n - 1} \qquad\qquad \frac{1}{2}(A - B)$$

$$\parallel \qquad\qquad\qquad\qquad \parallel$$

$$\sum_{n=1}^{\infty} \frac{(-1)^n}{4n^2 - 1} = \frac{1}{2}\sum_{n=1}^{\infty}\left(\frac{(-1)^n}{2n-1} - \frac{(-1)^n}{2n+1}\right)$$

从此 U 形等式串的两端即知

$$\sum_{n=1}^{\infty} \frac{(-1)^n}{4a_n - 1} = \frac{1}{2}(A - B), \tag{1}$$

其中 $A = \sum_{n=1}^{\infty} \frac{(-1)^n}{2n-1}$, $B = \sum_{n=1}^{\infty} \frac{(-1)^n}{2n+1}$. 令 $n = k-1$, 则有

$$B \qquad\qquad\qquad\qquad -A - 1$$

$$\parallel \qquad\qquad\qquad\qquad \parallel$$

$$\sum_{k=2}^{\infty} \frac{(-1)^{k-1}}{2k-1} = \sum_{k=1}^{\infty} \frac{(-1)^{k-1}}{2k-1} - \left.\frac{(-1)^{k-1}}{2k-1}\right|_{k=1}$$

从此 U 形等式串的两端即知

$$B = -A - 1. \tag{2}$$

将 (2) 式代入 (1) 式, 即得

$$\sum_{n=1}^{\infty} \frac{(-1)^n}{4a_n - 1} = A + \frac{1}{2}. \tag{3}$$

444

最后, 为了求 A, 考虑幂级数

$$f(x) = \sum_{n=1}^{\infty} \frac{(-1)^n}{2n-1} x^{2n-1}, \quad |x| \leqslant 1,$$

逐项求导, 得

$$f'(x) = \sum_{n=1}^{\infty} (-1)^n x^{2n-2} = \frac{-1}{1+x^2}, \quad |x| < 1.$$

于是

$$f(x) = f(0) + \int_0^x f'(t)\,\mathrm{d}t = \int_0^x \frac{-1}{1+t^2}\mathrm{d}t, \quad |x| \leqslant 1,$$

由此得 $A = f(1) = \int_0^1 \frac{-1}{1+x^2}\mathrm{d}x = -\frac{\pi}{4}$, 代入 (3) 式, 即得

$$\sum_{n=1}^{\infty} \frac{(-1)^n}{4a_n - 1} = \frac{1}{2} - \frac{\pi}{4}.$$

例 8　设 $y(x) = \sum_{n=1}^{\infty} \frac{[(n-1)!]^2}{(2n)!} (2x)^{2n} \; (|x| < 1)$.

① 求 $y(0), y'(0)$, 并证明 $(1-x^2)y'' - xy' = 4$;

② 求 $\sum_{n=1}^{\infty} \frac{[(n-1)!]^2}{(2n)!} (2x)^{2n} \, (|x| < 1)$ 的和函数及级数 $\sum_{n=1}^{\infty} \frac{[(n-1)!]^2}{(2n)!}$

之和.

分析　先证明微分方程成立.

$$(1-x^2)y'' - xy'(x)$$

$$= 4 + 4\sum_{n=1}^{\infty} \frac{[(n)!]^2}{(2n)!} (2x)^{2n} - \sum_{n=1}^{\infty} \frac{[(n-1)!]^2}{(2n-2)!} (2x)^{2n}$$

$$\quad - \sum_{n=1}^{\infty} \frac{[(n-1)!]^2}{(2n-1)!} (2x)^{2n}$$

$$= 4 + \sum_{n=1}^{\infty} \left[\frac{4\,[(n)!]^2}{(2n)!} - \frac{[(n-1)!]^2}{(2n-2)!} - \frac{[(n-1)!]^2}{(2n-1)!} \right] (2x)^{2n}$$

$$= 4 + \sum_{n=1}^{\infty} \frac{[(n-1)!]^2}{(2n)!} \left[4n^2 - 2n(2n-1) - 2n \right] (2x)^{2n}$$

$$= 4.$$

下面求解微分方程 $(1-x^2)y'' - xy' = 4$.

解法 1 微分方程两边同乘以 $\dfrac{1}{\sqrt{1-x^2}}$, 则有

$$\sqrt{1-x^2}y'' - \frac{x}{\sqrt{1-x^2}}y' = \frac{4}{\sqrt{1-x^2}},$$

$$\left(\sqrt{1-x^2}y' \right)' = \frac{4}{\sqrt{1-x^2}},$$

上式两边积分:

$$\int \left(\sqrt{1-x^2}y' \right)' \mathrm{d}x = \sqrt{1-x^2}y',$$

$$\int \frac{4}{\sqrt{1-x^2}}\mathrm{d}x = 4\arcsin x + C,$$

就有

$$\sqrt{1-x^2}y' = 4\arcsin x + C.$$

根据 $y'(0) = 0 \Longrightarrow C = 0$, 即有

$$\sqrt{1-x^2}y' = 4\arcsin x,$$

把上式化简为

$$y'(x) = \frac{4\arcsin x}{\sqrt{1-x^2}},$$

两边积分, 由

$$\int \frac{4\arcsin x}{\sqrt{1-x^2}}\mathrm{d}x = 2\arcsin^2 x + C$$

得

$$y(x) = 2\arcsin^2 x + C.$$

又根据 $y(0) = 0 \Longrightarrow C = 0$, 就有

$$y(x) = 2\arcsin^2 x.$$

由 $y\left(\dfrac{1}{2}\right) = \dfrac{\pi^2}{18}$, 即知 $\displaystyle\sum_{n=1}^{\infty} \dfrac{[(n-1)!]^2}{(2n)!} = \dfrac{\pi^2}{18}$.

解法 2 已知微分方程及初值条件:

$$\left(1-x^2\right) y'' - xy' = 4, \quad y(0) = 1, \quad y'(0) = 0.$$

令 $y' = u$, 则有新微分方程:

$$\left(1-x^2\right) u' - xu = 4, \quad u(0) = 0.$$

为了利用求解公式, 先化为标准方程:

$$u' + p(x) u = q(x), \tag{1}$$

其中 $p(x) = -\dfrac{x}{1-x^2}, q(x) = \dfrac{4}{1-x^2}$, 为解方程 (1), 对 $p(x)$ 表达式积分得

$$\int p(x)\,\mathrm{d}x = \frac{1}{2}\ln\left(1-x^2\right) \Longrightarrow \mathrm{e}^{\int p(x)\mathrm{d}x} = \sqrt{1-x^2},$$

$$u = \frac{\int q(x)\cdot\mathrm{e}^{\int p(x)\mathrm{d}x}\mathrm{d}x + C}{\mathrm{e}^{\int p(x)\mathrm{d}x}} = \frac{4\arcsin x}{\sqrt{1-x^2}} + \frac{C}{\sqrt{1-x^2}}.$$

由初值条件 $u(0) = 0 \Longrightarrow C = 0$, 所以

$$y' = \frac{\int q(x)\cdot\mathrm{e}^{\int p(x)\mathrm{d}x}\mathrm{d}x + C}{\mathrm{e}^{\int p(x)\mathrm{d}x}} = \frac{4\arcsin x}{\sqrt{1-x^2}}.$$

上式两边积分

$$\int \frac{4\arcsin x}{\sqrt{1-x^2}}\mathrm{d}x = 2\arcsin^2 x,$$

即 $y(x) = 2\arcsin^2 x + C$, 由 $y(0) = 0 \Longrightarrow C = 0$. 令 $x = \dfrac{1}{2}$ 得

$$y\left(\frac{1}{2}\right) = \sum_{n=1}^{\infty} \frac{[(n-1)!]^2}{(2n)!} = \frac{1}{18}\pi^2.$$

例 9 求沿曲面 $y = \dfrac{x^2}{2a}, z = \dfrac{x^3}{6a^2}$ 之交线 L, 从原点 $(0,0,0)$ 到点 (x,y,z) 经过的弧长 (图 9.9).

解　交线参数方程:

$$\begin{cases} x = x, \\ y = \dfrac{x^2}{2a}, \\ z = \dfrac{x^3}{6a^2}, \end{cases}$$

$$\frac{\mathrm{d}y}{\mathrm{d}x} = \frac{x}{a}, \quad \frac{\mathrm{d}z}{\mathrm{d}x} = \frac{x^2}{2a^2},$$

$$\mathrm{d}s = \sqrt{1 + \left(\frac{dy}{dx}\right)^2 + \left(\frac{dz}{dx}\right)^2}$$

$$= \sqrt{1 + \left(\frac{x}{a}\right)^2 + \left(\frac{x^2}{2a^2}\right)^2} = 1 + \frac{x^2}{2a^2},$$

$$s = \int_0^x \left(1 + \frac{t^2}{2a^2}\right) \mathrm{d}t = \frac{1}{6a^2} x \left(6a^2 + x^2\right) = x + \frac{x^3}{6a^2} = x + z.$$

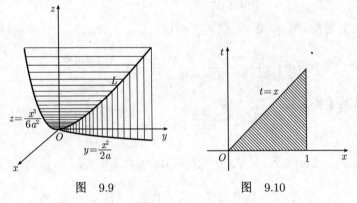

图　9.9　　　　　　　　图　9.10

例 10　求证: $\displaystyle\int_0^1 \mathrm{d}x \int_0^1 (xy)^{xy}\,\mathrm{d}y = \int_0^1 x^x\,\mathrm{d}x.$

分析　注意到左端累次积分中积函数形如 $(xy)^{xy}$, 用代换 $t = xy$ 可将累次积分化为定积分.

448

证　在 $\int_0^1 (xy)^{xy}\,\mathrm{d}y$ 中, x 是常数, 令 $t = xy$, $\mathrm{d}t = x\mathrm{d}y$, 当 y 从 0 变到 1 时, t 从 0 变到 x, 积分区域如图 9.10 所示, 则有

$$\int_0^1 (xy)^{xy}\,\mathrm{d}y = \int_0^x t^t \frac{1}{x}\mathrm{d}t = \frac{1}{x}\int_0^x t^t\mathrm{d}t,$$

从而

$$\int_0^1 \mathrm{d}x\int_0^1 (xy)^{xy}\,\mathrm{d}y \qquad -\int_0^1 t^t\ln t\mathrm{d}t$$
$$\|\qquad\qquad\qquad\qquad \|$$
$$\int_0^1 \frac{1}{x}\mathrm{d}x\int_0^x t^t\mathrm{d}t \;=\!=\!=\int_0^1 t^t\mathrm{d}t\int_t^1 \frac{1}{x}\mathrm{d}x$$

从此 U 形等式串的两端即知

$$\int_0^1 \mathrm{d}x\int_0^1 (xy)^{xy}\,\mathrm{d}y = -\int_0^1 t^t\ln t\mathrm{d}t.$$

到此上式已将左端的累次积分化为右端的定积分. 下面要证明

$$-\int_0^1 t^t\ln t\mathrm{d}t = \int_0^1 t^t\mathrm{d}t,$$

移项后就是要证明

$$\int_0^1 t^t\left(1+\ln t\right)\mathrm{d}t = 0.$$

事实上,

$$t^t\left(1+\ln t\right)\qquad \mathrm{d}\left(\mathrm{e}^{t\ln t}\right)$$
$$\|\qquad\qquad\qquad \|$$
$$\mathrm{e}^{t\ln t}\left(1+\ln t\right) = \mathrm{e}^{t\ln t}\mathrm{d}\left(t\ln t\right)$$

从此 U 形等式串的两端即知

$$t^t\left(1+\ln t\right) = \mathrm{d}\left(\mathrm{e}^{t\ln t}\right).$$

所以

$$\int_0^1 t^t \left(1 + \ln t\right) \mathrm{d}t = \left.\mathrm{e}^{t \ln t}\right|_0^1 = 0.$$

例 11 设函数 $f(x)$ 在 $(-\infty, +\infty)$ 上连续并且是正的, 已知对 $\forall t \in (-\infty, +\infty)$, 有

$$\int_{-\infty}^{+\infty} \mathrm{e}^{-|x-t|} f(x) \,\mathrm{d}x \leqslant 1.$$

求证: 对 $\forall a, b \in (-\infty, +\infty) \, (a < b)$, 有

$$\int_a^b f(x) \,\mathrm{d}x \leqslant 1 + \frac{1}{2}(b - a).$$

证 设 $D = \{(x, t) \mid a \leqslant x \leqslant b, a \leqslant t \leqslant b\}$, 令

$$F(t) = \int_a^b \mathrm{e}^{-|x-t|} f(x) \,\mathrm{d}x,$$

则 $F(t)$ 连续, 且有

$$\int_a^b F(t) \,\mathrm{d}t = \iint\limits_D \mathrm{e}^{-|x-t|} f(x) \,\mathrm{d}x \mathrm{d}t = \int_a^b f(x) \,\mathrm{d}x \int_a^b \mathrm{e}^{-|x-t|} \mathrm{d}t. \quad (1)$$

因为

$$\int_a^b \mathrm{e}^{-|x-t|} \mathrm{d}t = \int_a^x \mathrm{e}^{-(x-t)} \mathrm{d}t + \int_x^b \mathrm{e}^{-(t-x)} \mathrm{d}t$$
$$= 1 - \mathrm{e}^{a-x} + 1 - \mathrm{e}^{x-b},$$

所以接 (1) 式, 有

$$\int_a^b F(t) \,\mathrm{d}t = \int_a^b f(x) \left(2 - e^{a-x} - e^{x-b}\right) \mathrm{d}x$$
$$= 2 \int_a^b f(x) \,\mathrm{d}x - \int_a^b \mathrm{e}^{a-x} f(x) \,\mathrm{d}x - \int_a^b \mathrm{e}^{x-b} f(x) \,\mathrm{d}x$$
$$= 2 \int_a^b f(x) \,\mathrm{d}x - \int_a^b \mathrm{e}^{-|x-a|} f(x) \,\mathrm{d}x - \int_a^b \mathrm{e}^{-|b-x|} f(x) \,\mathrm{d}x,$$

由此解得

$$\int_a^b f(x)\,\mathrm{d}x = \frac{1}{2}\left(\int_a^b F(t)\,\mathrm{d}t + \int_a^b e^{-|x-a|}f(x)\,\mathrm{d}x + \int_a^b e^{-|b-x|}f(x)\,\mathrm{d}x\right)$$

$$\leqslant \frac{1}{2}\left[\int_a^b F(t)\,\mathrm{d}t + \int_{-\infty}^{+\infty} e^{-|x-a|}f(x)\,\mathrm{d}x + \int_{-\infty}^{+\infty} e^{-|b-x|}f(x)\,\mathrm{d}x\right].$$

$$(2)$$

又因为, 由假设 $\int_{-\infty}^{+\infty} e^{-|x-t|}f(x)\,\mathrm{d}x \leqslant 1$, 所以 $F(t) \leqslant 1$, 接 (2) 式, 有

$$\int_a^b f(x)\,\mathrm{d}x \leqslant \frac{1}{2}\left[(b-a)+1+1\right] = 1 + \frac{1}{2}(b-a).$$

例 12 将均匀的旋转抛物体 $x^2 + y^2 \leqslant z \leqslant 1$ 放在水平桌面上. 证明当物体处于稳定平衡时 (图 9.11), 它的轴线与桌面的夹角为 $\theta = \arctan\sqrt{\dfrac{2}{3}}$.

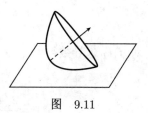

图 9.11

分析 当物体质心最低时. 物体处于稳定平衡. 由对称性知, 物体质心为 $(0,0,\bar{z})$, 其中

$$\bar{z} = \frac{\iiint\limits_{\Omega} z\,\mathrm{d}V}{\iiint\limits_{\Omega} \mathrm{d}V}.$$

下面分别计算分子与分母上的积分:

$$\iiint\limits_{\Omega} z\,\mathrm{d}V = \int_0^1 z\,\mathrm{d}z \iint\limits_{D_{xy}} 1\,\mathrm{d}x\mathrm{d}y = \int_0^1 z \cdot \pi z\,\mathrm{d}z = \frac{1}{3}\pi,$$

$$\iiint\limits_{\Omega} \mathrm{d}V = \int_0^1 \mathrm{d}z \iint\limits_{D_{xy}} 1\,\mathrm{d}x\mathrm{d}y = \int_0^1 \pi z\,\mathrm{d}z = \frac{1}{2}\pi.$$

于是 $\bar{z} = \dfrac{2}{3}$.

问题转化为求曲面 $z = x^2 + y^2$ 的切平面、使它与质心 $(0, 0, 2/3)$ 的距离为最小, 并求出平面与 z 轴的夹角. 为此, 也可在 Oyz 平面内的第一象限中求 $(0, 2/3)$ 点到曲线 $z = y^2$ 的切线距离最小的切线, 再求切线与 y 轴的夹角即可.

解法 1　Oyz 平面上, 曲线 $z = y^2$ 在点 (y_0, z_0) 处的切线方程为

$$z - y_0^2 = 2y_0 (y - y_0), \text{ 即 } z - 2yy_0 + y_0^2 = 0.$$

点 $(0, 2/3)$ 到该切线的距离为 $d = \dfrac{\left| \frac{2}{3} + y_0^2 \right|}{\sqrt{1 + 4y_0^2}}$. 令 $t = y_0^2$ 及

$$f(t) = d^2 = \dfrac{\left(\dfrac{2}{3} + t \right)^2}{1 + 4t}, \quad t > 0.$$

对 $f(t)$ 求导数得

$$f'(t) = \dfrac{2 \left(18t^2 + 9t - 2 \right)}{9 \left(4t + 1 \right)^2} \begin{cases} < 0, & t < 1/6, \\ = 0, & t = 1/6, \\ > 0, & t > 1/6. \end{cases}$$

由上式知 $t = \dfrac{1}{6}$ 是函数 $f(t)$ 的唯一极值点, 且是极小点, 从而达到函数 $f(t)$ 的最小值. 此时 $y_0 = \dfrac{1}{\sqrt{6}}$, $z_0 = \dfrac{1}{6}$, 点 (y_0, z_0) 处的切线斜率

$$\dfrac{\mathrm{d}z}{\mathrm{d}y} = 2y_0 = \sqrt{\dfrac{2}{3}},$$

即知切线与 y 轴夹角为 $\arctan \sqrt{\dfrac{2}{3}}$, 即轴线与桌面的夹角为

$$\theta = \arctan \sqrt{\dfrac{2}{3}}.$$

解法 2　点 $(0, 2/3)$ 与切点 $(y_0, z_0) = (y_0, y_0^2)$ 的连线应与切线垂直. 因为点 (y_0, z_0) 处的切线斜率为 $\left.\dfrac{\mathrm{d}z}{\mathrm{d}y}\right|_{(y_0, z_0)} = 2y_0$; $\left(0, \dfrac{2}{3}\right)$ 与切点 (y_0, y_0^2) 连线的斜率为 $\dfrac{y_0^2 - \dfrac{2}{3}}{y_0}$, 所以

$$\frac{y_0^2 - \dfrac{2}{3}}{y_0} \cdot 2y_0 = -1 \Longrightarrow y_0 = \frac{1}{\sqrt{6}}.$$

因此点 (y_0, z_0) 处的切线斜率 $\dfrac{\mathrm{d}z}{\mathrm{d}y} = 2y_0 = \sqrt{\dfrac{2}{3}}$, 即知切线与 y 轴夹角为 $\arctan \sqrt{\dfrac{2}{3}}$, 即轴线与桌面的夹角为

$$\theta = \arctan \sqrt{\frac{2}{3}}.$$

例 13　一个半径为 1, 高为 3 的开口圆柱形水桶, 在距底为 1 处有两个小孔 (小孔的面积忽略不计), 两小孔连线与水桶轴线相交. 试问该水桶最多能盛多少水?

分析　如图 9.12 所示, 显然, 水桶竖直放立时, 装水至水面高度为 1 时, 水将从两小孔流出. 此时装水量为 $\pi \cdot 1^2 \cdot 1 = \pi$. 所以要使水桶多盛水, 通过水桶倾斜来增加盛水量. 用数学语言来描述, 即过两孔连线做一张动平面, 问题就是求出动平面与桶底、桶壁围成的部分有最大的体积.

解　两孔 A, B 连线的方程为 $\begin{cases} y = 0, \\ z = 1, \end{cases}$ 过此连线的平面束方程为 $z = ky + 1$, 其中 k 为参数. 设动平面与桶口唯一交点 M 的坐标为 $(0, 1, t)$, 代入平面束方程, 解得 $k = t - 1$, 那么以 t 为参数的动平面方程为

$$\pi : z = (t - 1)y + 1.$$

易知平面 π 与 Oxy 的交线为 $y = -\dfrac{1}{t-1}$, 只要此交线还在水桶底面上, 还可通过水桶倾斜来增加盛水量. 因此

$$-\frac{1}{t-1} \geqslant -1 \Longrightarrow t \geqslant 2.$$

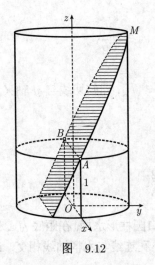

图 9.12　　　　　　　图 9.13

记 $D_t = \left\{ (x,y) \,\middle|\, x^2 + y^2 \leqslant 1, -\dfrac{1}{t-1} \leqslant y \leqslant 1 \right\}$, 当 $2 \leqslant t \leqslant 3$ 时, 盛水量为

$$
\begin{aligned}
V(t) &= \iint\limits_{D_t} \left((t-1)\,y + 1 \right) \mathrm{d}x\mathrm{d}y \\
&= \int_{-\frac{1}{t-1}}^{1} \left((t-1)\,y + 1 \right) \mathrm{d}y \int_{-\sqrt{1-y^2}}^{\sqrt{1-y^2}} \mathrm{d}x \\
&= \int_{-\frac{1}{t-1}}^{1} 2\sqrt{1-y^2} \left((t-1)\,y + 1 \right) \mathrm{d}y \\
&= 2 \int_{-\frac{1}{t-1}}^{1} \sqrt{1-y^2}\,\mathrm{d}y + \int_{-\frac{1}{t-1}}^{1} 2(t-1)\,y\sqrt{1-y^2}\,\mathrm{d}y
\end{aligned}
$$

$$= 2 \int_{-\frac{1}{t-1}}^{1} (1-y)\sqrt{1-y^2}\mathrm{d}y + 2t \int_{-\frac{1}{t-1}}^{1} y\sqrt{1-y^2}\mathrm{d}y,$$

由此得到

$$\begin{aligned} V'(t) =& -2\left(1+\frac{1}{t-1}\right) \cdot \frac{1}{(t-1)^2}\sqrt{1-\frac{1}{(t-1)^2}} \\ &+ 2\int_{-\frac{1}{t-1}}^{1} y\sqrt{1-y^2}\mathrm{d}y \\ &- 2t\left(-\frac{1}{t-1}\right) \cdot \frac{1}{(t-1)^2}\sqrt{1-\frac{1}{(t-1)^2}} \\ =& 2\int_{-\frac{1}{t-1}}^{1} y\sqrt{1-y^2}\mathrm{d}y = -\frac{2}{3}\left(1-y^2\right)^{\frac{3}{2}}\Big|_{-\frac{1}{t-1}}^{1} \\ =& \frac{2}{3}\left(1-\frac{1}{(t-1)^2}\right)^{\frac{3}{2}} = \frac{2}{3}\frac{(t(t-2))^{\frac{3}{2}}}{(t-1)^3} > 0. \end{aligned}$$

由此可见 $V(t)$ 单调增加, 故有

$$
\begin{array}{ccc}
V_{\max} & & \dfrac{2}{3}\pi + \dfrac{3}{4}\sqrt{3} \\[2mm]
\| & & \| \\[2mm]
V(3) & & 4\displaystyle\int_{-\frac{1}{2}}^{1} y\sqrt{1-y^2}\mathrm{d}y + 2\displaystyle\int_{-\frac{1}{2}}^{1}\sqrt{1-y^2}\mathrm{d}y \\[4mm]
\| & & \| \\[4mm]
\displaystyle\iint_{D_3}(2y+1)\,\mathrm{d}x\mathrm{d}y \!\!=\!\!\!\!= & & \displaystyle\int_{-\frac{1}{2}}^{1}(2y+1)\,\mathrm{d}y\int_{-\sqrt{1-y^2}}^{\sqrt{1-y^2}}\mathrm{d}x
\end{array}
$$

从此 U 形等式串的两端即知 $V_{\max} = \dfrac{2}{3}\pi + \dfrac{3}{4}\sqrt{3}$.

评注 本例如果将题目改写如下: 如图 9.13 所示, 有一底半径为 1, 高为 3 的无盖圆柱形水桶, 今发现底面距中心 $\frac{1}{2}$ 处有一个小洞 C, 这时只能将水桶倾斜支放才能盛水, 问该桶最多能装多少水? 答案是一样的.

例 14 设 $f(x) = \sum\limits_{n=0}^{\infty} \dfrac{x^{2n+1}}{(2n+1)!!}$, $g(x) = \sum\limits_{n=0}^{\infty} (-1)^n \dfrac{x^{2n}}{(2n)!!}$.

① 求 $f'(x) - xf(x)$ 及 $g'(x) + xg(x)$ 的表达式;

② 求 $\displaystyle\int_0^1 g(x)(1 - f(x))\,\mathrm{d}x$.

解 ① 由 $f(x), g(x)$ 的级数表示式, 有

$$f'(x) - xf(x) = 1, \quad g'(x) + xg(x) = 0.$$

令 $y = f(x)$, 解微分方程初值问题:

$$\begin{cases} y' - xy = 1, \\ y(0) = 0. \end{cases}$$

利用求解公式, $p(x) = -x$, $q(x) = 1$, 则有

$$\int p(x)\,\mathrm{d}x = -\frac{1}{2}x^2 \Longrightarrow \mathrm{e}^{\int p(x)\mathrm{d}x} = \mathrm{e}^{-\frac{1}{2}x^2},$$

$$y = f(x) = \frac{\displaystyle\int_0^x \mathrm{e}^{-\frac{1}{2}t^2}\mathrm{d}t + C}{\mathrm{e}^{-\frac{1}{2}x^2}} = \mathrm{e}^{\frac{1}{2}x^2} \int_0^x \mathrm{e}^{-\frac{1}{2}t^2}\mathrm{d}t + C\mathrm{e}^{\frac{1}{2}x^2}.$$

由初值条件 $y(0) = 0 \Longrightarrow C = 0$. 于是

$$y = f(x) = \mathrm{e}^{\frac{1}{2}x^2} \int_0^x \mathrm{e}^{-\frac{1}{2}t^2}\mathrm{d}t,$$

即

$$\mathrm{e}^{-\frac{1}{2}x^2} f(x) = \int_0^x \mathrm{e}^{-\frac{1}{2}t^2}\mathrm{d}t.$$

同理, 令 $y = g(x)$, 解微分方程初值问题:

$$\begin{cases} y' + xy = 0, \\ y(0) = 1. \end{cases}$$

分离变量并在等式两边积分:

$$\frac{g'(x)}{g(x)} = -x \Longrightarrow \ln g(x) = -\frac{1}{2}x^2 + \ln C$$

456

$$\Longrightarrow g(x) = Ce^{-\frac{x^2}{2}},$$

由 $g(0) = 1 \Longrightarrow C = 1 \Longrightarrow g(x) = e^{-\frac{x^2}{2}}$.

另解 用 e^x 的泰勒展开式, 可立即得到结果:

$$g(x) = \sum_{n=0}^{\infty} \frac{1}{n!}\left(-\frac{x^2}{2}\right)^n = e^{-\frac{x^2}{2}}.$$

② 解法 1 应用第 ① 小题的结果, 有

$$\int_0^1 g(x)(1-f(x))\,dx \qquad\qquad 1 - \frac{1}{\sqrt{e}}$$

$$\|\qquad\qquad\qquad\qquad\qquad\| $$

$$\int_0^1 e^{-\frac{1}{2}x^2}\,dx - \int_0^1 e^{-\frac{1}{2}x^2}f(x)\,dx \qquad\qquad \int_0^1 te^{-\frac{1}{2}t^2}\,dt$$

$$\|\qquad\qquad\qquad\qquad\qquad\| $$

$$\int_0^1 e^{-\frac{1}{2}x^2}\,dx - \int_0^1 dx \int_0^x e^{-\frac{1}{2}t^2}\,dt \qquad A - B + \int_0^1 te^{-\frac{1}{2}t^2}\,dt$$

$$\|\qquad\qquad\qquad\qquad\qquad\| $$

$$\int_0^1 e^{-\frac{1}{2}x^2}\,dx - \int_0^1 e^{-\frac{1}{2}t^2}\,dt\int_t^1 dx = \int_0^1 e^{-\frac{1}{2}x^2}\,dx - \int_0^1 (1-t)\,e^{-\frac{1}{2}t^2}\,dt$$

其中 $A = \int_0^1 e^{-\frac{1}{2}x^2}\,dx$, $B = \int_0^1 e^{-\frac{1}{2}t^2}\,dt$. 从此 U 形等式串的两端即知

$$\int_0^1 g(x)(1-f(x))\,dx = 1 - \frac{1}{\sqrt{e}}.$$

解法 2 应用第 ① 小题的结果,

$$\int_0^1 e^{-\frac{1}{2}x^2}(1-f(x))\,dx = \underbrace{\int_0^1 e^{-\frac{1}{2}x^2}\,dx}_{(1)} - \underbrace{\int_0^1 e^{-\frac{1}{2}x^2}f(x)\,dx}_{(2)}.$$

计算 (1):

$$\int_0^1 e^{-\frac{1}{2}x^2}\,dx = \int_0^1 \left(e^{-\frac{1}{2}x^2}f(x)\right)'\,dx = e^{-\frac{1}{2}x^2}f(x)\Big|_0^1 = e^{-\frac{1}{2}}f(1).$$

计算 (2): 因为

$$e^{-\frac{1}{2}x^2}f(x) = \int_0^x e^{-\frac{1}{2}t^2}dt \Longrightarrow \left(e^{-\frac{1}{2}x^2}f(x)\right)' = e^{-\frac{1}{2}x^2},$$

所以

$$-\int_0^1 e^{-\frac{1}{2}x^2}f(x)\,dx = -xe^{-\frac{1}{2}x^2}f(x)\Big|_0^1 + \int_0^1 xe^{-\frac{1}{2}x^2}dx$$

$$= -e^{-\frac{1}{2}}f(1) + \int_0^1 xe^{-\frac{1}{2}x^2}dx$$

$$= -e^{-\frac{1}{2}}f(1) + 1 - e^{-\frac{1}{2}}.$$

联合 (1), (2) 式即得

$$\int_0^1 g(x)(1 - f(x))\,dx = 1 - e^{-\frac{1}{2}}.$$

例 15 求证: 椭圆 $\dfrac{x^2}{a^2} + \dfrac{y^2}{b^2} = 1\,(a > b > 0)$ 的周长 L 满足

$$\pi(a+b) < L < \pi\sqrt{2(a^2+b^2)}.$$

证 设椭圆的参数方程 $x = a\cos t,\ y = b\sin t$, 则

$$L = \int_0^{2\pi} \sqrt{(x'(t))^2 + (y'(t))^2}\,dt = 4\int_0^{\frac{\pi}{2}} \sqrt{a^2\sin^2 t + b^2\cos^2 t}\,dt$$

$$= 4\int_0^{\frac{\pi}{4}} \sqrt{a^2\sin^2 t + b^2\cos^2 t}\,dt$$

$$+ 4\int_{\frac{\pi}{4}}^{\frac{\pi}{2}} \sqrt{a^2\sin^2 t + b^2\cos^2 t}\,dt. \tag{1}$$

接着, 在 (1) 式的后一个积分中, 作变量代换 $t = \dfrac{\pi}{2} - u$, 得到

$$4\int_{\frac{\pi}{4}}^{\frac{\pi}{2}} \sqrt{a^2\sin^2 t + b^2\cos^2 t}\,dt = 4\int_0^{\frac{\pi}{4}} \sqrt{a^2\cos^2 u + b^2\sin^2 u}\,du$$

$$= 4\int_0^{\frac{\pi}{4}} \sqrt{a^2\cos^2 t + b^2\sin^2 t}\,dt.$$

从而由 (1) 式, 有

$$L = 4 \int_0^{\frac{\pi}{4}} f(t) \, \mathrm{d}t, \tag{2}$$

其中 $f(t) = \sqrt{a^2 \sin^2 t + b^2 \cos^2 t} + \sqrt{a^2 \cos^2 t + b^2 \sin^2 t}$, 再令 $\sin^2 t = u, 0 < u < \dfrac{1}{2}$, 则有 $f(t) = g(u)$, 并且

$$g(u) = \sqrt{a^2 u + b^2 (1-u)} + \sqrt{a^2 (1-u) + b^2 u},$$

$$g'(u) = \frac{1}{2} (a^2 - b^2) \frac{\sqrt{b^2 u - a^2 u + a^2} - \sqrt{a^2 u - b^2 u + b^2}}{\sqrt{b^2 u - a^2 u + a^2} \sqrt{a^2 u - b^2 u + b^2}}$$

$$= \frac{(a^2 - b^2)^2 (1 - 2u)}{2\sqrt{b^2 u - a^2 u + a^2} \sqrt{a^2 u - b^2 u + b^2} \cdot A}$$

$$> 0 \ (0 < u < 1/2),$$

其中 $A = \sqrt{b^2 u - a^2 u + a^2} + \sqrt{a^2 u - b^2 u + b^2}$. 由此有

$$f'(t) = g'(u) \cdot \frac{\mathrm{d}u}{\mathrm{d}t} = g'(u) \cdot \cos 2t > 0, \quad 0 \leqslant t < \frac{\pi}{4}.$$

从而 $f(t)$ 单调增加 $\left(0 \leqslant t < \dfrac{\pi}{4} \right) \Longrightarrow f(0) < f(t) < f\left(\dfrac{\pi}{4} \right)$, 而

$$f(0) = a + b, \quad f\left(\frac{\pi}{4} \right) = \sqrt{2(a^2 + b^2)}.$$

于是由 (2) 推出

$$\pi(a + b) < L < \pi\sqrt{2(a^2 + b^2)}.$$

例 16 求证: 椭圆 $\dfrac{x^2}{a^2} + \dfrac{y^2}{b^2} = 1 \, (a > b > 0)$ 的周长

$$L = 2\pi a \left(1 - \sum_{n=1}^{\infty} \left(\frac{(2n-1)!!}{(2n)!!} \right)^2 \frac{\varepsilon^{2n}}{2n-1} \right),$$

其中 $\varepsilon = \dfrac{\sqrt{a^2 - b^2}}{a}$.

证 设椭圆的参数方程 $x = a \cos t, y = b \sin t$, 则

$$(x'(t))^2 + (y'(t))^2 = a^2 \sin^2 t + b^2 \cos^2 t$$

459

$$= a^2 \left(1 - \cos^2 t\right) + b^2 \cos^2 t,$$

$$L = \int_0^{2\pi} \sqrt{(x'(t))^2 + (y'(t))} \mathrm{d}t = 4 \int_0^{\frac{\pi}{2}} \sqrt{a^2 - (a^2 - b^2) \cos^2 t} \mathrm{d}t$$

$$= 4a \int_0^{\frac{\pi}{2}} \sqrt{1 - \left(1 - \left(\frac{b}{a}\right)^2\right) \cos^2 t} \mathrm{d}t$$

$$= 4a \int_0^{\frac{\pi}{2}} \sqrt{1 - \varepsilon^2 \cos^2 t} \mathrm{d}t.$$

进一步, 应用泰勒展开式

$$\sqrt{1 - u} = 1 + \sum_{n=1}^{\infty} (-1)^n \frac{\frac{1}{2} \left(\frac{1}{2} - 1\right) \cdots \left(\frac{1}{2} - n + 1\right)}{n!} u^n$$

$$= 1 - \sum_{n=1}^{\infty} \frac{(2n-3)!!}{(2n)!!} u^n, \quad |u| < 1$$

得到

$$L = 4a \int_0^{\frac{\pi}{2}} \sqrt{1 - \varepsilon^2 \cos^2 t} \mathrm{d}t \xlongequal{u = \varepsilon \cos t} 4a \int_0^{\frac{\pi}{2}} \sqrt{1 - u^2} \mathrm{d}t$$

$$= 4a \int_0^{\frac{\pi}{2}} \left(1 - \sum_{n=1}^{\infty} \frac{(2n-3)!!}{(2n)!!} \varepsilon^{2n} \cos^{2n} t\right) \mathrm{d}t$$

$$= 4a \left(\frac{\pi}{2} - \sum_{n=1}^{\infty} \frac{(2n-3)!!}{(2n)!!} \varepsilon^{2n} \int_0^{\frac{\pi}{2}} \cos^{2n} t \mathrm{d}t\right).$$

又

$$\int_0^{\frac{\pi}{2}} \cos^{2n} t \mathrm{d}t = \frac{(2n-1)!!}{(2n)!!} \cdot \frac{\pi}{2},$$

故有

$$L = 2\pi a \left(1 - \sum_{n=1}^{\infty} \left(\frac{(2n-1)!!}{(2n)!!}\right)^2 \frac{\varepsilon^{2n}}{2n-1}\right).$$

例 17　求曲线 $r = a \sin^3 \frac{\theta}{3}$ $(a > 0)$ 的全长.

460

分析 本例中 $r = a\sin^3\dfrac{\theta}{3}$ $(a > 0)$是一个连续的周期函数 (图 9.14), 虽然其周期为 6π, 但这并不说明曲线的"绕圈周期"也一定就是 6π, 实际上, 在区间 $[0, 3\pi]$ 上曲线完成一个"周期". 而在区间 $[3\pi, 6\pi]$, 由于 $r < 0$, 所以曲线与区间 $[0, 3\pi]$ 上曲线完全重合.

事实上, 设 $\theta = 3\pi + \alpha$ $(\alpha \in [0, 3\pi])$, 则

$$r = a\sin^3\frac{\theta}{3} = a\sin^3\frac{3\pi + \alpha}{3} = a\sin^3\left(\pi + \frac{\alpha}{3}\right) < 0,$$

按照 $r < 0$ 的几何意义, $\left(a\sin^3\left(\pi + \dfrac{\alpha}{3}\right), \pi + \dfrac{\alpha}{3}\right)$ 与 $\left(a\sin^3\dfrac{\alpha}{3}, \dfrac{\alpha}{3}\right)$ 表示同一个点.

解 利用参数方程表示的曲线求弧长公式,

$$\begin{aligned}
L &= \int_0^{3\pi} \sqrt{r^2 + r'^2}\,\mathrm{d}\theta \\
&= \int_0^{3\pi} \sqrt{a^2\sin^6\frac{\theta}{3} + a^2\sin^4\frac{\theta}{3}\cdot\cos^2\frac{\theta}{3}}\,\mathrm{d}\theta \\
&= a\int_0^{3\pi} \sin^2\frac{\theta}{3}\,\mathrm{d}\theta = \frac{3}{2}\pi a.
\end{aligned}$$

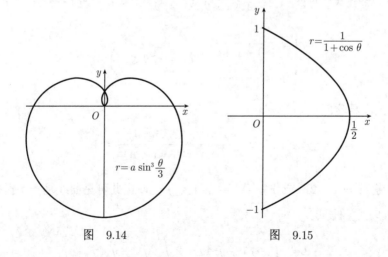

图 9.14   图 9.15

例 18 求曲线 $r = \dfrac{1}{1+\cos\theta}$ $\left(-\dfrac{\pi}{2} \leqslant \theta \leqslant \dfrac{\pi}{2}\right)$ 的长度 (图 9.15).

解法 1 用极坐标的弧长公式. 由 $r = \dfrac{1}{1+\cos\theta}$, 则有

$$r' = \frac{\sin\theta}{(\cos\theta+1)^2}, \quad \sqrt{r^2+r'^2} = \frac{1}{2\cos^3\dfrac{\theta}{2}},$$

故有

$$
\begin{array}{ccc}
L & & \ln\left(\sqrt{2}+1\right)+\sqrt{2} \\
\| & & \| \\
\displaystyle\int_{-\frac{\pi}{2}}^{\frac{\pi}{2}} \sqrt{r^2+r'^2}\,\mathrm{d}\theta & & \dfrac{\sin x}{\cos^2 x}+\ln\tan\left(\dfrac{x}{2}+\dfrac{\pi}{4}\right)\Big|_0^{\frac{\pi}{4}} \\
\| & & \| \\
\displaystyle\int_{-\frac{\pi}{2}}^{\frac{\pi}{2}} \dfrac{1}{2\cos^3\dfrac{\theta}{2}}\,\mathrm{d}\theta & =\!=\!= & \displaystyle\int_0^{\frac{\pi}{4}} \dfrac{2}{\cos^3 t}\,\mathrm{d}t
\end{array}
$$

从此 U 形等式串的两端即知 $L = \ln\left(\sqrt{2}+1\right)+\sqrt{2}$.

解法 2 将曲线 $r = \dfrac{1}{1+\cos\theta}$ $\left(-\dfrac{\pi}{2} \leqslant \theta \leqslant \dfrac{\pi}{2}\right)$ 转化为参数方程为

$$
\begin{cases}
x = \dfrac{\cos\theta}{1+\cos\theta}, \\
y = \dfrac{\sin\theta}{1+\cos\theta}
\end{cases}
\quad \left(-\dfrac{\pi}{2} \leqslant \theta \leqslant \dfrac{\pi}{2}\right).
$$

由此容易验证:

$$y^2 + 2x = 2\frac{\cos\theta}{\cos\theta+1} + \frac{\sin^2\theta}{(\cos\theta+1)^2} = 1,$$

即得 $y^2 = 1-2x$, 或 $x = \dfrac{1-y^2}{2}$, $-1 \leqslant y \leqslant 1$. 由此可见曲线是一条抛物线, 它的长度

$$L = \int_{-1}^{1} \sqrt{1+y^2}\,\mathrm{d}y = 2\int_0^1 \sqrt{1+y^2}\,\mathrm{d}y$$

$$= y\sqrt{1+y^2} + \ln\left(y+\sqrt{1+y^2}\right)\Big|_0^1$$
$$= \ln\left(\sqrt{2}+1\right) + \sqrt{2}.$$

例 19 ① 设曲线在极坐标下的方程为 $\theta = g(r), a \leqslant r \leqslant b, g$ 在 $[a, b]$ 上连续可微. 求证：曲线的长度

$$L = \int_a^b \sqrt{1+(rg'(r))^2}\mathrm{d}r.$$

② 已知曲线在极坐标下的方程为 $\theta = \dfrac{1}{2}\left(r+\dfrac{1}{r}\right), 1 \leqslant r \leqslant 3$, 求其长度.

解 ① **证** 因为曲线在极坐标下的方程为 $\theta = g(r), a \leqslant r \leqslant b$, 所以该曲线的参数方程为

$$\begin{cases} x = r\cos g(r), \\ y = r\sin g(r), \end{cases} \quad a \leqslant r \leqslant b,$$

则有

$$\begin{cases} \mathrm{d}x = \cos g(r)\,\mathrm{d}r - rg'(r)\sin g(r)\,\mathrm{d}r, \\ \mathrm{d}y = \sin g(r)\,\mathrm{d}r + rg'(r)\cos g(r)\,\mathrm{d}r, \end{cases}$$

由此推出

$$(\mathrm{d}x)^2 + (\mathrm{d}y)^2 = (\mathrm{d}r)^2 + (rg'(r))^2(\mathrm{d}r)^2$$
$$= \left(1+(rg'(r))^2\right)(\mathrm{d}r)^2.$$

故有 $L = \displaystyle\int_a^b \sqrt{1+(rg'(r))^2}\mathrm{d}r.$

② 由 $g(r) = \dfrac{1}{2}\left(r+\dfrac{1}{r}\right)$, 则有

$$g'(r) = \frac{1}{2}\left(1-\frac{1}{r^2}\right), \quad rg'(r) = \frac{1}{2}\left(r-\frac{1}{r}\right),$$

$$L = \int_1^3 \sqrt{1+(rg'(r))^2}\mathrm{d}r = \int_1^3 \sqrt{1+\frac{1}{4}\left(r-\frac{1}{r}\right)^2}\mathrm{d}r$$

$$= \frac{1}{2} \int_1^3 \left(r + \frac{1}{r} \right) \mathrm{d}r = 2 + \frac{1}{2} \ln 3.$$

例 20 设 (r, θ) 是极坐标, 它们是参数 t 的方程;

$$\begin{cases} r = 1 + \cos t, \\ \theta = t - \tan \frac{1}{2} t, \end{cases} \quad 0 \leqslant t \leqslant \beta < \pi.$$

求曲线的长度 (图 9.16).

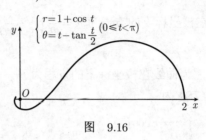

图 9.16

解 题意给出的是极坐标参数方程, 为了应用直角坐标下的弧长公式, 先将极坐标转化为直角坐标. 在 $\begin{cases} x = r \cos \theta \\ y = r \sin \theta \end{cases}$ 中, 现在都是参数 t 的函数. 应用复合函数的求导法则, 得到

$$\begin{cases} x'(t) = r' \cos \theta - r\theta' \sin \theta, \\ y'(t) = r' \sin \theta + r\theta' \cos \theta, \end{cases}$$

$$(x'(t))^2 + (y'(t))^2 = (r')^2 + (r\theta')^2. \tag{1}$$

从给定的极坐标参数方程

$$\begin{cases} r = 1 + \cos t, \\ \theta = t - \tan \frac{1}{2} t, \end{cases} \quad 0 \leqslant t \leqslant \beta < \pi$$

求得 $r' = -\sin t, \theta' = 1 - \frac{1}{2} \sec^2 \frac{1}{2} t = \frac{\cos t}{1 + \cos t}$, 代入 (1) 式得到

$$(x'(t))^2 + (y'(t))^2 = \sin^2 t + (1 + \cos t)^2 \left(\frac{\cos t}{1 + \cos t} \right)^2 = 1.$$

464

于是曲线的长度

$$L = \int_0^\beta \sqrt{\left(x'\left(t\right)\right)^2 + \left(y'\left(t\right)\right)^2} \mathrm{d}t = \int_0^\beta 1 \mathrm{d}t = \beta.$$

例 21　在第一象限的椭圆 $\dfrac{x^2}{4} + y^2 = 1$ 上求一点, 使过该点的法线与原点的距离 (图 9.17) 最大.

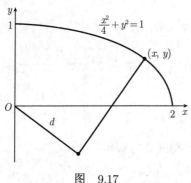

图　9.17

解法 1　设 $T\left(x, y\right) = \dfrac{x^2}{4} + y^2 - 1$, 则有

$$\frac{\partial T\left(x, y\right)}{\partial x} = \frac{1}{2}x, \quad \frac{\partial T\left(x, y\right)}{\partial y} = 2y.$$

椭圆上任一点 $\left(x, y\right)$ 处的法线方程为

$$\frac{X - x}{\frac{1}{2}x} = \frac{Y - y}{2y}, \ \text{即} \ -\frac{1}{2y}Y + \frac{2}{x}X - \frac{3}{2} = 0.$$

原点到该法线的距离为

$$d = \frac{3/2}{\sqrt{\left(\dfrac{1}{2y}\right)^2 + \left(\dfrac{2}{x}\right)^2}}.$$

记 $f(x, y) = \left(\dfrac{1}{2y}\right)^2 + \left(\dfrac{2}{x}\right)^2$, $x > 0, y > 0$, 约束条件为

$$g(x, y) = \frac{x^2}{4} + y^2 - 1,$$

构造拉格朗日乘子函数

$$h(x, y, \lambda) = f(x, y) + \lambda g(x, y).$$

根据条件极值的求解方法, 先求

$$\frac{\partial}{\partial x} h(x, y, \lambda) = \frac{1}{2} \frac{-16 + \lambda x^4}{x^3},$$

$$\frac{\partial}{\partial y} h(x, y, \lambda) = \frac{1}{2} \frac{-1 + 4\lambda y^4}{y^3},$$

令 $\dfrac{\partial h}{\partial x} = 0, \dfrac{\partial h}{\partial y} = 0$, 得联立方程组:

$$\begin{cases} -16 + \lambda x^4 = 0, & (1) \\ -1 + 4\lambda y^4 = 0, & (2) \\ g(x, y) = 0. & (3) \end{cases}$$

由 (1) 式得

$$-16 + \lambda x^4 = 0 \Longrightarrow \lambda = \frac{16}{x^4};$$

由 (2) 式得

$$-1 + 4\lambda y^4 = 0 \Longrightarrow \lambda = \frac{1}{4y^4};$$

所以有

$$\frac{16}{x^4} = \frac{1}{4y^4} \Longrightarrow y = \frac{1}{4}\sqrt{2}x.$$

代入 (3) 式得到

$$\frac{x^2}{4} + \left(\frac{1}{4}\sqrt{2}x\right)^2 - 1 = 0 \Longrightarrow x = \frac{2\sqrt{6}}{3},$$

$$y = \frac{1}{4}\sqrt{2} \cdot \frac{2}{3}\sqrt{6} = \frac{\sqrt{3}}{3}.$$

根据实际问题, 距离最大的点是存在的, 驻点却只有一个, 故可断定所求的点为 $\left(\dfrac{2\sqrt{6}}{3}, \dfrac{\sqrt{3}}{3} \right)$.

解法 2　同解法 1 求出点 (x, y) 处的法线与原点的距离

$$d = \frac{3/2}{\sqrt{\left(\dfrac{1}{2y} \right)^2 + \left(\dfrac{2}{x} \right)^2}}.$$

记 $f(x, y) = \left[\left(\dfrac{1}{2y} \right)^2 + \left(\dfrac{2}{x} \right)^2 \right]$, $x > 0, y > 0$. 要求出当点 (x, y) 在椭圆 $\dfrac{x^2}{4} + y^2 = 1$ 上变动时, $f(x, y)$ 的极小值. 为此将椭圆参数方程

$$\begin{cases} x = 2\cos t, \\ y = \sin t \end{cases} \quad \left(0 < t < \frac{\pi}{2} \right)$$

代入 $f(x, y)$, 得到

$$g(t) = f(2\cos t, \sin t) = \frac{1}{4}\cot^2 t + \tan^2 t + \frac{5}{4}.$$

根据平均值不等式, 有

$$g(t) \geqslant 2\sqrt{\frac{1}{4}\cot^2 t \cdot \tan^2 t} + \frac{5}{4} = \frac{9}{4},$$

等号当且仅当 $\dfrac{1}{4}\cot^2 t = \tan^2 t$ 时成立, 即当 $\tan t = \dfrac{1}{\sqrt{2}}$ 时, $g(t)$ 取到最小值. 参照图 9.18 易知, 此时 $x = 2\cos t = 2\sqrt{\dfrac{2}{3}} = \dfrac{2\sqrt{6}}{3}$, $y = \sin t = \dfrac{1}{\sqrt{3}}$. 故所求的点为 $\left(\dfrac{2\sqrt{6}}{3}, \dfrac{\sqrt{3}}{3} \right)$.

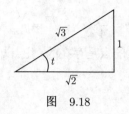

图　9.18

例 22 ① 求证: 半径为 r, 高为 h 的球缺 (图 9.19) 体积为

$$V = \pi h^2 \left(r - \frac{h}{3} \right);$$

② 顶角为 $\pi/2$, 底半径为 R 的圆锥形容器顶朝下, 现盛满了水. 在其上放一个半径为 r 的球 (密度大于 1)(图 9.20), 问 r 多大时该球排出的水最多, 并求此时的排水量.

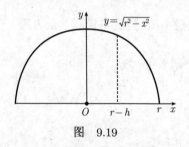

图　9.19

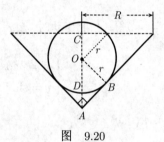

图　9.20

解 ① **证法 1** 把球缺看成半圆 $y = \sqrt{r^2 - x^2}$ 上的弧段 ($r - h \leqslant x \leqslant r$), 绕 Ox 轴旋转产生的旋转体体积. 即有

$$V = \pi \int_{r-h}^{r} \left(r^2 - x^2 \right) \mathrm{d}x = \pi h^2 \left(r - \frac{h}{3} \right).$$

证法 2 用三重积分, 按 "先二后一" 的积分次序计算球缺体积.

$$V = \iiint\limits_{\Omega} \mathrm{d}x\mathrm{d}y\mathrm{d}z = \int_{r-h}^{r} \mathrm{d}z \iint\limits_{x^2+y^2 \leqslant r_z^2} \mathrm{d}x\mathrm{d}y,$$

其中 $r_z^2 = (r - z)(r + z)$, 如图 9.21 所示. 由此得

$$V = \int_{r-h}^{r} \pi (r - z)(r + z) \, \mathrm{d}z = \pi h^2 \left(R - \frac{1}{3}h \right).$$

468

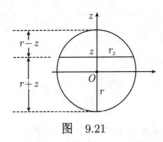

图　9.21

② 解法 1　令水内球缺的高为 h, 由于水的密度是 1, 故排出的水量等于浸入水内的球缺体积 $V(r, h)$. 应用第①小题的结果,

$$V(r, h) = \pi h^2 \left(r - \frac{h}{3} \right).$$

又由图 9.20 知,

$$h = AC - AD = AC - (OA - OD) = R - \left(\sqrt{2}r - r \right).$$

记 $b = \sqrt{2} - 1$, 则有 $br + h = R$, 这就是约束条件. 设

$$f(r, h) = \pi h^2 \left(r - \frac{h}{3} \right),$$
$$g(r, h) = br + h - R,$$
$$u(r, h, \lambda) = f(r, h) + \lambda g(r, h),$$

根据拉格朗日乘数法, 求

$$\frac{\partial}{\partial r} u(r, h, \lambda) = \pi h^2 + b\lambda,$$
$$\frac{\partial}{\partial h} u(r, h, \lambda) = -\pi h^2 + 2\pi r h + \lambda,$$

解联立方程组

$$\begin{cases} \pi h^2 + b\lambda = 0, \\ -\pi h^2 + 2\pi r h + \lambda = 0, \\ g(r, h) = 0, \end{cases}$$

得

$$r_1 = \frac{R}{b} = \left(\sqrt{2} + 1 \right) R, \quad h_1 = 0,$$

$$r_2 = R\frac{b+1}{b(b+3)} = R, \quad h_2 = \left(2 - \sqrt{2}\right)R.$$

由实际问题, V 确有最大值. 又

$$V\left(R, \left(2 - \sqrt{2}\right)R\right) = \frac{2}{3}\pi R^3 \left(\sqrt{2} - 1\right),$$

故当 $r = R$ 时排水量最多, 且最多排水量为 $\frac{2}{3}\pi R^3 \left(\sqrt{2} - 1\right)$.

解法 2 如解法 1, 令水内球缺的高为 h, 应用第①小题的结果,

$V(r) = \pi h^2 \left(r - \dfrac{h}{3}\right)$, 其中 $h = h(r) = R - br$, $b = \sqrt{2} - 1$.

$$V(r) = \pi (R - br)^2 \left(r - \frac{R - br}{3}\right),$$

$$\frac{dV(r)}{dr} = \pi (R - br)\left(R - b^2 r + Rb - 3br\right),$$

令 $\dfrac{dV(r)}{dr} = 0$, 解得

$$r_1 = \frac{R}{b} = \left(\sqrt{2} + 1\right)R, \quad r_2 = R\frac{b+1}{b(b+3)} = R.$$

$$\frac{d^2 V(r)}{dr^2} = 2\pi b \left(b^2 r - 2R - Rb + 3br\right) = \sqrt{2}r - \sqrt{2}R - R,$$

$$\left.\frac{d^2 V(r)}{dr^2}\right|_{r=r_1} = \sqrt{2}\left(\sqrt{2} + 1\right)R - \sqrt{2}R - R = R > 0.$$

由此可见 $r = r_1 = \left(\sqrt{2} + 1\right)R$, 使得 $V(r)$ 取极小值. 又有

$$\left.\frac{d^2 V(r)}{dr^2}\right|_{r=r_2} = -R < 0,$$

由此可见 $r = r_2 = R$, 使得 $V(r)$ 取唯一极大值, 从而达到函数的最大值

$$V(R) = \frac{2}{3}\pi R^3 \left(\sqrt{2} - 1\right).$$

例 23 设 Ω 是由 $z = 1 + xy$, $x^2 + y^2 = 1$, $z = 0$ 围成的区域. 求 Ω 的表面积 (图 9.22).

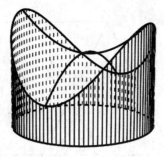

图 9.22

解 易知, Ω 的底面积 $S_0 = \pi$;

下面求 Ω 的顶面积: 由 Ω 上顶的曲面方程 $z = 1 + xy$ 知

$$\frac{\partial z}{\partial x} = y, \quad \frac{\partial z}{\partial y} = x,$$

$$S_1 = \iint\limits_{x^2+y^2 \leqslant 1} \sqrt{1 + x^2 + y^2}\mathrm{d}x\mathrm{d}y$$

$$= 4\int_0^{\frac{\pi}{2}} \mathrm{d}\theta \int_0^1 r\sqrt{1+r^2}\mathrm{d}r$$

$$= \frac{2\pi}{3}\left(2\sqrt{2} - 1\right).$$

再求 Ω 的侧面积: 用曲线积分计算.

$$S_2 = \int\limits_{x^2+y^2=1} (1+xy)\,\mathrm{d}l = \int_0^{2\pi} (1 + \cos\theta\sin\theta)\,\mathrm{d}\theta = 2\pi.$$

$$\Omega\text{的表面积} = S_0 + S_1 + S_2$$
$$= \pi + \frac{2\pi}{3}\left(2\sqrt{2} - 1\right) + 2\pi$$
$$= \frac{1}{3}\pi\left(4\sqrt{2} + 7\right).$$

例 24 给定一个直圆锥体, 求内接于它的表面积最大的柱面.

解 如图 9.23 所示, 设 r 为圆柱的底面半径, h 为圆柱的高, H 为圆锥的高. 我们只需求函数 $S = 2\pi r^2 + 2\pi rh$ 的最大值.

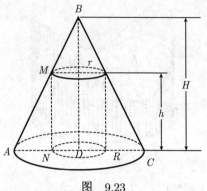

图 9.23

由于 $\dfrac{MN}{BD} = \dfrac{AN}{AD}$，即 $\dfrac{h}{H} = \dfrac{R-r}{R}$，故

$$h = \frac{R-r}{R}H = \left(1 - \frac{r}{R}\right)H.$$

于是

$$S = f(r) = 2\pi\left(r^2 + r\left(1 - \frac{r}{R}\right)H\right) \quad (0 \leqslant r \leqslant R).$$

对 $f(r)$ 求导得 $f'(r) = 2\pi\left(2r + H - \dfrac{2r}{R}H\right)$，令 $f'(r) = 0$，解得

$r = \dfrac{HR}{2(H-R)}$；因为 $r > 0$，所以 $H > R$，从而

$$f''(r) = 4\pi\left(1 - \frac{H}{R}\right) < 0,$$

点 $r = \dfrac{HR}{2(H-R)}$ 是函数的唯一极值点，并且是极大点，从而达到函数的最大值. 此时

$$h = \frac{R - \dfrac{HR}{2(H-R)}}{R}H = \frac{H - 2R}{2H(H-R)}.$$

由此可见，本题若有实际意义，应该 $h > 0$，即 $H > 2R$，换句话说，所给的直圆锥体应该高大于底面直径. 否则，当 $h = 0$ 时，圆柱的两底均与圆锥的底面相重合.

例 25 设 $f(x)$ 在 $(-\infty, +\infty)$ 上可导, 且 $\lim\limits_{x \to \infty} f'(x) = 0$, 现令 $g(x) = f(x+1) - f(x)$. 求证: $\lim\limits_{x \to \infty} g(x) = 0$.

证 由题设可知, $\lim\limits_{x \to +\infty} f'(x) = 0$, 所以对 $\forall \varepsilon > 0, \exists X > 0$, 当 $|x| > X$ 时, 有 $|f'(x)| < \varepsilon$. 对上述的 $\varepsilon > 0$, 及 $X > 0$, 有

$$|g(x)| = \left| \int_x^{x+1} f'(t)\,\mathrm{d}t \right| \leqslant \int_x^{x+1} |f'(t)|\,\mathrm{d}t < \varepsilon, \quad \forall |x| > X.$$

故有 $\lim\limits_{x \to \infty} g(x) = 0$.

例 26 设 $n \geqslant 1, x \geqslant 0, y \geqslant 0$, 证明不等式

$$\left(\frac{x+y}{2} \right)^n \leqslant \frac{x^n + y^n}{2}.$$

证法 1 考虑函数 $f(x,y) = \dfrac{x^n + y^n}{2}$ 在条件 $x + y = a(a > 0, x \geqslant 0, y \geqslant 0)$ 下的极值问题. 设 $h(x, y, \lambda) = f(x,y) + \lambda(x + y - a)$, 则有

$$\frac{\partial}{\partial x} h(x, y, \lambda) = \lambda + \frac{1}{2} n x^{n-1},$$

$$\frac{\partial}{\partial y} h(x, y, \lambda) = \lambda + \frac{1}{2} n y^{n-1},$$

解联立方程组

$$\begin{cases} \lambda + \dfrac{1}{2} n x^{n-1} = 0, \\ \lambda + \dfrac{1}{2} n y^{n-1} = 0, \\ x + y - a = 0, \end{cases}$$

得 $x = y = \dfrac{a}{2}$. 将 $\left(\dfrac{a}{2}, \dfrac{a}{2} \right)$ 处的函数值与边界点 $(0, a), (a, 0)$ 处的函数值进行比较:

$$f(0, a) = f(a, 0) = \frac{a^n}{2} \geqslant \left(\frac{a}{2} \right)^n = f\left(\frac{a}{2}, \frac{a}{2} \right),$$

即知函数 $f(x, y)$ 当 $x + y = a$ 时的最小值为 $\left(\dfrac{a}{2} \right)^n$. 从而

$$\frac{x^n + y^n}{2} \geqslant \left(\frac{a}{2} \right)^n. \tag{1}$$

下面我们证明: 当 $x \geqslant 0, y \geqslant 0$ 时, 有

$$\left(\frac{x+y}{2}\right)^n \leqslant \frac{x^n+y^n}{2}. \tag{2}$$

当 $x=0, y=0$ 时, 不等式 (2) 取等号, 当 $x \geqslant 0, y \geqslant 0$, 且 x, y 不同时为零时, 令 $x+y=a$, 则 $a>0$, 于是由不等式 (1), 即有

$$\frac{x^n+y^n}{2} \geqslant \left(\frac{a}{2}\right)^n = \left(\frac{x+y}{2}\right)^n.$$

由此可知不等式 (2) 成立.

证法 2 令 $f(x)=x^n$, 则有

$$f'(x) = nx^{n-1},$$
$$f''(x) = nx^{n-2}(n-1) \geqslant 0 \quad (n \geqslant 1, x \geqslant 0),$$

由此知 $f(x)$ 是凹函数. 于是当 $x \geqslant 0, y \geqslant 0$ 时, 有

$$f\left(\frac{x+y}{2}\right) \leqslant \frac{f(x)+f(y)}{2}, \quad \text{即} \quad \left(\frac{x+y}{2}\right)^n \leqslant \frac{x^n+y^n}{2}.$$

例 27 设 $\sum\limits_{n=1}^{\infty} a_n$ 是正项级数, 并设 $\lim\limits_{n \to \infty} \dfrac{\ln \frac{1}{a_n}}{\ln n} = b$.

① 求证: 若 $b>1$, 则 $\sum\limits_{n=1}^{\infty} a_n$ 收敛; 若 $b<1$, 则 $\sum\limits_{n=1}^{\infty} a_n$ 发散;

② 当 $b=1$ 时, 试举出可能收敛也可能发散的例子.

证 ① 设 $b>1$, 任取 $\varepsilon>0$, 使得 $b-\varepsilon>1$, 因为 $\lim\limits_{n \to \infty} \dfrac{\ln \frac{1}{a_n}}{\ln n} = b$,

所以 $\exists N$, 使得当 $n \geqslant N$ 时, $\dfrac{\ln \frac{1}{a_n}}{\ln n} > b-\varepsilon$, 即

$$\ln \frac{1}{a_n} > \ln n^{b-\varepsilon} \Longrightarrow a_n < \frac{1}{n^{b-\varepsilon}}.$$

因为 $b-\varepsilon>1$, 所以 $\sum\limits_{n=1}^{\infty} \dfrac{1}{n^{b-\varepsilon}}$ 收敛, 由比较判别法知 $\sum\limits_{n=1}^{\infty} a_n$ 收敛.

现在假设 $b < 1$, 任取 $\varepsilon > 0$, 使得 $b + \varepsilon < 1$, 因为

$$\lim_{n \to \infty} \frac{\ln \frac{1}{a_n}}{\ln n} = b,$$

所以 $\exists N$, 使得当 $n \geqslant N$ 时, $\dfrac{\ln \frac{1}{a_n}}{\ln n} < b + \varepsilon$, 即

$$\ln \frac{1}{a_n} < \ln n^{b+\varepsilon} \Longrightarrow a_n > \frac{1}{n^{b+\varepsilon}}.$$

因为 $b + \varepsilon < 1$, 所以 $\displaystyle\sum_{n=1}^{\infty} \frac{1}{n^{b+\varepsilon}}$ 发散, 由比较判别法知 $\displaystyle\sum_{n=1}^{\infty} a_n$ 发散.

② 级数 $\displaystyle\sum_{n=1}^{\infty} \frac{1}{n}$ 发散, 这时 $b = \displaystyle\lim_{n \to \infty} \frac{\ln \frac{1}{a_n}}{\ln n} = 1$;

级数 $\displaystyle\sum_{n=1}^{\infty} \frac{1}{n \ln^2 n}$ 根据积分判别法易知其收敛, 这时令 $x = \ln n$,
$n \to +\infty \Longrightarrow x \to +\infty$, 则有

$$\frac{\ln \frac{1}{a_n}}{\ln n} = \frac{\ln \left(n \ln^2 n\right)}{\ln n} = \frac{\ln \left(x^2 \mathrm{e}^x\right)}{x} = \frac{x + 2 \ln x}{x},$$

所以有 $b = \displaystyle\lim_{n \to +\infty} \frac{\ln \frac{1}{a_n}}{\ln n} = \lim_{x \to +\infty} \frac{x + 2 \ln x}{x} = 1.$

例 28 设 $\displaystyle\sum_{n=1}^{\infty} a_n$ 是正项级数, 并设 $\displaystyle\lim_{n \to \infty} n \ln \frac{a_n}{a_{n+1}} = b.$

① 求证: 若 $b > 1$, 则 $\displaystyle\sum_{n=1}^{\infty} a_n$ 收敛; 若 $b < 1$, 则 $\displaystyle\sum_{n=1}^{\infty} a_n$ 发散.

② 当 $b = 1$ 时, 试举出可能收敛也可能发散的例子.

证 ① 设 $b > 1$, 任取 $\varepsilon > 0$, 使得 $b - \varepsilon > 1$, 因为 $\displaystyle\lim_{n \to \infty} n \ln \frac{a_n}{a_{n+1}} = b$, 所以 $\exists N$, 使得当 $n \geqslant N$ 时,

$$n \ln \frac{a_n}{a_{n+1}} > b - \varepsilon, \quad 即 \quad \frac{a_n}{a_{n+1}} > \mathrm{e}^{\frac{b-\varepsilon}{n}}. \tag{1}$$

又因为序列 $\left\{\left(1+\dfrac{1}{n}\right)^n\right\}$ 单调增加并以 e 为极限, 所以有

$$\mathrm{e} > \left(1+\frac{1}{n}\right)^n, \quad \forall n \in \mathbb{N}. \tag{2}$$

联合 (1), (2) 式即得

$$\frac{a_n}{a_{n+1}} > \left(1+\frac{1}{n}\right)^{b-\varepsilon} \Longrightarrow \frac{a_{n+1}}{a_n} < \frac{\frac{1}{(n+1)^{b-\varepsilon}}}{\frac{1}{n^{b-\varepsilon}}}.$$

因为 $b - \varepsilon > 1$, 所以 $\displaystyle\sum_{n=1}^{\infty} \frac{1}{n^{b-\varepsilon}}$ 收敛, 由第七章 §1 例 2 知 $\displaystyle\sum_{n=1}^{\infty} a_n$ 收敛.

现在假设 $b < 1$, 任取 $\varepsilon > 0$, 使得 $b + \varepsilon < 1$, 因为 $\displaystyle\lim_{n\to\infty} n \ln \frac{a_n}{a_{n+1}} = b$, 所以 $\exists N$, 使得当 $n \geqslant N$ 时,

$$n \ln \frac{a_n}{a_{n+1}} < b + \varepsilon, \quad \text{即} \quad \frac{a_n}{a_{n+1}} < \mathrm{e}^{\frac{b+\varepsilon}{n}}. \tag{3}$$

进一步, 取 $q \in (b+\varepsilon, 1)$, 又因为序列 $\left\{\left(1+\dfrac{1}{n}\right)^n\right\}$ 单调增加并以 e 为极限, 所以 $\exists N_1 > N$, 使得当 $n \geqslant N_1$ 时, 有

$$\left(1+\frac{1}{n}\right)^n > \mathrm{e}^q. \tag{4}$$

联合 (3), (4) 式即得

$$\frac{a_n}{a_{n+1}} < \left(1+\frac{1}{n}\right)^{\frac{b+\varepsilon}{q}}.$$

因为 $\dfrac{b+\varepsilon}{q} < 1$, 所以有

$$\frac{a_n}{a_{n+1}} < \left(1+\frac{1}{n}\right)^{\frac{b+\varepsilon}{q}} < 1 + \frac{1}{n} = \frac{n+1}{n},$$

即有

$$\frac{a_{n+1}}{a_n} > \frac{n}{n+1} = \frac{\frac{1}{n+1}}{\frac{1}{n}} \Longrightarrow \frac{a_{n+1}}{\frac{1}{n+1}} > \frac{a_n}{\frac{1}{n}}.$$

476

利用递推公式有

$$\frac{a_{n+1}}{\frac{1}{n+1}} > \frac{a_n}{\frac{1}{n}} > \cdots > \frac{a_1}{1} \Longrightarrow a_{n+1} > \frac{1}{n+1}a_1,$$

由于 $\sum\limits_{n=1}^{\infty}\frac{1}{n+1}$ 发散, 根据正项级数比较判别法知级数 $\sum\limits_{n=1}^{\infty}a_n$ 发散.

② 容易验证发散级数 $\sum\limits_{n=1}^{\infty}\frac{1}{n}$ 与收敛级数 $\sum\limits_{n=1}^{\infty}\frac{1}{n\ln^2 n}$ 都使

$$\lim_{n\to\infty} n\ln\frac{a_n}{a_{n+1}} = 1.$$